土留め工の力学理論とその実証

東京都土木技術研究所 技術部長 **杉本隆男**
大阪産業大学・工学部土木工学科 教授 **玉野富雄** 共著

技報堂出版

まえがき

　わが国をはじめ世界の都市には，軟弱地盤上に発展してきたものが多い．これらの都市では，都市機能の高度化と湾岸部での都市の広がりの中で，より効果的で経済的な地下空間の開発が，都市を文化的で安全なものにするためのきわめて重要な社会的役割を担っている．

　こうした軟弱な建設地が多くなってきた昨今の条件下で，地下空間開発時の土留め工のより合理的な設計・施工を目指して，地盤調査・設計・施工の各段階で多くの技術開発が積極的に行われている．

　土留め工にかかわる技術は，まず施工という実践が先行し，理論や基準は後を追いかけるといった状況の中で進歩してきた．また，近年の有限要素法に代表される数値解析手法の研究開発により，土留め工を構成する部材の力学挙動や地盤の力学挙動といった各種の力学挙動に対し，詳細な数値解析を行うことが可能となり，施工時に得られる計測値としての力学挙動を結びつけた情報化施工が，有効な設計・施工手法として定着している．

　しかしながら，土留め工の情報化施工を行う際の注意点として，土留め工の力学挙動には理論的・経験的に今なお不明な部分が多くあり，事前設計時での予測精度が必ずしも十分なものではないこと，土留め工の安全性に危険が生じた場合，施工段階での設計変更の選択肢が限定されることなどを指摘できる．土留め工の情報化施工をより有効なものとするためには，事前設計での予測精度の向上が重要であり，今後の諸方面からの研究に負うところが大である．その一環として，土留め工の調査・設計・施工の流れの中での過去の事例との比較・検討や未解決な力学挙動の実証研究は，ぜひ必要とされるものであり，こうした実証研究の蓄積は，新しい数値解析手法の開発や施工時の安全管理手法の開発に結びつくものである．

　さらに，今日の土留め工では，土留め工自体の崩壊を防止するだけでなく，周辺の地盤や構造物に沈下・移動を生じさせないこと，地下水位低下による地盤沈下を防ぎ地下水の流動を保全することなど，周辺環境への影響を最小限なものとする環境地盤工学的な対応が重要視されている．

　こうした土留め工の諸力学問題は，地盤工学の総合問題といわれているように，地盤工学として論議されるありとあらゆる問題が相互に関連し合うことになり，土留め工の力学挙動の実証という観点からみて，多くの解明すべき課題が残されている．

　本書は，「土留め工の力学理論とその実証」と題し，土留め工の調査・設計・施工に従事する技術者の参考図書として，実務に直結した力学理論・技術論としてより深く掘り下げるよう努めた．また，今日的な課題を多く含めた内容を，著者が関係した土留め工の力学挙動を介して詳述し，土留め工を地盤工学の応用問題として論議してみようとするものである．計測技術や解析技術が進歩した今日，改めて土留め工の力学挙動を現場データや室内実験データからの実証という立場から考えてみることは意義のあることと思われる．

2003年2月　杉本隆男・玉野富雄

目　　次

第1章　序　　論 …………………………………………………………………… 1
　1.1　土留め工の力学と挙動予測　*1*
　　　1.1.1　深い掘削に関する研究　*1*
　　　1.1.2　力学挙動予測　*2*
　　　1.1.3　情報化施工の現状と課題　*4*
　1.2　本書における土留め工の力学問題　*6*

第2章　土留め工法の現況 ………………………………………………………… 9
　2.1　概　説　*9*
　2.2　大断面・大深度土留め工法　*9*
　2.3　土留め壁工法　*12*
　2.4　土留め支保工　*13*
　2.5　地盤改良工法　*13*
　2.6　情報化施工と安全管理　*14*
　2.7　地震と土留め工　*15*
　2.8　21世紀の土留め工法　*15*

第3章　軟弱粘性土地盤における泥水トレンチ壁面安定 ……………………… 17
　3.1　概　説　*17*
　　　3.1.1　連続地中壁工法　*17*
　　　3.1.2　粘性土地盤における壁面安定挙動に関する研究　*17*
　3.2　軟弱粘性土地盤におけるトレンチ掘削実験　*19*
　　　3.2.1　トレンチ掘削事例　*19*
　　　3.2.2　ケースA：泥水トレンチの実験掘削　*19*
　　　3.2.3　ケースB：正規圧密状態の粘性土地盤におけるトレンチの実験掘削　*26*
　3.3　壁面安定の力学機構の考察　*29*
　3.4　有限要素法解析　*34*
　　　3.4.1　解析手法・条件　*34*
　　　3.4.2　ケースA-I・II・IIIに対する解析　*35*
　　　3.4.3　ケースBに対する解析　*38*

第4章　土留め壁面に作用する土圧・水圧の力学 ……………………………… 43
　4.1　沖積粘性土地盤での事例　*43*
　　　4.1.1　概　説　*43*
　　　4.1.2　土留め工の施工事例　*44*

iii

目　次

  4.1.3　壁面土圧・壁面水圧の力学挙動　*45*
  4.1.4　背面側における壁面変位と壁面側圧・壁面水圧・壁面土圧の力学挙動　*47*
  4.1.5　掘削側の壁面側圧・壁面水圧・壁面土圧　*49*
 4.2　若齢埋立地盤における土留め壁変位と側圧の関係　*55*
  4.2.1　概　　説　*55*
  4.2.2　地盤・工事概要　*57*
  4.2.3　計　測　結　果　*60*
 4.3　気温変化で繰返し変位を受けた側壁背面側の壁面土圧　*63*
  4.3.1　概　　説　*63*
  4.3.2　地盤・工事概要　*63*
  4.3.3　計測の概要　*65*
  4.3.4　計測結果と変形要因の検討　*66*
  4.3.5　側壁の変形と壁面土圧増加に関する推論　*68*
  4.3.6　有限要素法を使った逆解析による壁面土圧の推定　*69*
  4.3.7　変形原因と今後の課題　*71*

第5章　掘削底部地盤安定の力学　　*73*

 5.1　大規模平面・大深度土留め工におけるリバウンドの力学挙動　*73*
  5.1.1　概　　説　*73*
  5.1.2　計　測　事　例　*73*
  5.1.3　地盤各層におけるリバウンド　*75*
  5.1.4　除荷重とリバウンドの関係　*76*
  5.1.5　構真柱基礎杭の支持地盤と構真柱リバウンドの関係　*77*
  5.1.6　有限要素法解析によるリバウンド特性の把握　*77*
  5.1.7　リバウンド予測のためのパラメーター　*82*
 5.2　掘削底下の地盤に埋設された下水道シールド管浮上り計測管理と地盤改良　*84*
  5.2.1　概　　説　*84*
  5.2.2　工　事　概　要　*85*
  5.2.3　下水道シールド管が受ける土圧変化の推定　*87*
  5.2.4　下水道シールド管の許容変位の計算　*89*
  5.2.5　リバウンドの推定　*93*
  5.2.6　掘削底の下にある下水管シールド幹線のリバウンドの計測結果　*94*
 5.3　埋立地盤におけるヒービング計測と地盤改良　*95*
  5.3.1　概　　説　*95*
  5.3.2　軟弱な粘性土層厚さが非常に厚い場合のヒービング現象への対応　*95*
  5.3.3　ヒービング現象に及ぼす浸透の影響のモデル解析　*96*
  5.3.4　埋立地における開削トンネル工事で発生したヒービング現象　*101*
  5.3.5　根入れ部地盤改良効果の解析　*106*
  5.3.6　ヒービング現象の影響要因と対策工　*109*
 5.4　被圧地下水による盤膨れ対策　*110*
  5.4.1　概　　説　*110*
  5.4.2　工事・地盤概況　*111*

　　　　5.4.3　対策工検討の経緯　*112*
　　　　5.4.4　ディープウェル稼働に伴う観測井水位の変動　*112*
　　　　5.4.5　盤膨れの検討と計測結果　*114*
　　　　5.4.6　掘削内ディープウェル稼働の留意点　*115*

第6章　土留め支保工の力学　　*119*

　　6.1　土留め鋼製切ばりに作用する温度応力　*119*
　　　　6.1.1　概　　説　*119*
　　　　6.1.2　測 定 例 1　*119*
　　　　6.1.3　測 定 例 2　*126*
　　6.2　長大鋼製切ばりの温度応力解析と座屈対策　*127*
　　　　6.2.1　概　　説　*127*
　　　　6.2.2　切ばりの温度と軸力の関係　*129*
　　　　6.2.3　切ばりの温度応力を考慮した解析モデル　*130*
　　　　6.2.4　5次掘削時のシミュレーション解析とプレロードの再導入　*132*
　　　　6.2.5　5段切ばりプレロード以降の予測解析と計測結果の比較　*132*
　　　　6.2.6　座屈長の低減対策　*135*
　　6.3　中間杭に突き上げられた切ばりの座屈挙動　*136*
　　　　6.3.1　概　　説　*136*
　　　　6.3.2　中間杭の浮上りによる切ばり材の座屈検討　*136*
　　　　6.3.3　応急対策工　*137*
　　6.4　打設状態がアンカーの引抜き抵抗力に及ぼす影響　*138*
　　　　6.4.1　概　　説　*138*
　　　　6.4.2　アンカーの引抜き抵抗力に影響する因子　*139*
　　　　6.4.3　実験概要および土質性状　*139*
　　　　6.4.4　実験結果と考察　*141*

第7章　アンカー土留め工の力学　　*147*

　　7.1　アンカーを用いた鋼矢板土留め工の力学挙動　*147*
　　　　7.1.1　概　　説　*147*
　　　　7.1.2　施工および地盤の概要　*147*
　　　　7.1.3　アンカーの設計　*149*
　　　　7.1.4　引抜き試験　*150*
　　　　7.1.5　アンカーの設置・掘削過程での計測結果と考察　*150*
　　　　7.1.6　アンカー除去・埋戻し時の土留めの力学挙動　*156*
　　　　7.1.7　アンカー除去時の荷重分配　*158*
　　　　7.1.8　数 値 解 析　*161*
　　7.2　アンカーを用いた連続地中壁の力学挙動　*163*
　　　　7.2.1　概　　説　*163*
　　　　7.2.2　工事と地盤概要　*164*
　　　　7.2.3　土留め工の設計　*167*
　　　　7.2.4　計測器配置と計測管理　*168*

目　次

　　　　7.2.5　計 測 結 果　*170*
　　　　7.2.6　アンカー荷重と土留め壁変位との関係　*177*
　　　　7.2.7　土留め壁変形が設計値より大きくなった原因　*181*

第8章　土留め工と地盤変状および地下水 …………………………………… *183*

　　8.1　概　　論　*183*
　　8.2　土留め工における地盤変状　*183*
　　　　8.2.1　概　説　*183*
　　　　8.2.2　地盤変状の分類と地中応力・地中変位　*184*
　　　　8.2.3　土留め壁背面地盤の地表面沈下量の推定方法　*188*
　　　　8.2.4　既設構造物の変位量の予測　*196*
　　　　8.2.5　対　策　工　*196*
　　8.3　土留め工事における地盤変状の要因と対策　*197*
　　　　8.3.1　概　説　*197*
　　　　8.3.2　既往の研究で検討された要因　*197*
　　　　8.3.3　地表面沈下量の要因分析とその結果　*198*
　　　　8.3.4　有限要素法によるパラメトリックスタディ　*201*
　　　　8.3.5　地表面沈下量を少なくする対策工　*206*
　　8.4　大深度地下工事に際しての地下水状態調査　*207*
　　　　8.4.1　概　説　*207*
　　　　8.4.2　滞水層の水理的連続性からみた地盤堆積状態　*207*
　　　　8.4.3　掘削底部地盤の盤膨れ検討時の被圧地下水圧測定　*208*
　　　　8.4.4　地下水位低下後の掘削底部地下水圧の長期回復状態　*210*
　　8.5　延長の長い土留め工事と地下水流動阻害およびその対策　*212*
　　　　8.5.1　概　説　*212*
　　　　8.5.2　工事場所地域の地下水状況　*212*
　　　　8.5.3　復水対策工　*213*
　　　　8.5.4　浸透流解析による地下水位回復の予測　*218*
　　　　8.5.5　各種復水対策工の効果検証　*218*
　　　　8.5.6　地下水流動保全対策の経年的な機能変化の検証　*221*
　　　　8.5.7　集排水性能に影響する要因と対策　*223*

第9章　土留め工にかかわる基礎的力学問題の模型実験 ……………………… *227*

　　9.1　粘性土の受働破壊に関する土槽実験　*227*
　　　　9.1.1　概　説　*227*
　　　　9.1.2　実験装置と土層作成　*227*
　　　　9.1.3　実 験 結 果　*231*
　　　　9.1.4　受働破壊のメカニズム　*237*
　　9.2　矢板壁の引抜きに伴う地盤変形の模型実験　*238*
　　　　9.2.1　概　説　*238*
　　　　9.2.2　模型実験の方法と試料　*238*
　　　　9.2.3　矢板壁の引抜きに伴う周辺地盤の変形　*241*

9.2.4　空隙閉塞周辺地盤のすべり面の推定　*243*
　　9.2.5　矢板壁引抜きによる地表面沈下量の推定　*246*
9.3　基礎支持力の模型実験　*247*
　　9.3.1　概　　説　*247*
　　9.3.2　模 型 実 験　*248*
　　9.3.3　薄い支持層地盤での模型実験　*260*
　　9.3.4　傾斜地盤での模型実験　*264*
9.4　摩擦形式アンカーにおける引抜き抵抗力の模型実験　*267*
　　9.4.1　概　　説　*267*
　　9.4.2　実験計画と地盤定数　*267*
　　9.4.3　画像計測法およびひずみ解析法　*267*
　　9.4.4　実験方法および実験条件　*267*
　　9.4.5　実験結果と考察　*271*
9.5　局所地盤掘削の模型実験　*278*
　　9.5.1　概　　説　*278*
　　9.5.2　実験方法と実験地盤　*279*
　　9.5.3　画像計測法およびひずみ解析法　*280*
　　9.5.4　実験結果と考察　*280*

あとがき　……………………………………………………………………………　*289*
謝　辞　………………………………………………………………………………　*290*
索　引　………………………………………………………………………………　*291*

　　　　　　＜執筆分担＞
　　　　　第1章 (杉本・玉野)
　　　　　第2章 (玉野)
　　　　　第3章 (玉野)
　　　　　第4章　4.1 (玉野)，4.2 (杉本)，4.3 (杉本)
　　　　　第5章　5.1 (玉野)，5.2 (杉本)，5.3 (杉本)，5.4 (杉本)
　　　　　第6章　6.1 (玉野)，6.2 (杉本)，6.3 (杉本)，6.4 (玉野)
　　　　　第7章　7.1 (玉野)，7.2 (杉本)
　　　　　第8章　8.1 (杉本)，8.2 (杉本)，8.3 (杉本)，8.4 (玉野)，8.5 (杉本)
　　　　　第9章　9.1 (杉本)，9.2 (杉本)，9.3 (玉野)，9.4 (玉野)，9.5 (玉野)

第1章 序　　論

1.1 土留め工の力学と挙動予測

1.1.1 深い掘削に関する研究

深い掘削問題に対する工学的な検討は，1969年，Peckにより土留め工の安定を安定係数 N_s(stability number) を用いて判定することが提案された時期に始まる[1],[2]．

Peckは，安定係数 N_s ($N_s = \gamma \cdot H/S_{ub}$) という概念を導入し，$N_s > 6 \sim 8$ となる深い掘削においては掘削底面付近から塑性域が拡大するので，より大きな壁面土圧(土留め壁面に作用する土圧を本書では壁面土圧と呼ぶ)が生じることを考慮に入れて壁面土圧係数 $K_A = 1 - m(4S_u/\gamma H)$ での修正係数 m (通常は0.4～1.0)を提案した．ここに，γ：土の単位体積重量，H：掘削深さ，S_u：掘削面までの粘性土の非排水せん断強度，S_{ub}：掘削底面以下の粘性土の非排水せん断強度，である．なお，壁面側圧は，壁面水圧(土留め壁面に作用する水圧を本書では壁面水圧と呼ぶ)と壁面土圧の合算値である．

これらの動向とわが国での数多くの実測事例を基に，日本建築学会の基礎構造設計基準(1974年版)では，壁面土圧と壁面水圧の合算値としての壁面側圧の概念による壁面側圧係数が示されている[3]．さらに，今日における計測技術の進歩により，土留め壁に作用する壁面土圧および壁面水圧の直接的な精度の良い計測が可能となっており，土留め壁の変形と対応する形での力学挙動の研究が進められた．

1972年，Bjerrumは，土留め壁の設計に壁体の曲げ剛性や根入れ部分の土の抵抗を考慮し，壁面側圧と支保工を一つの相互作用として取扱うことの必要性を示し，土留め解析法の発展の基となった[4]．その後，杭の横抵抗に関するChangの方法を拡張した弾性法や，山肩らの掘削底面に塑性域を想定した弾塑性法による土留め解析法の研究[5]，また，山肩の弾塑性法に汎用性をもたせた中村・中沢[6]をはじめとする多くの土留め解析法に関する研究が行われた．その他にも，野尻[7]の仮想支点法による解析法や有限要素法による解析法が開発された．これらの解析法の発展に伴って，深い掘削時に適用するための設計法の確立が行われてきた．

こうした土留め解析手法の研究開発により，掘削段階で得た計測値を用いて，次の掘削段階での土留め工の力学特性をかなりの精度で予測できるようになった．しかし，事前解析での土留め工の力学特性の予測時には，

① 仮想支点法であれば，壁面側圧の仮定や仮想支点の位置と固定度の決定
② 弾塑性拡張法であれば，壁面側圧や水平方向地盤反力係数の決定
③ 有限要素法であれば，土の応力-ひずみ関係などの決定

といったような，今後の研究課題を有している．土留め工の解析法としてのこれらの方法にはいずれも利用上の一長一短があり，その各々の特徴を踏まえて，土留め工の規模や難易度に応じて使い分けられているのが現状である．

土留め解析法と関連した形で，土留め工の力学機構の問題点を整理すれば次の通りである[8]．

① 静止壁面土圧から主働壁面土圧あるいは受働壁面土圧へ移行するに必要となる土留め壁の変位および各々の壁面土圧の大きさ
② 土留め壁の変形と対応する背面側壁面土圧の再配分現象 (アーチング現象など)
③ 壁面水圧の評価，例えば，止水性の土留め壁においても壁面水圧が低下するといった力学現象
④ 掘削によっても受働側の壁面側圧の減少が小さいといった力学現象の説明と受働抵抗の発生力学機構
⑤ 土留め工事完了後の土留め壁に作用する壁面側圧・壁面水圧・壁面土圧の長期力学挙動
⑥ ①〜⑤に関して，施工時間と諸力学挙動の関係
⑦ 背面地盤の沈下および掘削底部地盤のヒービングおよびリバウンドの予測手法

1.1.2 力学挙動予測

(1) 挙動予測

挙動予測[8]とは，ある論理に従って，将来挙動を前もって客観的に評価し，対応可能な事象を質的・量的にあらかじめ推し計ることである．土留めの工学的問題は，掘削内の土荷重を除去し掘削内外での地下水状態を変化させることによって，今まで平衡状態が保たれていた地盤内で地中応力状態や水圧状態のバランスが崩れることによって生じる．その際の土留め工の役割は，掘削による周囲および底部地盤の崩壊を防止し，かつ，周辺の地盤や構造物に移動，沈下，傾斜などを極力生じさせずに掘削工事を安全に遂行することにある．

こうした土留め工の力学特性に影響を及ぼす各種要因は多岐にわたるが，概略，図-1.1 に整理するように，地盤条件，土留め工の構成条件，設計条件，施工条件，および気象条件などがあげられる．また，これら多くの要因は相互に関連するため，土留め工の力学挙動は，地盤状態および施工状態の点で一事例毎に異なる点が多く，その結果として生じる力学挙動も異なったものとなる．

近年，土留め工の設計・施工時に，事前に，また施工の各段階で精度よく，周辺地盤の変状等の土留め工の力学挙動を予測するための調査・設計・施工に関する多くの技術開発，および詳細な計測を伴った施工事例の蓄積が行われてきている．その結果として，土留め工に対する調査・設計・

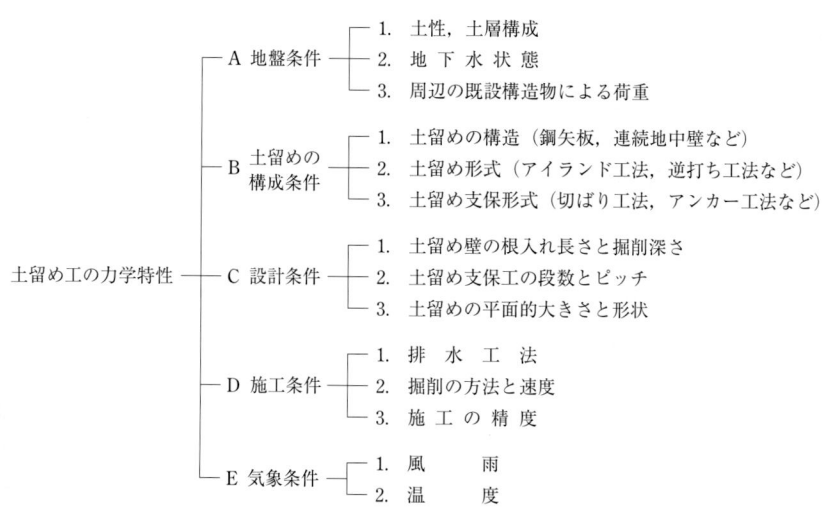

図-1.1 土留め工の力学特性に及ぼす各種要因

施工の現状の技術は，かなりのレベルで実際に生じるであろう力学挙動を予測できる状況にある．しかし，常に種々の不確実性が問題となる地盤を対象としたものであることや，とくに，軟弱地盤での土留め工では，設計時において実際に生じるであろう力学挙動を明確に把握することには，今なお限界があることを認識しておくことが必要である[9]．

(2) 予測対象

土留め工の力学挙動の予測対象としては，
① 土留め工自体の破壊に対する安全性予測
② 土留め工を実施することでの周辺地盤の変状や地下水流況などの周辺地盤環境の保全に対する予測

に大きく分類できる．もちろん，これらの挙動は相互に密接な関連性をもったものであることは自明なことである．予測対象を整理して表-1.1に示す．以下に，主な項目について，予測対象の工学的意義を概説する．

a. 土留め壁面に作用する壁面側圧・壁面水圧・壁面土圧

土留め壁に作用する外力としての壁面側圧は壁面土圧計による測定値であり，壁面水圧は壁面水圧計による測定値である．壁面土圧は，壁面側圧と壁面水圧との差として算定できる．

一般的に，掘削により土留め壁に発生する応力と変形は，背面側から作用する壁面側圧に基本的に比例する関係にある．それに対し，掘削側の場合は高次の複雑な関係となり，土留め工の力学挙動に及ぼす影響はきわめて大きい．掘削側の力学挙動は，掘削に伴う土荷重の除去，地下水位の低下，土留め壁の変形，地盤の変形・強度特性，施工時間などの要因が考えられ，背面側の場合に比べ各段に複雑な力学挙動を示すことになる．受働抵抗力を把握するうえで，精度のよい壁面側圧，壁面土圧，壁面水圧の計測値による検討が重要となる[10], [11]．

表-1.1 土留め挙動の予測対象

	予測対象		予測項目
a	土留め壁に作用する外力 （土留め壁の背面側，掘削側）	(1)	壁面側圧 壁面土圧 壁面水圧
b	土留め壁の応力・変形	(2) (3) (4)	壁変形 壁応力 連続地中壁コンクリート打設時温度
c	支保工部材の応力・変形	(5) (6) (7) (8) (9) (10)	切ばり軸力 腹起し応力 腹起したわみ 支柱（中間杭）応力 支柱沈下，浮上り その他，切ばり温度など
d	掘削底部の安定 （ヒービング，ボイリング，盤膨れ，リバウンドなど）	(11) (12) (13)	掘削底部地盤の浮上り 地下水位 間隙水圧
e	周辺地盤の変状	(14) (15) (16)	沈下，浮上り 間隙水圧，地中応力 側方変位
f	周辺構造物の変状	(17) (18) (19)	沈下 傾斜 亀裂
g	周辺地盤の地下水状態	(20) (21)	水位 間隙水圧

例えば，弾塑性拡張法での土留め壁面に作用する壁面側圧については，三角形分布による壁面側圧仮定や，逆解析により土留め壁の変形に適合するように水平方向地盤反力係数を決定し，その値に種々の未知の要因を含めてしまうといった方法で処置してしまうことが多い．こうして決定した水平方向地盤反力係数は，地盤の材料特性ではなく，構造特性になっていることに留意する必要が

ある．それに関連して，土留め壁の変形に適合させる深さ方向の各層での水平方向地盤反力係数を決定する明確な力学的判断に基づく方法は，今のところないようである．また，力学的にみて，水平方向地盤反力係数は応力レベルおよびひずみレベルによっても変化するし，また試験方法 (載荷板面積や載荷速度) によっても異なるので，水平方向地盤反力係数自体の値も現状では明確でなく，今後の研究課題となっている．

b. 土留め壁の応力・変形

土留め壁の応力・変形の生じ方は，土留め壁の剛性，支保工の設置条件，根入れ条件などの要因が関係する．また，壁面変形の計測に際しては，土留め壁の最下端を不動点とすることが多いが，最下端でも変位を生じることもあるので注意が必要である．情報化施工において，逆解析を行う際，実測壁面変形に解析値をフィッティングさせることが一般的であるので，注意深く壁面変形の経時変化を把握しなければならない．土留め壁の破壊に対する安全性の確保は，計測値を媒体として，使用する土留め壁構成体の許容応力等の材料特性によって判断できる．

c. 支保工部材の応力・変形

支保工部材には，切ばり，腹起し，アンカー，支柱などがあり，それぞれの応力・変形に対する安全性の確認が重要である．特に，切ばりの温度応力による発生軸力は大きなものであるので，注意が必要である．これらの破壊に対する安全性の確保は，計測値を媒体として，使用する土留め支保工部材の許容応力などの材料特性によって判断できる．

d. 掘削底部地盤の安定

掘削底部地盤の安定は，土留め工の条件や地盤状態との関連で次のように分類できる．
・背面地盤よりのヒービング
・掘削底部地盤の被圧水圧が原因する揚圧力による盤膨れ
・掘削による土荷重除荷が原因する掘削底部地盤のリバウンド
・掘削底部地盤における地下水によるボイリング

これらのヒービングやボイリングといった掘削底部地盤の破壊現象に対する安全性も，間隙水圧や地盤変位の計測値を媒体として，地盤工学による知見を基に判断できる．特にリバウンドは，掘削底部地盤の安定問題と構真柱を介して躯体への不静定力の導入といった逆打ち土留め工におけるきわめて重要な力学挙動である．こうしたリバウンドの発生力学挙動については，どの程度の深さから生じるのか，また，地下水位の低下，掘削規模，掘削速度，地盤のリバウンド時の非線形性といった諸要因との関係について，詳細に調査できた研究が少ないのが現状である．

e. 周辺地盤の変状および地下水状態の変化

一般的に，土留め工における各種の地盤変状は，前述のa.～d.の要因などが相互に関連して生じるものである．既往の背面地盤の沈下予測手法は，多くの研究者によって実測結果を基にした研究が進められている．施工前あるいは施工中に，これらの知見を参考にすれば，生じるであろう最終沈下量の予測が可能である．こうした周辺地盤の変状は，近接する周辺構造物の許容変位との関連で重要なものであり，土留め工におけるきわめて重要な挙動予測対象である．また，補助工法として多用されている地下排水工法は，周辺地盤の地下水状態を変化させ，例えば，地下水位の低下や地下水の流れを阻害する場合がある．これらに対する挙動予測や対策も重要である．

1.1.3 情報化施工の現状と課題

情報化施工の基本概念は，1948年にTerzaghiとPeckらによって観測施工法 (observational procedure) が提唱され，施工中の計測によって設計の時点で得られなかった情報を補うとともに，

その新しい情報に従って設計・施工を修正しながら工事管理を行うことの重要性が示された．その後，1973年にLambe[12]は，土構造物を築造することによって起るであろう事象予測手法を提案した．また，その年のモスクワでの第8回国際土質基礎会議では，Tschebotarioffらにより現場計測に基づく施工段階での設計・施工手法についての討議が行われた[13]．

このように，情報化施工は，設計における種々の不確実な要因を施工時の現場計測値により確認し，安全性の確認と施工中に当初設計を修正する必要がある場合に対策工法を行うものであり，土留め工をより力学的に合理的なものにする有効な工学的手法である．今日，その役割として，土留め工の破壊に対する安全性の確保とともに，土留め工周辺地盤環境の保全という立場からの情報化施工がより重要となりつつある．情報化施工の骨子は，より正確に力学挙動の予測を行うことにある．

前述したように，土留めの解析手法は，有限要素法に代表される近年のコンピューターによる数値解析の目覚ましい進歩により，地盤材料の複雑な特性 (例えば，非線形性，非均質性，異方性，水に対する依存性，不連続性など)，および各種の境界条件や初期条件を考慮できるようになり，より実際現象に近い状態での力学挙動の予測が可能となっている．

このように，情報化施工は，土留めの解析手法の開発，地盤工学における研究成果，情報処理システムの開発，および事例研究の集積といった事項の相互関連のもとで有効なシステムとして整備されてきたものである．土留め工における情報化施工を有効に作動させるための現状における問題点は，次の通りである[14]．

① 他の土工に比較して，施工時での設計変更の手段が限定される (例えば，土留め壁を鋼矢板から連続地中壁へ変更することが容易でないといったこと)．また，施工時で可能な対策工法は限られる．そのため，当初設計時での工法選定の重要性を指摘でき，当初設計精度向上のための設計手法の発展が望まれる．
② システム内で使用する諸数値の力学的根拠を，地盤工学的に明確にする必要がある．
③ 施工時で，設計を修正するか否かの判断を行う予測手法の開発が必要である．
④ 逆解析により得られた地盤定数は，逆解析上の構造特性であることに注意が必要である．

ところで，土留め工の現場計測項目は表-1.2で示したように，壁面変位の測定，壁面土圧や壁面水圧の測定，および切ばり荷重といった力の測定，に大きく分けられる．そのうち，変位と力の測定 (ひずみ測定を含む) に関しては，現状の計測器の技術レベルでほぼ満足できる精度のものとなっている．それに対し，土圧や水圧の測定については，計測機器の精度や設置方法等に解決すべき問題点のあることが指摘されている．その理由として，

① 地盤の種類や特性が複雑なため，あらゆる条件に適用可能な機器がない
② 設置の影響を完全に取り除くことが難しい
③ 地中応力にばらつきがある

などが指摘されている．

わが国での土留め工の計測管理は，古くは，古藤田ら，山肩らの実施例が有名である[15]．これらの事例研究の成果が，山肩らの弾塑性解析法に結び付き，今日の土留め解析法の発展を可能にした要因の一つとなったように，土圧計や水圧計の測定値がいっそう精度よく得られるとすれば，現状における土留め工の解析法の進展からみても，土留め壁面での側方支持機構のかなりの範囲が解明できるものと考えられる．こうした観点から，得られた土圧計測定値の信頼性を評価する研究も行われつつある．

このように土留め工は，情報化施工を行うという観点からは，計測と分離して考えることはでき

表-1.2 測定項目および測定方法

測定対象		測定項目	測定方法
土留め壁の掘削側	土留め壁	壁面側圧および壁面水圧	・壁面土圧計 ・壁面水圧計
		応力	・ひずみ計 ・鉄筋計
		変形	・傾斜計　・水糸 ・浮式変位計・下げ振り ・トランシット
	切ばり腹起し中間杭（支柱）	切ばり軸力	・ひずみ計　・鉄筋計 ・油圧計 ・ロードセル
		腹起し応力	・ひずみ計 ・鉄筋計
		腹起したわみ	・水糸 ・トランシット
		中間杭の沈下および浮上り	・レベル
	掘削底面	土の浮上り	・レベル ・沈下計，沈下板
		地下水位（水圧）	・観測井戸 ・間隙水圧計
	その他	排水量	・ノッチタンク，流量計
土留め壁の背面側	周辺地盤	沈下および浮上り	・レベル ・沈下計，沈下板
		水平移動	・挿入式傾斜計，地滑り計
	周辺構造物や埋設管	沈下および浮上り	・レベル ・沈下計，沈下板
		傾斜	・傾斜計　・下げ振り ・水準器
		亀裂	・クラックゲージ ・コンタクトゲージ
	地下水	水位（水圧）	・観測井戸 ・間隙水圧計
	その他	騒音	・騒音計
		振動	・振動レベル計

注）日本建築学会「山留め設計施工指針（1988）」を参考に著者が加筆修正した．

ない．しかし，土留め工の力学体系に未だ不明確な点が多くある現状においては，計測の目的は大きく分けると次のようになる[16]．

① 施工に伴う安全管理
② 設計上予期しえない力学挙動の把握
③ 土留め工の力学理論とその実証

①は設計時に予測した様々な力学挙動を計測して，計測値と設計値との対比から施工の安全性を確保することである．②は設計時に予期しえなかった土留め壁や支保工の変形と応力変化，そして周辺地盤の変状や地下水の挙動を把握することである．これらは実務上の目的であり，最近では①と②の目的を総合的にとらえて，計測値を基に逆解析により設計時の地盤定数などを再同定して次掘削の予測を行い，これを施工工程毎に繰返し行う，いわゆる情報化施工で安全管理を図ることもしばしば行われている．最後の③は，①から②を通して地盤工学上の理論を確認することである．言い換えれば，現場の諸計測データの検討を行う際に最も重要なことは，計測データを掘削にかかわる地盤工学上の諸理論に照らし合わせて，理論にかなった挙動なのか否かを検討し，理論にかなっていない場合はその原因を究明することといえよう．力学挙動予測と評価(実証)が中心的な課題である．

1.2　本書における土留め工の力学問題

本書では，著者の関係した事例の中から，詳細な計測を伴い，かつ土留め工の力学理論を考察できる事例を選び，土留め構成体構築時の力学挙動，土留め掘削時の地盤力学挙動，土留め工にかか

わる地盤変状や地下水状態，土留め工にかかわる安全性，および土留め工にかかわる基礎的力学問題の模型実験について詳述する．各章での内容は次のようである．

第1章「序論」

第2章「土留め工法の現況」：最新の土留め工法

第3章「軟弱粘性土地盤における泥水トレンチ壁面安定」：軟弱粘性土地盤における土留め壁工法である連続地中壁構築時の泥水トレンチ壁面安定の地盤挙動

第4章「連続地中壁面に作用する土圧・水圧の力学」：軟弱粘性土地盤における事例，若齢埋立て地盤における事例，気温変化で繰返し変位を受けた側壁の背面土圧の力学挙動

第5章「掘削底部地盤安定の力学」：大規模平面・大深度土留め工におけるリバウンドの力学挙動，掘削底下の地盤に埋設された下水シールド管の浮上り計測管理と地盤改良，埋立て地盤におけるヒービング計測と地盤改良，被圧地下水制御による盤脹れ対策

第6章「土留め支保工の力学」：鋼製切ばりに作用する温度応力，長大鋼製切ばりの適用事例，中間杭に突き上げられた鋼製切ばりの座屈挙動の力学，打設状態がアンカーの引抜き抵抗力に及ぼす影響

第7章「アンカー土留め工の力学」：アンカーを用いた鋼矢板土留め工の力学挙動，アンカーを用いた連続地中壁土留め工の力学挙動

第8章「土留め工と地盤変状および地下水状態」：土留め工における地盤変状，土留め工事における地盤変状の要因と対策，土留め工と地下水状態調査，土留め工と地下水阻害

第9章「土留め工にかかわる基礎的力学問題の模型実験」：粘性土層の受働破壊の模型実験，鋼矢板引抜きに伴う地盤変形の模型実験，基礎支持力の模型実験，摩擦形式アンカーにおける引抜き抵抗力の模型実験，局所地盤掘削時の地盤挙動の模型実験

参考文献

1) Peck, R. B. (1969)：Deep excavations and tunneling in soft ground, *Proc. of 7th ICSMFE, State of the Art Report*, 1, 225-290.
2) Kerisel, J. (1985)：The history of Geotechnical engineering up until 1970, *Proc. of 11th ICSMFE*, 3-93.
3) 日本建築学会 (1974)：基礎構造設計基準, 400-402.
4) Bjerrum, L., Clausen, C. J. F. and Duncan, S. N. (1972)：Earth pressure on flexible structures, *Proc. of 5th ICSMFE, State of the Art Report*, Vol.2, 169-196.
5) 山肩邦男, 吉田洋次, 秋野矩之 (1969)：掘削工事における切ばり土留め機構の理革的考察, **17** (9), 31-45.
6) 中村兵次, 中沢　章 (1972)：掘削工事における土留め壁応力解析, 土質工学会論文報告集, **12** (4), 95-103.
7) 野尻明美 (1980)：仮想支点法－山留め架構の側圧支持機構, 土と基礎, **28** (3), 41-48.
8) 地盤工学会編 (1999)：山留めの挙動予測と実際, 1-31.
9) 杉本隆男 (1996)：中小規模山留めのトラブルと対策 (土木)－山留めに潜む不確実性－, 基礎工, **24** (4), 15-19.
10) 玉野富雄, 福井　聡, 鈴木宏昌, 松沢　宏, 植下　協 (1995)：軟弱粘性土地盤における山留め背面側壁面に作用する土圧・水圧の力学挙動, 土木学会論文集, **516** (IV-27), 53-61.
11) Tamano, T., Fukui, S., Mizutani, S., Tuboi,H., and Hisatake, M. (1996)：Earth and water pressures acting on the excavation side of braced wall in soft ground, *Proc. of Int. Symp. on Geotechnical Aspects of Underground Construction in Soft Ground*, 539-544.
12) Lambe, T. W. (1973)：Predictions in soil engineering, *Géotechnique*, **23** (2), 149-202.
13) Peck, R. B. (1973)：Lateral pressure of clayey Soils on Structure, *Proc. of 8th ICSMFE, Spec. Session*, **43** (5), 232.

14) 玉野富雄 (1997)：最新の山留め工法，基礎工，**25** (7), 2-6.
15) 古藤田喜久雄 (1980)：深い掘削における土圧・水圧, 土と基礎, **28** (3), 1-6.
16) 杉本隆男，青木雅路，田中洋行 (1995)：講座 掘削と周辺地盤の変状, 5.山留め掘削と周辺地盤の変状, 土と基礎, **43** (4), 67-73.

第2章　土留め工法の現況

2.1　概　　説

　近年の土留め工法の進歩には，連続地中壁工法に代表される種々の技術開発の結果として目覚ましいものがある[1)~11)]．例えば，LNG地下貯槽や東京湾横断道路川崎人工島にみられるような大断面・大深度地下構造物建設のための円形土留め工法である．また，都市部地下工事では，既設都市施設に横断・縦断方向に近接して，あるいは同一現場内で既設の都市施設改造と輻輳して進める各種の土留め工法がある．

　土留め工法が具備すべき今日的課題として，土留め工自体のよりいっそうの安全性，経済性，および施工性の向上と地盤環境保全があげられる．そのために，種々の土留め工法の技術開発が積極的に行われている．土留め工における主な地盤環境保全項目は，周辺地盤・施設の変状を極力防止することである．また，都市高速道路や鉄道などの地下施設化に際し，土留め壁が，長距離の線状で永久的な遮水壁として深く存置する場合には，周辺の地下水流動状態保全のための適切な対策工法が必要とされる．

　一般的に，土留め工法の範疇には，土留め工法のための地盤調査法，土留め壁工法，土留め支保工法，地盤改良工法，地盤環境保全にかかわる工法，情報化施工法，掘削工法，排水・残土処理工法，等の多くの事柄が含まれるものと考えられる．こうした土留め工法の現状を，以下に整理して述べる．

2.2　大断面・大深度土留め工法

　どの程度までの大断面・大深度の地下構造物の建設が，土留め工を用いて行われているのであろうか．最新の土留め工法，すなわち21世紀初頭での最新の土留め工法にかかわる技術を**表-2.1**に，土留め形式，連続地中壁，素材・関連技術，および地盤工学における各項目として整理した．また，**表-2.2**には，連続地中壁における施工事例・施工実験から土留め壁の施工可能範囲を整理した．

　大深度土留め工を実施事例から拾いあげれば，営団地下鉄後楽園駅での地下40m，東京湾横断道路川崎人工島での海面下70m，都道環状第7号線下における地下河川シールド立坑での地下60mといった種々の大深度掘削が行われている．困難な地盤・施工条件下での，これらの事例における掘削深さからも，わが国におけるこの方面での技術開発レベルの高さが示されている[12)]．

　とくに，大断面・大深度土留め工の技術開発においては，LNG地下式貯留槽の一連の建設の中で，径の大きい構造物を深く，安全に，効率的に，かつ経済的に築造するための円形土留め工法の技術開発の果たした役割はきわめて大きいものがある[10)]．構造的にみて円形土留め工は，掘削中に作用する外力に対して，円形土留め壁と内巻コンクリート側壁によって効率的に抵抗できる合理的なものである．それ故，大深度地下構造物が円形として建設可能なものであれば，円形土留め工として建設を計画すれば格段に有利となる．

第2章 土留め工法の現況

表-2.1 最新土留め工法の項目整理

工法形式	技術名称
土留め形式	(1) アンカー土留め工法
	(2) 逆打ち土留め工法
	(3) 逆打ち・アンカー併用土留め工法
	(4) 円形土留め工法
	(5) NATMを援用した土留め工法
	(6) 二重鋼管矢板土留め工法
	(7) T-型土留め壁を利用した自立工法
土留め壁	(1) 連続地中壁
	(2) 固化泥水式連続地中壁
	(3) 掘削土再利用連続地中壁
	(4) SRC連続地中壁
	(5) 鋼製連続地中壁
	(6) 通水性連続地中壁
	(7) 薄壁連続地中壁
	(8) 路下式連続地中壁
	(9) 拡翼 (すかし掘り) 式連続地中壁
	(10) 鋼管柱列連続地中壁 (掘削建込み工法)
	(11) 柱列式連続地中壁 (多軸式の原位置土混合工法)
	(12) ソイルセメント連続地中壁
	(13) 軽量鋼矢板土留め壁
関連技術	(1) 連続地中壁の本体利用
	(2) 高強度・低発熱・高流動コンクリート
	(4) 新素材コンクリート (石灰石粗骨材・炭素繊維) を使用したシールドの発進・到達工法
	(5) 環境保全・再資源化技術
	(6) エレメント間の接続工法 (カッティング技術等)
	(7) 地中連続壁掘削精度管理システム
	(8) 低空間での鋼管矢板圧入工法
	(9) 集中鋼製切ばり工法
	(10) 地下水制御技術 (復水工法等)
	(11) 地盤改良工法 (高圧噴射工法, 凍結工法, 等)
	(12) 高被圧水下でのアンカー工法
	(13) 除去式アンカー工法
	(14) ポリマー泥水とその管理法
地盤工学	(1) 土留め解析法
	(2) 情報化施工法
	(3) 泥水トレンチ壁面の安定解析法
	(4) 壁面・地盤中での土圧・水圧・変形の計測法
	(5) 土質・水質・土壌・地盤・環境質の調査法

　LNG地下貯留槽建設における円形土留め工法の流れの中で，明石海峡大橋のアンカーレイジ基礎 (外径85m，掘削深さ63.5m)，大阪市下水道住之江抽水所 (外径81m，掘削深さ40.9m)，東京湾横断道路での川崎人工島立坑 (外径103.6m，掘削深さ海面下70m)，白鳥大橋での基礎 (外径37m，掘削深さ海面下73m) といった土留め工が施工された．また，掘削平面のとくに大規模な土留め工として，外径144m，掘削深さ29.2mもの大規模地下式変電所築造工事の施工事例がある．これらの円形土留め工法の適用の広がりに際しては，偏土圧対策を含め，より厳密な設計・施工・管理手法の技術開発が必然的に求められる．

　一方，大断面・大深度矩形構造物築造のための土留め工法として，逆打ち土留め工法，アンカーを用いた土留め工法，およびこれらを併用した土留め工法が採用されている．とくに，逆打ち土留め工法は，本設構造物の一部を土留め支保工として用いるため，土留め架構全体の剛性が大きい，土留め支保工としての信頼性が高い，周辺構造物への影響を低減できる，ことなどから大断面・大深度矩形土留め工法として多用されている．また，アンカー土留め工法は，掘削平面が広い場合や複雑な土留め形状の場合に有利な土留め工法である．一般的に，矩形土留め工法では，切ばり支保工に作用する大きな軸力の処置が困難となることから，円形土留め工法に比べ大深度化が難しい力学条件にある．図-2.1に，都道環状第8号線の羽田空港トンネル開削工事の施工時での土留め工法，図-2.2に大阪市住之江抽水所施工時での円形土留め工法を示す．

　また，自立式土留め工法として，連続地中壁をT型断面構造にして曲げ剛性を高めた土留め壁を利用する工法が技術開発された．この工法は，切ばり工法では切ばり長が長すぎる場合や，アンカーが周辺地盤状況から使用が難しい場合の，掘削平面の大規模化に対応できる土留め工法である．また，特殊な土留め条件として，複雑な形状あるいは傾斜地盤で大きな偏土圧が作用する場合の土留め工法の技術開発も進められている[13]．

　特殊な土留め工法として，ロックボルトと吹付けコンクリートによって作用する壁面側圧を支持

図-2.1　都道環状第8号線羽田空港トンネル工事での開削土留め工法

図-2.2　大阪市住之江抽水所工事での円形土留め工法

するという，NATMにおける設計・施工の考え方を援用した土留め工法が，横浜市根岸におけるLPG地下貯槽築造時の円形土留め工（直径58m，掘削深さ46m）などで実施された[10]．これらの事例は，土丹層に対して適用されたもので適用可能地盤の制約があると考えられるが，興味ある工法である．

表-2.2 施工事例・施工実験からの土留め壁の施工可能範囲

工法および施工事例	施工可能範囲
多軸式原位置土混合工法（soil Mixing wall）の実施例	孔径85cm・削孔深度53.5m
連続地中壁の現場実験実施例	最大壁厚3.2m・最大深度170m・鉛直精度1/1,000以上
川崎人工島・円形連続地中壁の実施例	外径103.6m・壁厚2.8m・深度119m・内部掘削深度海面下70m
横浜市下水道ポンプ場での実施例	外径43.2m・壁厚2.8m・深度119m・内部掘削深度82.4m
連続地中壁の大深度化工法	回転式の水平多軸式で200〜250mまで可能
連続地中壁の壁厚化工法	バケット式で最大壁厚2.0m，回転式の水平多軸で最大壁厚4.0mまで可能
連続地中壁の薄膜化工法	最小壁厚0.20m・深度200mまで可能

近接施工での土留め工法には，パイプルーフ工法で路面交通の保全を行いつつ道路路面下で連続地中壁施工等の土留め工を行ったもの，既設の地下鉄などの構造物をアンダーピニングしながらその下部地盤を掘削するなどといった多くの施工事例がある．事例毎に，路下式土留め壁工法や地盤改良等の補助工法を総合的に組合せて種々の土留め工が施工されている．

2.3 土留め壁工法

土留め工法の大断面・大深度化を可能にしたのは連続地中壁の大深度・高剛性化である．連続地中壁の技術開発なくして近年の土留め工法は語れない，といっても過言ではない．壁厚1.5m，深さ100mをこえる大深度・大壁厚の土留め壁が，水平多軸回転カッター式の掘削機と，超音波・マイクロ波・光ジャイロ方式といった掘削精度管理手法の技術開発の結果として施工されている．これらの発展により，各種地盤条件下で，トレンチ掘削が1/1,000程度の鉛直精度で可能となっている．また，壁体築造においても，高流動化コンクリートの配合と打設工法，エレメント接合のコンクリート壁体カッティング工法，高強度コンクリート工法といった技術開発による高品質化が行われている．また大壁厚化とは逆に，連続地中壁の多機能利用を目的として薄壁連続地中壁が技術開発された．最小壁厚20cm，最大深さ200mまでを鉛直精度5cm以内で施工できる薄壁連続地中壁の技術は，高強度コンクリートを用いることで土留め壁としても利用が可能である．その他，耐震壁や橋脚基礎におけるエレメント間の継手構造などの研究開発が進められている．

こうした連続地中壁の技術開発の流れの中で，固化泥水式連続地中壁工法，SRC連続地中壁工法，鋼製地中連続壁工法といった新しい工法も技術開発されている．固化泥水連続地中壁工法は，コンクリート以外の材料を用いる連続地中壁として，泥水トレンチ中にH形鋼を建込み，その後泥液を固化する工法であり，固化体作成の施工法により置換工法と原位置固化工法に分類される．

鋼製連続地中壁は，泥水トレンチ中に工場製作された継手を有するI形鋼を連結して建込み，高流動性の生コンクリートを打設して築造することを基本とする土留め壁工法である．鋼製エレメントを建込み，それ自体を壁体として築造するため，信頼性が高く，高剛性の土留め壁を築造できる．用地が狭く，荷重の大きい近接構造物がある場合の土留め壁として有用である．また，腹起しを必要としない横方向剛性を考慮した土留め壁としての利用が可能である．鋼製連続地中壁で矩形・円形立坑を施工，併せて本体利用も行われている．

また，前述した地盤環境保全対策に関連して，地下水脈を遮断せず周辺の地下水流動状態を保全する工法が技術開発されている．例えば，連続地中壁の周囲に設けた透水マットから地下水を吸収し，連続地中壁内に設置した通水管で，上流側から面的に吸水した多量の地下水を下流側まで導こうとする工法である．

　連続地中壁築造時における泥水トレンチ掘削時の壁面安定は，連続地中壁工法の信頼性を考えるうえで，きわめて重要な地盤力学問題である．施工経験の蓄積や種々の壁面安定に関する研究成果により壁面安定の力学機構が明確にされてきているが，地下水位の高い緩い砂地盤，正規圧密進行中の沖積粘性土地盤，高鋭敏性の洪積粘性土地盤における壁面安定の力学機構についてのよりいっそうの研究が，連続地中壁工法の信頼性を高めるうえで必要である[14]．

　一方，柱列式連続地中壁工法については，多軸式の原位置土混合工法の技術開発が行われ，比較的掘削深さの浅い土留め工での土留め壁として多用されている．土留め壁長が長くなると，鉛直精度を確保するのに困難さが残されているが，削孔長55mの施工例もあり，大深度化への対応も進められている．また，柱列式連続地中壁による円形土留め工法の施工事例もあり，多方面で利用可能な工法である．その他，リバース工法を併用した大口径鋼管の建込みや，ウォータージェットを併用したバイブロ打設による鋼管矢板土留め壁も用いられている．

2.4　土留め支保工

　土留め支保工には，鋼製切ばり，集中鋼製切ばり，RC切ばり，PC切ばり，SRC切ばり，アンカー等の工法がある．集中鋼製切ばり工法は，2〜3本のI形鋼をラチス材で組立てて圧縮材とし，プレロードをかける高剛性の切ばり工法である．また，逆打ち土留め工法は，地下構造物の地下階の床・はりを切ばりとするため，土留め工全体の剛性が大きくなり，周辺施設・地盤への影響の少ないことが特徴である．ただし，作業能率や作業環境が良いとはいえないのが実状であるため，逆打ち土留め工法をより機能的なものにするための工夫も技術開発されている．例えば，掘削平面外周部のみを逆打ち床・はり構造とし，その外周躯体部を高剛性集中切ばりで支保し，土留め平面中央部をオープンとする土留め支保工法とか，逆打ち支保工に鋼製の斜ばりを組込むなど，逆打ちの支保工段数を減らす工夫である．

　また，工事の省力化・安全性の向上・作業環境の改善の技術開発が，地下作業環境を良好なものにするために行われている．例えば，円形土留め工における内部側壁や逆打ち支保工でのRCおよびPC切ばりのプレハブ施工であり，掘削の遠隔操作やポンプとコンベアーによる掘削土搬出である．

　アンカーによる土留め壁を支保する施工法は，円形土留め工の場合と同様に，土留め工内で自由な施工空間を確保することができ，利用上有効な土留め支保工法である．従来，高被圧帯水層でのアンカーの施工が難しいという問題点があったが，300kN/m^{2}以下の水圧状態であれば，アンカーの施工が可能な二重管削孔方式の技術開発により，支保工としての信頼性が向上している．また，各種の除去式アンカーの技術開発も積極的に進められている．

2.5　地盤改良工法

　軟弱地盤における土留め工法では，地盤改良工法を併用することにより，施工性・経済性・安全性の面で，原地盤条件での土留め工より有利になる場合がある．力学的にみて，受働抵抗力を増大させる土留め工法の考え方は，土留め壁を深くまで築造し高剛性化するより，土留め工の全体的な

安定性の向上と土留め壁の変形を抑制できる点で合理的である場合が多い．例えば，シールド立坑のように大深度で平面が比較的小さい場合での先行地中ばり工法である．

近年の羽田空港沖合展開事業では，超軟弱でしかも層厚がきわめて厚い地盤条件下で，土留め壁の下端が支持層まで到達していない軟弱層に浮いているような大規模土留め工が施工された．その際の各種の地盤改良工法の適用事例は，今後の超軟弱粘性土層を含む若齢埋立地盤での土留め工法を考えるうえで貴重なものである[15]．しかしながら，土留め工の平面が大きい場合には，深層処理工法のような地盤改良を全掘削面に対して実施することは，経済性や施工時間の面からトータルとして見た場合，適切でないこともある．土留め壁面からどの程度の範囲での改良平面形状が受働抵抗力として有効に働くのかなどに対する力学的な研究が望まれる．

その一つとして，深層混合処理工法によるバットレス型の地盤改良工法も検討されてきている．一方，低強度地盤改良工法としての生石灰パイル工法は，改良地盤の大幅なせん断抵抗力の増大は期待できないが，土留め壁工法との組合せが適切であれば，バランスよく作用外力に抵抗できる程度に地盤改良できる有効な工法といえよう．併せて，トラフィカビリティの改善による掘削等での作業安全性向上に果たす役割も大きい．これらの地盤改良工法の選定における適否の判断は，力学的効果・施工性・工期・経済性の点で一事例毎に異なる点が多い．その他の事例としては，埋立て若齢地盤において，サンドコンパクション工法による地盤改良を行い，内部摩擦角の増大を期待した土留め工法も施工されている．

掘削底部でのボイリングなどの浸透破壊現象に対する安全性やヒービング現象に対する安全性確保は，大深度土留め工になるほど細心の注意が求められる．これらの現象に対する対策工法が，土留め工全体の成否を左右することも少なくない．大断面・大深度土留め工においては，周辺地盤や掘削内地下水状態の制御工法を，経済性・力学的安定性・周辺環境への影響，等を考慮して総合的に検討することが不可欠である．また，土留め壁と部分揚水工法や復水工法の組合せによる地下水状態のより高度な管理手法が，解析技術の開発と関連して可能となりつつある．また，薬液注入工法や凍結工法が，特殊条件下での土留め工における地盤改良工法として採用されている．

2.6 情報化施工と安全管理

第1章序論で述べたように，現況下の土留め工の安全性は，種々の技術開発の結果として信頼性が著しく向上している．しかしながら，地盤条件の把握や設計理論に不確実性やあいまいさが残されており，その対応として情報化施工の実施が定着している．また，土留め工自体の破壊に対する安全管理という従来の役割から，周辺地盤環境保全を含めた情報化施工といった面が付加されている．例えば，既設シールドトンネル上での土留め工で，シールドの浮上り防止などを考慮した安全管理基準を設定し，情報化施工を実施するといった事例などである．

より合理的に情報化施工を実施するために，地下水状態の正確な把握[16]や土留め壁に作用する壁面土圧・壁面水圧や変形の計測精度の向上，得られた計測値を用いた土留め順・逆解析手法の確立が必要とされる．土留め工の困難さのレベルに合わせた形での種々の情報化施工が，仮想支点法，弾塑性法，有限要素法といった土留め解析法を用いて行われている．とくに，弾塑性法による方法は，実務的に簡易で有用な手法であり多用されている．しかし，解析精度に最も影響を与える掘削側の受働抵抗力の決め方などで不明な点が残されている．

また，土留め工の施工法，壁面土圧・壁面水圧の計測法，および土留め解析手法がこれだけ進歩してきた今日，掘削背面側の外力や掘削面側の受働抵抗力を，壁面土圧と壁面水圧を分離した形で

壁面変位との相互力学作用の面から力学的に評価する研究が，より合理的な設計法確立のために必要である[17,18]．

土留め工の安全確保のための方法論も，最新の土留め工法に欠くことのできない事項である．Osterbergは，第21回のASCE Terzaghi Lecture (1985) において"Necessary Redundancy in Geotechnical Engineering"と題する興味ある論文を発表している．その中で，地盤工学に関係する構造物の設計・施工時におけるNecessary Redundancy (必要となる重畳的思考) の重要性を指摘し，土留め工での事例も紹介している[19]．また，地盤工学会「根切り・山留めのトラブルとその対策」では，貴重な多くの事例の紹介がなされている[20]．これらは，土留め工法の安全性を考えるうえで参考となる．

2.7 地震と土留め工

土留め工の地震対策および耐震性の確保については，土留め工が仮設として短期間での施工であること，土留め工が比較的柔構造であり地盤とともに挙動する傾向にあると考えられることから，相対的に安全性の高い構造物であるといわれている．極端な例であるが，兵庫県南部地震の激震地において，連続地中壁築造中の泥水トレンチには崩壊がなかったこともその良い例である[21]．しかしながら，兵庫県南部地震では，埋立て地盤での大規模土留め工に多大な被害が発生した．その他，被害程度は異なるが，今後の土留め工の耐震性を考えるうえでの多くの知見が得られた[21,22]．土留め工が大規模化し長期間の施工や近接施工が増えている中で，地震時の土留め工の崩壊の潜在的危険性が大きくなっている．耐震能力向上のための工夫を設計・施工の中で実施することが望まれる．

表-2.3 21世紀での土留め工法の課題と技術要因

(1) 土留め施工条件の難度化
(2) 土留め工法の低コスト化のVE (value engineering)
(3) 省エネ・資源循環型の土留め工法
(4) 環境保全型の土留め工法
(5) 維持・補修・構造物解体時の土留め工法
(6) 変断面連続地中壁や水上施工連続地中壁
(7) 廃棄物処分技術
(8) 新しい情報化施工手法
(9) 自動化・無人化施工，ロボット化施工
(10) 施工機械の小型化と高能力化
(11) 極限作業ロボット技術
(12) 新材料・新素材の開発
(13) 地盤改良技術へのバイオテクノロジーの活用
(14) 設計・施工時でのCADの導入
(15) 地盤工学分野での土留め工の力学的研究
(16) 地盤の応力・ひずみ・変形の3次元計測技術
(17) 安全文化 (safety culture) の確立

2.8 21世紀の土留め工法

今日，土留め工においても，他の構造物と同様に，機械化，省力化，システム化，およびコストの低廉化が常に要請され，併せて環境地盤対策を意識した土留め工法の技術開発が必要とされている[23]．表-2.3に，21世紀における土留め工法の課題を示した．"上昇する都市での地下水位"，"より深く・大規模な地下構造物"，"超近接施工"，"超軟弱埋立て地盤"といった土留め工に関する種々のキーワードからも，これらに対処している最新の土留め工法の質の高さと課題がうかがえる．

参考文献

1) 土木学会 (1964)：日本の土木技術 - 100年のあゆみ，368.
2) 土質工学会 (1981)：根切り・山留め・仮締め切り入門，3-39.

3) 玉野富雄 (1997)：総説最新の山留め工法, 基礎工, **25** (8), 2-7.
4) 宮崎祐助 (1997)：総説根切り山留めの技術開発, 土と基礎, **45** (10), 1-4.
5) 内藤禎二 (1994)：最近の連続地中壁 土と基礎, **42** (3), 1-6.
6) 土木学会編 (1994)：土木施工技術便覧, 61-83.
7) 水谷敏則, 猪熊 明 (1994)：地下空間利用技術の開発, 土木学会論文集, **505** (IV-29), 1-9.
8) 先端建設技術センター (1996)：大深度山留め設計・施工指針(案).
9) 土木学会 (1996)：地下空間の新しい建設技術, 2-38.
10) 後藤貞雄, 高橋行茂 (1993)：LNG地下式貯槽の建設における大深度掘削技術, 土木学会論文集, **469** (III-23), 1-13.
11) 玉野富雄, 福井 聡, 村上 仁, 門田俊一 (1990)：山留め掘削底部地盤におけるリバウンドの力学挙動解析, 土木学会論文集, **418** (III-13), 221-230.
12) 杉本隆男 (1999)：総説 都市の地下工事, 土と基礎, **47** (7), 1-4.
13) 清 広蔵, 宮崎裕助, 風間 了 (1994)：RC地中壁によるT型山留め壁を用いた自立山留めの解析法と実測挙動, 土と基礎, **42** (3), 31-36.
14) Tamano, T., Fukui, S., Suzuki, M., and Ueshita, K. (1996)：Stability of slurry trench excavation in soft clay, *Soils and Foundations*, **32** (2), 101-110.
15) 杉本隆男 (1987)：埋立地盤におけるヒービング計測管理－環状第8号線羽田空港トンネル開削工事－, 東京都土木技術研究所年報 (昭和62年), 249-262.
16) 玉野富雄, 小野 諭, 福井 聡, 鈴木宏昌 (1995)：大深度地下工事に際しての地下水状態調査, 土と基礎, **43** (9), 33-35.
17) 玉野富雄, 福井 聡, 鈴木宏昌, 松沢 宏, 植下 協 (1995)：軟弱粘性土地盤における山留め背面側壁面に作用する土圧・水圧の力学挙動, 土木学会論文集, **516** (IV-27), 53-61.
18) Tamano, T., Fukui, S., Mizutani, S., Tuboi, H., and Hisatake, M. (1996)：Earth and water pressures acting on the excavation side of braced wall in soft ground, *Proc. of Int. Symp. on Geotechnical Aspects of Underground Construction in Soft Ground*, 539-544.
19) Osterberg, Jori. (1985)：Necessary Redundancy in Geotechnical Engineering, *Jour. of. G.E. Div. ASCE*, 1513-1531.
20) 地盤工学会 (1996)：根切り・山留めのトラブルとその対策.
21) 大林組技術研究所 (1995)：兵庫県南部地震被害調査報告, 113-115.
22) 玉野富雄 (2001)：下水道施設の耐震化を考える, 水道公論, **35** (12), 29-31.
23) 玉野富雄 (2001)：21世紀における土留め工法, 基礎工, **29** (1), 40-43.

第3章 軟弱粘性土地盤における泥水トレンチ壁面安定

3.1 概説

3.1.1 連続地中壁工法

近年，土留め工の大規模化・大深度化が進む中で，連続地中壁工法は，土留め壁として砂礫地盤から軟弱粘性土地盤に至る各種地盤条件下で広範に利用されている．連続地中壁工法は，一般的に，ベントナイト泥水を使用し地盤を支持しながら，トレンチを掘削して，鉄筋篭の建込みとコンクリートの打設を行い，このエレメント壁を連接して地下壁を構築する工法であり，市街地の既設構造物に近接した工事での土留め壁として，砂礫地盤から軟弱粘性土地盤まで広範に使用されている．

連続地中壁を土留め壁として用いる場合，施工時のトレンチ壁面の変形により，壁厚の不足や断面欠損が生じる可能性がある．そういったことが生じれば，土留め壁の曲げ剛性が減少し，止水性も損なわれることになり，きわめて重要な問題として認識される．連続地中壁工法の信頼性向上や適用性を広げるために，こういった土留め構成体の構築時の問題として，連続地中壁構築時のトレンチ掘削時の壁面安定に関する調査・研究が行われている．ここでは，連続地中壁工法の信頼性向上や適用性を広げるために，軟弱粘性土地盤におけるトレンチ掘削時の壁面安定挙動に関する研究について述べる．

3.1.2 粘性土地盤における壁面安定挙動に関する研究

トレンチ壁面安定に関する種々の研究により，緩い砂層と軟弱粘性土層を除けば，壁面の安定が保たれることが明らかにされてきている．一般に，壁面安定機構は粘性土地盤と砂質土地盤で異なる．

砂質土地盤における従来の研究では，掘削全体の安定から，すべり土塊と泥水圧の平衡問題としてとらえたものが多い[1〜4]．その中で，Piaskowskiら[3]はトレンチの掘削深さに比べて平面的に掘削長さが短いことから，三次元的なアーチアクションを考慮したパラボリックシリンダーのすべり土塊のつり合いをもとに，地下水位，掘削深さ，および掘削長さの関係で壁面安定計算法を示している．今日，砂質土地盤でのトレンチ安定解析法としてPiaskowskiらの考え方を用いる場合が多い．

一方，粘性土地盤における壁面の実測変形挙動および安定計算法については，Dibiagioら[5]，Aas[6]，Mogensternら[7]，玉野ら[8〜13]等の研究がある．これらの解析法の適応性については玉野らの文献8)で詳しく述べられている．また近年，三次元解析に対する取組みも行われつつある[14]．こうした各種研究があるものの，とくに問題となる軟弱粘性土地盤の場合では，泥水圧に対応する地山側の軟弱粘性土の力学的評価の難しさから，壁面安定の力学挙動はいまだ不明確であり，壁面安定の成否を判断する方法には不明な点が残されている．

本章では，軟弱な西大阪沖積粘性土地盤における実験トレンチ掘削での実測地盤挙動と解析事例を示し，軟弱粘性土地盤における壁面安定の力学挙動を考える．

第3章　軟弱粘性土地盤における泥水トレンチ壁面安定

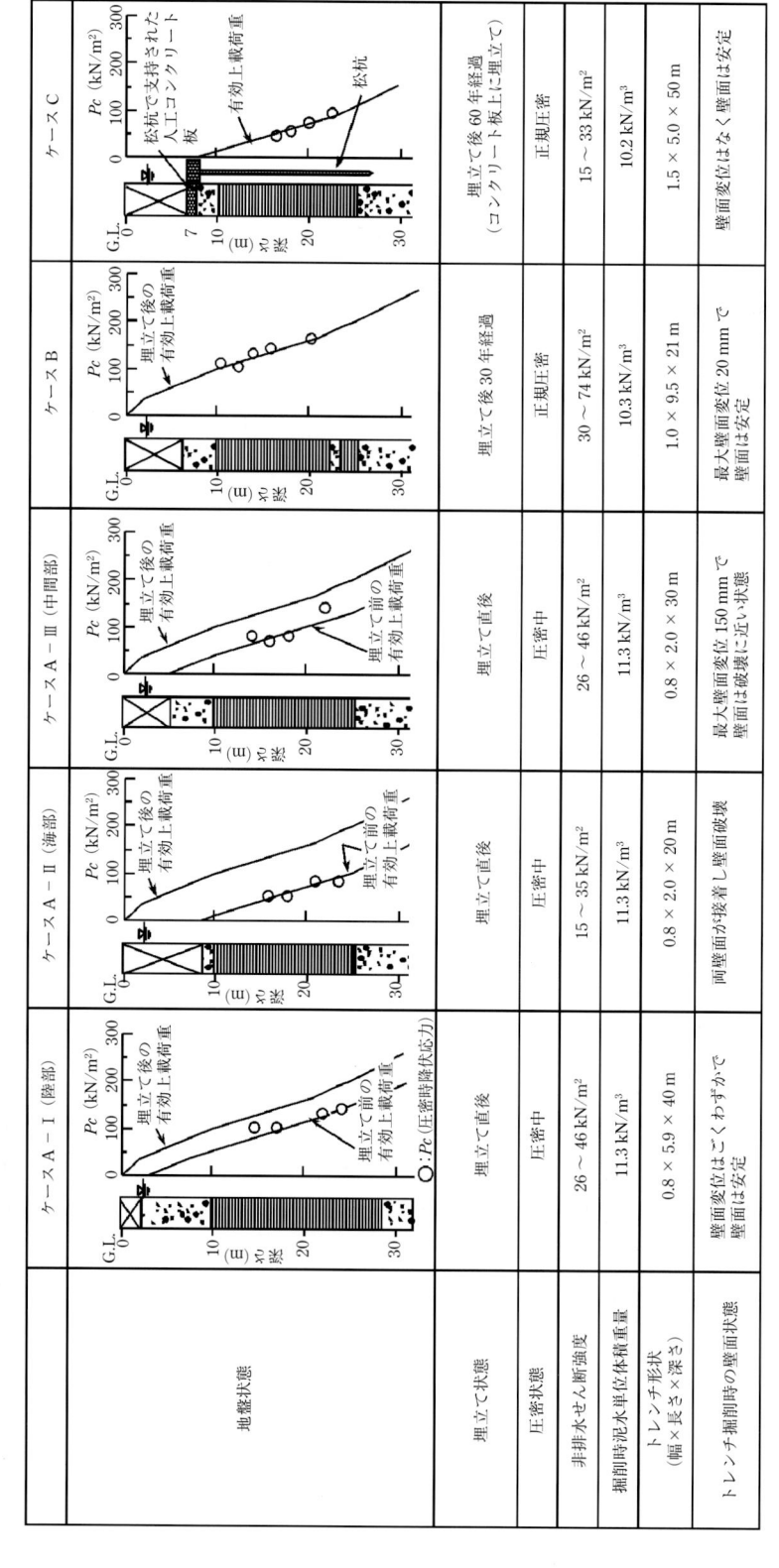

	ケース A − I（陸部）	ケース A − II（海部）	ケース A − III（中間部）	ケース B	ケース C
地盤状態					
埋立て状態	埋立て直後	埋立て直後	埋立て直後	埋立て後30年経過	埋立て後60年経過（コンクリート板上に埋立て）
圧密状態	圧密中	圧密中	圧密中	正規圧密	正規圧密
非排水せん断強度	26〜46 kN/m²	15〜35 kN/m²	26〜46 kN/m²	30〜74 kN/m²	15〜33 kN/m²
掘削時泥水単位体積重量	11.3 kN/m³	11.3 kN/m³	11.3 kN/m³	10.3 kN/m³	10.2 kN/m³
トレンチ形状（幅×長さ×深さ）	0.8 × 5.9 × 40 m	0.8 × 2.0 × 20 m	0.8 × 2.0 × 30 m	1.0 × 9.5 × 21 m	1.5 × 5.0 × 50 m
トレンチ掘削時の壁面状態	壁面変位はごくわずかで壁面は安定	両壁面が接着し壁面破壊	最大壁面変位 150 mm で壁面は破壊に近い状態	最大壁面変位 20 mm で壁面は安定	壁面変位はなく壁面は安定

図-3.1　トレンチ実験掘削の概要説明図

3.2 軟弱粘性土地盤におけるトレンチ掘削実験

3.2.1 トレンチ掘削事例

図-3.1に示すようにケースA-Ⅰ・Ⅱ・Ⅲ (陸部トレンチ・中間部トレンチ・海部トレンチ)，ケースB，ケースCの西大阪地盤における5箇所の泥水トレンチ掘削事例を取上げる．図-3.1中に，各ケースでの盛土前後の有効上載荷重に対する圧密降伏応力状態を示す．図より正規圧密の進行状態，すなわち圧密状態が読み取れる．とくに，ケースBとCでは正規圧密の終了状態 (OCR = 1) にあることが特徴としてわかる．以下に，実験条件および地盤条件の概略を説明する．

① ケースA-Ⅰ (陸部トレンチ)：大阪臨海部埋立て地盤で約2mの埋立て盛土が行われた直後の地盤上でのトレンチ掘削実験であり，正規圧密の進行状態にある．実験位置との関係で陸部トレンチと呼ぶ．

② ケースA-Ⅱ (海部トレンチ)：大阪臨海部埋立て地盤で約9mの埋立て盛土が行われた直後の地盤上でのトレンチ掘削実験であり，正規圧密の進行状態にある．実験位置の関係で海部と呼ぶ．

③ ケースA-Ⅲ (中間部トレンチ)：大阪臨海部埋立て地盤で約5mの埋立て盛土が行われた直後の地盤上でのトレンチ掘削実験であり，正規圧密の進行状態にある．実験位置との関係で中間部トレンチと呼ぶ．

④ ケースB：ケースBは西大阪地域におけるトレンチ掘削実験であり，埋立て後，30年経過した地盤であり，正規圧密の終了状態 (OCR = 1) にある．

⑤ ケースC：ケースA・Bと異なり，松杭で支持された人工コンクリート板の上に7mの盛土が行われた地盤でトレンチ掘削実験を行っている．松杭は径18 cm程度で4.5 mピッチ打設されている．松杭のピッチが4.5 m程度であるので，松杭がトレンチ壁面安定に及ぼす影響は小さいと判断できる特殊な地盤条件下での実験例である．ケースCの実験上の特徴は，粘性土層の非排水せん断強度がケースA-Ⅱ (海部トレンチ) とほぼ同じ程度の小ささにかかわらず正規圧密の終了状態 (OCR = 1) であることにある．

3.2.2 ケースA：泥水トレンチの実験掘削

(1) 実験地盤および実験概要

実験地盤は，盛土直後の臨海部埋立て地盤である．図-3.2は実験概要と地盤の概要と盛土の状況を示す平面図と断面図である．図-3.3に埋立て前の地盤状況を示す．盛土前の汀線 (旧海岸線) が重要な意味をもつので，汀線から海側を海部トレンチ (盛土厚：約9 m)，陸側を陸部トレンチ (盛土厚：約2 m)，汀線付近を中間部トレンチ (盛土厚：約4 m) と呼ぶ．

実験トレンチの形状は，幅80 cm，長さ5.9 m，深さ40 mである．トレンチの掘削は，回転ビット式の掘削機を用いて，図-3.4に示す3回の分割掘削で行っている．使用した泥水の単位体積重量は，作泥時で$11.01 N/cm^3$としたが，掘削中に土粒子が混入し$11.57 N/cm^3$になった．トレンチ壁面の変形測定は，アンブレラ式と呼ばれる掘削幅を測る測定器を用いた．

なお，地下水位は海面の潮位の影響を受け変動するが，平均的には地盤面から2.5 mの深さにあった．また，泥水位は地盤面から30 cmの深さである．

第3章 軟弱粘性土地盤における泥水トレンチ壁面安定

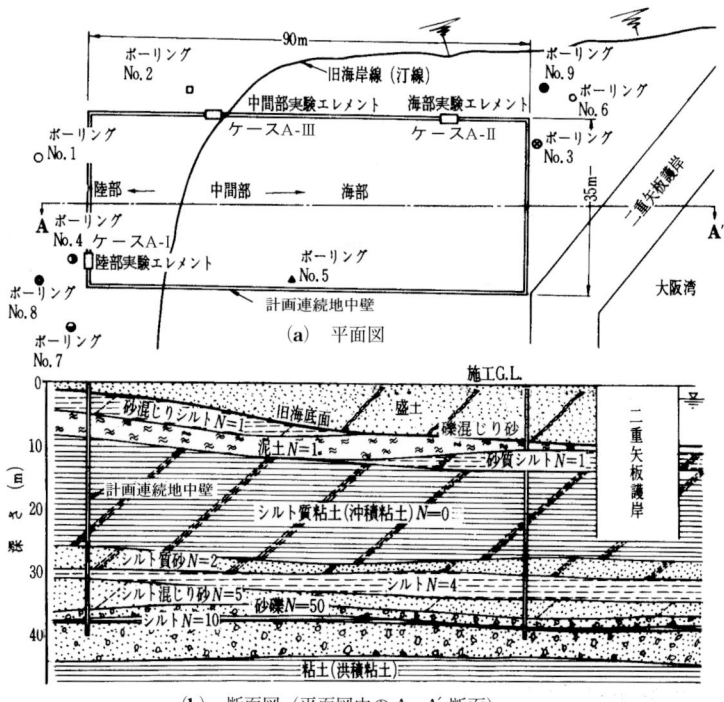

(a) 平面図

(b) 断面図(平面図中のA-A′断面)

図-3.2 地盤概要(ケースA)

図-3.3 盛土前の現場状況:ケースA-Ⅰ(陸部トレンチ),ケースA-Ⅱ(海部トレンチ),ケースA-Ⅲ(中間部トレンチ)

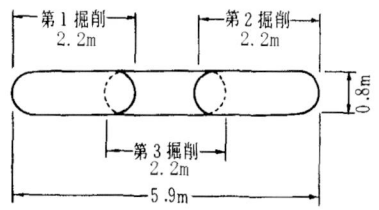

図-3.4 連続地中壁エレメント用のトレンチ掘削順序(平面図)

(2) 壁面の変形と破壊に至る挙動

陸部,海部,および中間部において行ったトレンチの実験掘削時の壁面変形と破壊は次の通りである.各部の実験掘削位置は図-3.2に示す.

a. ケースA-Ⅰ(陸部トレンチ)の壁面変形

実験工程および掘削に伴う壁面近傍粘性土層の間隙水圧の変化を図-3.5に示す.トレンチは掘削完了後6日間そのままの状態で放置した.

壁面変形を図-3.6に示す.掘削終了後の壁面のはらみ出しによる壁面変位は1cmである.また,掘削終了時から24時間後ではG.L.-10~-15m付近でわずかに壁面のはらみ出しが進んでいるものの,壁面は安定した状態である.壁面より1.5m離れた位置でG.L.-10m,G.L.-15m,G.L.-

3.2 軟弱粘性土地盤におけるトレンチ掘削実験

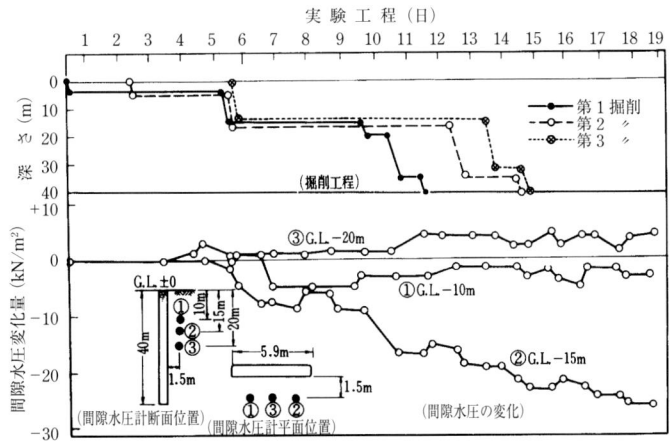

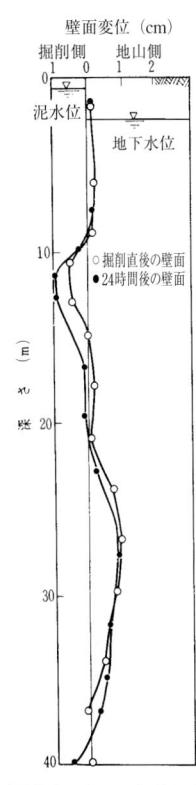

図-3.5 ケースA-Iの掘削工程と掘削に伴う間隙水圧の変化

20mの深さにおける，粘性土層の掘削に伴う間隙水圧の変化を図-3.5に示す．

間隙水圧の変化は，次のように整理できる．

① G.L.−10mでは，掘削がその深さをこえるといくぶん減少する傾向にあるが，その後はほとんど変化していない．
② G.L.−15mでは，掘削がその深さをこえると継続的に減少し，掘削終了後も減少は続いている．
③ G.L.−20mでは，いくぶん増大する傾向にあるが，掘削終了後は変化がみられない．
④ G.L.−15mの間隙水圧の変化が顕著である．

図-3.5での実験工程，および図-3.6での壁面変形状態をあわせ考えると，G.L.−10～−20mの粘性土層が側方の掘削により応力緩和し，粘性土骨格が膨張するにつれて間隙水圧が減少したと解釈できる．

図-3.6 ケースA-Iにおける実験掘削の壁面変位（長さ5.5mトレンチ中央断面における測定結果）

b. ケースA-Ⅱ(海部トレンチ)の壁面変形と破壊に至る挙動

海部トレンチの実験掘削時の壁面変形は，陸部トレンチに比べ，はらみ出しが大きく進み，最終的にはトレンチの両面の壁が接着した状態になっている．掘削中にG.L.−10～−25m付近の破壊が予測されたため，掘削は長さ2.2mの第1掘削でG.L.−20mにとめてある．**図-3.7**に，掘削直後，3時間後，24時間後の壁面変形を示す．

壁面破壊による地盤の乱れがどの範囲まで影響するかを調べるために，砂でトレンチ内の埋戻しを行った直後に，エレメントから2m，5m，8m離れた位置でサンプリングを行い一軸圧縮試験を実施した．その結果を図-3.8に示す．No.6ボーリングはエレメントから15m以上離れているの

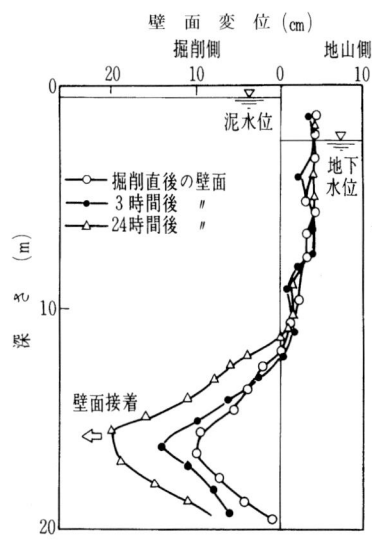

図-3.7 ケースA-Ⅱにおける実験掘削の壁面変形(長さ2.2mトレンチ中央断面における測定結果)

21

第3章 軟弱粘性土地盤における泥水トレンチ壁面安定

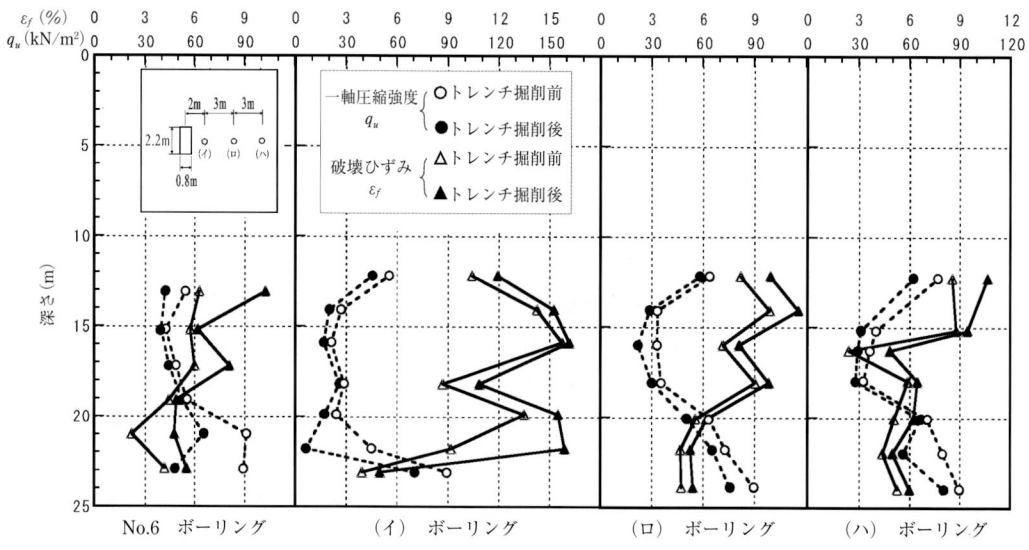

図-3.8 ケースA-Ⅱにおける壁面破壊による地盤の乱れの影響範囲

で，比較の意味で掘削前の土質状態であるとする．No.6ボーリングと(イ)，(ロ)，(ハ)の各ボーリングを比較すると次のようである．(イ)ボーリングでは，一軸圧縮強度も小さく破壊ひずみも大きい．(ロ)ボーリングでは，No.6ボーリングに比べていくぶん一軸圧縮強度も小さく破壊ひずみも大きい．(ハ)ボーリングでは，ほとんどみだれの影響は及んでいない．このことより，壁面の破壊による周辺地盤への影響は壁面から8m程度までであり，深さ方向でG.L.−15〜−20mの範囲がとくに顕著であることがわかる．

c. ケースA-Ⅲ(中間部トレンチ) の壁面変形

陸部トレンチの壁面変形，および海部トレンチでの破壊に至る挙動について示したが，壁面が安定するか否かは，G.L.−10〜−25mの粘性土層のはらみ出しによる変形が小さいままで止まるか，トレンチの両壁面が閉塞するまで進むかの差である．中間部トレンチでは，壁面安定の限界状態を観測することができた．図-3.9に第1掘削時，第2掘削時，および第1掘削時ではらみ出した状態にある壁面を修正掘削したときの壁面変形を示す．第1掘削ではG.L.−10〜−25mの粘性土層のはらみ出しが生じているが，海部トレンチの場合に比べて時間的に進行が遅く，17cm程度のはらみ出しで安定する傾向にある．また，修正掘削後の壁面は安定な状態である．第2掘削では，ほぼ陸部トレンチでの場合と同じ変形状態である．このように，同じ地盤でありながら一方がはらみ出し，他方がはらみ出さないということは，この地盤状態が壁面安定の限界状態にあったことを示すものと考えられる．

図-3.10は，中間部トレンチ近傍でのトレンチ掘削時の横断面での変形状態を例示している．25mの深さの横断面で，中央部で20cm，端部より0.5mで4cmの壁面変位が生じている．壁面変位は端部に比べ中央部で大きく，明らかに両端地盤の拘束効果，すなわちトレンチが三次元形状であることによる影響がみられる．

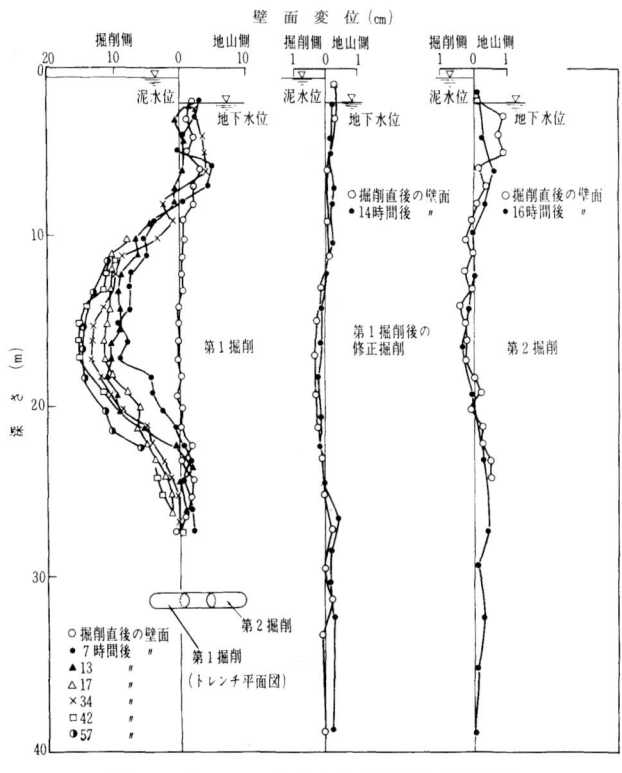
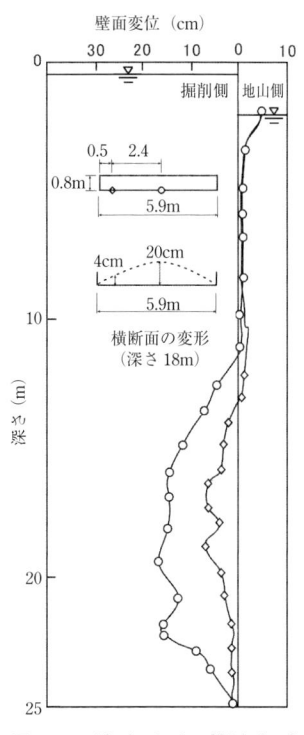

図-3.9 ケースA-Ⅲにおける実験掘削の壁面変形

図-3.10 壁面における横断面の変形（ケースA-Ⅲトレンチ近傍でのトレンチ掘削時）

(3) 実験地盤の土質特性

実験地盤の土質調査は，図-3.2に示すボーリング位置で盛土前（ボーリングNo.1～3）と盛土後（ボーリングNo.4～9）に行っている．図-3.11に土質調査結果を示すが，粘性土層の自然含水比は55～80％，液性限界は80～100％，塑性限界は30％前後である．また，塑性指数は50～70％であり，いくぶん海部トレンチの方が大きい．図-3.12に一軸圧縮試験による非排水せん断強度を，図-3.13に変形係数（一軸圧縮強度の50％応力に対する割線係数）を示す．非排水せん断強度，変形係数とも陸部トレンチで最も大きく，以下，中間部トレンチ，海部トレンチの順に減少している．また，盛土後では圧密の進行に応じて非排水せん断強度は増大している．

盛土前後での有効上載荷重と圧密降伏荷重の関係を図-3.14に示す．図-3.2に示すように，実験現場は，浚渫土層（今回の盛土より約10年ほど前に泥土および砂混じりシルトにより埋立てられている）上に砂礫混じり砂により新たに造成された地盤状態である．図-3.14に盛土前の有効上載荷重を示すが，陸部トレンチ，中間部トレンチおよび海部トレンチで浚渫土層の層厚の違いにより異なっている．盛土前の各部の有効上載荷重と圧密降伏応力の関係より，G.L.-10～-25mの粘性土層では，海部トレンチでは正規圧密の状態にあり，中間部トレンチおよび陸部トレンチでは圧密の進行状態にあると判断できる．

一方，盛土後の有効上載荷重（図-3.14では，盛土後の各部の有効上載荷重がほぼ同じであるので平均値として示している）に対する圧密降伏応力は，各部でいずれも小さい状態であり，圧密の進行状態は盛土前の地盤状態と各部での盛土厚さの違いにより，陸部トレンチで最も進み，中間部トレンチ，海部トレンチの順に低下している．この圧密の進行状態の違いは，軟弱粘性土地盤におけ

第3章 軟弱粘性土地盤における泥水トレンチ壁面安定

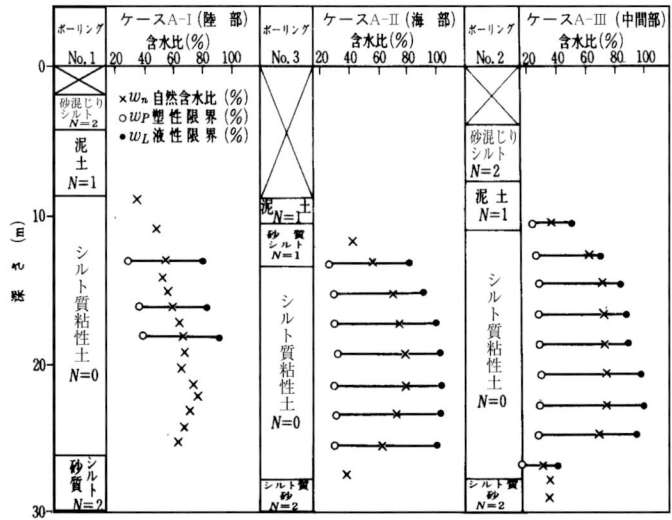

図-3.11 ボーリング調査による土相，N値，自然含水比，液性限界，塑性限界

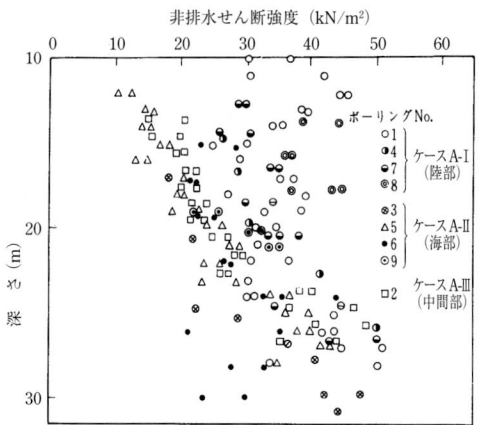

図-3.12 非排水せん断強度の比較（一軸圧縮試験による）

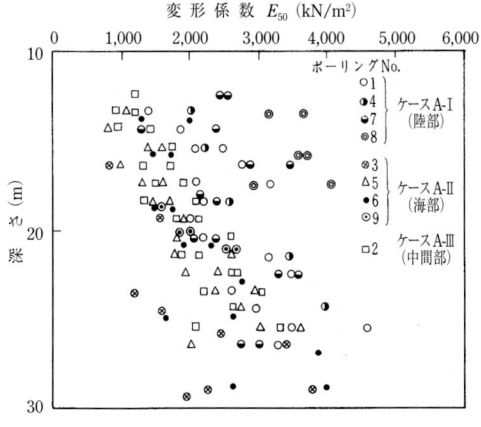

図-3.13 変形係数の比較（一軸圧縮試験による）

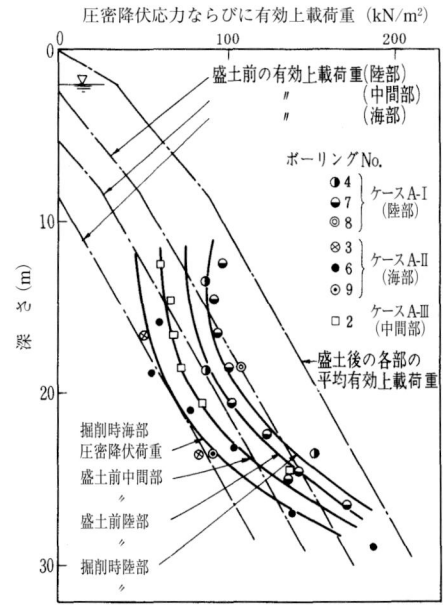

図-3.14 深さと圧密降伏応力および有効上載荷重の関係

るトレンチの壁面安定を論じるうえで，重要な要因になると考えられる．ちなみに，海部トレンチでは40％程度の圧密度である．

(4) トレンチ掘削可否の判断基準

ケースA-Ⅰ・Ⅱ・Ⅲでのトレンチ掘削実験より，トレンチの壁面が安定するか否かを，以下のように考察してみる．

トレンチ掘削前の地盤内の水平応力σ_hは，次式で示される．

$$\sigma_h = K \sum_{i=1}^{n} \gamma_i H_i \qquad (3.1)$$

ここで，K：側圧係数，γ_i：各層の単位体積重量，H_i：各層の層厚．

この地盤中を泥水を用いて掘削すると，トレンチ壁面には掘削前の水平応力と泥水圧$\gamma_f h$（γ_f：泥水の単位体積重量，h：泥水位）との差の応力$\Delta\sigma_R$が，それまでの静止側圧以上（または以下）に働き，トレンチの壁面を変形させることになる（側圧は壁面に作用する土圧と水圧を加えた圧を意味し，土圧が静止土圧の場合は静止側圧と呼んでいる）．

トレンチ壁面を変形させる応力$\Delta\sigma_R$は，

$$\Delta\sigma_R = K \sum_{i=1}^{n} \gamma_i H_i - \gamma_f h \qquad (3.2)$$

である．この$\Delta\sigma_R$が正の場合では壁面がはらみ出し，負の場合にはかえってトレンチが膨らむことを意味する．

前述のように，陸部トレンチ掘削での軟弱粘性土層の壁面はG.L.−10～−20mではらみ出し，G.L.−25m前後で逆に地山側に押し広がる傾向にあることから，G.L.−25m前後で$\Delta\sigma_R>0$の状態にあると考えられる．

式(3.2)のγ_fは，前述したように11～12kN/m³である．一方，Kの値は，圧密の進行に伴い1.0から0.5程度に変化することが知られている．また，G.L.−15～−20mのはらみ出しが生じた層から採取した試料について行ったK_0圧密試験結果を図-3.15に示すが，前述のようにG.L.−10～−25mではらみ出し，G.L.−25m前後で逆に地山に押し広がる傾向があることから，G.L.−10～−25mで$\Delta\sigma_R>0$であり，G.L.−25m前後で$\Delta\sigma_R=0$の状態にあると考えられる．そこで，G.L.−25mで$\Delta\sigma_R=0$が成立すると仮定すると，式(3.2)から$K \fallingdotseq 0.68$となる．

陸部トレンチおよび海部トレンチにおけるK値の分布は，図-3.16のように推定される．G.L.

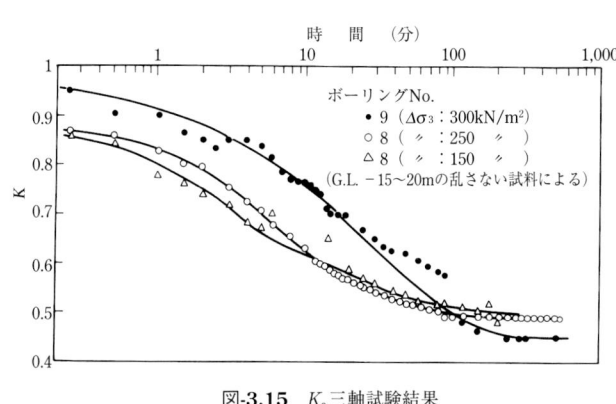

図-3.15　K_0三軸試験結果

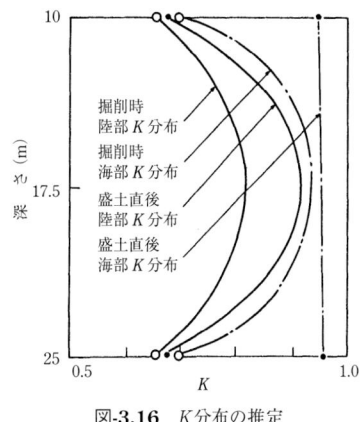

図-3.16　K分布の推定

第3章　軟弱粘性土地盤における泥水トレンチ壁面安定

－17.5 m の深さの K の値は，層の中央部あたりで盛土による圧密がほとんど進んでいないと考え，図-3.15における陸部トレンチと海部トレンチの K をほぼ初期値と仮定したものである．

本実験での場合のように，$\Delta \sigma_R$ が正となる圧密進行中の状態にある地盤におけるトレンチ掘削では，壁面のはらみ出しにより土圧が静止土圧状態から主働土圧状態に変化することで，泥水圧とつり合い状態に移行していくことになる．$\Delta \sigma_R$ の大きさの程度により，壁面安定の保たれなかった海部トレンチ掘削，壁面の安定した陸部トレンチ掘削，および限界条件の中間部トレンチ掘削状態が区別される．トレンチ掘削前の軟弱粘性土地盤の静止側圧が圧密状態によって変化することから，トレンチ掘削可否を圧密状態により判断できる．

トレンチの実験掘削結果，土質調査結果，および以上の考察により，軟弱粘性土地盤におけるトレンチ掘削可否の判断基準をまとめると次のようである．

軟弱粘性土地盤における泥水によるトレンチ掘削の壁面安定は，掘削前における軟弱粘性土地盤の圧密状態と関係が深く，圧密の進行状態にある場合でも，その程度により壁面を安定な状態（例えば，陸部実験トレンチの場合）に保つことができるが，安全側の立場にたてば，"粘性土層が正規圧密の終了状態（OCR = 1）にあることが泥水掘削における壁面安定の条件である" ということができる．

3.2.3　ケースB：正規圧密状態の粘性土地盤におけるトレンチの実験掘削

前述の軟弱粘性土地盤におけるトレンチ掘削可否の判断基準の妥当性を実証するため，正規圧密の終了状態の粘性土地盤であると判断できる地点でトレンチの実験掘削を行い，壁面変形挙動を調査した．また，トレンチ掘削前後での地盤の応力状態を調査することで，壁面安定の力学機構の考察を行う．

(1)　実験地盤および実験概要

実験地盤は，臨海部の貯木池として使用されていた場所で，約30年前に埋立てられ現在に至っている．図-3.17にその地盤概要を示す．G.L.－9.8～－21.8 m の粘性土層は，圧密降伏応力と有効上載荷重の関係，間隙水圧状態，および後述する静止土圧状態より正規圧密状態であると判断できる．図-3.18に土質調査結果を示す．自然含水比は40～50％，液性限界は50～70％，塑性限界

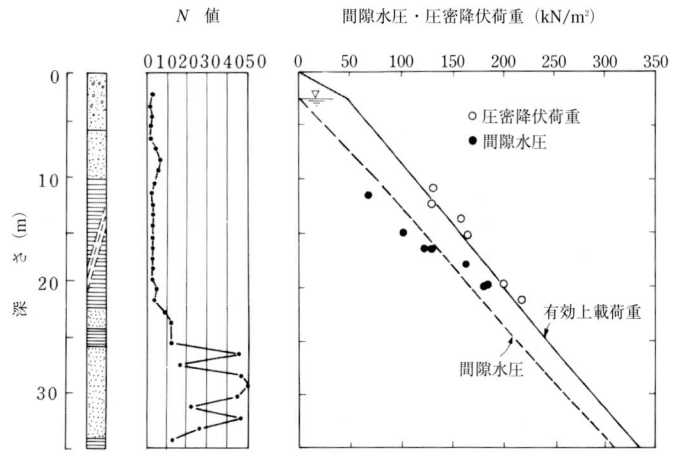

図-3.17　地盤概要（土性，N 値）および深さと間隙水圧，圧密降伏応力の関係

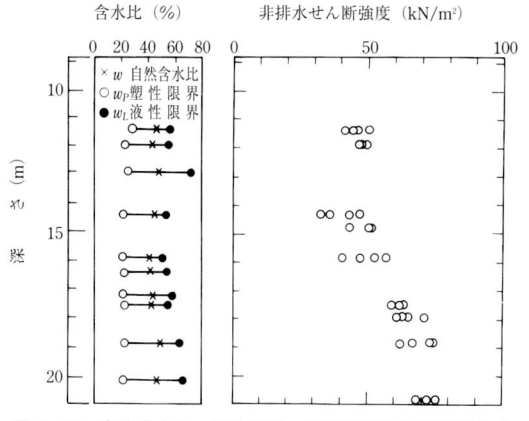

図-3.18 自然含水比，塑性限界，液性限界および非排水せん断強度（三軸U-U試験による）

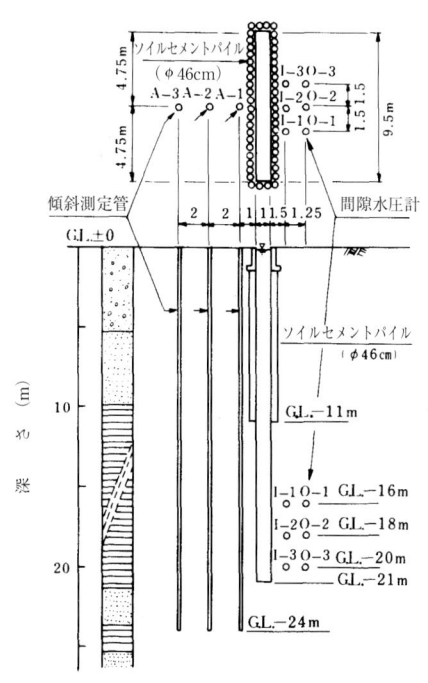

図-3.19 ケースBの実験概要（平面図，断面図および計測器設置位置）

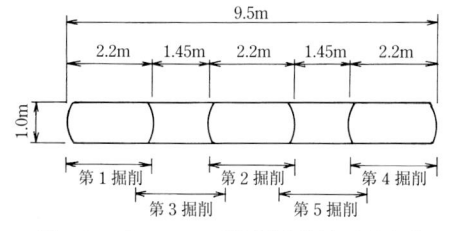

図-3.20 トレンチの形状と掘削順序（平面図）

は20～27％，塑性指数は28～50％程度である．また，非排水せん断強度は29.4～68.7kN/m^{2}である．

実験概要を図-3.19に示す．実験トレンチの形状は，幅1m，長さ9.5m，深さ21mである．トレンチの長さが長くなるほど，壁面安定上不利になると考えられるため，緩い砂層や軟弱粘性土層がある地盤では，トレンチ長さを経験的に5m程度とする傾向にある．不利な条件としての9.5mの長さによるトレンチの壁面安定を確認しておけば，軟弱粘性土地盤におけるトレンチの壁面安定を考えるうえで価値ある実験になる．

トレンチの掘削は，バケット型式の掘削機を用い図-3.20に示す順序で5回に分けて行っている．使用した泥水の単位体積重量は，作泥時で10.3kN/m^{3}である．また，上部埋立て層および砂層については，あらかじめ径46cmのソイルセメントパイルを施工して，泥水位低下実験時の壁面破壊を防止している．

地盤の変形については，図-3.19に示す壁面から地山側へ1m(A-1測点と呼ぶ)，3m(A-2測点と呼ぶ)，5m(A-3測点と呼ぶ) 離れた位置に埋設した傾斜測定管での挿入式傾斜計による変形測定で把握した．また，差動トランス形式の間隙水圧計を壁面近傍の粘性土層の6箇所(図-3.19に示す)に埋設しているが，そのうち0-1，1-2の間隙水圧計については，設置不良が原因と考えられる異常な値を示しており，結果の整理から除外した．

実験の手順は後掲の図-3.22中に示すようである．トレンチの掘削は6日間の作業で終了しているが，さらに掘削終了後の6日間は，泥水位をG.L.-30cmに保持した．その際，泥水の単位体積重量は，掘削時の土粒子の混入により10.6kN/m^{3}程度に増大している．また，実験工程11日目には，泥水の単位体積重量を10.6kN/m^{3}から10.3kN/m^{3}にする泥水置換を行い，その後の7日間，泥水

位をG.L.−30cmに保持した．実験工程17日目から20日目には，泥水位低下による実験を行っている．

(2) 地盤変形と間隙水圧の変化

図-3.21にトレンチ掘削に伴う地盤変形を示す．掘削終了時のA-1測点でのはらみ出しによる変形は，G.L.−14mにおいて最大5mm程度生じている．その後，泥水置換を行うまでの7日間に，はらみ出しが進み10mm程度となっている．しかし，連続地中壁工法におけるトレンチの掘削終了時からコンクリート打設終了時までの期間が5日程度であることから，この長さ9.5mのトレンチは安定した状態であると判断できる．

トレンチ掘削開始から実験終了までの20日間のG.L.−16m，G.L.−18m，G.L.−20mにおける間隙水圧と地盤変形の変化を図-3.22に示す．壁面のはらみ出しにより，掘削終了時では4〜19 kN/m^{2}程度の間隙水圧の減少が生じている．次に，実験工程18日目に泥水位をG.L.−1mからG.L.−2.5mまで低下させ，2時間放置後，さらにG.L.−3.5mまで低下させている．その際，ソイルセメントパイルが大きく変形し始めたため，G.L.−3.5mで7時間だけ放置し，泥水位をG.L.−1.5mまで上昇させている．この状態で11時間放置し，再度G.L.−3.5mまで泥水位を低下させたが，ソイルセメントパイルが崩壊現象を示し始めたため泥水位をG.L.−1mまで上昇させ実験を終了している．図-3.23にG.L.−16mにおける泥水圧，間隙水圧および地盤変形における一連の変化の詳細を例示する．これらの間での力学的な反応は非常に敏感な状態であることが読み取れ，壁面安定を考えるうえで，泥水位が重要な要因となることが示されている．なお，A-1測点では，再度の泥水位低下時に生じたソイルセメントパイル部の過大な変位による挿入式傾斜計のスケールオーバーのため，測定を中止している．

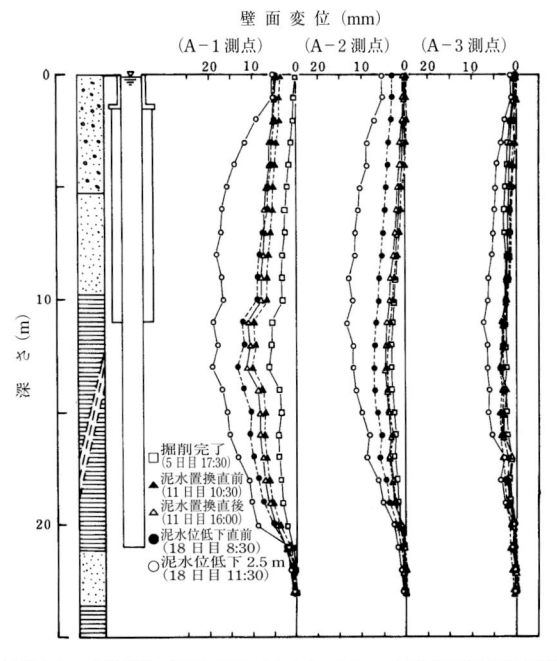

図-3.21 地盤変形（図-3.19に示すA-1, A-2, A-3測点における変形）

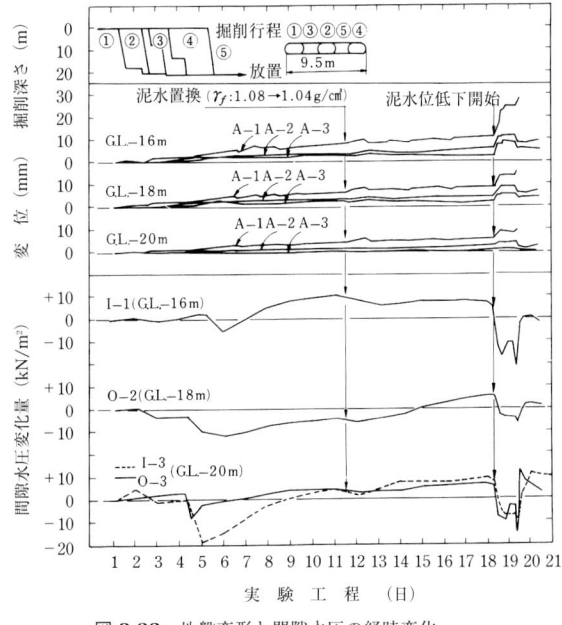

図-3.22 地盤変形と間隙水圧の経時変化
（G.L.－16m，G.L.－18m，G.L.－20mの場合）

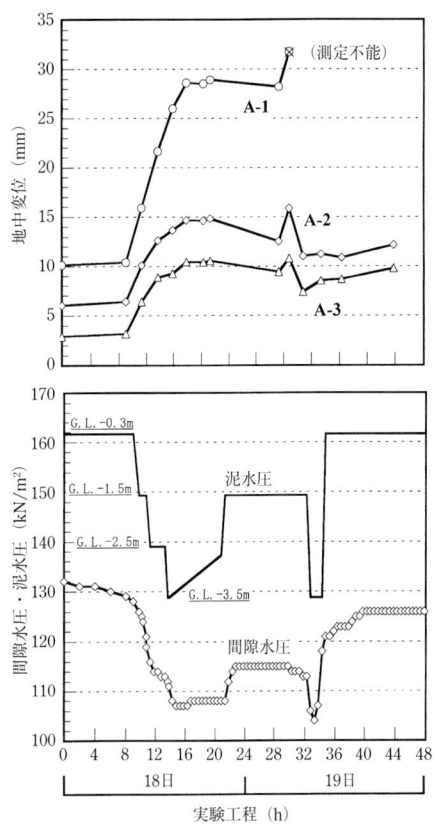

図-3.23 泥水圧の変化による地中変位と間隙水圧
の変化（G.L.－16mの場合）

3.3 壁面安定の力学機構の考察

トレンチ壁面を作用させる応力$\Delta\sigma_R$は，前述の式(3.2) で示される．式中の掘削前の壁面に作用する静止側圧は次式で示される．

$$K\sum\gamma_i H_i = K_0 P_c + u_0 + u_w \tag{3.3}$$

ここで，K_0：静止土圧係数
u_0：過剰間隙水圧で有効上載荷重と圧密降伏応力P_cの差
u_w：原地盤での間隙水圧

$\Delta\sigma_R$が正となるトレンチ掘削では，トレンチ壁面の掘削側への変位により，壁面土圧の静止状態から主働状態への移行，および壁面水圧の粘性土骨格が膨張することによる負圧の発生が原因して，壁面側圧は減少する．この壁面側圧が泥水圧とつり合う場合は壁面が安定し，つり合わない場合は壁面変位が進行し壁面が破壊する．すなわち，軟弱粘性土地盤でのトレンチ壁面安定の力学機構を"トレンチ壁面がわずかに掘削側に変位することにより，その作用外力である側圧が静止側圧状態から減少することで，壁面側圧と泥水圧とがつり合いの力学状態となり，壁面安定が保持される"と考えることができる．

第3章 軟弱粘性土地盤における泥水トレンチ壁面安定

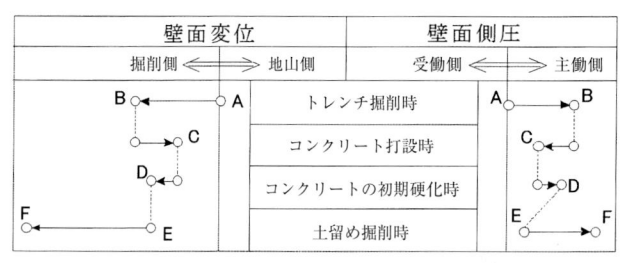

図-3.24 壁面変位と壁面側圧の経時変化の概念図

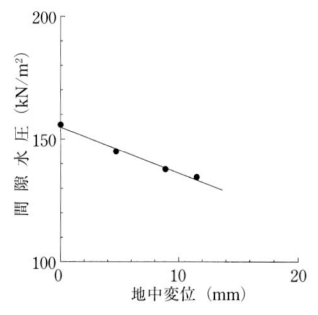

図-3.25 地中変位と間隙水圧の関係 (壁面より1.5m, 深さ16m)

軟弱粘性土地盤における泥水トレンチ掘削時からそれに引き続くコンクリート打設，土留め掘削時での，壁面変位と壁面側圧の一般的な経時変化の概念図を図-3.24に示す．トレンチ掘削時の壁面安定を検討するためには，壁面に作用する壁面側圧・壁面土圧・壁面水圧や壁面変位の実測挙動に基づくことが望ましいが，直接的かつ詳細に計測することは困難である．そこで，土留め掘削時での力学挙動とほぼ同じであると考え，トレンチ壁面変位に対応する壁面側圧変化の関係として，土留め壁面での初期掘削段階における20mm程度の小さい壁面変位の範囲における壁面変位と壁面側圧の関係を援用してみる．まず，その工学的妥当性についてケースBの場合について，次のように考察する．

トレンチ実験掘削は，本工事の土留め壁としての連続地中壁構築に先立って，この軟弱粘性土層で壁面が安定することを確かめ，その際の力学挙動を調査するために実施したものである．実験位置は連続地中壁から約20m離れた同一の建設現場内であり，地盤状態は同一である．実験トレンチの形状は幅1m，長さ9.5m，深さ21mであり，G.L.−10〜−21mの粘性土層におけるトレンチ壁面安定の可否を検討対象として実施したものである．本工事の連続地中壁でのトレンチの形状は，幅1m，長さ9.5m，深さ38.25mであり，深さのみが異なっている．両者の施工条件も，使用した泥水や掘削方法は同じである．

土留め壁である連続地中壁はトレンチ掘削に引続いて築造するもので，両壁面地盤が共通し，壁面には泥膜が付着していることや地盤が軟弱粘性土であることから，壁面摩擦の影響は小さいと推測できる．また，図-3.25に示すように，G.L.−16mの泥水トレンチ壁面から1.5m離れた地盤中での，地盤水平変位に対する間隙水圧の減少関係と土留め壁面での減少関係がほぼ一致していることも，この点に関する有用な知見となる．ただ，両壁面状態の力学的な差異の程度を直接的に実証することは難しい．

そこで泥水トレンチ掘削時と土留め掘削時の関連性と連続性を明確にするため，連続地中壁施工時に泥水トレンチ中の鉄筋籠に設置した壁面土圧計 (壁面側圧を計測) と壁面水圧計 (壁面水圧を計測) を地盤の壁面に軽く接着させた状態でトレンチ内にコンクリートを打設し，打設後11ヵ月間放置した後の土留め掘削直前 (土留め掘削時の初期値) までの壁面側圧・壁面水圧・壁面土圧の変化を図-3.26に示す．

トレンチ壁面に軽く接着させた状態では，壁面土圧計・壁面水圧計の指示値は泥水圧を示しているが，トレンチ内へコンクリートを打設するとコンクリート圧により地山側に壁面が変位されるため，値は増大する．増大した値は，コンクリートの初期硬化に伴い減少して最小値を示した後，50時間程度経過すると安定し，その後の放置期間中には漸増している．この放置期間後，壁面水圧は

3.3 壁面安定の力学機構の考察

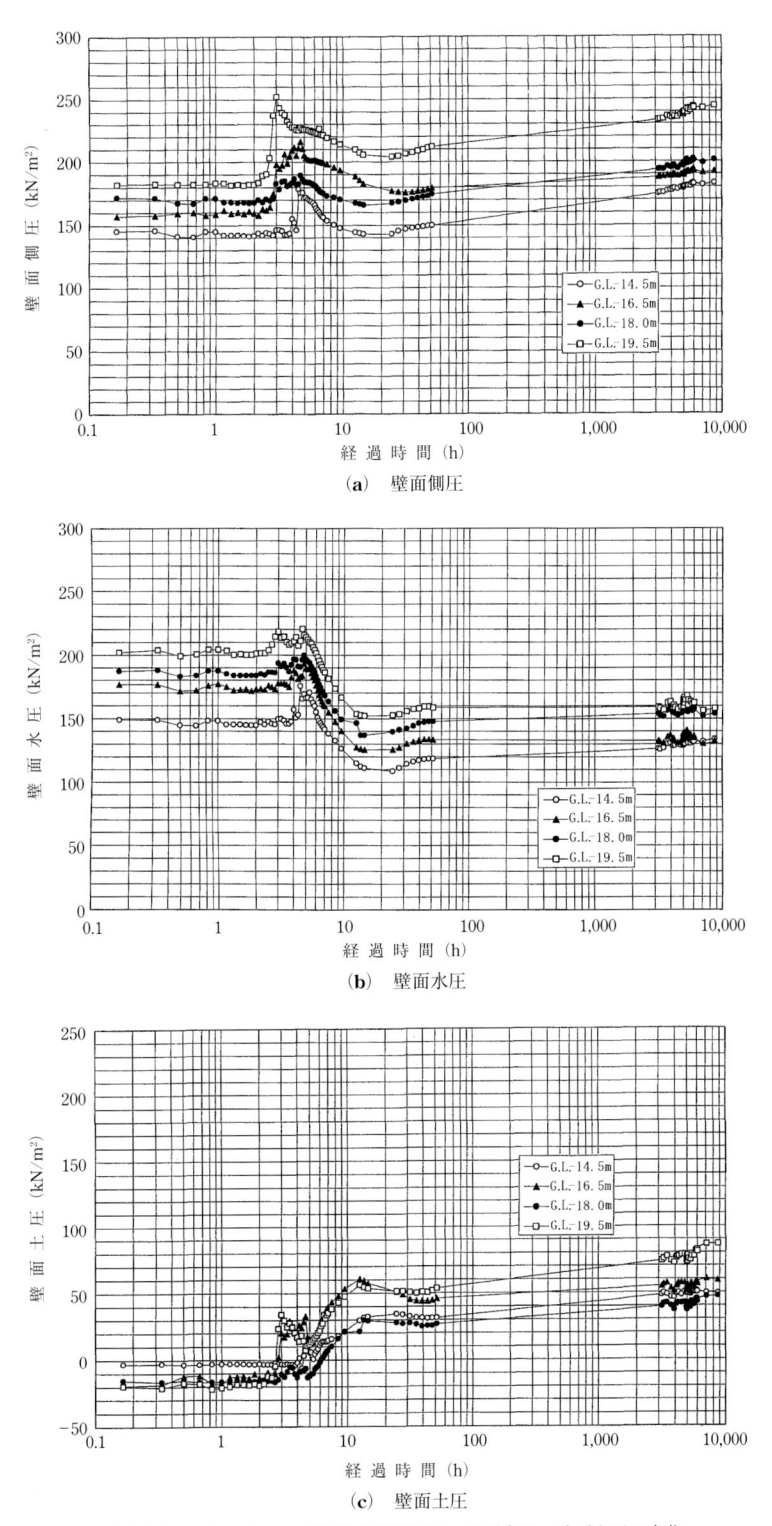

(a) 壁面側圧

(b) 壁面水圧

(c) 壁面土圧

図-3.26 コンクリート打設後の壁面側圧・壁面水圧・壁面土圧の変化

第3章 軟弱粘性土地盤における泥水トレンチ壁面安定

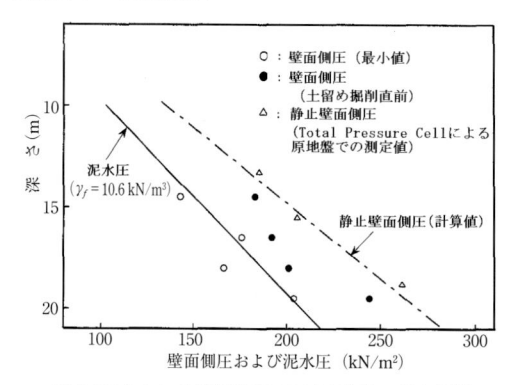

図-3.27 トレンチ掘削前後における地盤の応力状態

ほぼ当初の静水圧状態に回復しているが，壁面側圧は原地盤での静止状態での値にまでは戻っていない．

これらの力学挙動から推測できるトレンチ掘削前後の地盤応力状態を図-3.27に示す．鉄筋篭に設置した土圧計については，コンクリート打設後のどの時点から真の壁面側圧を示すかが不明確なため，図中にコンクリート打設直後の計測値，計測された壁面側圧の最小値，および土留め掘削直前の計測値を記しておいた．深さ方向でこれらの値は，挿入式地中土圧計により測定した泥水トレンチ実験掘削前の原地盤の静止状態での壁面側圧や，Alpanの方法によって求めた静止土圧 ($K_0 = 0.53$) に原地盤での壁面水圧の測定値を加えて求めた壁面側圧より，いずれも小さくなっている．その中で計測された壁面側圧の最小値が泥水圧とほぼ等しいということは，トレンチ壁面の安定が，わずかな壁面変位で泥水圧とつり合うような壁面側圧状態が存在すると考えうることを示している．なお，図-3.27でのトレンチ掘削前の粘性土層の静止側圧は，ボーリング孔内水平載荷試験およびボーリング孔を利用して地中土圧計（縦21 cm，横9.2 cm，厚さ5 mmの受圧板）を地盤中に圧入し，調査している．

土留め掘削時の壁面変位と壁面側圧・壁面水圧・壁面土圧の関係を図-3.28に示す[15),16)]．壁面変位が20 mm程度までは，壁面側圧・壁面水圧・壁面土圧のいずれもが，壁面変位にほぼ一次比例して減少している．壁面水圧の減少は，粘性土の粒子骨格の膨張による負圧の発生，壁面土圧の減少は静止状態から主働状態への移行が主に原因していると考えられる．これらの関係から，泥水トレンチ掘削時の壁面変位10 mmと20 mmに対する壁面側圧を推定する．表-3.1，図-3.29に示すように，各深さにおいて壁面変位20 mmでの壁面側圧は泥水圧とよく一致している．

表-3.1 トレンチ壁面における壁面水圧・壁面土圧・壁面側圧の変化

(単位：kN/m²)

壁面変位 (mm) 深さ (m)	壁面水圧 10	壁面水圧 20	壁面土圧 10	壁面土圧 20	壁面側圧 10	壁面側圧 20
14.5	9	18	12	24	21	42
16.5	12	24	12	24	24	48
18	15	30	12	24	27	54
19.5	17	34	14	28	31	62

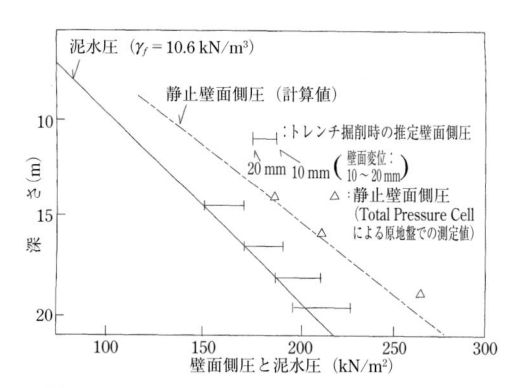

図-3.29 トレンチ壁面に作用する壁面側圧と泥水圧

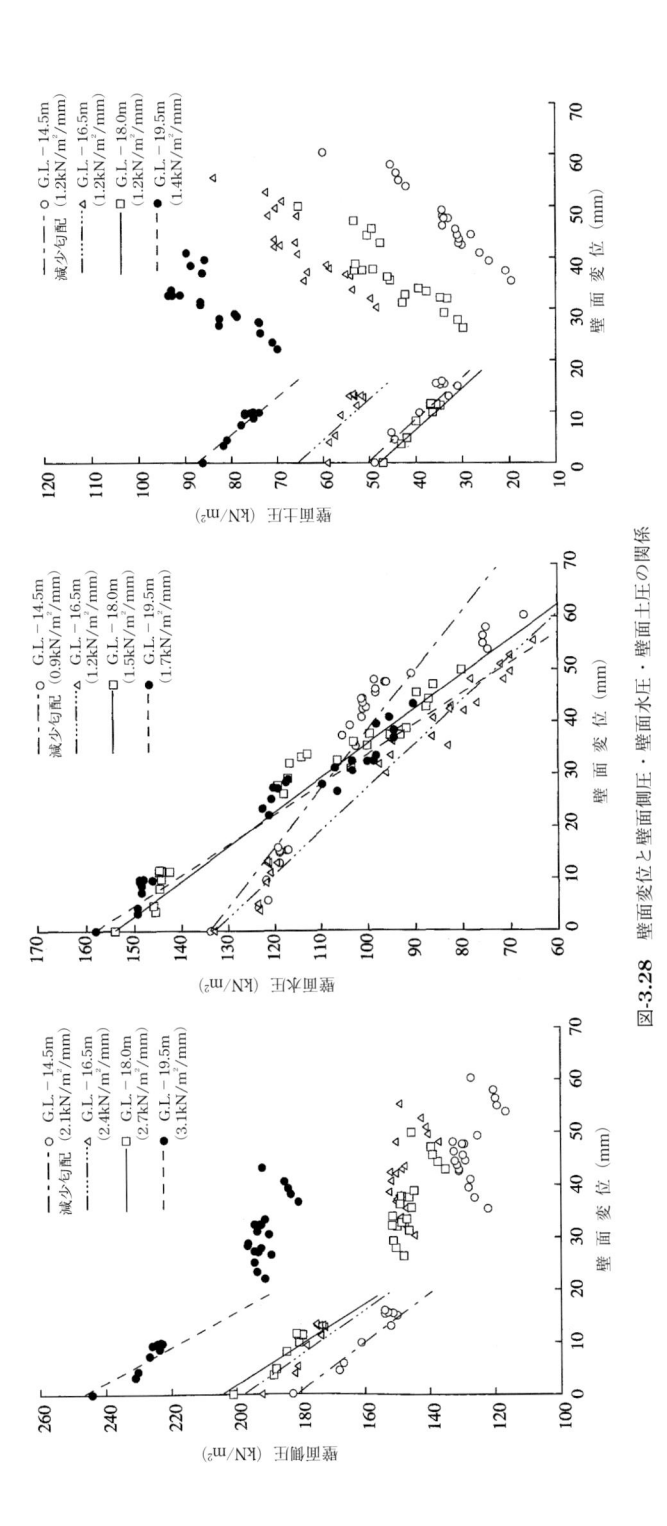

図-3.28 壁面変位と壁面側圧・壁面水圧・壁面土圧の関係

次に，ケースA-Ⅰ(陸部トレンチ)，ケースA-Ⅱ(海部トレンチ)，ケースA-Ⅲ(中間部トレンチ)，ケースB，ケースCにおける壁面安定の力学状態の説明図を図-3.30に示す．図中には，式(3.3)で計算したG.L.－16.5 mにおける各ケースの静止壁面側圧を示す．正規圧密の進行状態によって，静止壁面側圧は大きく値が異なり，ケースA-Ⅱ(海部トレンチ)，ケースA-Ⅲ(中間部トレンチ)，ケースA-Ⅰ(陸部トレンチ)，ケースB，ケースCの順に大きい．図-3.30より次のような壁面安定挙動が考察できる．ケースBでは，壁面変位が20 mm生じた時点で泥水圧とつり合い，トレンチ壁面は安定している．その後，泥水圧をG.L.－3.5 mまで低下させると，泥水圧と壁面側圧のつり合いが崩れ，壁面側圧が泥水圧以下に減少しないまま，壁面変位がクリープ的に進行したと考えられる．それに対し，ケースA-Ⅱ(海部トレンチ)では壁面側圧と泥水圧はつり合わず完全に壁面が破壊し，ケースA-Ⅲ(中間部トレンチ)では壁面

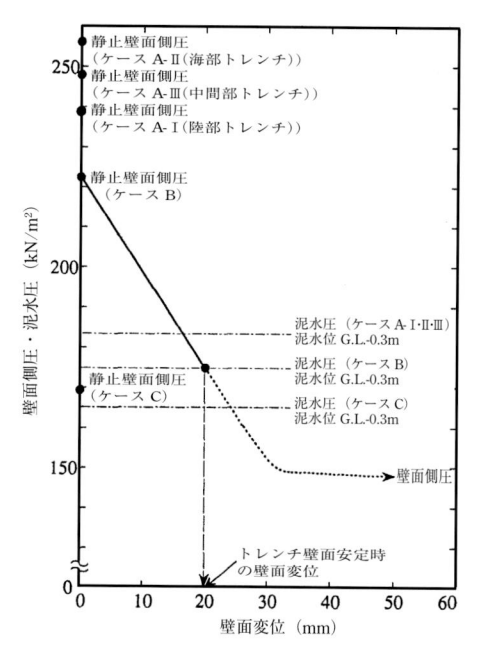

図-3.30 トレンチ壁面安定の力学状態説明図
(G.L.－16.5mの場合)

変位150 mmで壁面側圧と泥水圧がつり合い，壁面変位の進行が停止したと考えられる．また，ケースCでは静止壁面側圧と泥水圧の値がほぼ等しいため，微小壁面変位で壁面側圧と泥水圧はつり合い，壁面安定状態に至ったと推論できる．

以上の考察より，軟弱粘性土層が正規圧密の進行状態にあり，トレンチ掘削前の静止側圧が大きい地盤状態では，トレンチの壁面安定は保たれないと判断できる．また，軟弱粘性土地盤におけるトレンチ壁面の安定力学挙動は，泥水圧と壁面側圧との単純なつり合いにより説明でき，正規圧密の終了状態にあれば"トレンチ壁面がわずかに掘削側に変位することにより，その作用外力である壁面側圧が静止側圧状態より減少することで，壁面側圧と泥水圧とがつり合いの力学状態となり，壁面安定が保持される"と考えられる．

3.4 有限要素法解析

3.4.1 解析手法・条件

軟弱粘性土地盤におけるトレンチ掘削時の力学挙動に対する解析法として，土と水連成 (soil-water coupling) 有限要素法を適用する．この解析法によれば，間隙水圧の変化を含めた時間的な力学挙動の変化を解析的に追跡できる[14),15)]．ここでは，A-Ⅰ・Ⅱ・Ⅲの3実験およびB実験に対し，トレンチ掘削時の壁面変形に対応した間隙水圧の変化を含めた地盤応力状態を調べ，トレンチ壁面安定との関係を調べる．

(1) 有限要素法モデルの設定

解析には土と水連成FEM解析ソフトSage crispを用いた[17)]．また，三次元解析として，Tanらが行ったトレンチの掘削長さを直径とする軸対称問題を考えモデル化する[14)]．

(2) 入力地盤定数の設定

砂層はMohr-Coulombの破壊規準で，粘性土層は図-3.31に示すSchofieldによって提案された破壊基準でモデル化する．Schofieldモデルでは，限界状態線より右側 (dry sideと呼ぶ) はCam-clay降伏曲面とし，左側 (wet sideと呼ぶ) はCam-clay降伏曲面が適合しないとして，Hvorslev降伏曲面および引張クラック降伏曲面としてモデル化したものである．土質パラメータは，室内土質試験結果やSage cripsのマニュアルに従い評価した[15]．また，p'-q座標におけるHvorslev降伏曲面の勾配Hは0.6，引張クラックの勾配Sは2とし[18),19)]，初期のp'_cは，Cam-clayモデルの適用性を向上させるため，やや過圧密のOCR = 1.1として計算する[15]．

3.4.2 ケースA-Ⅰ・Ⅱ・Ⅲに対する解析

(1) 解析条件

解析に使用する有限要素メッシュと境界条件を図-3.32に示す．トレンチ掘削の1パネルの長さが2.2 mであるので，半径1.1 mでモデル化した．また，トレンチの側面や底面は，泥膜があるので不透水として評価した．

(2) 初期応力条件

鉛直および水平有効応力，間隙水圧の初期設定を図-3.33に示す．ケースA-Ⅰ-2は，他のケースとの比較の意味で過剰間隙水圧がゼロの場合を考えたものである．

(3) 土質パラメーター

入力土質パラメーターを表-3.2および表-3.3に示す．

(4) 解析結果と考察

壁面変形の解析結果を図-3.34に示す．解析値は，ケースA-Ⅱ(海部トレンチ)では実測値とよく

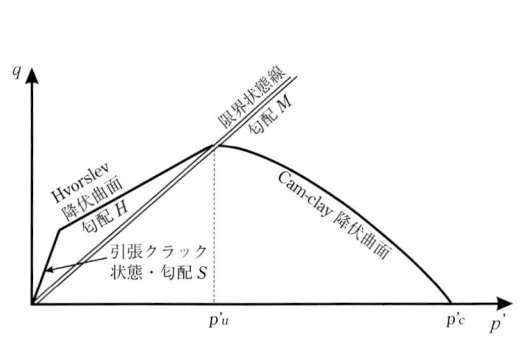

図-3.31 Schofieldモデルの破壊規準の説明図

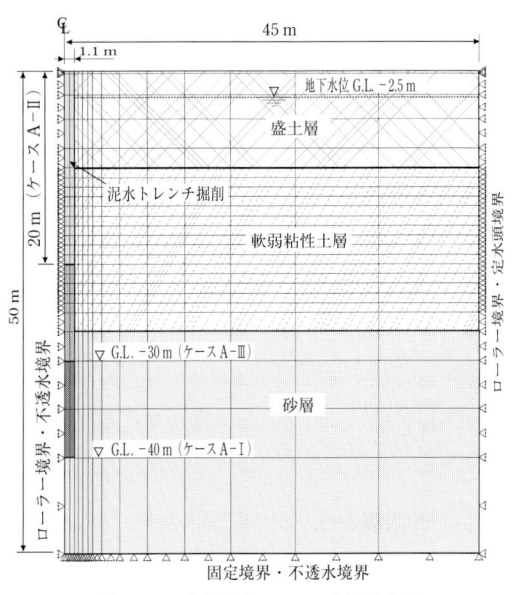

図-3.32 有限要素メッシュと境界条件

第3章 軟弱粘性土地盤における泥水トレンチ壁面安定

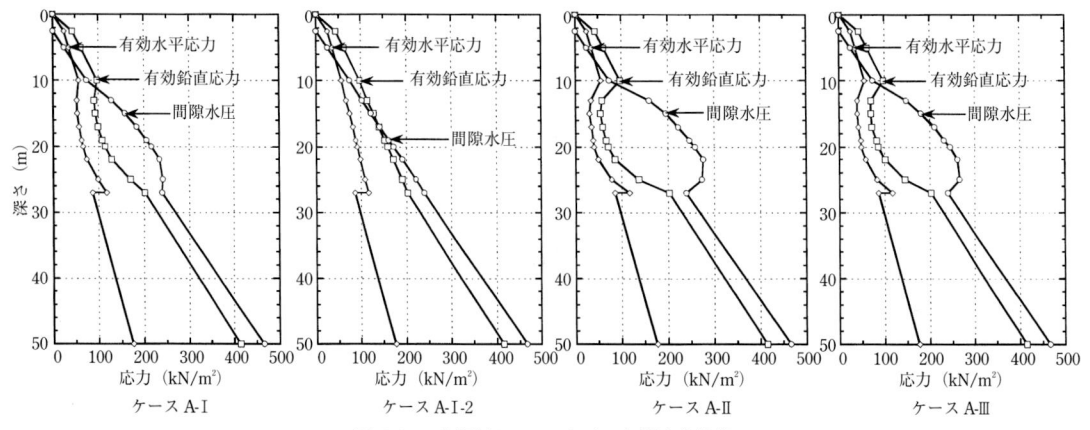

図-3.33 各解析ケースにおける初期応力状態

表-3.2 土質パラメーター(Mohr-Coulombモデル：盛土・砂層)

土層	単位体積重量 γ (kN/m³)	透水係数 k (m/s)	弾性係数 E (kN/m²)	ポアソン比 ν	内部摩擦角 ϕ' (°)
盛土	17	1.0×10^{-3}	5.0×10^{3}	0.36	25
砂	19	1.0×10^{-3}	1.0×10^{4}	0.30	35

表-3.3 土質パラメーター (Schofieldモデル：軟弱粘性土層)

土質パラメーター（Schofieldモデル）	
v-ln p' での載荷線の勾配, λ	0.326
v-ln p' での除荷線の勾配, κ	0.033
限界間隙比, e_{CR}	3.40
p'-q での限界状態線の勾配, M	0.741
ポアソン比, ν	0.36
単位体積重量, γ_s (kN/m³)	17
鉛直方向透水係数, k_V (m/s)	3.0×10^{-9}
水平方向透水係数, k_H (m/s)	1.0×10^{-8}
p'-q でのHvorslev面の勾配, H	0.6
p'-q での引張クラック状態面の勾配, S	2

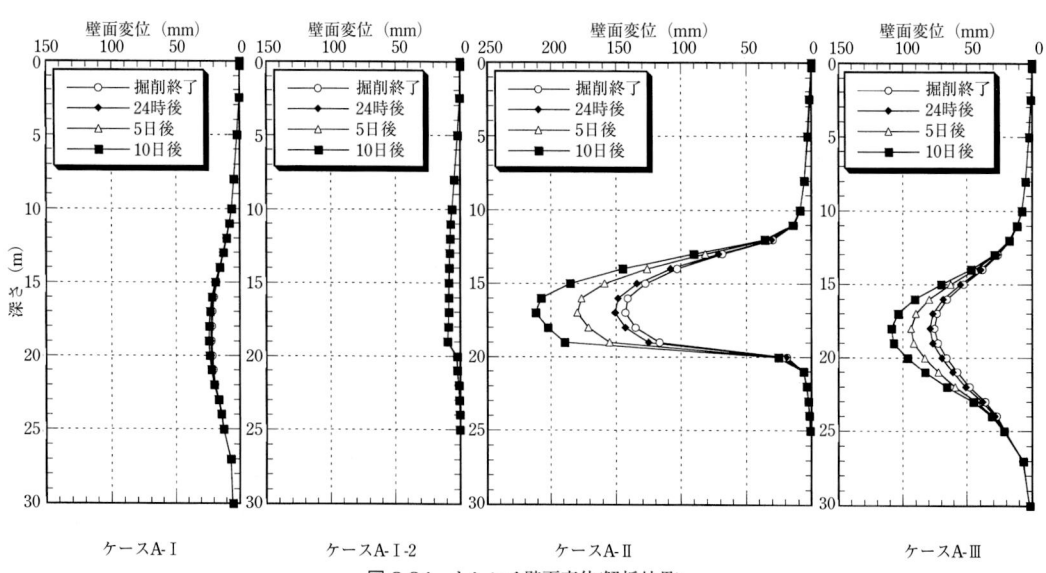

図-3.34 トレンチ壁面変位(解析結果)

一致している．それに対し，ケースA-I (陸部トレンチ) のように壁面安定状態の小さい壁面変形に対しては，多少過大に評価している．ケースA-Iとケース A-I-2との比較から，軟弱粘性土層内の過剰間隙水圧が，破壊的な壁面変位を引起すに至った原因と考察できる．

次に，トレンチ壁面安定の力学挙動を，壁面に作用する地山からの壁面側圧と壁面を支持する泥水圧との平衡関係から考察する．図-3.35にケースA-II，G.L.−15.0 mでの解析結果を示す．

壁面側圧のトレンチ掘削前の初期値は，図に示すように，同じ深さでの泥水圧よりかなり大きい．トレンチ掘削中では，壁面側圧は，壁面変位の進行とともに次第に減少する．壁面水圧は壁面変位に一次比例して減少するのに対し，壁面土圧は20 mm程度の初期壁面変位まで減少し，その後はほぼ一定である．その結果として，壁面側圧は泥水圧に向かって緩やかに減少し続ける．初期の壁面側圧と泥水圧の差が大きいほど，より大きい壁面変位が生じることになる．トレンチ掘削終了後の放置期間では，負の過剰間隙水圧の消散による壁面水圧の増大と壁面土圧の減少が生じ，その結

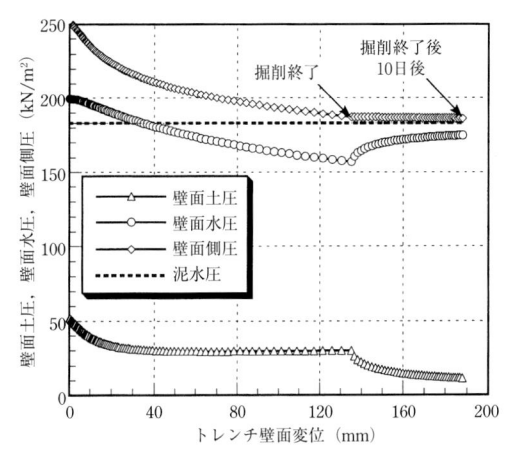

図-3.35 壁面土圧，壁面水圧および壁面側圧と壁面変位の関係 (解析結果：ケースA-II，G.L.−15.0m)

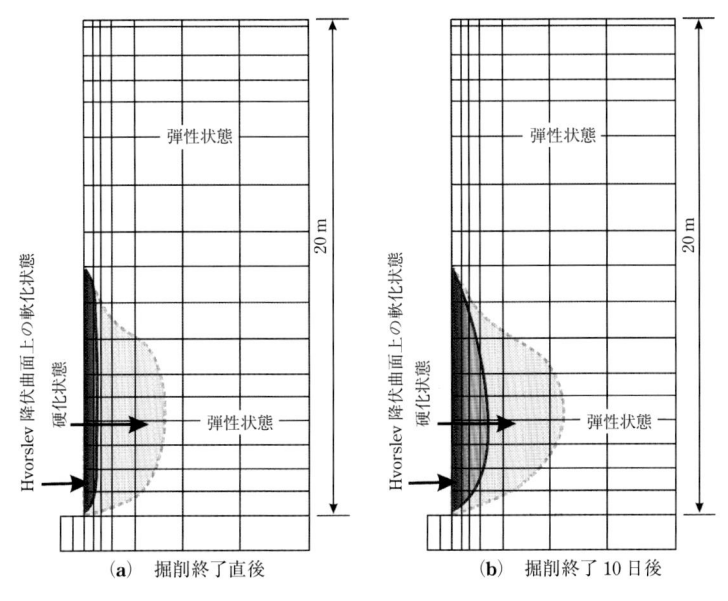

図-3.36 地盤中における進行性破壊の発生状態 (ケースA-II)
(a) 掘削終了直後
(b) 掘削終了10日後

果として壁面側圧はほぼ一定となっている．図-3.36に，掘削終了時および10日後の地盤応力状態を示す．地盤中における進行性破壊の発生状態が読みとれる．

3.4.3 ケースBに対する解析

(1) 解析ケース

ケースBに対する解析ケースは次のようである．
・ケースB-Ⅰ：表-3.4に示した実験段階1～4.7の実験手順をシュミレートする解析，解析に用いた土質パラメーターを表-3.5および表-3.6に示す．
・ケースB-Ⅱ：表-3.4に示した実験段階1～4.6の実際の施工段階からG.L.－3.5 mの泥水位をG.L.－5 mまで0.5時間で低下させ，その後10日間その状態を保持する解析
・ケースB-Ⅲ：ケースB-Ⅱでの透水係数kを10倍とする解析
・ケースB-Ⅳ：ケースB-Ⅱでの排水条件を非排水条件とする解析

なお，図-3.37に有限要素メッシュと境界条件を示す．解析でのトレンチ半径は4.75 mである．

表-3.4 ケースB実験手順

段階	実験作業	泥水の単位体積量 (kN/m³)	泥水位	経過時間 (h)
1	掘削：G.L.－21m	10.6	G.L.－0.3m	120
2	泥水位：G.L.－0.3m	10.6	G.L.－0.3m	144
3	泥水置換	10.3	G.L.－0.3m	168
4	泥水位の低下実験			
4.1	G.L.－1.5mへ低下		G.L.－1.5m	2
4.2	G.L.－2.5mへ低下		G.L.－2.5m	2.5
4.3	G.L.－3.5mへ低下	10.3	G.L.－3.5m	4
4.4	G.L.－3.0mへ上昇		G.L.－3.0m	3.5
4.5	G.L.－1.5mへ上昇		G.L.－1.5m	11.5
4.6	G.L.－3.5mへ低下		G.L.－3.5m	0.5
4.7	G.L.－1.5mへ上昇		G.L.－1.5m	～

表-3.5 土質パラメーター(Mohr-Coulombモデル：盛土・砂層)

土　層	単位体積重量 γ (kN/m³)	透水係数 k (m/s)	弾性係数 E (kN/m²)	ポアソン比 ν	内部摩擦角 ϕ' (°)
上部砂層	18	1.0×10^{-3}	1.0×10^{4}	0.36	25
下部砂層	19	1.0×10^{-12}	2.6×10^{4}	0.30	35
ソイルセメント	20	1.0×10^{-3}	3.0×10^{4}	0.33	30

3.4 有限要素法解析

表-3.6 土質パラメーター (Schofieldモデル：軟弱粘性土層)

土質パラメーター	
v-$\ln p'$ での載荷線の勾配, λ	0.2
v-$\ln p'$ での除荷線の勾配, κ	0.02
限界間隙比, e_{CR}	2.8
p'-q での限界状態線の勾配, M	0.851
ポアソン比, v	0.32
単位体積重量, γ_s (kN/m³)	17
鉛直透水係数, k_V (m/s)	3×10^{-9}
水平方向透水係数, k_H (m/s)	1×10^{-8}
p'-q でのHvorslev面の勾配, H	0.6
p'-q での引張クラック状態面の勾配, S	2

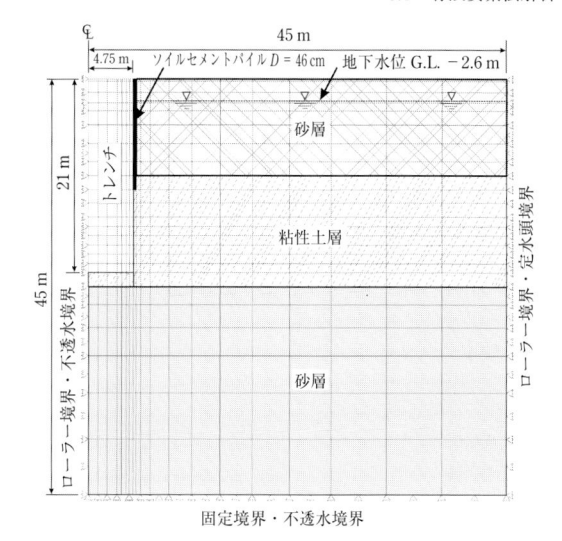

図-3.37 有限要素メッシュと境界条件

(2) 解析結果と考察
a. ケースB-Iの基本解析

図-3.38に，基本解析であるケースB-Iでの掘削直後と泥水位低下段階での壁面変形の解析値を示す．壁面変形の進み方は，実測値と解析値はよく似ている．しかしながら，トレンチ掘削終了時の解析での最大壁面変位は14 mmであるのに対し，A-1測点の実測値は5 mmであり，解析壁面変位は現場計測値より大きく，土の微小ひずみの力学挙動は捉えることができたとはいえない．次に，泥水位をG.L.－3.5 mに低下させると，最大壁面変位は42 mmとなった．

図-3.39に，G.L.－16 mの深さでの泥水圧の変化とそれに対応しての間隙水圧変化を示す．図-3.23に示した実測挙動とよく対応している．すなわち，泥水位を低下させると泥水圧が減少し，トレンチ壁面が掘削側に変位し，土粒子骨格が膨張し負の過剰間隙水圧を発生させ，間隙水圧が減少

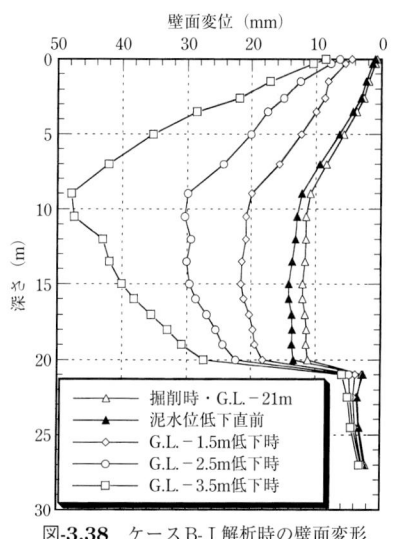

図-3.38 ケースB-I解析時の壁面変形

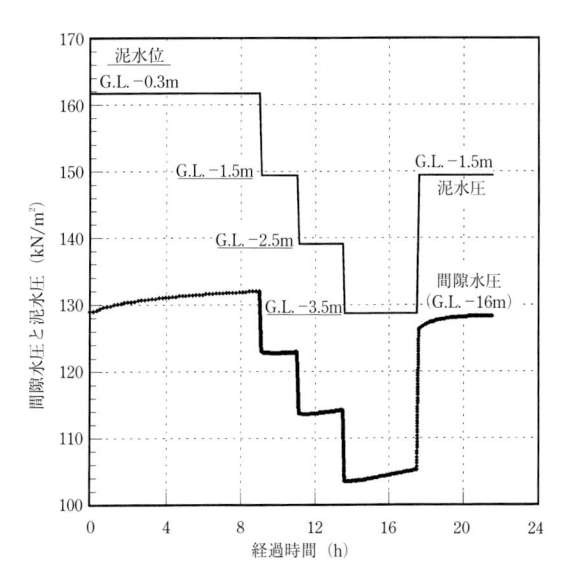

図-3.39 泥水圧の変化による間隙水圧の変化 (G.L.－16mの場合)

第3章　軟弱粘性土地盤における泥水トレンチ壁面安定

する．それに対し，泥水位を上昇させると，土塊が圧縮され正の過剰水圧が発生し間隙水圧が増大する．

上述したように，間隙水圧の変化は，壁面変位と敏感に反応しており，壁面安定の力学挙動の主な力学要因と考えられる．図-3.40に，壁面変位と壁面水圧の関係の解析値を示す．壁面水圧の減少勾配は，G.L.−16.5 mで0.95 kN/m²/mmであり，G.L.−18 mでは1.1 kN/m²/mmである．

b.　ケースB-Ⅱ

ケースB-Ⅱでは，泥水位をG.L.−5 mに低下させると，壁面変位は時間の経過とともに急激に増大し，最大壁面変位はG.L.−14.5 mの深さで66 mmとなり破壊に至る．

図-3.41は，G.L.−16.5 mでの泥水位低下時の壁面変位と壁面側圧変化の解析値を示す．泥水位をG.L.−5 mに低下させた直後のポイント②までは，壁面側圧は壁面変位とともにほぼ一次比例して減少している．放置期間になると壁面変形は進み，若干ではあるが壁面側圧は増大し1ヵ月後の③に至っている．①あるいは②において，減少した壁面側圧は，なお泥水圧よりも大きい状態であ

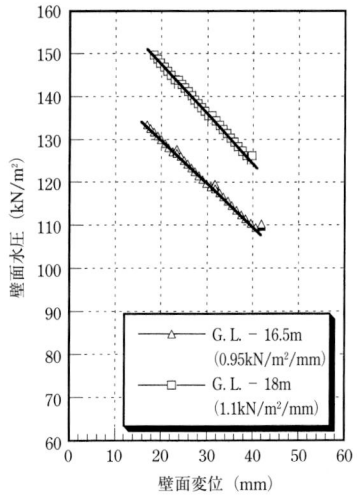

図-3.40　ケースB-Ⅰ解析時の壁面変位と壁面水圧の関係（G.L.−16.5 mとG.L.−18 mの場合）

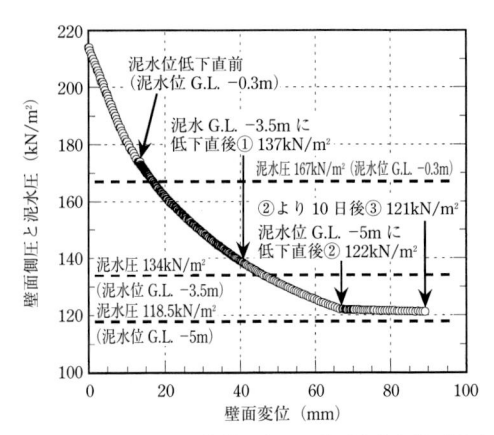

図-3.41　ケースB-Ⅱ解析における壁面変位と壁面側圧の関係（G.L.−16.5 mの場合）

（a）泥水位G.L.−5 mに低下直後　　（b）泥水位G.L.−5 mに低下10日後

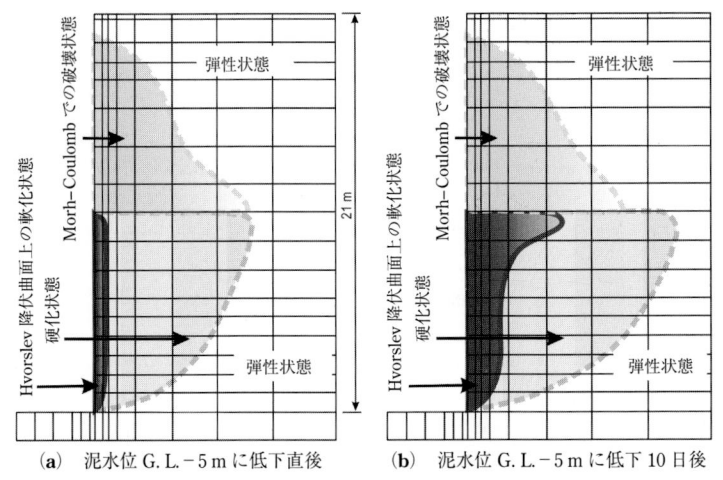

図-3.42　地盤中における進行性破壊発生状態（ケースB-Ⅱ）

る．さらに，経過時間が負の過剰間隙水圧を消散するのに十分な時間が経過させたポイント③では壁面側圧は増大し，その結果として，泥水圧とつり合い状態にならず壁面変形が進行している．

図-3.42に，泥水位をG.L.−5mに低下させた直後および10日後での粘性土層の力学状態を示す．壁面近傍ではHvorslev曲面上を軟化した力学状態，その地山側ではCam-clay降伏曲面に向け塑性化し硬化した力学状態，さらに地山側では弾性力学状態を示している．

c. ケースB-Ⅲ

ケースB-Ⅲにおいて，粘性土の透水係数をケースB-Ⅱの10倍に増大させ，ケースB-Ⅳでは非排水条件とした．ケースB-Ⅱ，ケースB-ⅢおよびケースB-Ⅳでの最大壁面変位を表-3.7に示す．泥水位低下時にはほぼ同じ程度であった壁面変位は，時間の経過ともに差が生じ，ケースB-ⅢではケースB-Ⅳに比べ2倍近くに壁面変位が増大している．非排水条件での壁面変位が小さいことは，粘性土中に生じた負の過剰間隙水圧の消散(吸水)が遅く，壁面変位を小さく生じさせることを示している．すなわち，非排水条件での解析は，壁面変位を小さく予測することになる．

表-3.7 透水係数と最大壁面変位の関係

解析段階 (泥水位)	壁面変位(mm)		
	ケースB-Ⅱ	ケースB-Ⅲ	ケースB-Ⅳ
	$k_V=3\times10^{-8}$m/s $k_H=1\times10^{-7}$m/s	$k_V=3\times10^{-7}$m/s $k_H=1\times10^{-7}$m/s	非排水
泥水位 G.L.−3.5m	42	47	39
泥水位 G.L.−5m	66	71	62
泥水位 G.L.−5mの2日後	70	113	65

参考文献

1) Nash, K. T. L. and Jones, G. K. (1963)：Support of trenches using fluid muds, *Proc. of Symp. Grouts and Drilling Muds Engineering Practice*, 177-180.
2) Morgenstern, N. R. and Tamasseb, I. A. (1965)：The stability of slurry trench in cohesionless soil, *Géotechnique*, **15** (4), 387-395.
3) Piaskowski, A. and Kowalewski, Z. (1965)：Application of thixotrpic clay suspensions for stability of vertical sides of deep trenches without strutting, *Proc. of 6th ICSMFE*, **2**, 526-529.
4) Elson, W. K. (1968)：An experimental investigation of slurry trenches, *Géotechnique*, **18** (1), 37-49.
5) Dibiagio, E. and Myrovoll, F. (1972)：Full scale field tests of a slurry trench excavation in soft clay, *Proc. of 5th European Conf. on SMFE*, **1**, 461-471.
6) Aas, G. (1976)：Stability of slurry trench excavation in soft clay, *Proc. of 6th European Conf. on SMFE*, **1**, 103-110.
7) Morgenstern, N., Blight, E.G., Janbu, N. and Rasendy, D. (1977)：Slope and excavation, *Proc. of 9th ICSMFE*, **2**, 547-568.
8) 玉野富雄，福井 聡，植下 協 (1984)：軟弱粘性土地盤における泥水トレンチ掘削の安定，土木学会論文報告集，**346** (Ⅲ-1), 37-45.
9) 玉野富雄，福井 聡，植下 協，村上 仁，和泉四郎 (1991)：粘性土地盤における泥水トレンチ掘削時の壁面安定解析法の適用性，土質工学会論文報告集，**81** (8), 151-168.
10) Tamano, T., Fukui, S., Suzuki, H. and Ueshita, K. (1995)：Stabilizing mechanism of slurry trench walls in soft ground, *Proc. of 10th Asian Regional Conf. on SMFE*, **1**, 357-360.
11) Tamano, T., Fukui, S., Suzuki, H. and Ueshita, K. (1996)：Stability of slurry trench excavation in soft clay, *Soils and Foundations*, **36** (2), 101-116.
12) N. H. Quan, 玉野，福井，金岡 (2002)：Numerical analysis of experimental slurry trentexcavation in soft clay, 軟弱地盤における地下建設技術に関するシンポジウム，地盤工学会，98-103.
13) Tamano, T., Quan, N. H., Kanaoka, M. and Fukui, S. (2002)：Numerical analysis of experimental slurry trench excavation in soft clay, *Proc. of Int. Symp. on Geotechnical Aspects of Underground Construction in Soft*

Ground, 98-103.

14) Tan, T. *et al.*, (1999)：3-D finite element modeling of slurry trenching, *Proc. of Int. Symp. on Geotechnical Aspects of Under ground Construction in Soft Ground*, 587-592.

15) 玉野富雄，福井　聡，鈴木宏昌，松沢　宏，植下　協 (1996)：軟弱粘土地盤における土留め背面側壁面に作用する土圧・水圧の力学挙動，土木学会論文集，**516** (Ⅳ-27)，53-61.

16) Tamano, T., Fukui, S., Mizutani, S., Tsuboi, H. and Hisatake, M. (1996)：Earth Pressures acting on the excavation side of a braced wall in soft ground, *Proc. of the Int. Symp. on Geotechnical Aspects of Underground Construction in Soft Ground*, 207-212.

17) Woods, R. and Rahim, A. (1999)：Sage-Crisp technical reference manual, SAGE Engineering Ltd.

18) Powrie, W. and Li, E. S. F. (1991)：FE analysis of an situ wall propped at formation level, *Géotechnique*, **41** (4), 499-514.

19) Bolton, M. D. *et al.*, (1989)：FE analysis of a centrifuge model of retaining wall embedded in an heavily over consolidated clay, *Computers and Geotechnics*, **7** (4), 289-318.

20) Tamano, T., Quan, N. H., Kanaoka, M. and Fukui, S. (2003)：Deformation and failure of slurry trench in reclaimed soft clay, *Proc. of the 12th Asian Regional Conf. on SMFE*, (投稿中).

21) Tamano, T., Quan, N. H., Kanaoka, M. and Fukui, S.：Numerical analysis of experimental slurry trenches in soft clay, *Soils and Foundations*, (投稿中).

第4章　土留め壁面に作用する土圧・水圧の力学

4.1 沖積粘性土地盤での事例

4.1.1 概　　説

　軟弱粘性土地盤における土留め工の掘削時に土留め壁面に作用する壁面土圧および壁面水圧については，連成して変化することや精度よく測定できた事例が少ないことなどから，個々の力学値としての評価で不明確な点が残されている．そのため，軟弱粘性土地盤における土留め工の設計に際しては，その合算値である壁面側圧という概念で評価し，土留め壁背面側の外力として壁面側圧を設定しているのが現状である．

　しかしながら，壁面側圧という形で設計外力を設定することは，壁面土圧および壁面水圧の力学挙動を的確に把握したうえでの評価でないことが問題点として指摘できる．とくに，軟弱粘性土層中を掘削する場合では，土留め壁の壁面変位に対応して，壁面土圧や壁面水圧が大きく変化することが推測できることから，壁面土圧，壁面水圧として区別して考察する方が，土留め工の力学挙動や安全性を考えるうえで理解しやすい．

　壁面土圧・壁面水圧の力学評価は，土留め工の応力・変形に大きな影響を与え，土留め工の安全性を考えるうえできわめて重要な問題となる．一般的に，掘削によって土留め壁に発生する応力と変形は，背面側から作用する壁面側圧に基本的に比例する関係にある．それに対し掘削側の場合は，高次の複雑な関係となり，土留め工の力学挙動に及ぼす影響はきわめて大きい．

　実測値としてみた場合，土留め壁背面側の壁面側圧は，一般的には，掘削の進行による掘削側への壁面変位に対応して減少する傾向にある．しかし，軟弱粘性土層中を掘削する場合においては，時には，いったん減少した壁面側圧がその後の掘削による壁面変位の進行とともに増大するといった現象が生じる事例のあることが報告されている．このような壁面側圧の増大現象は，土留め工の安全性を考えるうえできわめて重要な力学挙動として認識でき，軟弱粘性土層における壁面変位と壁面土圧および壁面水圧の相互力学挙動や壁面土圧と壁面水圧との間の連成挙動について，詳細な現場計測に基づく事例研究の蓄積が必要といえる．

　一方，掘削側の壁面土圧・壁面水圧に影響する要因は，掘削に伴う土荷重の除去，地下水位の低下，土留め壁の変形，地盤の変形・強度特性，施工時間などが考えられ，背面側の場合に比べて格段に複雑な力学現象を示すことになる．そのため，受働抵抗力としての掘削側の壁面土圧・壁面水圧の力学挙動については不明な点が多くあり，より詳細な現場計測結果に基づく事例研究が必要になる．

　以下に，西大阪地域での沖積軟弱粘性土地盤における泥水トレンチ工法により築造した連続地中壁を土留め壁とする土留め工事における，壁面側圧および壁面水圧の詳細な現場計測に基づく実測力学挙動について示し，これらの力学挙動について考察を行う．

4.1.2 土留め工の施工事例

対象とした土留め工の施工事例は，大阪市域・西大阪粘性土地盤[1]での2箇所の施工事例 (千島地点をA土留め工，住之江地点をB土留め工と呼ぶ) である．A土留め工は矩形の土留め形式の土留め工であり，B土留め工は円形の土留め形式である[2〜9]．A土留め工は，第2章でのケースBトレンチと同じ現場での施工である．A土留め工は，長さ85.5 m，幅59.0 m，深さ20.8 mである．図-4.1に施工断面図と平面図を図-4.2に地盤状態を示す．

G.L.$-$9.8 m〜$-$21.8 mの粘性土層は，図-4.2からわかるように正規圧密状態にある軟弱粘性土層である．また，図-4.3に示すように一軸圧縮強度60〜140 kN/m^2，自然含水比40〜50%，塑性指数30〜45%である．G.L.$-$25.3〜$-$34 mには天満砂礫層があり，G.L.$-$34〜$-$50.7 mには非排水せん断強度180〜370 kN/m^{2}の洪積粘性土層がある．それ以深は，N値50以上の砂礫層が続いている．土留め壁として壁厚1 m，深さ38.25 mの連続地中壁を用い，天満砂礫層の揚水圧を遮断する目的でG.L.$-$38.25 mの粘性土層まで貫入させている．施工法としては，G.L.$-$15.9 mまでの掘削には3段の逆打工法を採用し，基礎杭，構真柱 (はり，床版を支える構造用柱) を先行施工し，その後，はり，床板を築造し，土留め壁を支保しながら掘削を行っている．それ以深のG.L.$-$20.8 mまでの掘削は，3段のアンカーで土留め壁を支保しながら行っている．掘削内部はディープウェルにより地下水位の低下を行っている．

一方，B土留め工の地盤条件は，ほぼA土留めと同じ程度である．施工断

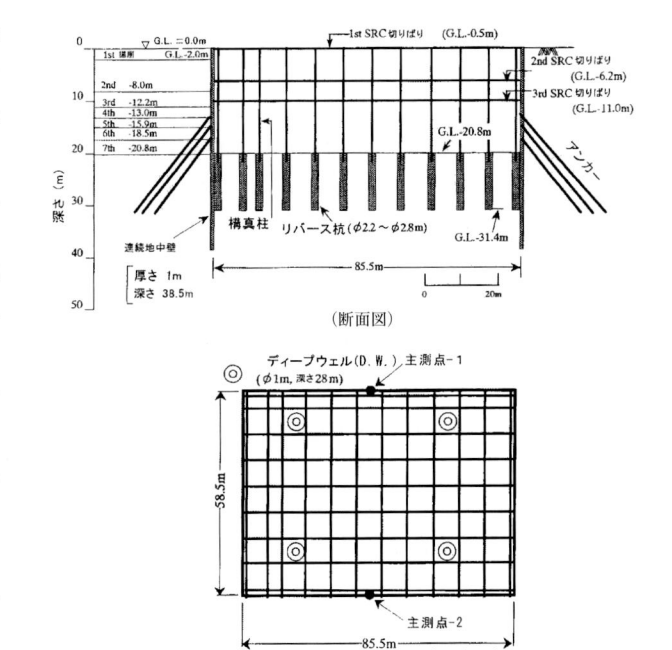

図-4.1 土留め工の平・断面図 (A土留め工)

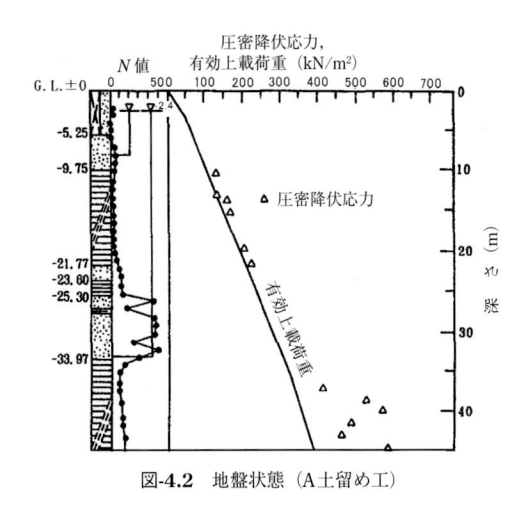

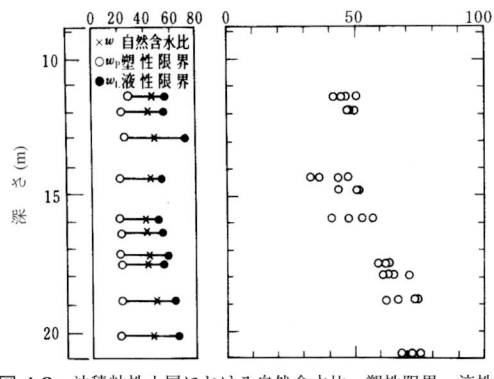

図-4.2 地盤状態 (A土留め工)

図-4.3 沖積粘性土層における自然含水比，塑性限界，液性限界および非排水せん断強度 (三軸U-U試験より)

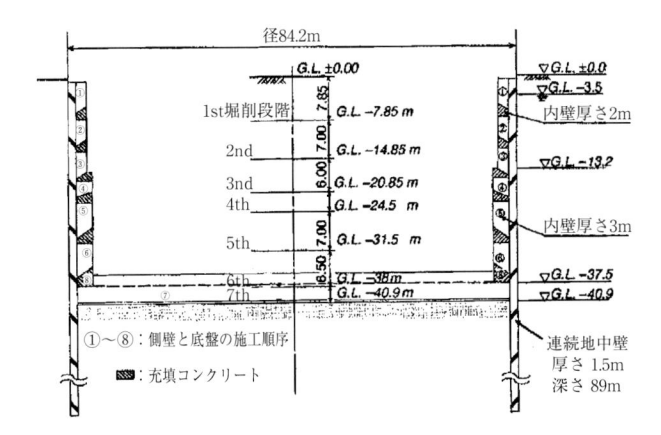

図-4.4 土留め工断面図（B土留め工，施工状況は図-2.2に示す）

面図を図-4.4に示す．施工法は円形の土留め形式で外径84.2 m，掘削深さは40.9 m，土留め壁は厚さ1.5 m，深さ89 mの連続地中壁である．掘削とリングビーム支保工としての働きをする内巻の側壁の打設を順次繰り返しながら掘削を行っており，壁面変位の小さいことが特徴である．掘削深さがG.L.−20.85 mをこえると，沖積粘性土層に埋設した掘削側の壁面土圧計・壁面水圧計が露出するため，掘削深さG.L.−20.85 mまでの計測値により力学挙動を考える．

4.1.3 壁面土圧・壁面水圧の力学挙動

A土留め工の掘削工程の説明図を図-4.5に示す．A土留め工の壁面側圧・壁面水圧・壁面土圧の分布を図-4.6に示す．B土留め工での同様の関係を図-4.7に示す．B土留め工の壁面変位が，A土留め工の場合に比べて小さいのが特徴である．以下，A土留め工について考察を進める．

A土留め工では，連続地中壁のトレンチ中へのコンクリート打設時から地下部の構造躯体完成後の5年にわたって，詳細な壁面側圧・壁面水圧の長期力学挙動を計測している．使用した壁面土圧

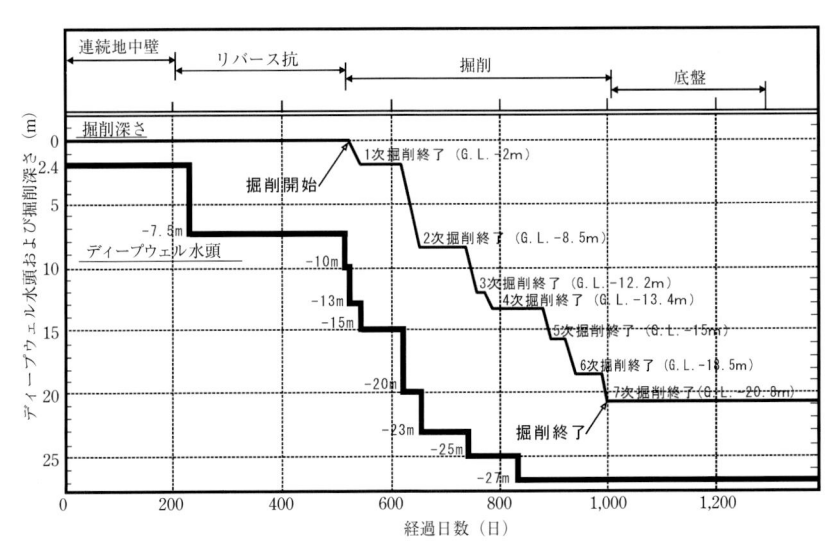

図-4.5 A土留め工の施工工程

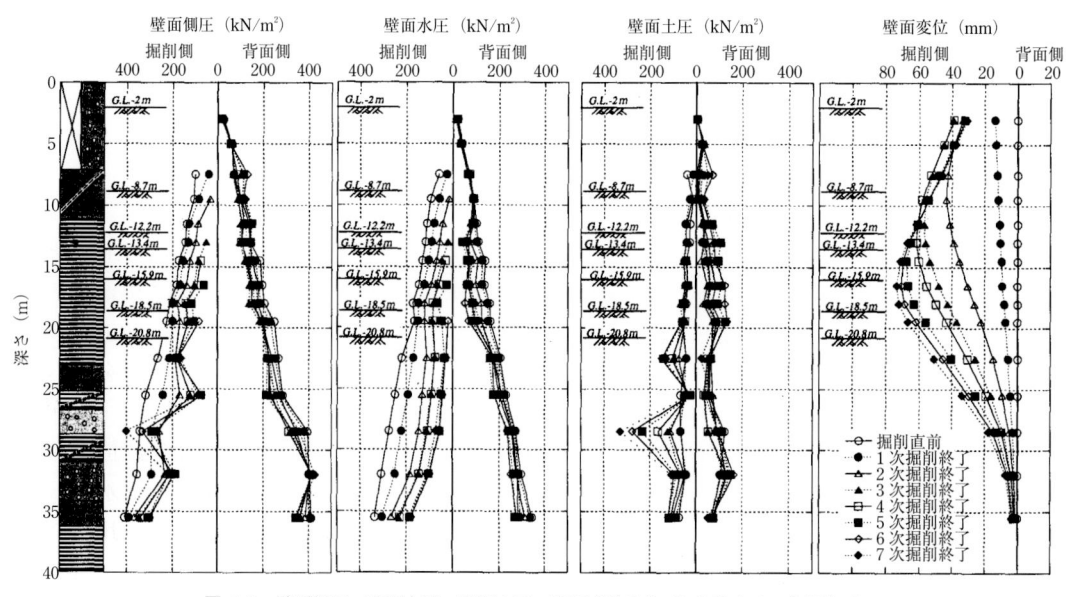

第4章 土留め壁面に作用する土圧・水圧の力学

図-4.6 壁面側圧・壁面水圧・壁面土圧・壁面変位分布（A土留め工，主測点-2）

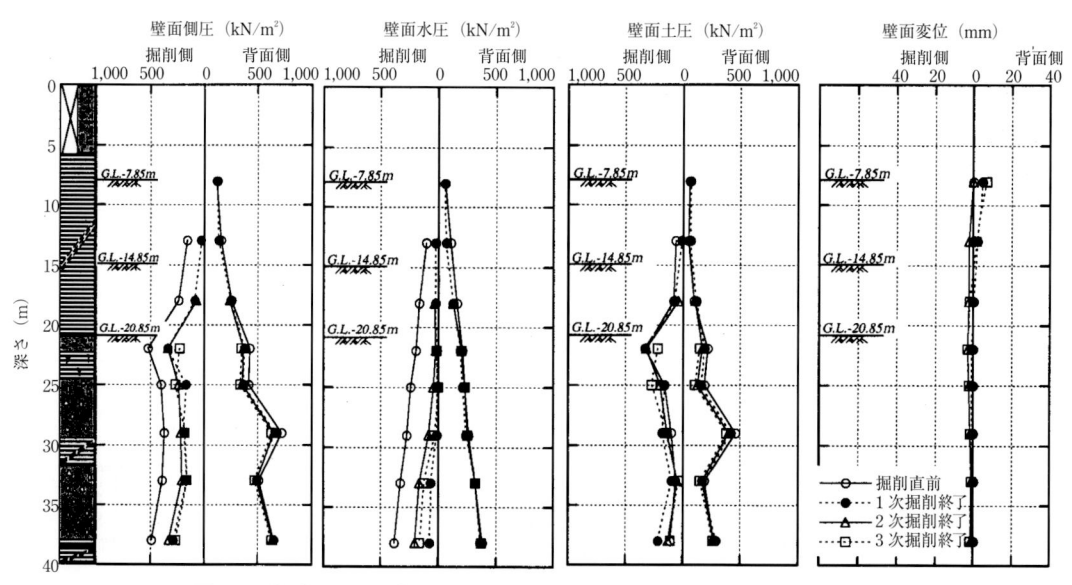

図-4.7 壁面側圧・壁面水圧・壁面土圧・壁面変位分布（B土留め工，1〜3次掘削）

計および壁面水圧計は，直径148 mmの3次コイル式差動トランス形式である．土留め壁の変形は固定式の傾斜計(直径48 mm・長さ180 mmの3次コイル式差動トランス形式である)を設置した．また，壁面側圧を測定する壁面土圧計については，計測精度をより正確にするため，掘削時に採取した沖積粘性土を用いて土槽検定を行い，検定校正係数を求めている．

壁面側圧・壁面水圧は，泥水トレンチ掘削時，泥水トレンチ中へのコンクリート打設，コンクリートの硬化，土留め掘削直前までの放置，等の期間を連続的に考える必要がある．この点については，前章の図-3.26に示した．泥水トレンチ掘削時から土留め掘削直前までの約12ヵ月間の壁面側圧と壁面水圧の変化では，壁面水圧は原地盤での静水圧分布とほぼ一致し，壁面側圧の変化では，

46

時間の経過とともに増大しているが静止側圧状態には戻っていない.

A土留め工における支保工は，4次掘削までは切ばり・腹起しとも剛性の高いSRC切ばりでの逆打ち工法，5次掘削から7次（最終）掘削まではアンカー工法を採用している．また，背面側地盤については，地下水位の低下工法は行っていない．

4.1.4 背面側における壁面変位と壁面側圧・壁面水圧・壁面土圧の力学挙動

G.L.$-$9.8 〜 $-$21.8 mの沖積粘性土を対象として，連続地中壁の壁面変位と壁面側圧・壁面水圧・壁面土圧の関係について，A土留め工での計測結果をもとに考察する．なお，A土留め工における4次掘削（G.L.$-$13.4 m）以降についてはアンカーを支保工としており，アンカー施工時の削孔およびプレロードによる背面地盤への影響があると考えられるため，4次掘削終了までを対象として検討を行った．

背面側の壁面変位と壁面側圧・壁面水圧・壁面土圧の関係を図-4.8に示す．壁面変位と壁面水圧の減少の関係については，一次の比例関係が認められる．表-4.1は壁面変位〜壁面水圧の一次関係式と相関係数を示したものである．相関係数は大部分0.9以上となっており，一次比例のきわめて高い相関関係にある．図-4.9は，壁面変位〜壁面水圧関係の減少勾配と初期壁面水圧の関係を示したものである．ただし，掘削前には自由水面からの静水圧分布を示していたため，自由水面からの静水圧分布とした時の壁面水圧を初期壁面水圧としている．壁面変位〜壁面水圧の減少勾配は，初期壁面水圧が大きいほど大きく，相関係数0.96の一次の比例関係が成立している．

以上の検討より，沖積粘性土層の壁体変位と壁面水圧の関係については次式の関係が成立する．

表-4.1 壁面変位〜間隙水圧の減少勾配と相関係数

計測場所	計測点の深さ (G.L.$-$m)	a (kN/m^2/cm)	相関係数 R
A土留め工 主測点-1	14.5	$-$9.6	0.945
	16.5	$-$12.8	0.947
	18	$-$18.2	0.935
	19.5	$-$21	0.929
A土留め工 主測点-2	14.5	$-$8.6	0.941
	16.5	$-$11.7	0.962
	18	$-$15.1	0.961
	19.5	$-$17.9	0.962

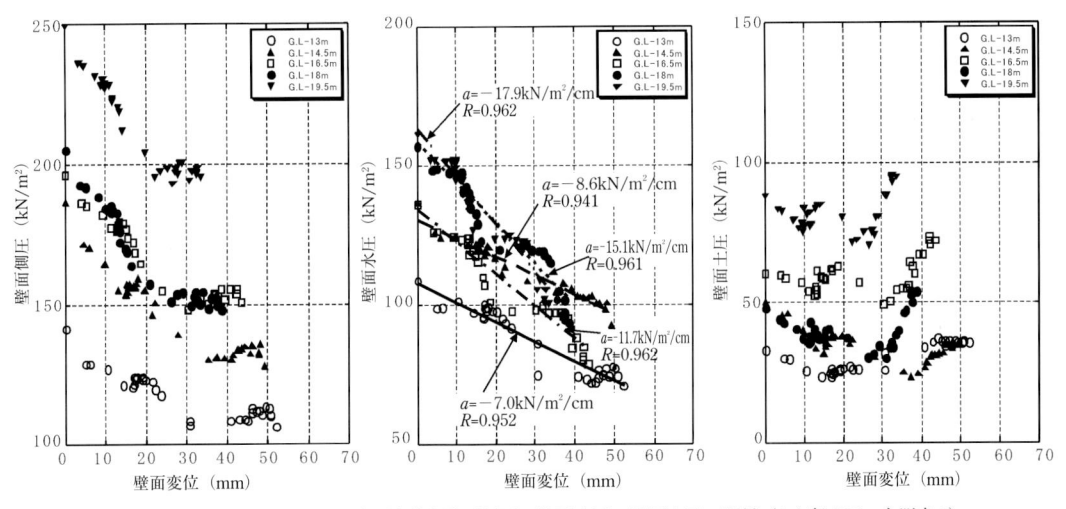

図-4.8 掘削背面側における壁面変位と壁面側圧・壁面水圧・壁面土圧の関係（A土留め工，主測点-2）

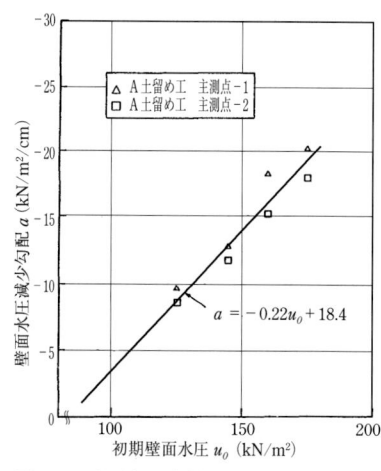

図-4.9 壁面水圧減少勾配と初期壁面水圧の関係（A土留め工）

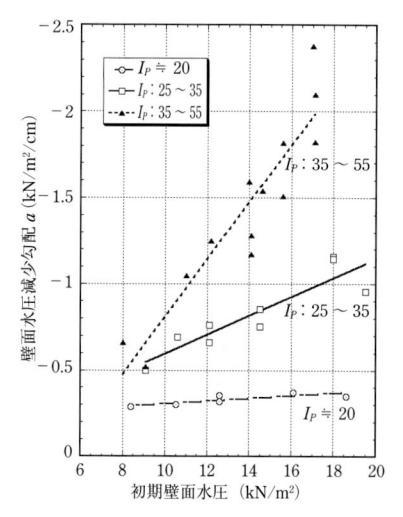

図-4.10 壁面水圧減少勾配と初期壁面水圧の関係（I_P：20～55）

$$u = a(u_0)X + u_0$$
$$a(u_0) = -0.22u_0 + 18.4 \quad (4.1)$$

ここに，u：沖積粘性土層中の任意の深さにおける壁面水圧 (kN/m^2)
　　　　u_0：沖積粘性土層中の任意の深さにおける掘削前の初期壁面水圧 (kN/m^2)
　　　　X：沖積粘性土層中の任意の深さにおける壁面変位 (cm)

　同様な工学的整理を，西大阪地盤における同じような4箇所の土留め工についても行った．4箇所は，沖積粘性土層（深さ10～25 m）の土性（例えば塑性指数）が少しずつ異なっており，粘性土の塑性指数I_Pを20，25～35，35～55に区分し，塑性指数I_Pと初期壁面水圧と壁面水圧減少勾配の関係を図-4.10に示す．図より粘性土層の塑性指数が大きくなる（シルト質粘性土から粘性土により近くなり透水係数が小さい土質となる）ほど壁面水圧減少勾配が大きくなる傾向が示されている．また，塑性指数が20程度になると壁面水圧の減少がわずかであることから，砂質地盤では，壁面変位に対応しての壁面水圧の減少は生じないという従来の知見が裏付けられている．

　次に，図-4.8に示す壁面変位と壁面土圧の関係を考察する．壁面土圧の初期値は，前述したように静止壁面土圧まで回復していない．壁面土圧は，壁面変位が20～30 mmまでは減少し，さらに壁面変位が進むと逆に増大し掘削前以上の圧となっていることから，20～30 mmの壁面変位で主働土圧状態に移行していると推測できる．壁面土圧の減少は，壁面変位によって主働土圧状態へ移行することが主要因であると判断できるのに対し，その後の壁面土圧の増大は沖積軟弱粘性土層の総ての計測点で生じていることから，土圧の再配分のような現象が生じているとは考えにくい．そのため，次の2点，
① 前述の壁面変位に伴う地盤中の間隙水圧の減少時に生じる負圧が原因する，すなわち有効上載荷重の増大による壁面土圧の増大
② 地盤の塑性化現象が生じることによる壁面土圧の増大

が要因として考えられる．これらの壁面水圧と壁面土圧の変化の結果として，壁面側圧は壁面変位20～30 mmまでは減少し，その後の壁面変位でほぼ横ばいとなっている．

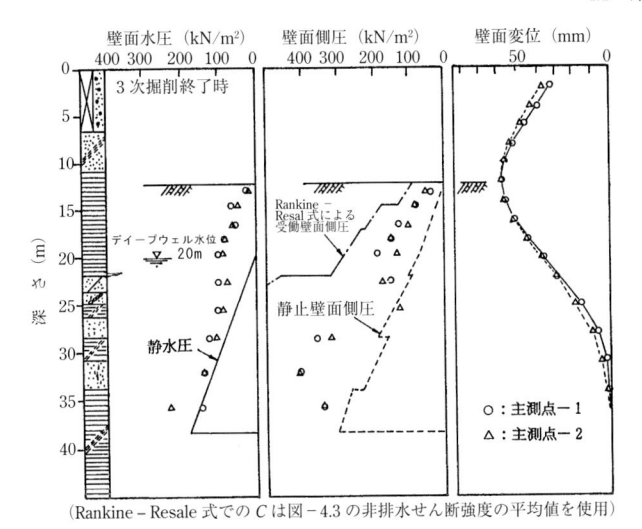

図-4.11 掘削側の壁面水圧・壁面側圧・壁面変位（A土留め工，3次掘削終了時）

4.1.5 掘削側の壁面側圧・壁面水圧・壁面土圧

図-4.6に示すように，A土留め工におけるG.L.−9.8〜−21.8mの沖積粘性土層では，掘削による有効上載荷重の減少にもかかわらず壁面土圧にほとんど変化のないことから，壁面変位による受働抵抗が発生しているものと判断できる．また，G.L.−25.3〜−34mの砂層では1〜2次掘削時点から受働抵抗の発生があり，以後，掘削の進行による壁面変位の増大に伴って急増している．沖積粘性土層が軟弱で，かつ土留め壁が剛なため，わずかな壁面変位でも土留め壁の変形が深部まで及び，洪積砂層が仮想支点としての働きをしていることになる．

図-4.11は，掘削側の壁面水圧・壁面側圧と壁面変位を3次掘削終了段階について示したものである．壁面側圧については，Rankine−Resal式で計算できる受働壁面側圧[10]，および粘性土についてはAlpan式[11]，砂質土についてはJaky式[12]で計算できる静止壁面側圧を示している．なお，掘削施工時にはディープウェルにより掘削内水位を制御しているため，その制御設定水位からの静水圧分布を記してある．

粘性土層 ： $K_0 = 0.19 + 0.233 \log_{10} I_P$ （Alpan式） (4.2)

砂質土層 ： $K_0 = 1 − \sin\phi'$ （Jaky式） (4.3)

ここで，ϕ'：内部摩擦角 (°)
I_P：塑性指数 (%)

壁面水圧については，下部沖積砂層および洪横砂層ではディープウェルによる水位低下に伴って減少しているが，沖積粘性土層では地下水位が下がってもすぐに間隙水圧が減少することなく，間隙水圧が大きく残留した状態にある．この壁面水圧は，土留め壁の掘削側への壁面変位による過剰間隙水圧の発生とともに，掘削底以深の受働抵抗に寄与することになる．壁面側圧については，掘削の進行につれて受働側へ移行していることがみられるが，Rankine−Resal式によって求められる受働壁面側圧には至ってない．

Terzaghiは，砂の場合に，静止状態から壁高の1/1,000以内のわずかな側方変位で主働土圧になることを確かめている．またLambeは，密な砂，正規圧密粘性土の場合は1％以内の水平ひずみで，静止状態から主働状態に移行するとしている[13]．A土留め工およびB土留め工の場合では，壁高す

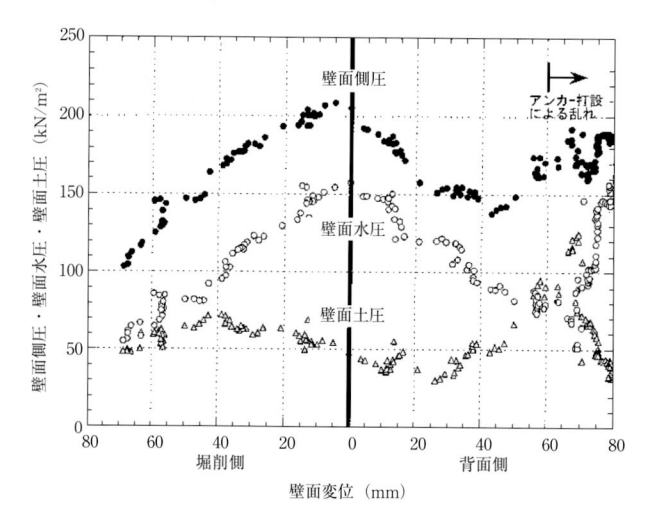

第4章 土留め壁面に作用する土圧・水圧の力学

図-4.12 壁面変位と壁面側圧・壁面水圧・壁面土圧の関係
(A土留め工，主測点-2，G.L.－18m)

なわち掘削深さの1/1,000は20.8 mm，15.5 mmとなり，同様の壁面変位で主働状態に移行していることになる．図-4.12にG.L.－18 mの深さでの壁体変位と壁面側圧・壁面土圧・壁面水圧との関係を例示する．なお，参考のために，背面側についてのデータも示す．背面側の壁面変位60 mmをこえた段階での壁面水圧の急激な増大や乱れは，アンカー施工の影響によるものである．掘削側ではアンカー施工の影響はない．Lambeが示した正規圧密粘性土の水平ひずみとσ_h/σ_vの関係を図-4.13に示す．主働状態に至るためのひずみは約1%，受働状態では約20%である．A土留め工において，図-4.8，図-4.13より仮に主働限界状態を壁面変位13 mmと考えれば，その20倍の260 mmの壁面変位が生じた時に受働限界状態に至ると考えられる．しかし，下層にN値の大きい洪積砂層があるため，壁面変位は60 mm程度で停止し，それ以上の受働抵抗は洪積砂層が受持つことによって，全体的な土留め力学機構としての力学的バランスが保たれたと考察できる．

図-4.14に，A土留め工・測点-2での沖積粘性土層各測点における壁面変位と，掘削側の壁面側圧・壁面水圧・壁面土圧の関係を示す．最終掘削段階 (G.L.－20.8 m) では，沖積粘性土層の総ての計測点は露出されている．壁面変位との関係において，壁面側圧および壁面水圧は，一次直線的に減少している．それに対して，壁面土圧は掘削とともに減少せず，むしろ壁面変位とともに横ばいか増大傾向であり，土荷重除去よりも壁面変位の影響を大きく受けていると推測できる．

以下に，土留め掘削側壁面に作用する壁面土圧・壁面水圧の実測力学挙動をもとに，受働抵抗力における壁面土圧の発生力学挙動を，壁面変位による要因と土荷重の除去による要因とに分けて考察する．

掘削側壁面における壁面側圧すなわち受働抵抗力の発現は，前述したように，壁面変位だけでなく掘削による土荷重除去の影響を大きく受ける．受働抵抗力は，地盤を掘削側へ変位させることによる壁面土圧，掘削内の土荷重による壁面土圧および壁面水圧の合圧として生じ，次式により示される．

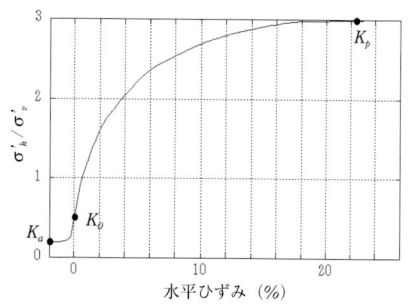

図-4.13 水平ひずみとσ'_h/σ'_v関係（粘性土の場合）[13]

4.1 沖積粘性土地盤での事例

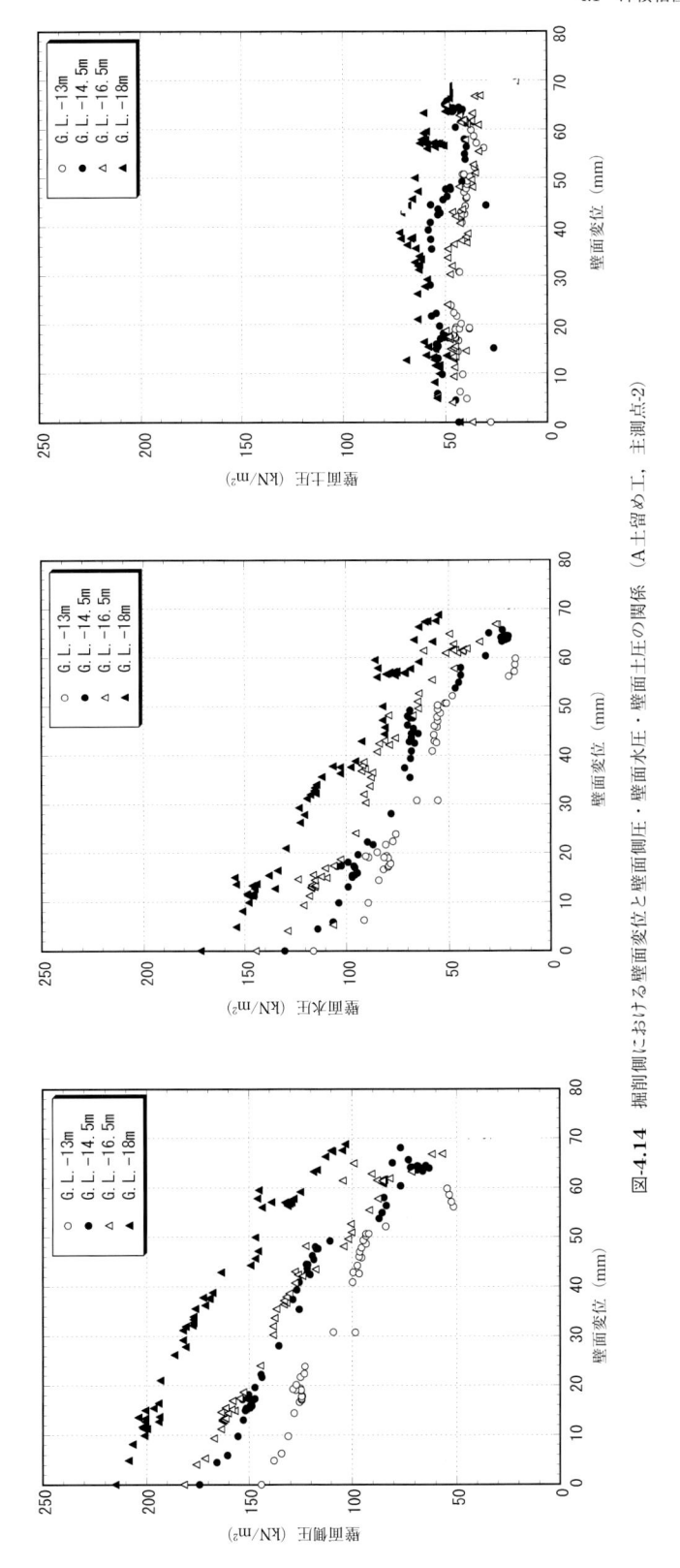

図-4.14 掘削側における壁面変位と壁面側圧・壁面水圧・壁面土圧の関係（A土留め工，主測点2）

第4章 土留め壁面に作用する土圧・水圧の力学

$$P_P = K_h\delta + K_0\sigma'_z + P_W \tag{4.4}$$

ここに，P_P：壁面側圧 (kN/m²)，K_h：地盤反力係数 (kN/m²/m)，δ：壁面変位 (m)，K_0：静止土圧係数，σ'_z：有効上載荷重 (kN/m²)，P_W：壁面水圧 (kN/m²).

式(4.4)での受働抵抗力と壁面水圧は，それぞれ壁面土圧計と壁面水圧計の測定値として得ることができる．

前述したように，一般的に，粘性土における土圧係数とひずみの関係では静止状態より主働極限状態への変化は1%程度のひずみで生じ，静止状態より極限受働状態への変化には20%程度のひずみが必要であるといわれている．そのことから考えると，受働極限状態を示すにはその20倍の大きな壁面変位が必要となると推測でき，20〜40mm程度の壁面変位で受働極限状態が生じるとは考えにくい．

そこで，式(4.3)での壁面変位による壁面土圧 $K_h\delta$ と，掘削の土荷重による壁面土圧 $K_0\sigma'_z$ の各々の力を分離して，以下のように考察する．

A・B土留め工における壁面変位と壁面側圧・壁面水圧・壁面土圧の関係を，G.L.−18mの場合を例にとって図-4.15に示す．A・B土留め工における壁面変位と壁面土圧との関係から，B土留め工では壁面変位のきわめて小さいことが特徴である．そこで，B土留め工の壁面変位をゼロとみなし，実測値より計算した（全応力としての上載荷重から算定深さの壁面水圧の実測値を浮力として差引く）過圧密比OCRと K_0 の関係を図-4.16に示す[3]．OCRは，掘削前の1から，掘削が進むにつれて生じる有効上載荷重の減少によって増大し，例えば掘削段階直前では6.7になっている．それに対応して，K_0 は0.45から1に増大している．図中には，OCRと K_0 の関係の各種の研究成果[14〜17]や，A土留め工における掘削平面センターのG.L.−40mの洪積粘性土層に設置したTotal Pressure Cellと間隙水圧計の計測値より求めたOCRと K_0 の関係を，あわせて参考として示した．これらの関係より，G.L.−18mのB土留め工でのOCRと K_0 の関係は，ほぼ妥当なものであると判断できる．

B土留め工でのOCRと K_0 の関係からA土留め工における $K_0\sigma'_z$ を計算し，壁面土圧から $K_0\sigma'_z$ を差引くと $K_h\delta$ の値が求まる．このような方法で算出したG.L.−13m, −14.5m, −16.5m, −18mでの関係を図-4.17に事例として示す．$K_0\sigma'_z$ は掘削とともに減少し，$K_h\delta$ は壁面変位とともに増大している．壁面変位10mmまでの初期での K_h は1,000〜1,200kN/m²/m程度で，その後は非線形を示し

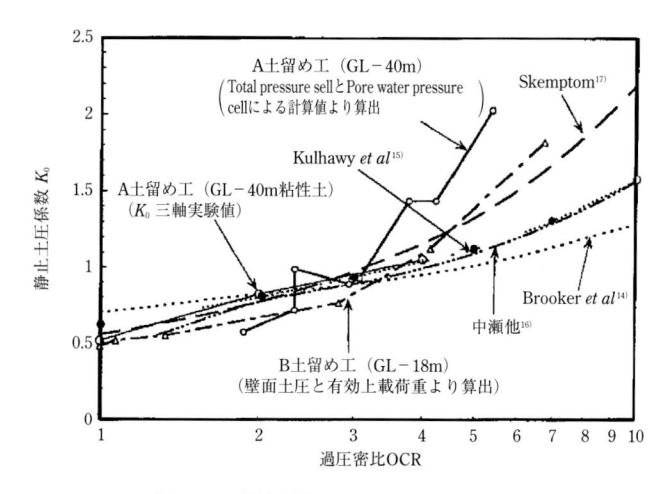

図-4.16 粘性土層におけるOCRと K_0 の関係

4.1 沖積粘性土地盤での事例

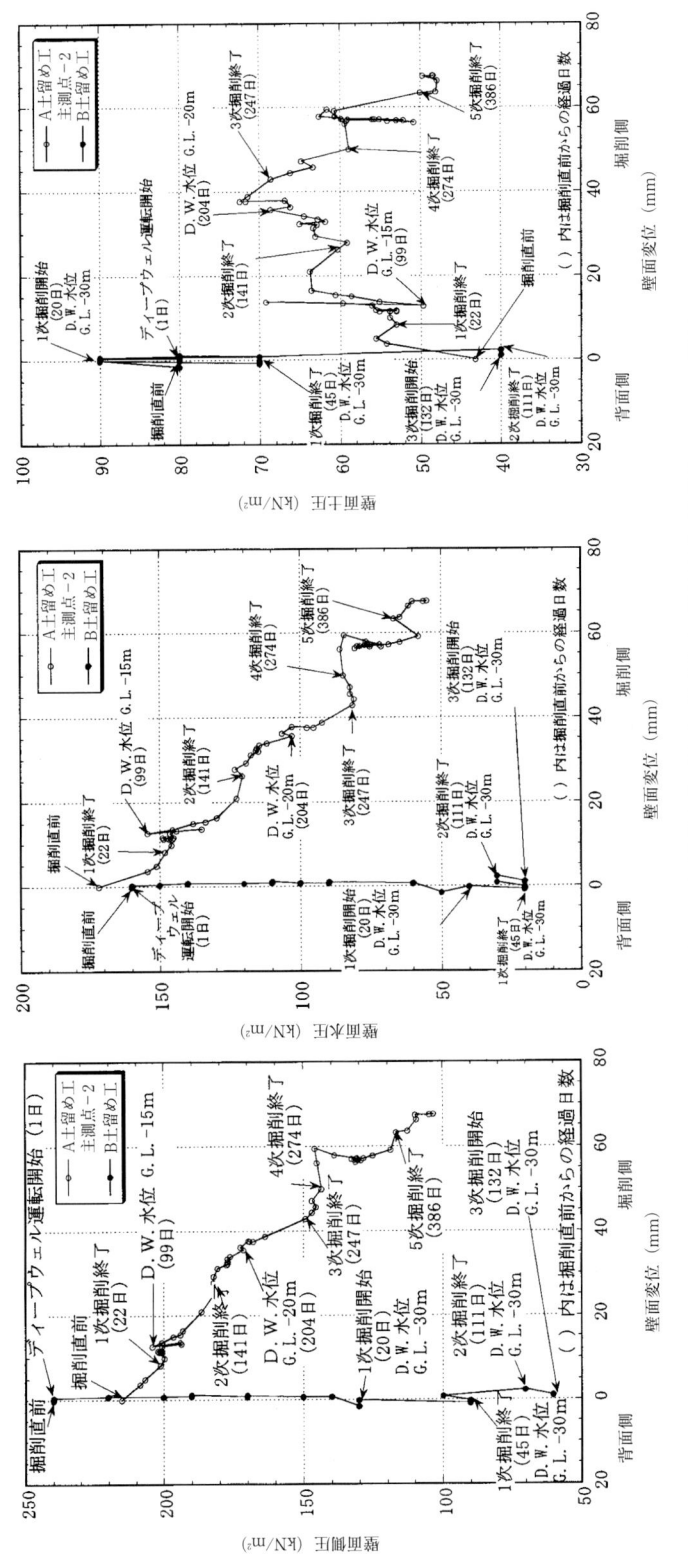

図-4.15 A・B土留め工における掘削側の壁面変位と壁面側圧・壁面水圧・壁面土圧の関係（G.L.−18mの場合）

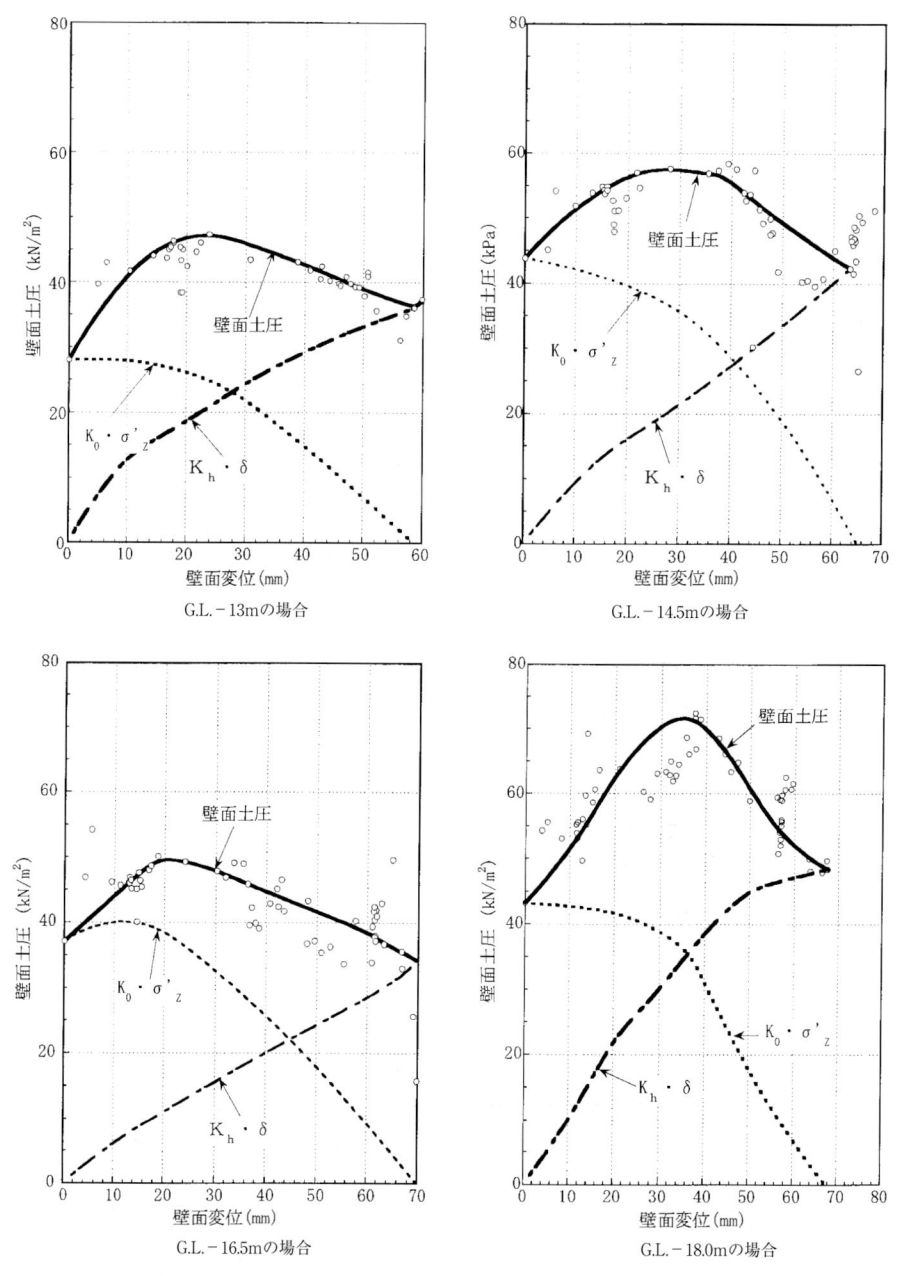

第4章 土留め壁面に作用する土圧・水圧の力学

図-4.17 掘削側壁面土圧における$K_h \cdot \delta_0$と$K \cdot \sigma'_z$の関係（A土留め工，測点-2）

ている．先に示したG.L.−18mの沖積粘性土層における40mm程度の壁面変位での壁面土圧の最大値は，地盤が塑性化したことにより生じているのではなく，土荷重除去による壁面土圧の減少と壁面変位による壁面土圧の増大の結果として生じていることが考察できる．これらの関係を説明図として示せば図-4.18のようである．

以上，沖積粘性土層に対する研究成果を示したが，参考として以下に，洪積地盤における受働抵

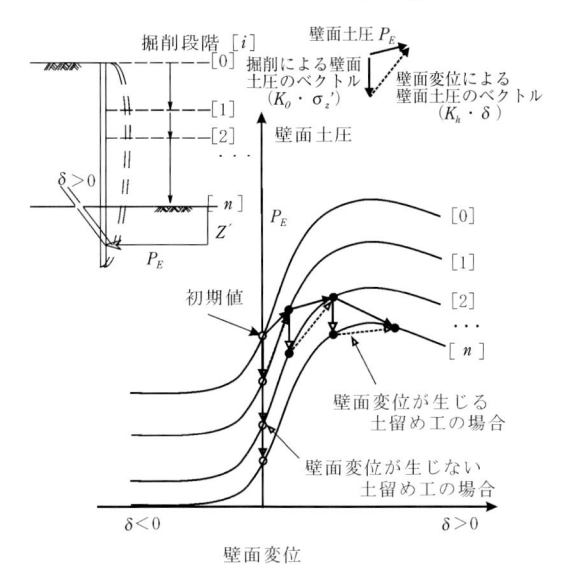

図-4.18 掘削側における壁面変位と壁面土圧の関係説明図

抗力の発現について例示する．

図-4.19に，最終掘削深さより以深の沖積粘性土層最下部にあたるG.L.−22.5 mの粘性土層とG.L.−28.5 mの洪積砂層の2測点での壁面変位と壁面側圧・壁面度圧・壁面水圧の関係を示す．これらの図より，受働抵抗力の発現状態は土質条件によって大きく異なり，粘性土層では最大45 mm，砂層では18 mm程度で最大値が生じている．図中A点はG.L.−20.8 mの掘削終了時，B点は底版コンクリート打設終了後のディープウェル停止時を示している．壁面水圧はA点まで減少し，その後増大している．A点からB点への壁面水圧の増大は底版コンクリート打設による上載荷重の増大が原因するものである．これらの関係より，地盤条件により最大受働抵抗力の発生の違いが大きなものであることがわかる．

壁面側圧・壁面水圧・壁面土圧の力学挙動の検討に際して，壁面変位との力学挙動を中心に行ったが，その他にも，施工時間の影響を考慮する必要がある．本事例での力学挙動は施工期間が6ヵ月程度であることを認識しておく必要がある．施工時間の土留め工の力学挙動への影響に対する実証は，今後の重要課題である．

4.2 若齢埋立地盤における土留め壁変位と側圧の関係

4.2.1 概　説

工事場所は，東京湾多摩川河口の左岸側に位置する新しく埋立てた地盤である．工事内容は，開削工法により4車線のボックスカルバート・トンネルを構築するものである．

工事場所の沖積層の下限深度は，おおむねA.P.−40 mに達する．土留め壁工法は鋼管矢板工法で，最大掘削深さは約18 mであった．掘削に伴うヒービング現象による土留め仮設の挙動に注意が注がれた工事であった．

ここでは，土留め壁の変位に伴う背面側側圧の変化量が，これまでの沖積地盤での実測例と比べてかなり小さく，土留め壁の変位にあまり依存しない流体的な特異な挙動であったことを紹介する．こうした特異な側圧挙動は，ヒービング現象とも密接に関係するものと結論づけられた[18)〜25)]．

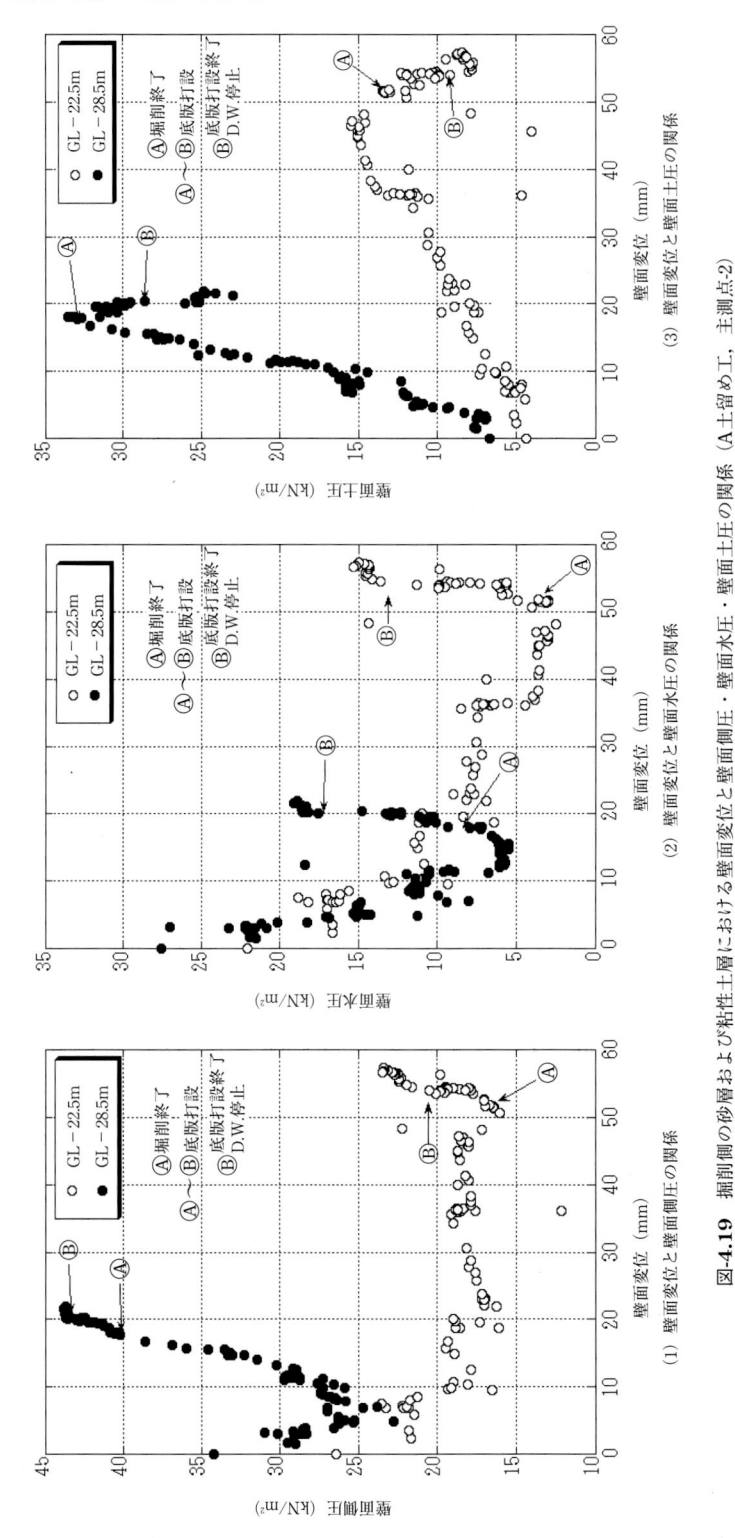

第4章 土留め壁面に作用する土圧・水圧の力学

図-4.19 掘削側の砂層および粘性土層における壁面変位と壁面側圧・壁面水圧・壁面土圧の関係（A土留め工，主測点-2）

4.2.2 地盤・工事概要

(1) 工事概要

延長688mの上下4車線道路となるボックスカルバート形式トンネルを開削工法により築造した．道路計画図を，図-**4.20**に示す．工事区間は，延長688mのトンネル区間，その両坑口の堀割区間 (延長651m)，橋梁および取付け部の区間 (延長207m) に分けられる．トンネルの第1期工事区間 (延長492m) は，工期が1年3ヵ月と短いため，4工区に分割し，多くの建設機械等を投入して工期の短縮を図った．トンネルは，新滑走路の下を潜るため縦断勾配があり，掘削規模は，掘削深さが約11～18m，掘削幅が約24～30mである．

工事場所の地盤は，東京湾に新しく埋立てた地盤で，埋立地の基礎地盤は非常に軟弱な圧密が終了していない地盤である．最も掘削深さが深くなる断面 (C断面) の安定係数 N_s は7.5となり，ヒー

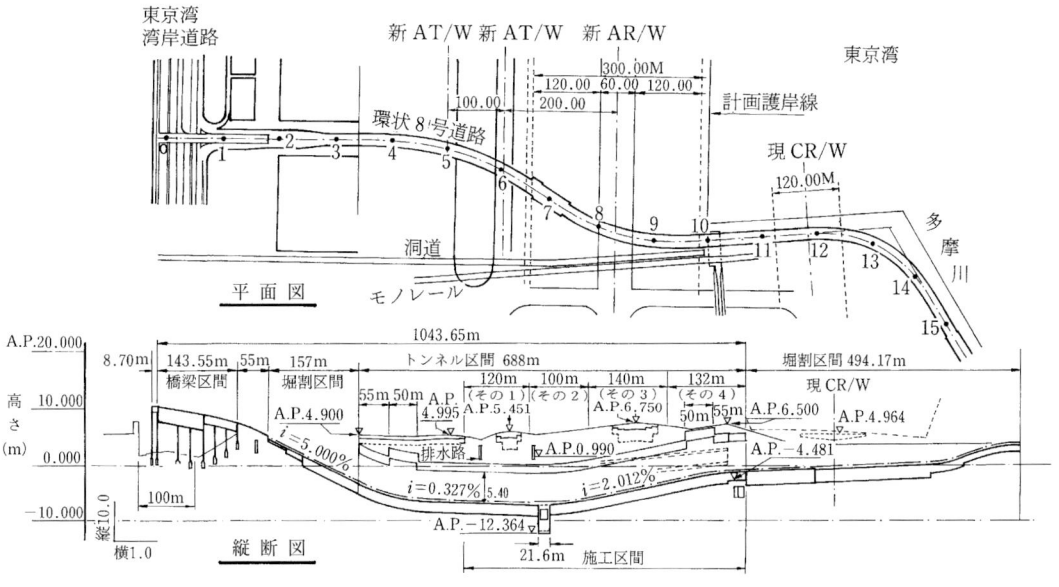

図-**4.20** 道路トンネルの計画図

ビング破壊が危惧された．このため，土留め壁根入れ部地盤の地盤改良，切ばりプレロード工法，剛性の大きい土留め壁 (鋼管矢板壁，VL形鋼矢板壁) の採用等，万全の対策を図った．

とくに，地盤改良については，図-**4.21**に示すように，掘削底の下を床付け面から土留め壁の根入れ先端深さまで，深層混合処理工法および高圧噴射置換杭工法等で行った．なお，その3工区の一部については，基礎地盤中に撤去できない障害物があり，その部分は高圧噴射置換杭工法で地盤改良した．地盤改良工の準備工として，深さ約2mの1次掘削を行い，埋立て時のコンクリート塊などの障害物を除去した．

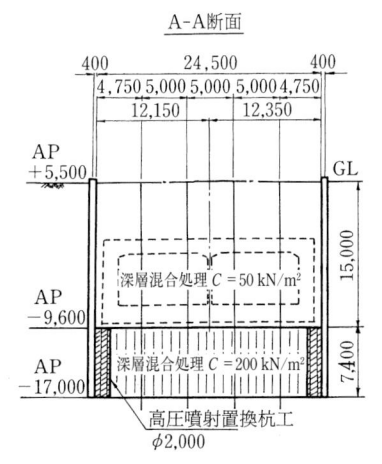

図-**4.21** 土留め仮設断面と地盤改良範囲

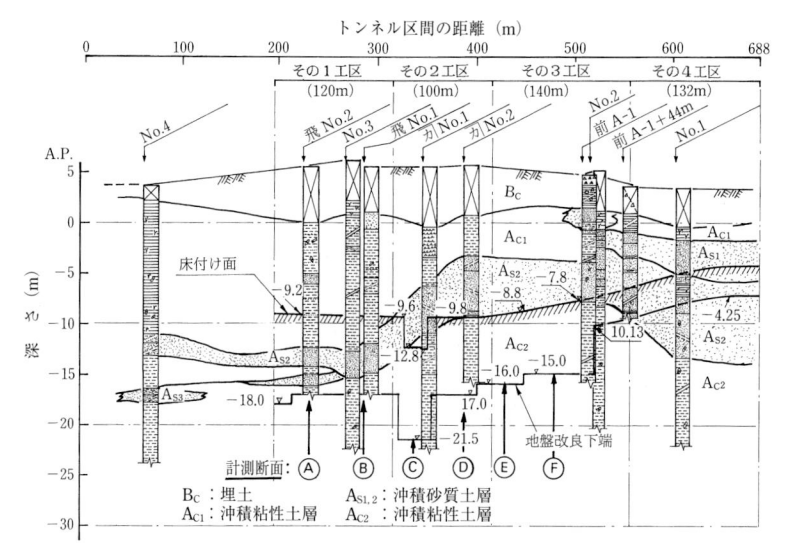

第4章　土留め壁面に作用する土圧・水圧の力学

図-4.22　トンネル区間の地質縦断図

改良杭は接円タイプとし，地盤改良の目標強度は，掘削底の下の根入れ部が $C = 100 \sim 200\,kN/m^2$，掘削部が $C = 30 \sim 50\,kN/m^2$ である．高圧噴射置換杭は，土留め壁と深層混合処理杭との間を改良することを目的としている．

その1，その2，その3工区においては，掘削深さが深く，ヒービング現象の監視のため，各工区に2箇所の計測断面を設定し，土留め壁や切ばりの変形と応力，土留め壁に作用する壁面側圧や壁面水圧等の計測項目に加えて，掘削底や中間杭の浮上り，土留め壁根入れ先端下の地盤の水平変位，土留め壁背面地盤の地表面沈下量，そして掘削底の下の地盤の間隙水圧等を計測することとした．

掘削の途中から掘削底の膨上り量が異常に大きくなり，切ばりが中間杭を介して曲げ変形を受けて危険な状態となったため，対策工として，支保工の補強，土留め壁背面地盤の盤下げ，およびディープウェルによる地下水位の低下などを行った．

(2) 地盤概要

トンネル区間の地質縦断面図を，図-4.22に示す．図中には，床付け面と地盤改良範囲を併記した．沖積層の下限深度は，約 A.P.-40 m である．B_c 層は，粘性土，砂質土，土丹片，玉石などの建設発生土で，コンクリート塊や鉄筋等も混在し，その厚さは 2～5 m あった．A_{c1} 層は，層厚の変化が著しく，1.5～15.0 m と変わる黒灰色の有機質粘性土層である．この層は，腐食物，有機物，砂等を混入し，層の下部には，貝殻片も混入していた．A_{s1} 層は，粒子径が均一な細砂層でシルトを混入する．また，A_{s2} 層は，シルト混じりの細砂層で貝殻片や腐食物を混入し，粒径は均一である．これら A_{s1}，A_{s2} 砂層の厚さは，2.6～7.7 m である．B_c，A_{c1}，A_{s1} 層は，新しい埋立て層である．

A_{s2} 層は，有楽町層上部と呼ばれる沖積砂層である．A_{s2} 砂層の下位にある A_{c2} 層は，有楽町層下部と呼ばれるシルト質粘性土層であり，貝殻片，砂等が混じり，腐食物や有機物を含んでいる．A_{s2} 砂層は，その1工区からその2工区の一部にかけて，土留め壁の根入れ部に相当する深さに分布し，その2工区の一部からその3工区では，掘削部の深さに分布している．A_{s2} 砂層の平均 N 値は8で緩い砂層であるが，深層混合処理によって非常に硬い層となり，土留め壁と掘削底の挙動に大きく影響する．

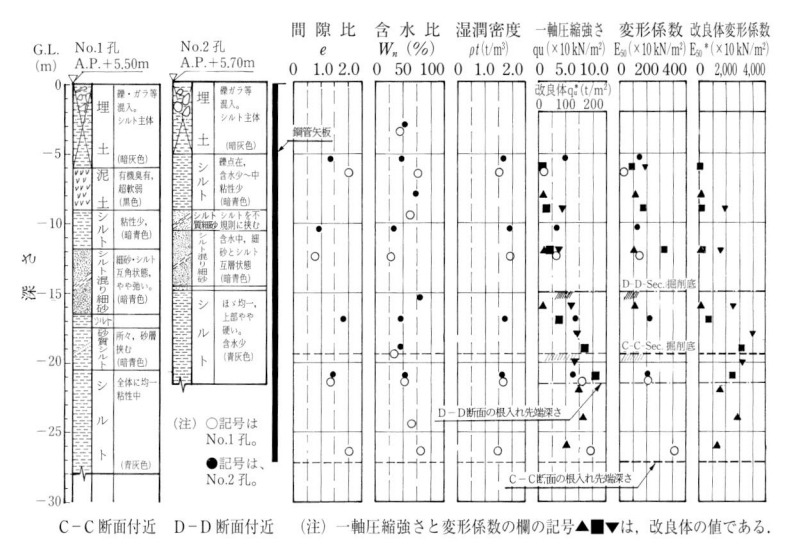

図-4.23 ボーリング調査および土質試験の結果

(3) 土質試験結果

その2工区のボーリング調査および土質試験の結果を，図-4.23に示す．

土質試験結果の各値は，数個の供試体で行った試験結果の平均値である．粘性土層の一軸圧縮強さq_uと変形係数E_{50}の値は，A_{s2}砂層を挟んで2分される．A_{s2}砂層の上部にあるA_{c1}層のq_uとE_{50}の値は，50 kN/m²以下と1,000 kN/m²以下である．A_{s2}砂層の下部のA_{c2}層の値は，50 kN/m²以上と1,000 kN/m²以上である．図中には，深層混合処理した改良土の一軸圧縮試験結果を示した．掘削部の改良土の一軸圧縮強さq_uは100～900 kN/m²，根入れ部の改良土の場合は，750～2,100 kN/m²で，設計目標強度をそれぞれ満たしている．変形係数E_{50}は，掘削部改良土で900～1,900 kN/m²，根入れ部改良土で7,000～40,000 kN/m²である．掘削部改良土の変形係数は，現地盤の値より少し大きい程度であるが，根入れ部改良土の変形係数は非常に大きい．

(4) 計測器配置断面

その2工区主計測断面 (C断面) での計測器の配置断面図を図-4.24に示す．

土留め壁の水平変位と根入れ先端の下の地盤の水平変位を測定するため，固定式傾斜計と挿入式傾斜計ガイドパイプを土留め壁に沿わせて深さA.P.－50 mまで設置している．土留め壁から9 m離れた背面地盤中にも，同ガイドパイプを設置した．また掘削底の膨上り量の測定は，掘削底の下の地盤改良層とその下の地盤中に沈下測定用素子を埋設して測定し，併せて，中間杭頭と土留め壁の天端の水準測量を行っている．さらに，地盤改良層の下の地盤には，水圧変化を監視するため，地盤改良後，間隙水圧計を埋設した．鋼管矢板土留め壁に作用する壁面側圧と壁面水圧の測定は，鋼管矢板壁面が局面状であるのに対して土圧計の受圧面が平面形状であるため，取付けに不安が残ったので土圧計と間隙水圧計はダミー鋼矢板に取付け，これを鋼管矢板から2 m離れた位置に打設した．このダミー鋼矢板に作用する値を，鋼管矢板に作用する壁面側圧と壁面水圧に置き換えた．

鋼管矢板壁応力と切ばり反力は所定の深さと位置にひずみ計を設置して測定，土留め壁背面地盤の地表面沈下量は水準測量で測定，また，背面地盤の地下水位は土留め壁から16 m離れた観測井戸中に水圧計を設置して測定した．

第4章　土留め壁面に作用する土圧・水圧の力学

4.2.3　計 測 結 果

(1) 水 圧 変 化
a.　土留め壁背面地盤の水圧変化
　地盤改良時の土留め壁背面地盤の水圧変化を，図-4.25に示す．図中には，土留め壁から16 m離れた位置に設置した観測井戸での地下水位変化も併記した．

　①～⑥の水圧は，地下水面からの静水圧分布の値に近く，地下水位の低下量にほぼ等しい変化を示している．地盤改良の施工中には，とくに顕著な水圧変化は認められないが，土留め壁と深層混合処理層の間を高圧噴射置換杭で改良した時点に，⑥の水圧が一時的に上昇した．

　掘削時の水圧変化を，図-4.26に示す．①～⑤の水圧変化は，ヒービング対策としてディープウェルによる地下水位低下を行うまで，地下水位の低下量にほぼ等しい水圧低下量となっていて，掘削の影響は認められない．ディープウェル揚水の影響は，A_{s2}砂層の深さに位置する③～⑤にみられ水圧低下が著しいが，②はA_{c1}粘性土層に位置し，③～⑤ほどの水圧低下は生じていない．また，⑥の水圧は，掘削中に土留め壁の根入れ部が掘削側に大きく変形した影響で，水圧低下勾配は①～⑤の場合に比べ大きい．しかし，A_{c2}粘性土層に位置し，ディープウェル揚水の影響は小さい．このように，土留め壁の背面地盤の地下水位は，ディープウェル揚水時を除いて，掘削に伴って著しく低下することはなかった．

b.　掘削底の下部地盤の水圧変化
　⑦から⑨の水圧計は掘削底の下の地盤中に設置したもので，地盤改良終了後に設置した．設置後の水圧は，設置深さから算定される静水圧と比べ大きく，改良材の注入による地盤の体積膨張と重量増加の影響を受けたものと考えられる．2次掘削以降，土被り圧を除荷した影響で急激に水圧

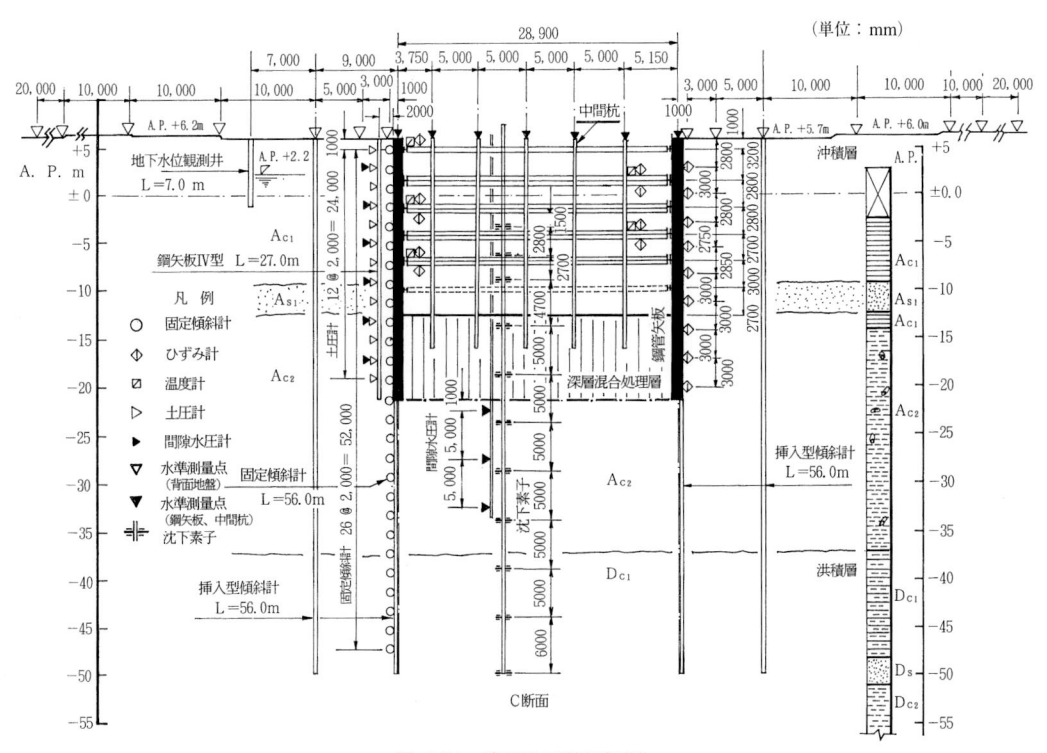

図-4.24　計測器の配置断面図

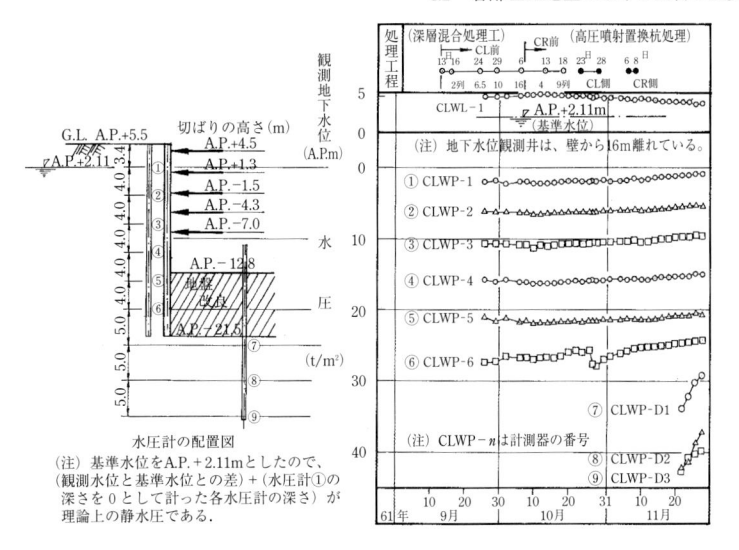

4.2 若齢埋立地盤における土留め壁変位と側圧の関係

図-4.25 地盤改良時の水圧変化

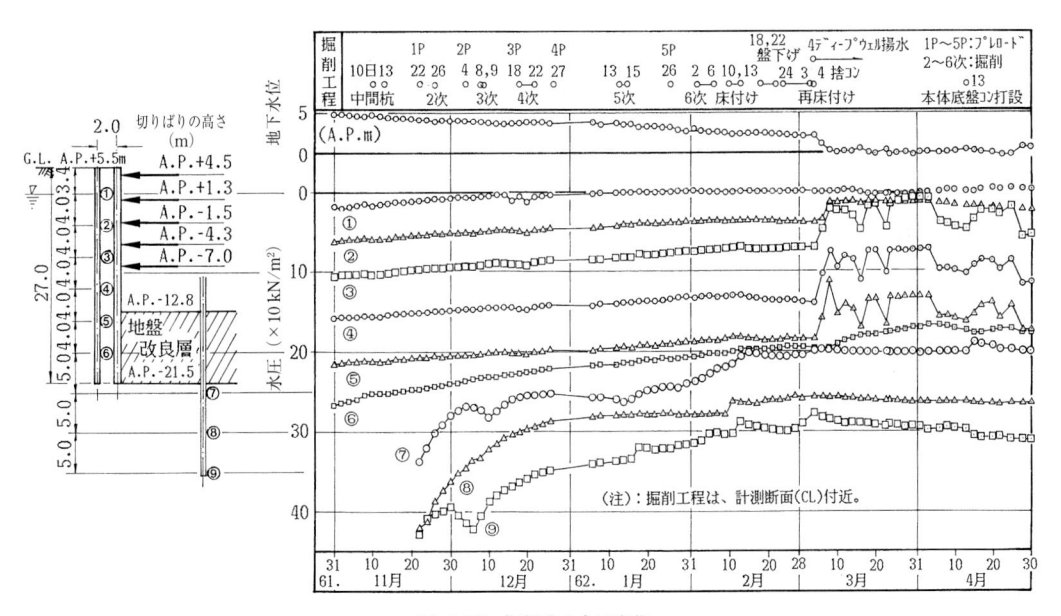

図-4.26 掘削時の水圧変化

が低下している．2～4次掘削 (掘削厚さ8.8 m) により，⑦で90 kN/m², ⑧で140 kN/m², ⑨で90 kN/m²の水圧低下である．

5次掘削から床付け掘削 (掘削厚さ7.5 m) までの水圧低下は，⑦で60 kN/m², ⑧で10 kN/m², ⑨で50 kN/m²の水圧低下である．Boussinesq解で帯状荷重による地盤内応力 (鉛直応力) の変化量を検討すると，2～4次掘削 (除荷荷重約140 kN/m²) での水圧低下量はBoussinesq解の90～150％となり，除荷荷重の水圧への応答割合が大きい．

一方，5次掘削から床付け掘削まで (除荷荷重約135 kN/m²) の水圧低下量は，Boussinesq解の40～65％であり，除荷荷重の他の要因が，水圧の低下を抑制していた疑いが残る．

ここで，土留め壁の根入れ先端の下の地盤の水平変位に注目すると (図-4.27参照)，水平変位量

は，掘削底の下の地盤の膨上り量 (後述する図-5.44参照) の0.5倍以上も変形し，地盤改良層の下の地盤は水平方向にかなりの圧縮応力を受けていたと考えられる．この影響によって，間隙水圧は増加するので，掘削に伴う応力解放による水圧低下量を小さくしたものと考えられる．

残留した水圧が土被り圧以上となれば，土は間隙水圧によって破壊状態となる．まして，浸透の影響が掘削底の下の地盤に加わると，膨上りはクリープ的な様相を呈することとなる．

(2) 土留め壁の水平変位と壁面側圧の関係

土留め壁の水平変位と土留め壁に作用する壁面側圧の関係を，図-4.28に示す．図中の数字は，凡例に示すように，地盤改良工程と掘削工程を表わす．また，③〜⑬は土圧計の番号である．

地盤改良時の関係を，同図(1)に示す．地盤改良により，土留め壁変位が掘削側に変位した③〜⑦の壁面側圧は，変位が大きいにもかかわらずほとんど側圧変化がなく，流体的な変化である．また，背面地盤側に押し込まれた⑧〜⑬の側圧変化をみると，⑬の1→2過程で壁面側圧の増加が認められたが，⑧〜⑫では，③〜⑦の場合と同様に，土留め壁の変形による壁面側圧の増加や減少は小さい．

また，掘削時の場合を，同図(2)に示す．掘削や切ばりへのプレロードにより，土留め壁は複雑に変形したが，③〜⑦の側圧の変化はほとんど認められない．また，⑧〜⑬の側圧変化をみると，

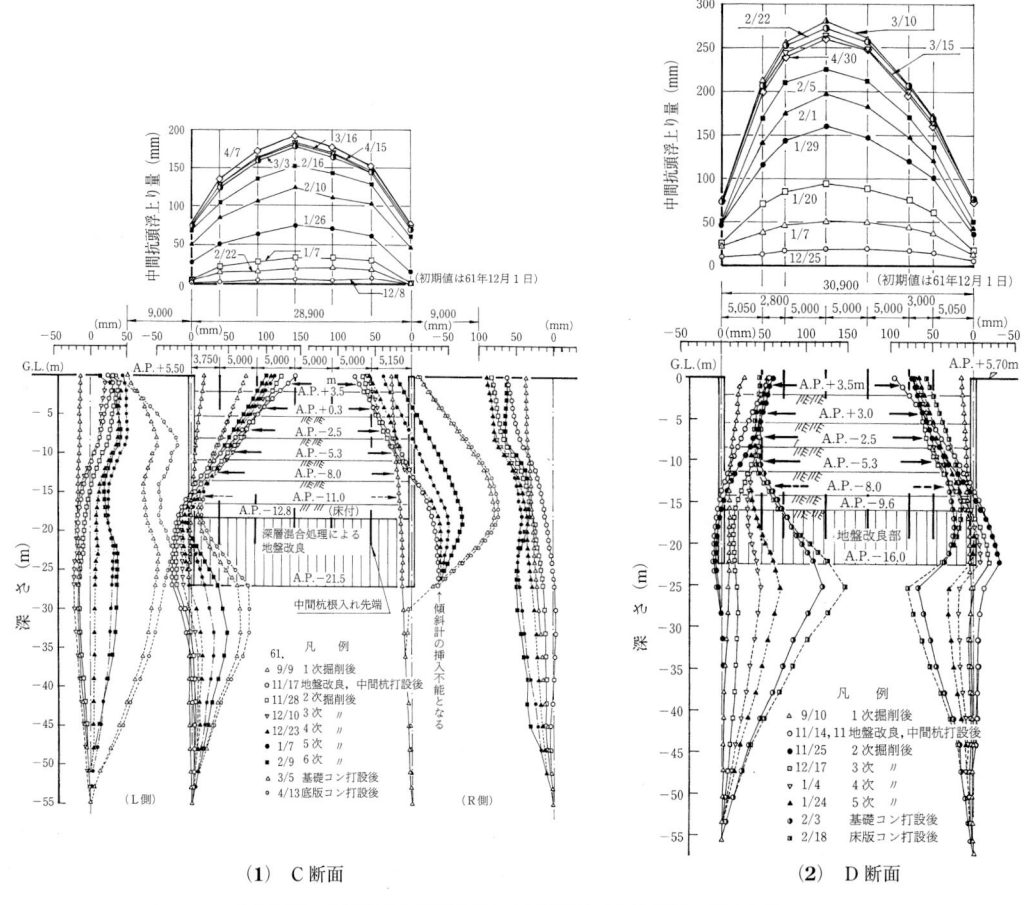

(1) C断面　　　　　　　　　　　　　　　**(2) D断面**

図-4.27 土留め壁と背面地盤の水平変位および中間杭の浮上り量

4.3 気温変化で繰返し変位を受けた側壁背面側の壁面土圧

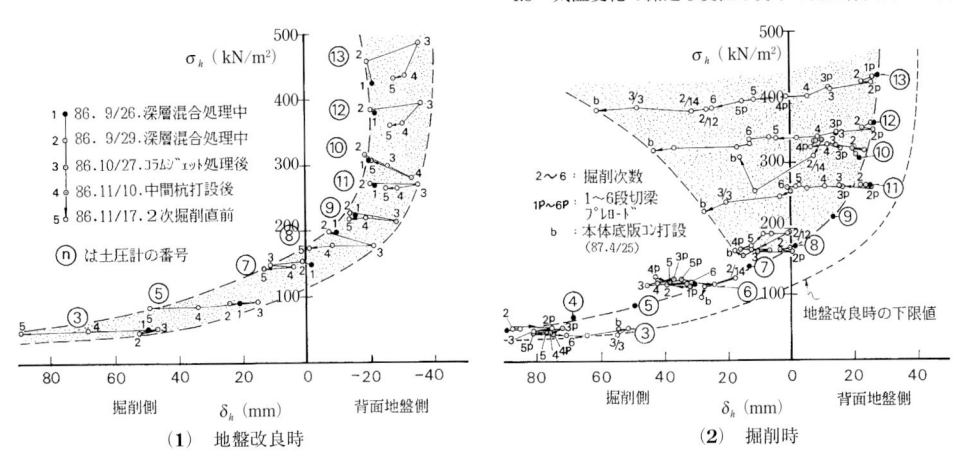

図-4.28 土留め壁の水平変位と壁面側圧の関係
(1) 地盤改良時　(2) 掘削時

土留め壁の変形が⑧付近の深さを回転中心とするような変形のため⑧の側圧が複雑な変化を示したが，その他の側圧変化は，土留め壁の変位が大きいにもかかわらず非常に小さかった．

このように，土留め壁の変位に伴う各深さの側圧変化は，これまでの沖積地盤での実測例と比べてかなり小さく，土留め壁の変位にあまり依存しない流体的な特異な挙動であったことがわかる．こうした特異な側圧挙動は，ヒービング現象とも密接に関係すると考えられる．

4.3 気温変化で繰返し変位を受けた側壁背面側の壁面土圧

4.3.1 概　　説

構造物の断面形状がU型となる4車線堀割道路を構築した工事で，土留め仮設撤去後に，構築した側壁が内側に変形しているのが発見された．U型断面の構造物で側壁形状に特徴があり，頭部が道路側に湾曲した形となっている．

側壁頭部から下げ振りを降ろして変位の推移を観測したところ，設計時に見込まれた変位を大きくこえて，その変位が止まらないという特異な現象が観察された．隣接する工区も同じ構造であったことから，構築した側壁部に切ばり撤去前から各種計測器を取り付け，挙動を観測した．その結果，変位量は前工区と比べ小さいものの，変位が徐々に進行していることがわかった．

龍岡[26]は，同種の現象が構築後約20年経過したカルバートトンネルで確認された海外事例を紹介している．ここでは，側壁変形が徐々に進行する原因とその対策を検討した結果を紹介する．

4.3.2 地盤・工事概要

(1) 地盤概要

構造物の断面形状と土層状態を図-4.29に示す．現場付近の土質は，地表から表土 (層厚0.7 m)，ローム層 (層厚6.1 m，N値：4～5)，粘性土質ローム層 (層厚1.65 m，N値：5) の順で層序をなし，その下位に層厚5.4 mの武蔵野礫層 (N値：25) が分布している．さらに，N値：5の粘性土層を1.9 m挟み，地表下24 m以深は東京礫層 (N値≧50) となっている．武蔵野礫層と東京礫層が現場付近の地下水の帯水層となっており，前者は自由水面をもち，後者は被圧地下水である．地下水位はそれぞれ地表面から約8 mと約9 mに位置にある．

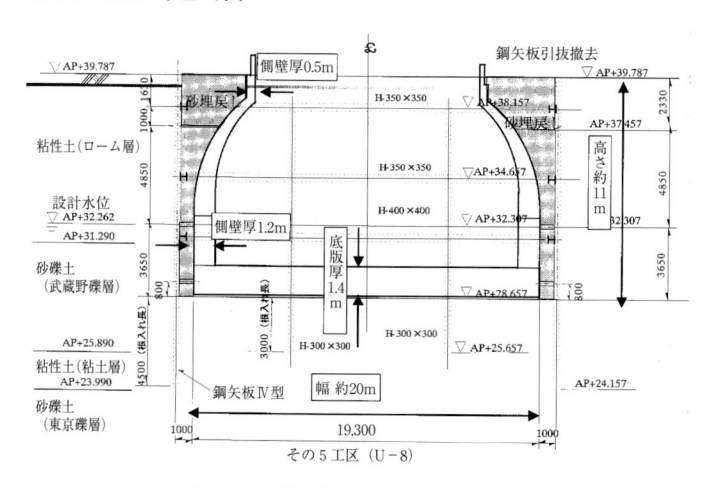

図-4.29 構造物の断面形状と土層構成

U形構造の底版は武蔵野礫層中に位置し，基礎形式は直接基礎である．また，武蔵野礫層の上位には，透水性の小さい粘性土質ローム層および関東ローム層が分布している．

(2) 工 事 概 要
a. その5工区

構造形式は，底版 (厚さ最大 1.4 m)，側壁 (厚さ 1.2 m) が一体となった RC 構造である．側壁下部は直壁となっているが，上部は車道中心部へ湾曲した弓形状であり，上部に向かって断面厚を薄くした特徴的な形状になっている (側壁上部の最小壁厚は 0.5 m)．

U型側壁はU3〜U8の6ブロック (1ブロック延長約20 m) に分けて施工した．施工手順は，鋼矢板土留め，3段切ばりで土留めをしたのち，底版から順次躯体を立ち上げながら，背面を砂で埋戻し，盛り替えばりを設置しながら切ばりを撤去する開削工法である．最後に土留めの鋼矢板を引抜き撤去した．また，一段切ばりは，湾曲した側壁上部を箱抜きして設置しているが，本体主筋は切ばりフランジ部分と一体化させてあるため，躯体完成後の切ばり切断により，一段切ばり軸力は本体側壁に転嫁される構造であった．

b. その6，7工区

その6工区とその7工区は，その5工区に引続き順次施工を行っている．構造形式および施工手順は「その5工区」とおおむね同様であるが，先行して施工した「その5工区」の変状を踏まえ，側壁背面の埋戻しは下部4mを流動化処理土，上部7mを改良土に変更し，また土留め鋼矢板は頭部2mをカットしその下部を地中に残置した．

(3) 側壁天端の特異な挙動

側壁天端の変位量の経時変化を図-4.30に示す．「その5工区」の側壁 (壁高さ約11 m) は，施工中の最終切ばり撤去時から内側への変形がみられ，工事完成直後には，切ばり撤去前に比べ側壁天端間が最大で約100 mm (両側壁頭部変位の合計) 変位した．その後も内側への変形は止まらず，約1年後に変形量は最大約160 mmに達し，完成後2年7ヵ月経過した時点で，最大180 mmをこえた．

U型側壁完成後2年以上にわたり変形が進行する特異な事象が発生し，収束の兆しもみられないことや，設計時に見込んだ天端変位30 mmを大幅にこえて，片側最大80 mmに達していることか

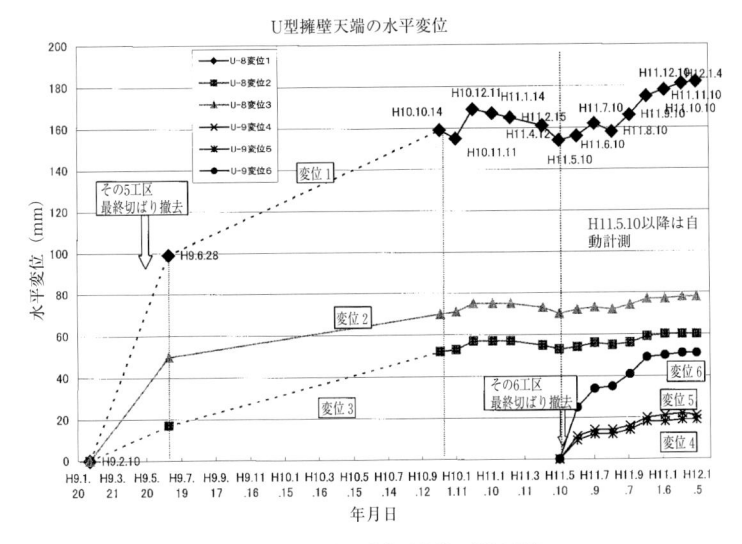

4.3 気温変化で繰返し変位を受けた側壁背面側の壁面土圧

図-4.30 側壁天端水平変位の経日変化

ら，計測器による詳細な挙動観測の実施，計測結果に基づく原因の推定，計測結果からの逆解析，基本的な対策の手順で原因と対策を検討した．

4.3.3 計測の概要

計測器の配置図を図-4.31に示す．「その5工区」では，施工中の仮設切ばり撤去前と工事完成後に，下げ振りにより側壁天端の変位量を計測したところ，側壁が内側へ約50 mm傾く動きが観測された．工事完成約1年後に再度下げ振りによる天端変位を計測したところ，さらに内側への変形が増加して80 mm近くに達しており，継続して定期的な計測を行うこととした．その結果，側壁天端の内側への動きが進行していることが判明したため，それぞれの側壁の水平変位，天端間の距離，温度，天端傾斜角，地下水位について常時観測できるよう自動計測に切り替えた．

また，切ばり撤去前であった「その6工区」の側壁については，「その5工区」の挙動を解析する

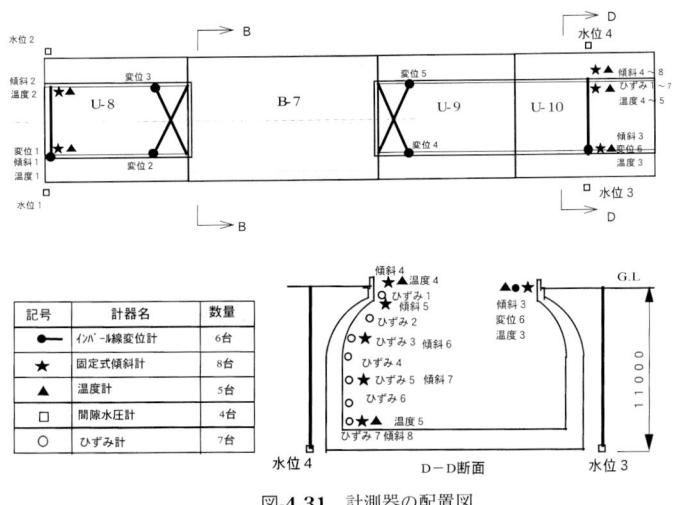

図-4.31 計測器の配置図

ため，天端間の距離，側壁それぞれの水平変位，温度，傾斜角，ひずみについて，同時期に自動計測を開始した．

4.3.4 計測結果と変形要因の検討

側壁変形を引き起こした要因をあげると，図-4.32のようになる．すなわち，材料特性，外力，施工の3要因である．

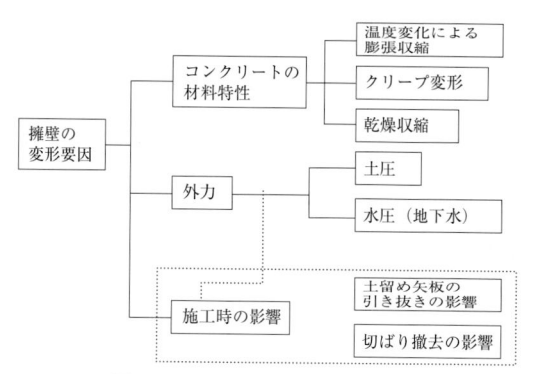

図-4.32 側壁変形を起した推定要因

(1) 側壁の材料特性による要因

a. クリープ，乾燥収縮

コンクリートの材料特性に起因する要因として，クリープ変形と乾燥収縮がある．クリープによる変位について計算すると，検討期間を材令16ヵ月間とした変位は5mmであった．一方，乾燥収縮による変位については，コンクリート打設後6〜12ヵ月の間にクリープひずみの1.3倍程度になるといわれ，6.5mmとなる．これらの計算値は決して小さい値ではなく，クリープおよび乾燥収縮が大きく影響するコンクリート打設後1年前後までは，天端変位に影響を与えているものと思われる．

しかし，「その5工区」は完成後3年近く経過しており，天端変位の増加現象がクリープおよび乾燥収縮の影響とは考えにくい．このことから，この2つの要因は，側壁完成後約3年経過した時点の主な変形要因とは考えにくい．

b. 温度(外気温)変化による膨張収縮

天端変位と天端に設置した温度計による気温の経時変化を図-4.33に示す．また，季節変動をみるため長期的な天端変位と温度の関係を図-4.34に示す．これらの図から，次のことがわかる．

① 昼夜の温度の日変動と側壁天端変位の関係は，温度が下降すると内側に，上昇すると外側に戻る挙動を示す(図-4.33)．
② 長期的な季節の温度変化と天端変位の関係は，温度下降時に内側へ傾き，温度上昇時にも内側へ傾く(図-4.34)．

これらのことから，RC躯体は温度に応答することは確かだが，温度要因に加えて何らかの要因が関係していると推定された．

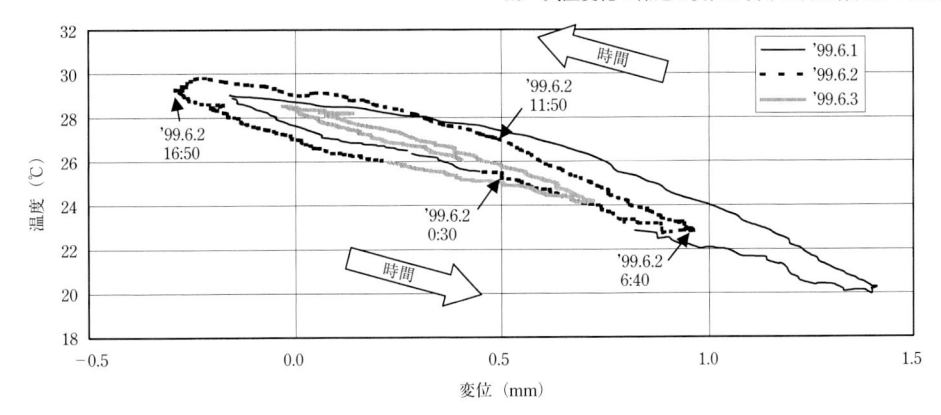

4.3 気温変化で繰返し変位を受けた側壁背面側の壁面土圧

図-4.33 側壁天端水平変位と気温の経時変化

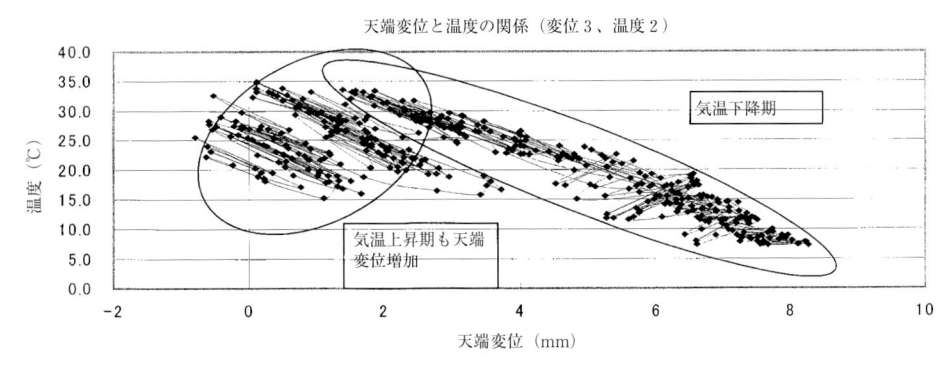

図-4.34 長期的に見た側壁天端水平変位と気温の関係

(2) 外力による要因

a. 地下水位による影響

天端変位と地下水位の経時変化を図-**4.35**に示す．地下水は側壁に水圧として作用するが，地下水位の下降期に天端変位が増加しており，地下水位の影響は考えにくい．

b. 土圧の影響

「その5工区」の大きな側壁変形の経験から，「その6工区」では側壁背面対策として，「その5工

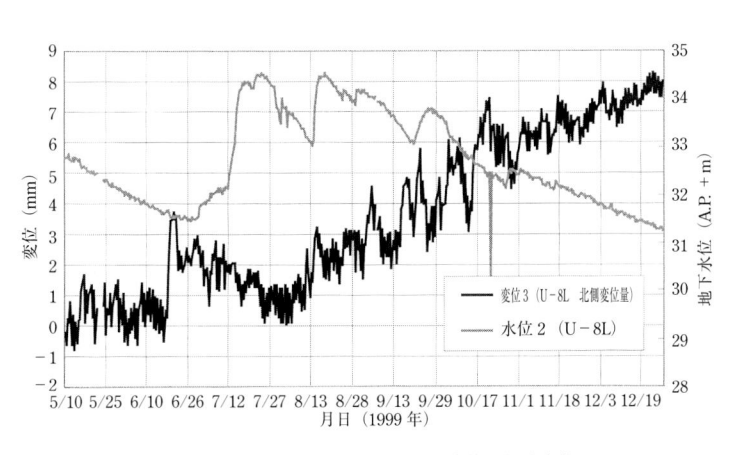

図-4.35 側壁天端水平変位と地下水位の経時変化

区」では引抜いた(図-4.29参照)土留め鋼矢板を残置し，裏込め材として下部4mを流動化処理土，上部7mを改良土で埋め戻した．その結果,「その6工区」の変位は図-4.30に示したように「その5工区」の約1/3であった．このことから，背面土圧が側壁変形に何らかの影響を及ぼしていると考えられた．

(3) 施工時の影響
a. 土留鋼矢板の引抜きの影響

図-4.30に示したように,「その5工区」では，工事完成直後(矢板引抜き直後)の天端変位量約50mmに対し,「その6工区」(矢板を残置した)では約10mmと小さいことから，矢板引抜きの有無が側壁変形へ影響を与えた可能性が考えられる．一般的に，矢板の引抜きによって矢板周辺の土は，9章の模型実験に示すように，引抜き箇所の空隙へ向かって動く挙動を示し,「その5工区」では矢板引抜きによって背面地盤が緩められた可能性が高い．現地調査の結果においても,「その5工区」側壁天端から背面側(民地側)に約8m離れた位置に最大4〜5cmの地表面亀裂が観測されている．

b. 切ばり撤去の影響

「その5工区」,「その6工区」とも第一段切ばり(最終切ばり)撤去時に側壁天端が大きく変位しており，切ばりが側壁天端部と一体となった構造であることから，切ばり撤去時に切ばり軸力が側壁に集中荷重となって作用した可能性がある．

(4) 要因の絞り込み

以上の検討結果をまとめると，次の通りである．
① 材料特性として疑われたクリープ，乾燥収縮の影響は少ないが，温度変化に応じて側壁が微小な変位を繰返している．
② 外力要因として考えられた地下水位上昇の影響はないが，側壁裏込めの壁面土圧への影響に疑いが残された．
③ 施工時の影響として，土留め鋼矢板の引抜きと切ばり撤去の影響がある．

以上から要因として"温度変化による側壁の伸縮"と"壁面土圧"の影響が考えられた．

4.3.5 側壁の変形と壁面土圧増加に関する推論

(1) 側壁の微小繰返しひずみと壁面土圧増加の関係

図-4.36に示したように，側壁が前面側へ変位したとき背面土圧は主働土圧状態となり，背面の土楔は下方へ動く．加えて，温度変化による側壁の伸縮は曲線部で鉛直方向と水平方向の微小変位を引き起こす．側壁の形状特性から，側壁上部ほどこの微小水平変位は大きく，水平方向の繰返し微小変位により背面の裏込め土は受働・主働状態を繰返すことになる．繰返し水平変位は背面地盤側に戻る時より道路側に変位する方が大きいため，側壁全体としては道路側への変形が累積する．

この現象を壁面土圧と側壁変位の関係で示すと，図-4.37のようになる．切ばり撤去時に側壁は道路側に変形し，壁面土圧は大きく主働側に移行する．その後，温度変化により側壁が背面側へ戻ろうとしたとき受働的な経路となり壁面土圧が大きくなる．温度による繰返し変形により同様な経路をたどり，壁面土圧はしだいに増加していくとともに，側壁のトータルな変形は主働方向へと変化する．

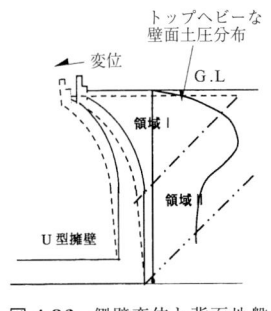

4.3 気温変化で繰返し変位を受けた側壁背面側の壁面土圧

図-4.36 側壁変位と背面地盤の土くさびの概念図

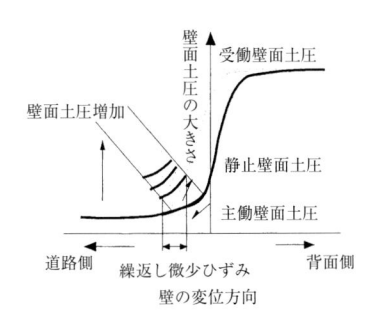

図-4.37 側壁変位と壁面土圧の関係

4.3.6 有限要素法を使った逆解析による壁面土圧の推定

ここでは，オーバーハング部の土圧係数を段階的に増加させた側壁変形についてのシュミレーション解析を行い，実測された側壁変位と比較することによって，土圧係数を求めた．なお，ここで壁面土圧増加の上限値は，$\sigma_h/\sigma_v = 1.0$ とした．

(1) 解析条件

解析条件は，次の通りである．
① 外力条件として，基本的に主働土圧係数 $K_a = 0.3$ とし，側壁の曲線形状部の土圧係数を段階的に $K = 1.0$ まで増加させた (図-4.38参照)．
② コンクリート断面は，コンクリートの引張力を無視した換算断面として，鉄筋の段落しや，部材厚の変化も考慮した断面剛性を用いた．
③ コンクリートの弾性係数 E_s は 24.2 GN/m² (コンクリート打設時の品質管理試験結果による実際の側壁コンクリートの圧縮応力度 $\sigma_c = 30$ MN/m² 相当，計算式 $E_s = 14{,}000\sqrt{\sigma_s}$)，ポアソン比 $\nu = 0.2$ とした．
④ 土の単位体積質量 $\gamma_t = 16$ kN/m³ とした．
⑤ 壁は直壁として，端部固定の片持ちばりの形状とした．
⑥ 壁水平変位量は，実測値と比較できるように，付け根部分の回転角による変位を考慮して，

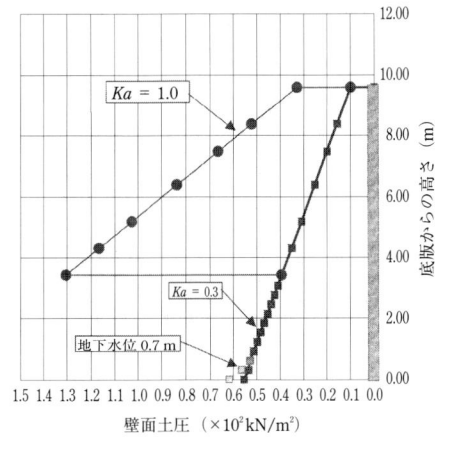

図-4.38 解析時の壁面土圧分布

第4章　土留め壁面に作用する土圧・水圧の力学

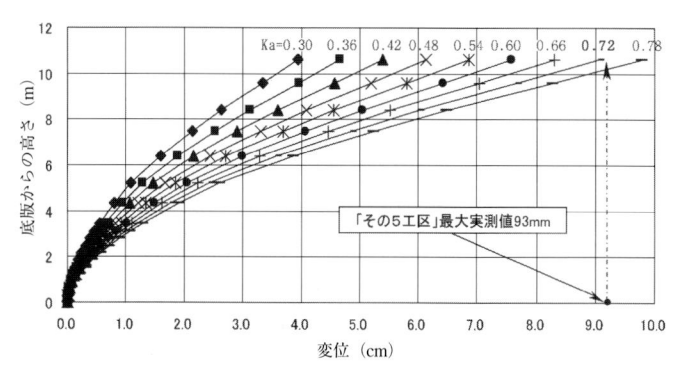

図-4.39　主働土圧係数の変化による側壁の変位分布（解析結果）

計算結果の2倍とした．

⑦　傾斜角分布についても実測値と合うように，$K_a = 0.3$の時の天端たわみ角から逆算した付け根部分のたわみ角を加えた．

(2) 実測変位から求めた土圧係数

図-4.39に主働土圧係数K_aの変化による変位分布を示す．「その5工区」での計測期間における最大変位量は$\delta_{max} = 93$ mmである．93 mmに相当する計算値を図から読みとると，主働土圧係数$K_a ≒ 0.7$となる．「その5工区」の裏込め土は砂質土であり，一般に砂質土の主働土圧係数は0.3〜0.4と考えられる．

この逆解析によって得られた主働土圧係数$K_a ≒ 0.7$という値は，砂地盤としては非常に大きい．しかし，龍岡[26]の研究によれば，土質力学的には"繰返し平面ひずみ試験で，構造物の剛性による壁面変位に対する一定の拘束条件のもとに，小さな同一振幅ひずみを多数繰返し加えると，初期応力比σ_h/σ_yが1.0以下であってもやがてσ_h/σ_yは1.0に近づく"ことがわかっている．

図-4.40に傾斜角分布の計算結果を示すとともに，あわせて「その6工区」の実測値を示す．傾斜角分布についてみてみると，底版からの高さ約5mの位置で変曲点が認められた．これは鉄筋の段落し部分の断面剛性の低下によるものである．壁面土圧を増加させた解析による傾斜角は，「その5工区」を「その6工区」の天端変位が約3倍違うものの，傾斜角分布の経時的な変化のパターンは，「その6工区」の実測値とよく似ていることがわかる．

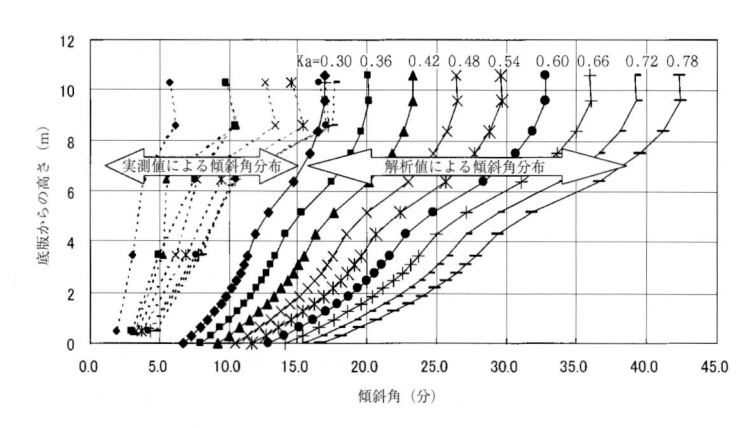

図-4.40　主働土圧係数の変化による側壁の傾斜角分布（解析結果）

4.3.7　変形原因と今後の課題

U型側壁の変形の原因および対策についてまとめると，次の通りである．

① 「その5工区」における裏込め工法は，山砂を水締めした後鋼矢板を引抜いたため，裏込め土が緩められたことに加え，完成直前の最上段切ばり撤去により，躯体上部に瞬間的な集中荷重が作用して側壁を押し出した．

② 側壁が温度変化の影響を受け，裏込め土が主働，受働を繰返し，これにより壁面土圧が増加していった．さらに断面剛性に変化を付けた弓形の側壁形状により，上部の壁面土圧増加が促進され，より大きな天端水平変位となって現われた．すなわち，側壁の形状も，今回の特異な現象の一要因として疑いが残る．

③ 実測値を逆解析した結果から，裏込め土の土圧係数は0.7に近く，壁面土圧は今後さらに増加するものと推定され，側壁の付け根部分の部材発生応力は既に許容応力度をこえている．

④ 対策工として，構造物の頭部変位を切ばりで押さえ，また，許容応力度をこえている箇所は，断面増厚補強により余剰耐力を付与した．

⑤ 今後の課題として，繰返し変位を側壁に与えた土槽実験などで，壁面土圧の上昇現象を実証していく必要がある．

　今回のような特異な現象は国内では見当たらず，現行設計基準の提案土圧を大きくこえた現象であった．唯一，海外事例として"上床版が地表面にでているボックスカルバート構造物において，日射による温度変化により上昇版が伸縮して，側壁に繰返し水平変位が与えられて側壁に作用する壁面土圧が増加し，構造物が損傷を受けた事例"が紹介されている．

参考文献

1) 村上　仁，高柳枝直，玉野富雄，福井聡 (1988)：関西の土質と基礎 − 大規模土留め工，土と基礎，**36** (11)，67-72.
2) 玉野富雄，福井　聡，村上　仁，門田俊一 (1990)：土留め掘削底部地盤におけるリバウンドの力学挙動，土木学会論文集，**418** (Ⅳ-13)，221-230.
3) Fukui, S., and Tamano,T. (1991)：Earth and water pressures acting on retaining walls, *Proc. of the 9th ARC*, 217-200.
4) Fukui, S., Tamano,T., and Suzuki, H. (1994)：Long-term measurements of lateral pressures acting on brace walls in soft clay, *Proc. of the Int. Symp. on Geotechnical Aspect of Underground Construction in Soft Ground*, 199-202.
5) 玉野富雄，福井　聡，鈴木宏昌，松澤　宏，植下　協 (1995)：軟弱粘性土地盤における土留め背面側壁面に作用する土圧・水圧の力学挙動，土木学会論文集，**516** (Ⅳ-27)，53-61.
6) 堀川　満，玉野富雄，福井　聡，鈴木宏昌 (1996)：軟弱粘土層土留め掘削側壁面に作用する壁面土圧 (その1)，土木学会第51回年次学術講演会Ⅲ-B，408-409.
7) 中山恵介，玉野富雄，福井　聡，水谷　進 (1996)：軟弱粘土層土留め掘削側壁面に作用する壁面土圧 (その2)，土木学会第51回年次学術講演会Ⅲ-B，410-411.
8) Tamano,T., Fukui, S., Mizutani, S., Tsuboi,H., Hisatake, M. (1996)：Earth pressures acting on the excavation side of a braced wall in soft ground, *Proc. of the Int. Symp. on Geotechnical Aspects of Underground Construction in Soft Ground*, 207-212.
9) Tamano, T., Fukui, S., Suzuki, H., Ueshita, K. (1996)：Stability of Slurry Trench Excavation in Soft Clay, *Soils and Foundations*, **36** (2), 101-116.
10) 日本建築学会 (1974)：建築基礎構造設計基準・同解説，401 − 445.
11) Alpan, I. (1967)：The empirical evaluation of the coefficient K_0 and K_0R, *Soils and Foundations*, **7** (1), 31〜40.

12) Jaky, J. (1948)：Pressure in soils, *Proc. of 2nd ICSMFE*, **1**, 103～107.
13) Lambe, T. W. and Whiteman, D. V. (1964)：Soil Mechanics, John Wiley & Sons Inc., 162-194.
14) Brooker, E.W. and Heland (1965)：Earth pressures at rest related to stress history, *Canadian Geotechnical Jour.*, **1** (1), 1-15.
15) Kulhawy, F.H. and P.W. Mayne (1990)：Manual on estimating soil properties for jtoundation design, Final Report, Project 1493-6, EL6800. Electric Power Research Institute, Palo Alto, CA.
16) 中瀬明男，小林正樹，勝野　克 (1969)：圧密および膨張による飽和粘土のせん断強度の変化，港湾技術研究所報告，**8** (4), 103-141.
17) Skempton, A. W. (1961)：Horizontal stresses in an overconsolidated Eocene clay, *Proc. of 5th ICSMFE*, **1**, 351-357.
18) 杉本隆男，佐々木俊平 (1986)：土留・掘削工事に伴うヒービング現象に及ぼす浸透の影響，東京都土木技術研究所年報 (昭和61年), 225-237.
19) 大石宏行，宮尾新治，越沼　環他，小林延房，村上清基，佐々木豊，草薙史朗，田中幹彦，石黒　健，杉本隆男，佐々木俊平：環状第8号線羽田空港トンネル工事におけるヒービング計測管理 (その1～5)，第23回土質工学研究発表会, 1583-1600, 1988.
20) Sugimoto, T., Sasaki, S. and Yoshida, M. (1994)：Monitoring of base heave due to deep excavations, *Proc. of the Int. Symp. on Geotechnical Aspect of Underground Construction in Soft Ground*, 195-198.
21) 杉本隆男，佐々木俊平，板倉治夫，霜島洋司 (1987)：埋立地盤におけるヒービング計測管理 －環状第8号線羽田空港トンネル開削工事－，東京都土木技術研究所年報 (昭和62年) 249-262.
22) 杉本隆男，内田広司，佐々木俊平 (1988)：都市土木工事に伴う地盤問題に関する現場調査事例，東京都土木技術研究所年報 (昭和63年) 295-309.
23) 田中幹彦，杉本隆男 (1998)：講座「各種構造物の実例に見る地盤改良工法の選定と設計, 3.5掘削にかかわる仮設構造物」，土と基礎, **46** (7), 51-56.
24) 杉本隆男 (1992)：超軟弱地盤山留めのヒービング現象とその対策，基礎工, **20** (8), 23-29.
25) 杉本隆男 (1999)：開削工事におけるヒービング現象と根入れ部の地盤改良効果の解析，基礎工, **27** (8), 16-20.
26) 龍岡文夫 (1999)：特集「抗土圧構造物・補強土」，土と基礎, **47** (11), 50-53.

第5章　掘削底部地盤安定の力学

5.1　大規模平面・大深度土留め工におけるリバウンドの力学挙動

5.1.1　概　　説

　大規模な地下掘削工事においては，掘削排土などによる地中応力の減少により，リバウンドと呼ばれる掘削底部地盤の浮上り現象が生じる[1]～[4]．リバウンドの力学挙動を定量化する試みは，TerzaghiとPeck[5]に始まり，その後，種々の研究が植下ら[6]などによって行われている．

　既往の実測データによるリバウンドの最大ひずみレベルが粘性土で0.5％，砂質土で0.1％程度であること，リバウンドは地盤材料の応力～ひずみ関係における除荷側の挙動であること，などによりリバウンドは，地盤材料における弾性範囲内の挙動である．

　また，リバウンドの予測計算法には，圧密膨張時の膨張指数を圧密沈下式に適用する方法，除荷時弾性係数を弾性論に従うSteinbrenner式などの沈下式に適用する方法がある．なお，最近の数値解析の発達に伴い，多層地盤に対する適用が可能であり，また，土留め形状の影響による地中応力分布や構真柱荷重をより的確に考慮しうることにより，有限要素法がリバウンド解析に多用されている．

　一般的にリバウンドは地盤材料の弾性範囲内の挙動とみなすことができるため，その予測精度を向上させるためには，地盤内有効応力の変化に関与する荷重や除荷弾性係数等の地盤定数を精度よく評価することが重要な研究課題となる．また，地盤定数の評価については，従来，土質調査・試験結果から求める方法，実測データの逆解析から評価する方法等の研究がなされているものの，リバウンド時の底部地盤の力学状態やリバウンドに関係する底部各層での除荷時弾性係数の決定法などの点で不明な点が多く残されている．

　以下に，第4章4.1と同じ土留め工での実測データに基づく詳細なリバウンドの力学特性を示す．次に，掘削排土重量や構真柱荷重の他に地下水位低下を考慮した応力変形および非定常浸透流による連成解析を適用した有限要素法を実施し，実測値との比較検討を行うことにより，リバウンドの力学挙動を考察する．さらに，これらの検討結果を踏まえて，西大阪地盤における地盤定数の一般的傾向を評価するとともに，逆解析手法およびK_0三軸リバウンド試験を用いて多層地盤におけるひずみ依存の非線形な地盤定数を評価する．

5.1.2　計測事例

　土留め工および地盤の概要を図-5.1，図-5.2に示す．事例は第4章でのA土留め工である．地盤のリバウンド測定は，層別沈下計を用い，図-5.1に示す土留め工平面の中央断面のR1，R2，R3の3地点で行っている．層別沈下計は，図-5.3に示すような構造となっており，測定原理は次のようである．

　ボーリング孔内の任意の深度に固定したアンカーから出ている測定ワイヤーの先端が，地表面に

第5章 掘削底部地盤安定の力学

設置された測定基準面の孔の中に出ており，アンカーがリバウンドする地層とともに移動すると，孔中の測定ワイヤーの先端も移動し，この移動量を測定すれば基準面とアンカー間の変位がわかり，最深部アンカーを基準とした各アンカーの相対変位をリバウンドとして測定できる．また，地盤のリバウンドに伴って生じる構真柱のリバウンドは，水盛式沈下計を用いて測定を行っている．また，リバウンドと地中応力および間隙水圧との関連を調べるために，土留め工平面の中央位置で，G.L.－40 m と G.L.－45 m の洪積粘性土層に図-5.4 に示す構造のプレート式地中土圧計と3次コイル方式作動トランス式間隙水圧計を設置している．

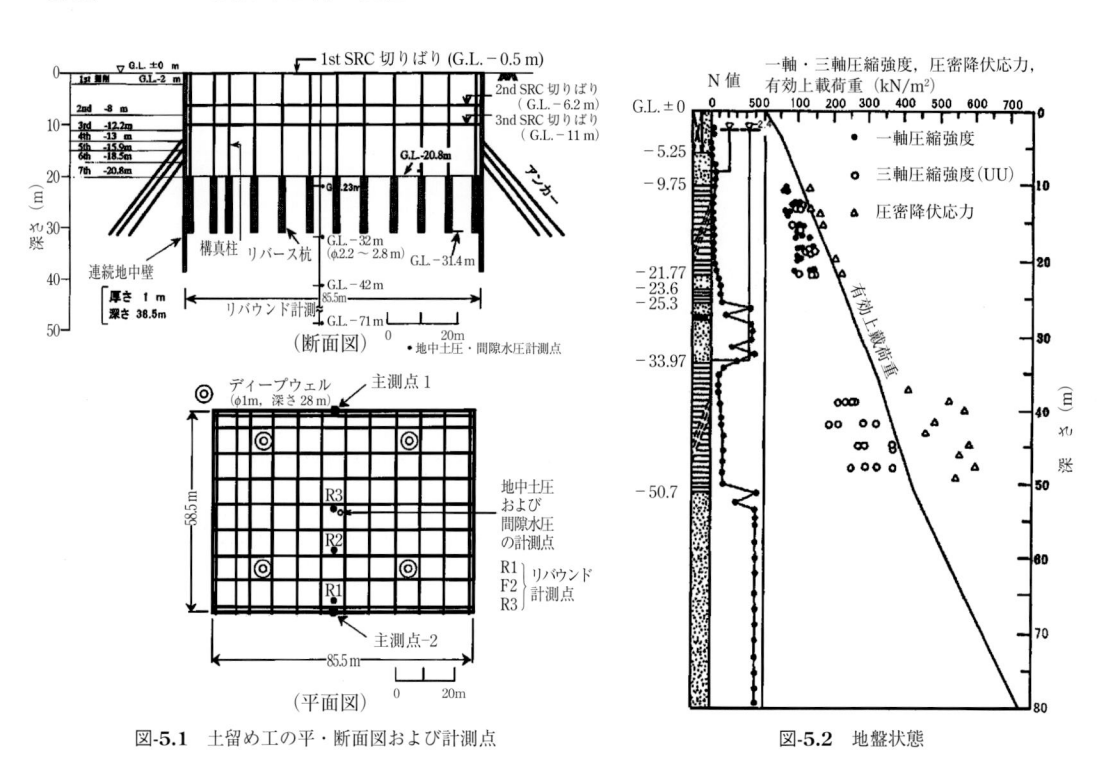

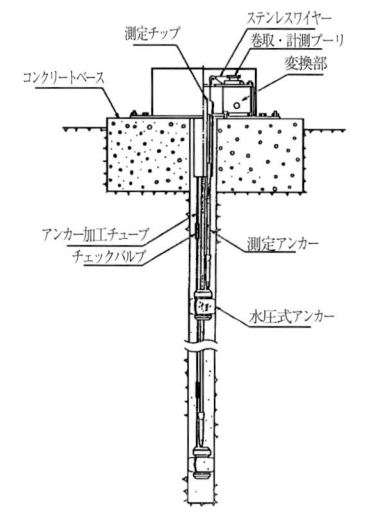

図-5.1　土留め工の平・断面図および計測点

図-5.2　地盤状態

図-5.3　層別沈下計測定概要図

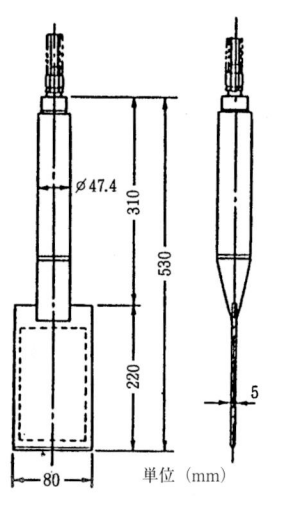

図-5.4　地中土圧計概要図

5.1 大規模平面・大深度土留め工におけるリバウンドの力学挙動

地盤のリバウンド実測値により，掘削中央部での測点間のリバウンドと構真柱基礎杭支持地盤でのR3測点のリバウンドの経時変化を図-5.5に示す．実測した地盤のリバウンドは，層別沈下計の最深部基準点からの相対変位として求めたものである．リバウンドの経時変化をみると，浅い位置ほどリバウンドが大きく，掘削初期は各深度ともリバウンドは小さいが，最終掘削に近くなると大きくなる傾向を示している．また，掘削の進行に伴って地盤のリバウンドは増大しているが，この増大は，掘削時のみならず，放置時期にも徐々にリバウンドの増大が認められ，時間遅れの傾向が認められる．

5.1.3 地盤各層におけるリバウンド

掘削段階におけるR1，R2，R3測点のリバウンドの深度分布状況を図-5.6に示す．最終掘削面以下はほぼ洪積層で構成されており，洪積層でのリバウンドが問題となる．リバウンドは，掘削初

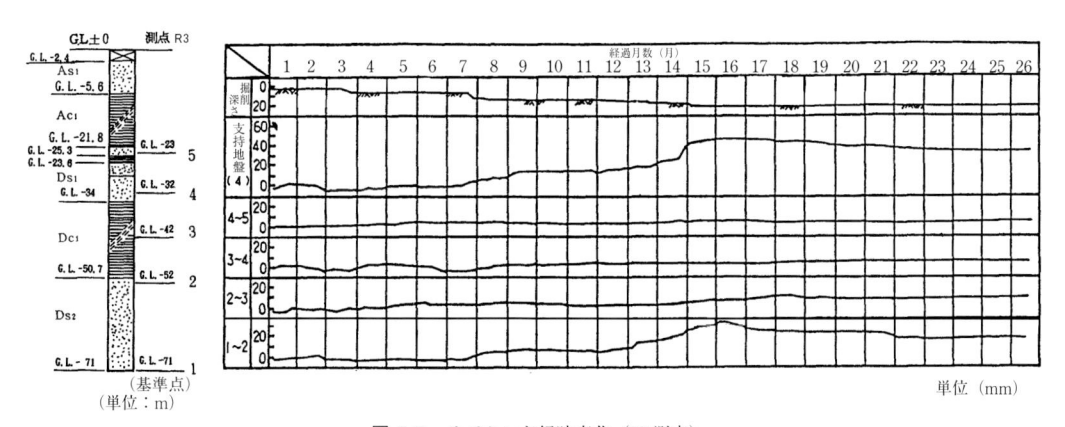

図-5.5 リバウンド経時変化（R3測点）

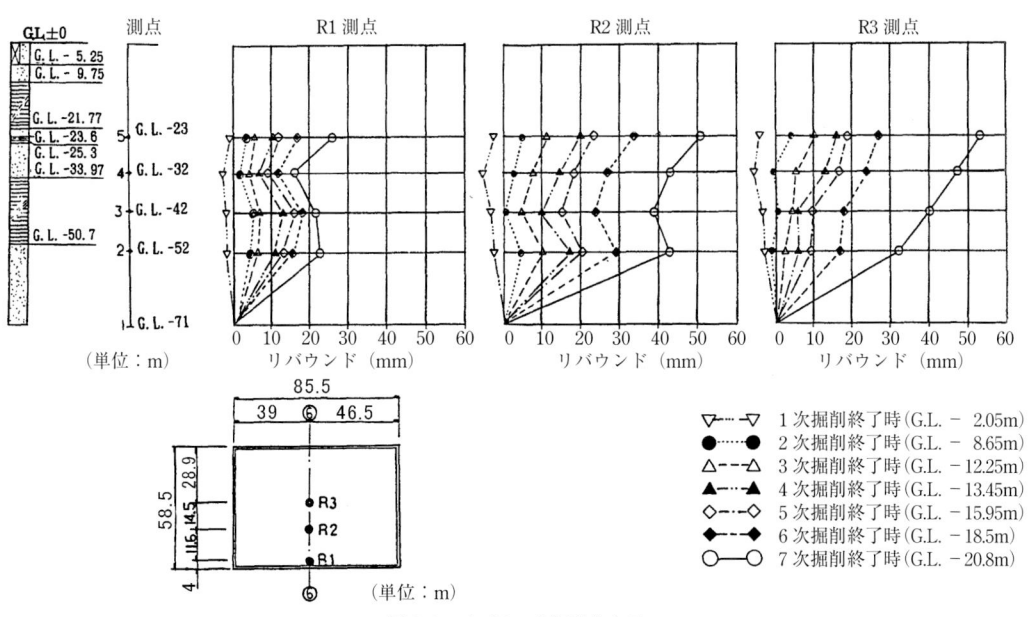

図-5.6 リバウンド深度分布図

期においては各深度ともにリバウンドは少なく(逆に, 1次掘削時点では沈下傾向を示しているものもある), 掘削の進行に伴ってリバウンドは増大し, 最終掘削に近づくにつれて急激に増大傾向を示している. 掘削初期には, 排土重量の影響よりも地下水位低下による影響の方が卓越しているのに対し, 最終掘削時点では, 排土重土の影響が主となるため, リバウンドが大きくなったと考えられる.

洪積層における粘性土層と砂質土層のリバウンドの比率は, 一般的に粘性土で大きく, 砂質土での値は小さくなっている. 最終掘削終了時における掘削中央部での全リバウンドのうち, 粘性土層, 砂質土層でのリバウンドの占める比率をR1測点を例として**表-5.1**に示す.

土留め内の掘削中央部と端部での構真柱基礎杭支持地盤におけるリバウンドは, 中央部で47.5 mm, 端部で17 mmとなっており, 各測定事例で排土重量・構真柱荷重などの差があるものの, ほぼ, 端部は中央部の半分の値となっている. 排土重量および構真柱荷重による地中内有効応力の減少率の影響が端部より中央部の方が大きいことや, 端部では土留め壁の影響を受けていることが原因すると考えられる.

表-5.1 層別リバウンド

土層	深さ (m)	層厚 H (m)	層別リバウンド δ (mm)	ひずみ δ/H (%)	全リバウンドに対する層別リバウンドの比率 (%)
洪積砂礫層 Ds_1	G.L.$-23\sim-32$	9	6	0.06	12
洪積粘性土層 Dc_1	G.L.$-32\sim-42$	10	7	0.07	12
洪積粘性土層 Dc_1	G.L.$-42\sim-52$	10	8	0.08	15
洪積砂礫層 Ds_2	G.L.$-52\sim-71$	19	33	0.17	61

5.1.4 除荷重とリバウンドの関係

除荷重とそれに伴うリバウンドの関係を, 洪積粘性土層と洪積砂質土層について**図-5.7**に示す. 除荷重は, 排土重量から構真柱荷重を差引いたものを除荷重としたものであるが, 除荷重とリバウンドはおおむね比例関係にあり, 除荷重の増加に伴ってリバウンドも大きくなる傾向を示している. また, 洪積粘性土と砂質土では, 同じ除荷重に対するリバウンドは粘性土層の方が大きくなっている.

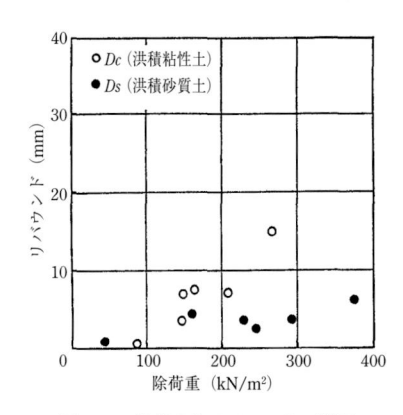

図-5.7 除荷重とリバウンドの関係

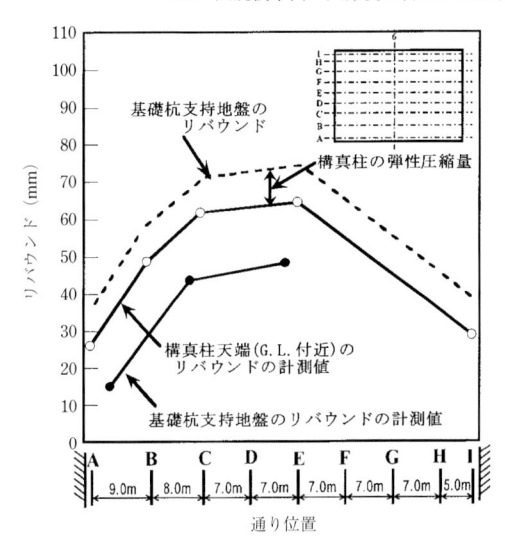

図-5.8 基礎杭支持地盤のリバウンド

5.1.5 構真柱基礎杭の支持地盤と構真柱リバウンドの関係

最終掘削終了時における構真柱基礎杭の支持地盤および構真柱天端付近 (地盤面付近) でのリバウンド分布状況を示したものが図-5.8である．構真柱で計測されたリバウンド分布と，構真柱基礎杭支持地盤でのリバウンド分布は，掘削中央部で大きく，土留め壁に近づくにつれて小さい値となっている．

構真柱天端のリバウンドの最大値は64 mmであり，また，構真柱基礎杭の支持地盤でのリバウンドの最大値は47.5 mmである．構真柱のリバウンドは基礎杭を介して生じるため，本来は構真柱の弾性圧縮分 (10 mm) だけ小さくなるはずであるが，計測結果では逆に構真柱天端で計測されたリバウンドが10〜15 mm大きくなっている．これは，層別沈下計の基準点をG.L.－71 mに設置しているのに対し，リバウンドがさらに深い位置から生じているため，基準点の深さにおいて，構真柱の弾性圧縮量 (10 mm) に構真柱天端と構真柱基礎杭の支持地盤のリバウンドの差である10〜15 mmを加えた，20〜25 mmのリバウンドが生じているためである．

このため，構真柱基礎杭の支持地盤で生じているリバウンドの絶対値は，構真柱天端で計測されたリバウンドに構真柱の弾性圧縮量 (10 mm) を加えた値として示され，その値は74 mmとなる．層別沈下計基準点の深さにおけるリバウンドは，実際に生じている構真柱基礎杭支持地盤でのリバウンドの30〜40％になり，地下深部からのリバウンドは無視しえない値となっている．掘削幅 B と最終掘削掘削深度から計測基準点設置深度までの距離 Z との関係 Z/B は0.71となっており，この設置深度は掘削除荷荷重の影響を受ける深さであるため，基準点ですでにリバウンドを生じている．リバウンドを正確に測定するためには，本測定でのように構真柱の天端と構真柱の弾性圧縮量の測定とあわせて実施する必要がある．

5.1.6 有限要素法解析によるリバウンド特性の把握

(1) 有限要素法解析

掘削に伴う底部地盤のリバウンドは，掘削排土による地中応力の減少，構真柱荷重，地下水など

の影響を受ける．従来，リバウンドの予測計算では，上載荷重の除荷，構真柱荷重の考慮はなされているが，地下水の影響については考慮されていない．しかし，大阪地盤の地下水位はほぼ地表面近くにあることから，工事中は，掘削をドライワークで施工するためにディープウェル等の排水工法を採用して，地下水位を強制的に低下させることが多い．したがって，リバウンドをより正確に把握するためには，地下水の挙動変化の影響による地中有効応力の変化を十分に考慮する必要がある．以下に，掘削に伴う応力・変形挙動および地下水の挙動変化の相互作用を把握するために，有限要素法による連成解析を実施し，掘削底部地盤で実測されたリバウンド・地中土圧・間隙水圧と比較することにより，リバウンドの力学挙動を検討する．連成解析は，応力変形および非定常浸透問題の基礎方程式を連立させて解くことにより実施される．解析方法は，大西らによって提案されている方法であり，飽和域のみならず不飽和域における連成挙動を考慮できる解析法である[7]．

(2) 解析モデルと解析方法

解析断面はA測定事例の⑥-⑥通りにおける鉛直二次元断面とし，図-5.9に要素分割図と解析モデルを示した．連続地中壁は平面要素を使用し，コンクリートの物性を与えてモデル化した．また，切ばりによる連続地中壁への拘束効果は，各掘削段階における壁面変位の実測値を強制変位として与えた．図-5.10に各掘削段階での土留め壁面変形を示す．また，構真柱に作用する躯体荷重は，作用する荷重を等価な線荷重に置換え，該当節点に集中荷重として図-5.9の@～@に与えた．

前述した実測データの整理から，リバウンドは地下深部から生じていることが理解できる．有限要素法を用いてリバウンド解析を実施する場合は，半無限地盤中から有限な領域を要素分割し，境界条件を設定する必要がある．そのため，地盤のリバウンドを正しく把握するには，掘削によるリ

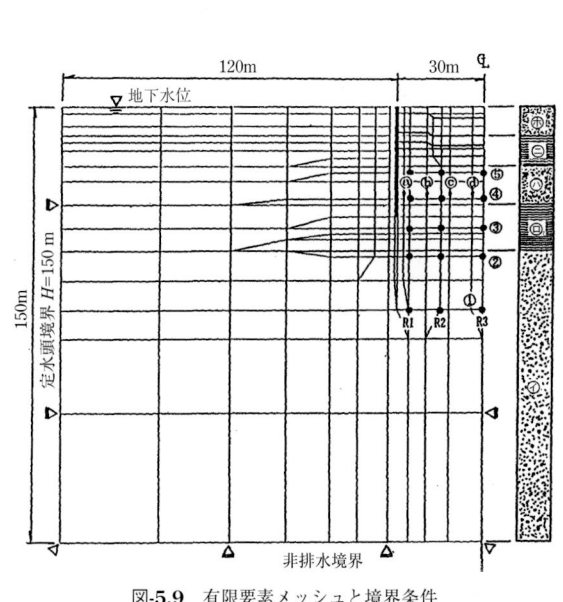

図-5.9 有限要素メッシュと境界条件

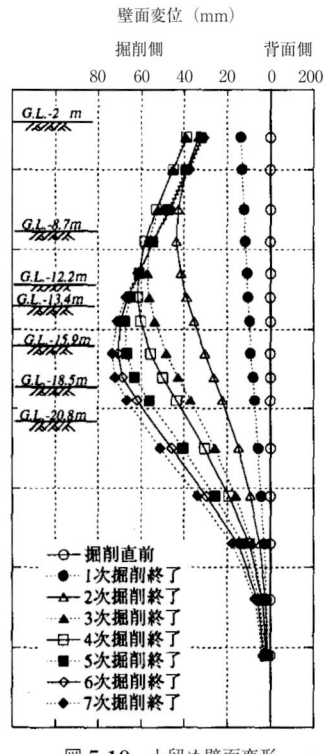

図-5.10 土留め壁面変形

バウンドの影響範囲を十分に考慮したうえで，解析領域や変位境界条件を設定することが重要である．まず，解析領域を変化させたパラメトリック解析を実施することにより，リバウンドの影響範囲を考慮に入れた解析領域・境界条件の設定法について検討し，掘削底部より 120 m 以上の領域を解析領域とすれば実用上十分と考えられた．その結果として，変位境界条件は，掘削部中央より側方 150 m 地点を水平方向固定，鉛直下方 150 m 地点を鉛直方向固定とした．

浸透流解析に対する境界条件は，地下水面を地表面と仮定したうえで，領域側方を定水位境界 ($H = 150$ m)，下方を非排水境界とした．なお，初期条件は，解析領域全域初期全水頭 $H_0 = 150$ m を与えた．

土層構成は，事前ボーリング調査結果により図-5.9 に示す㋑～㋭の 5 層とし，各層の地盤定数は，表-5.2 に示すように事前土質調査・試験結果を参考にした．なお，

表-5.2 地盤物性値

土層記号	弾性係数 (MN/m²)	ポアソン比	単位体積重量 (kN/m³)	透水係数 (cm/s)	備考
㋑	2.5	0.35	18	1.0×10^{-2}	洪積砂礫層 Ds_2
㋺	0.5	0.45	18	1.0×10^{-6}	天満粘性土層 Dc_1
㋩	2.0	0.35	18	1.0×10^{-2}	天満砂礫層 Ds_1
㋥	0.3	0.45	18	1.0×10^{-6}	沖積粘性土層 Ac_1
㋭	0.5	0.35	18	1.0×10^{-3}	沖積砂層 As_1

粘性土，砂質土の弾性係数は，N 値や粘着力から経験的な値として，それぞれ $28N$，$210C$ を参考に決定した．また，沖積粘性土層 Ac_1 の透水係数，弾性係数，ポアソン比は，それぞれ 1.0×10^{-6} cm/s，27.46 MN/m²，0.3 とした．不飽和域の浸透特性については，図-5.11 のように決定した[8]．また，土留め壁コンクリートの透水係数，弾性係数，ポアソン比は，それぞれ 1.0×10^{-4} cm/s，2.74×10^4 MN/m²，0.2 とした．

図-5.12，表-5.3 に解析手順を示した．なお，4，5 次掘削を解析では単に 4 次掘削とし，全掘削次数を 6 とした．また，地下水位は，ディープウェル水位を参考に定め，図表に示した標高において，水平一様に圧力水頭ゼロの自由水面となるように与えた．このため，図示したディープウェル

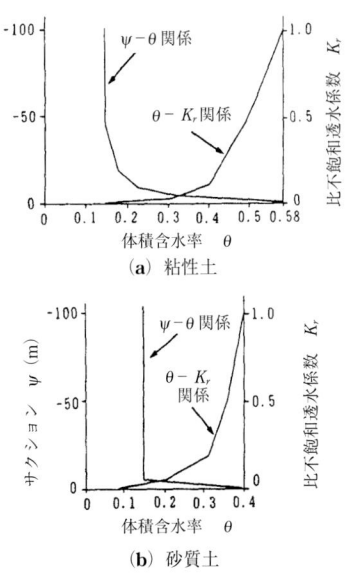

図-5.11 不飽和域透水特性[8]

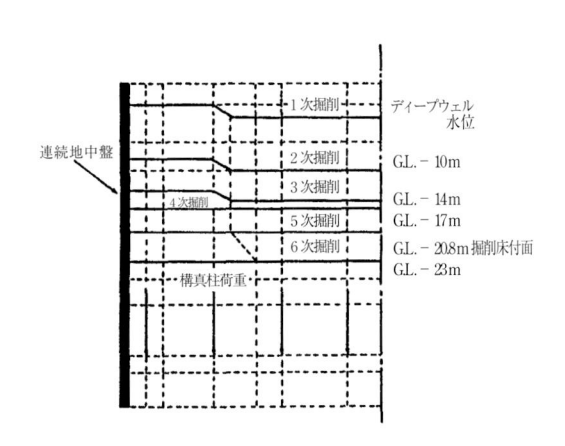

図-5.12 解析ステップ詳細図

標高以上は不飽和領域となる．

(3) 解析結果および考察

図-5.13にG.L.-40m，図-5.14にG.L.-45mの場合での全水平応力，有効水平応力，間隙水圧の解析値と実測値の比較を示す．また，土留め壁掘削側壁面におけるG.L.-25.5mにおける壁面側圧，壁面土圧，壁面水圧の同様な比較を図-5.15に示す．図-5.16に，リバウンド計測点R1，R2，R3におけるG.L.-71mを基準点とした図-5.6に示すリバウンド実測値との比較のための解析値を，各深度毎に示す．図-5.17にはリバウンドの解析値の経時変化を示す．また，図-5.18にG.L.-32m，-42mにおけるG.L.-71mの基準点との相対変位の実測値と解析値の比較を示す．これらの解析結果と実測データの比較から，以下のことが考察できる．

① 実測値と解析結果両者について，間隙水圧の減少量は，地下水位低下量と良い対応を示す．しかし，実測値の間隙水圧減少量は，ほぼ地下水位の低下量に等しいのに対して，解析値の間隙水圧減少量は実測データに比較して小さい．

表-5.3 解析ステップ

解析ステップ	解析内容
1	初期応力解析
2	地下水位 G.L.-10m
3	第1次掘削終了時
4	1F構真柱荷重載荷
5	地下水位 G.L.-14m
6	地下水位 G.L.-17m
7	第2次掘削終了時
8	B1F構真柱荷重載荷
9	地下水位 G.L.-20.8m
10	第3次掘削終了時
11	B2F構真柱荷重載荷
12	地下水位 G.L.-23m
13	第4次掘削終了時
14	第5次掘削終了時
15	第6次掘削終了時

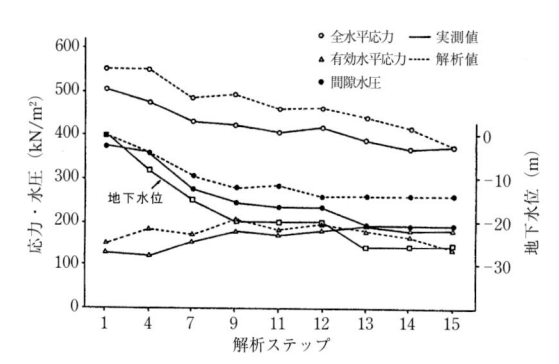

図-5.13 全水平応力・有効水平応力・間隙水圧の実測値と解析値の比較（G.L.-40m）

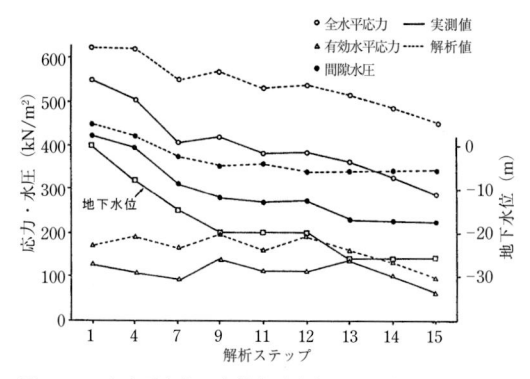

図-5.14 全水平応力・有効水平応力・間隙水圧の実測値と解析値の比較（G.L.-45m）

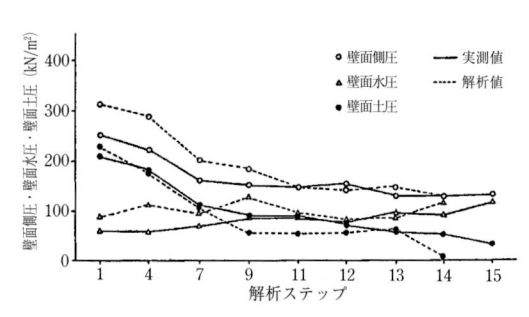

図-5.15 壁面側圧・壁面水圧・壁面土圧の実測値と解析値の比較（G.L.-22.5m，土留め壁面掘削側）

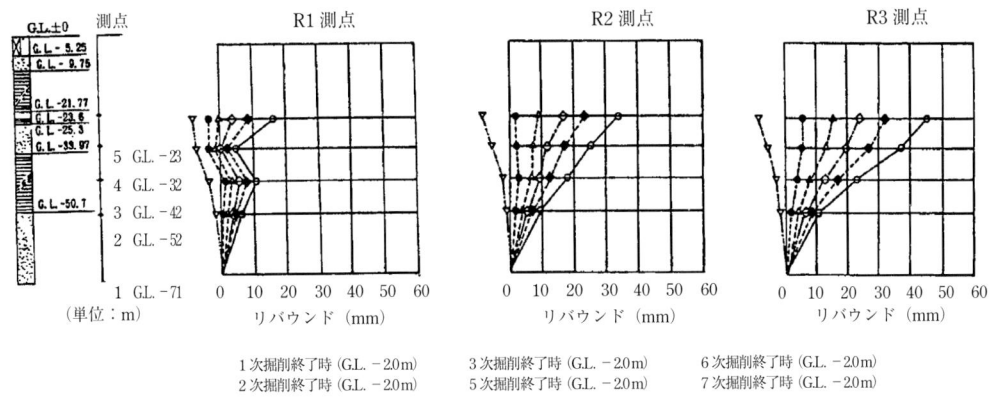

5.1 大規模平面・大深度土留め工におけるリバウンドの力学挙動

図-5.16 深度別リバウンドの解析値

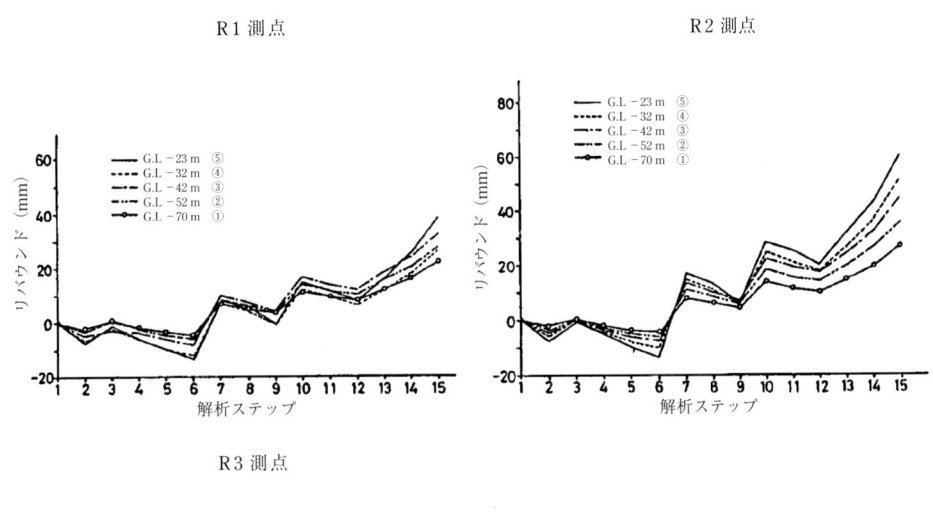

図-5.17 R1・R2・R3のリバウンド経時変化（解析値）

これは，数値解析においては，ディープウェルによる水位低下を表現するのに，ディープウェルの設定水位を圧力水頭ゼロの自由水面として表現するのに対して，実際には，設置されたポンプによってかなりの負圧が作用しており，これが原因であると考えられる．

② 図-5.13，図-5.14の解析結果より，地盤内有効応力は，掘削排土により減少し，地下水位の低下や構真柱荷重の載荷によって増加することが理解でき，とくに，地下水位低下の影響が大

第5章　掘削底部地盤安定の力学

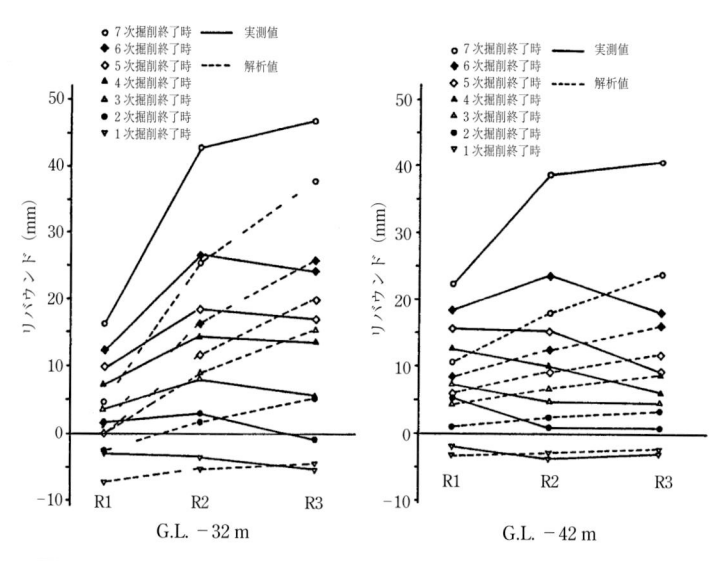

図-5.18　G.L.−32m，G.L.−42mにおけるリバウンドの実測値と解析値の比較

きいことがわかる．実測データとの比較については，解析値の間隙水圧低下量が実測値に比較して小さいことに起因して，解析値の全水平応力および有効水平応力が実測値に比較してやや大きめに評価されているものの，変動状況はほぼ一致した傾向を示している．

③　図-5.15に示す土留め壁面G.L.−22.5mの掘削側の壁面土圧・壁面水圧については，掘削中央部（R3計測点相当）と同様な傾向を示しているものの，掘削後半部において，掘削中央部の挙動と異なり壁面土圧は，実測データおよび解析データともに減少しない．原因として，掘削に伴う土留め壁の変形に伴い，掘削側に受働土圧が発生したことによると考えられる．

④　図-5.16に示したリバウンドの変化では，地下水位の低下による有効応力の増加や構真柱荷重により地盤沈下現象が生じており，一般的な土質工学上の常識と一致する．とくに，地下水位低下に伴う地盤沈下が顕著である．深度別リバウンドの実測値と解析値の比較については，各計測位置すなわちR1，R2，R3において，解析値は実測値に比較してやや小さめに評価されているものの，変動状況は良い一致を示している．また，地下水位の低下による地盤沈下，掘削によるリバウンドが図-5.17でも明確に示されている．

⑤　図-5.18に示したG.L.−32m，G.L.−42mでの実測値と解析値の比較から，地下水位低下により底部地盤は一様に沈下するのに対して，掘削に伴うリバウンドは，端部に比較して中央部で卓越することがわかる．

以上から，解析結果と実測結果は良い対応を示していることがわかり，リバウンドの力学機構においては，通常の排土重量以外に，地下水位の変動が大きく影響することを示している．

5.1.7　リバウンド予測のためのパラメーター

実測データに基づき，逆解析から大阪地盤を構成する各土層の除荷時弾性係数の推定を試み，事前調査・試験結果，ならびに，既往の研究成果との比較から西大阪地盤における一般的傾向について検討する．

図-5.19 σ-ε 曲線の模式図

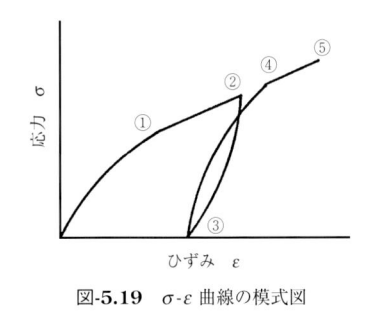

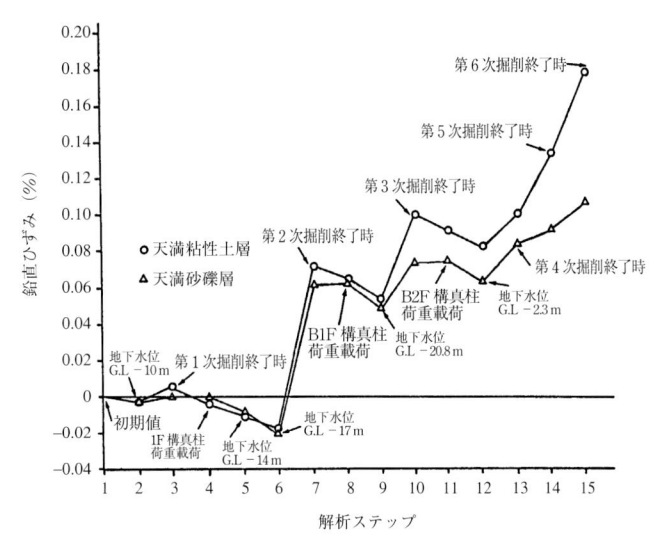

図-5.20 各解析ステップにおけるひずみ履歴

(1) リバウンドにおける弾性係数の一般的性質

前述したように，地下水の挙動変化を考慮した場合，掘削底部地盤では，掘削土を排除することによる除荷挙動，ディープウェルによる地下水の低下に基づく有効応力の増加や，構真柱荷重による載荷挙動が繰返し生じることがわかる．これらの応力変化に対応する地盤の変位を正しく評価するためには，地盤の変位に対応する地盤定数を正しく評価する必要があるが，これらのパラメーターは応力経路に強く依存することが知られている．一般に，粘性土や砂質土の変形特性は，図-5.19のように摸式的に示され，弾性係数は，図中の曲線において①～②，④～⑤の処女載荷時，②～③の除荷時，③～④の再載荷時で異なる値が定義される．しかし，一般的には，工学的には除荷時と再載荷時の弾性係数には同様な値が用いられることが多い．

ところで，掘削によるリバウンドは，ほぼ鉛直方向の荷重変化による変位が卓越すると考えてよい．そこで，リバウンドの応力経路による弾性係数の性質を調べる目的で，連成解析結果から計測列GR3における各解析ステップの鉛直ひずみ履歴を図-5.20に示した．この図より，掘削初期の主として地下水位低下に伴う載荷挙動を除き，その他の掘削段階では除荷，再載荷挙動が支配的であり，しかも，再載荷によるひずみレベルは，除荷時のひずみレベルをこえることはない．したがって，工学的には，解析全体の弾性係数として，除荷時の弾性係数を使用することは妥当であると判断できる．

(2) 多層地盤の除荷時弾性係数の逆解析

リバウンドのような応力伝播・変形問題を扱う最も実用的に適用しやすい手法は，有限要素法による近似解法である．ここでは，有限要素法と拡張カルマンフィルターを用いた逆解析手法[9]を用いて，多層地盤における各層の除荷時弾性係数を逆解析し，リバウンド予測計算に必要な大阪地盤における弾性係数の一般的性質について検討する．ここで用いた逆解析法の詳細は，参考文献9)に詳しく記述されている．

図-5.21には，三軸試験結果による弾性係数と逆解析結果を示した．図に示されているひずみは，層間変位を層厚で除した平均ひずみである．なお，実施された三軸試験はK_0リバウンド試験であ

第5章　掘削底部地盤安定の力学

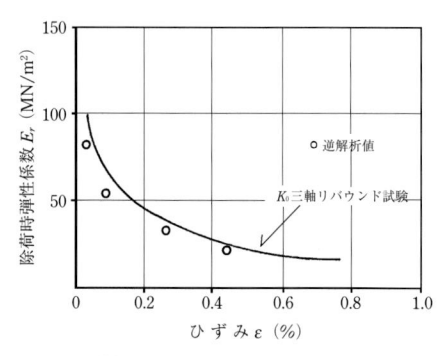

図-5.21　粘性土性層のK_0三軸リバウンド試験結果と逆解析結果の比較

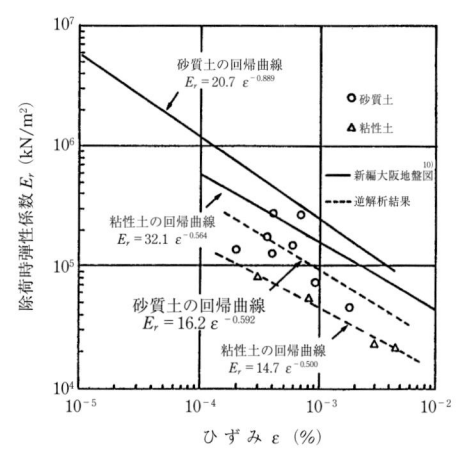

図-5.22　リバウンド実測値から逆解析したE_r-ε関係

り，この試験は，初期にK_0圧密した後，掘削による応力経路に従い軸圧，側圧を変化させるものである．また，図-5.22には，新編大阪地盤図[10]を引用し，Steinbrenner式により逆算された結果に基づく回帰曲線と，逆解析結果をプロットするとともにその回帰曲線を同時に示した．

以上の検討結果から，両事例で逆解析した各層の除荷時弾性係数は，三軸試験結果と良い一致を示し，ひずみレベルに依存した非線形性を有することが確認できた．また，図-5.22より，新編大阪地盤図中に記載されている逆解析結果に比較して，本逆解析結果は小さ目の値を与えていることがわかる．リバウンドには地下水位低下の影響による地盤沈下が発生し，これらの沈下量を含めた実測データに基づく逆算弾性係数が，実際の除荷時弾性係数に対して大き目の値を与えるためであると考察できる．

5.2　掘削底下の地盤に埋設された下水道シールド管浮上り計測管理と地盤改良

5.2.1　概　　説

市街地での道路トンネル工事などで掘削工事を行う場合，掘削底面下にシールド管が設置されていることがある．シールド管はすでに土圧を受けているため，掘削に伴う土被り圧の減少で変形し，許容応力度をこえて破壊に至る可能性がある．これを防ぐため，様々な防護工がとられる．

ここでは，シールド工法でつくられた既設の下水道管が縦断方向に埋設されている場合の工事例[11]で，下水道管を防護した事例を紹介している．土留め壁は連続地中壁であり，既設の下水道シ

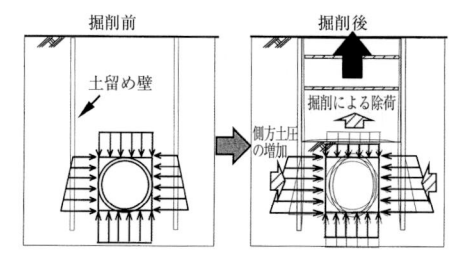

図-5.23　掘削に伴う既設シールド管の断面形状変化

ールド管の土被り厚さが掘削によって数10 cmに減ることにより，掘削底の下の地盤の浮上りとともにシールド管が図-**5.23**のように変形し，破壊する危険があった．その防止のための対策工とその計測結果について述べる．また，掘削に伴う既設シールド管の浮上り計測による計測管理についてもふれている．

5.2.2 工 事 概 要

(1) 地質縦断図

この事例は，洪積台地地盤に道路トンネルを開削工法で構築する工事で，工事の全体概要，地質縦断面図と土留め仮設，既設下水道管および電力同道シールド管の位置関係を，図-**5.24**，図-**5.25**に示す．代表的な土留め仮設断面を，図-**5.26**に示す．

図-5.24に示すように，縦断方向には，掘削底の直下に$\phi 3,800$ mmの下水道シールド管と$\phi 3,150$ mmの電力シールド管が敷設されている．最終掘削底下に下水道シールド管があるが，場所によって土被りがほとんどない．また，電力シールド管の埋設位置が土留め壁位置と重なる部分は，十分な長さの土留め壁の根入れを取れないため，図-5.26に示したような互い違いの連続地中壁形式となっている．

(2) 設計時の地盤改良形状

最終掘削底下にある下水道シールド管は，掘削に伴う土被り圧の開放に伴って，断面形状で見た場合に，次のような変形を受ける可能性がある．

① シールド本体が縦方向に膨張した変形を引起す．併せて，掘削底の下の地盤のリバウンドに伴い，シールド本体も浮上がる．
② 土留め壁の根入れ部が掘削側に変形し，掘削底下の地盤は水平方向に圧縮力を受ける．このため，シールドに作用する横方向土圧が増加し，シールド本体が横方向に圧縮された変形を引

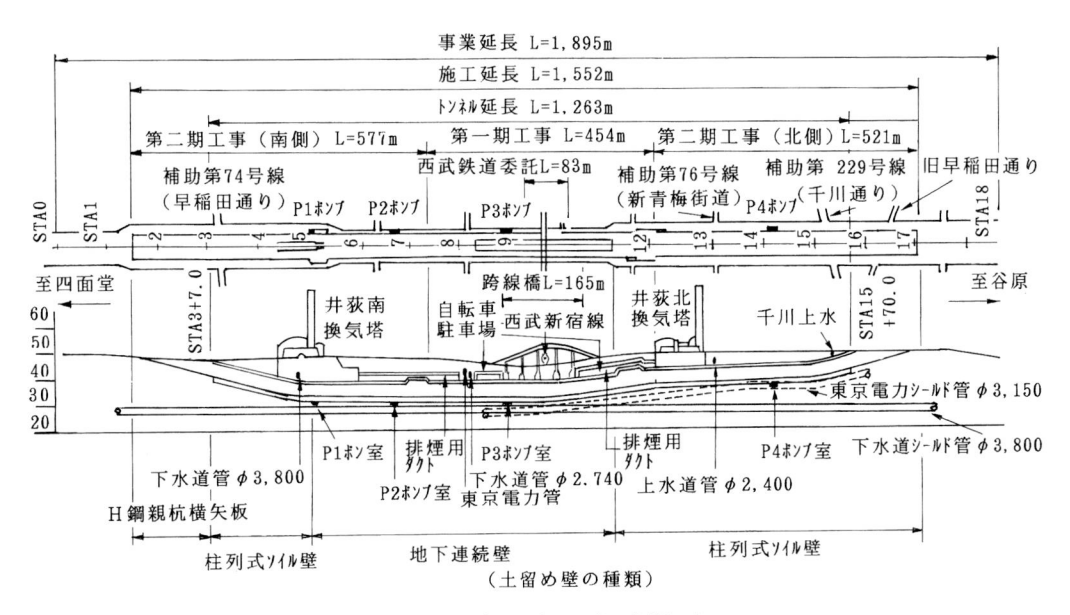

図-**5.24** 開削トンネル工事の全体概要

第5章　掘削底部地盤安定の力学

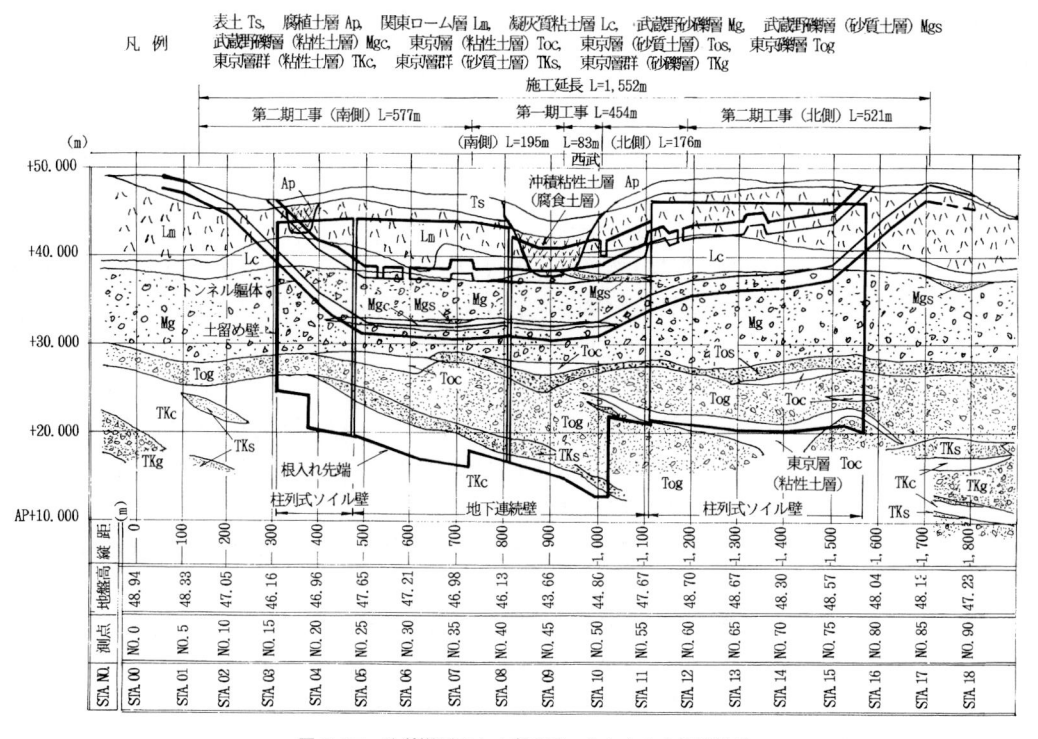

図-5.25　地質縦断面と土留め壁・トンネルの位置関係

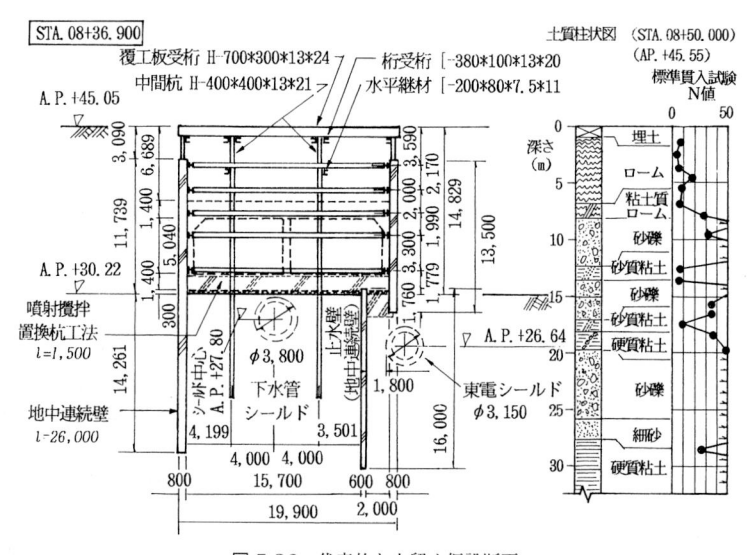

図-5.26　代表的な土留め仮設断面

起す．

③　①と②の変形が重なり，円形であったシールドは鉛直方向が長軸となる楕円形に変形する．
設計当初，これを防御する目的で，掘削底の下にある下水道シールド管については，全長にわたって門型に囲う地盤改良が考えられていた．地盤改良工法は，噴射攪拌置換杭工法であった．

(3) 地盤改良形状の変更

しかしながら，門型の地盤改良体が，上述の①から③の変形に対して応力的に十分な耐力を発揮するには，次の **a**，**b** のような疑問が残された．

a. 土被り圧減少の影響

深い位置にあるシールド管等に作用する鉛直方向土圧は，シールド管の周辺地盤中のアーチング作用の影響で，地表面から管頂までの深さで計算された土被り圧より小さい．シールドの設計土圧は，シールド周辺地盤の緩み領域の鉛直土圧と水平土圧を考えている．この設計土圧に対して，セグメントの許容応力度内で円形を保つように設計される．土留め掘削に伴って土被り圧が減少した場合，シールド周辺地盤の緩み領域が増したり，緩み領域そのものが掘削される．そのため，シールドに作用する土圧・水圧は，設計時とはまったく異なったものとなると推定される．

問題になるのは，掘削により土被り圧が減少していく過程で，門型の地盤改良体がシールドの許容変位を保てるように機能するか否かである．

リバウンドに対しては，門型の地盤改良体と下水道シールド管ともに，地盤と一緒にリバウンドすると考えられ，効果に疑問が残る．

b. 土留め壁根入れ部の掘削側への変形の影響

土留め壁の根入れ部変形によって掘削底の下の地盤が圧縮された場合，門型地盤改良体の側壁部分がシールドの横方向変形をどの程度抑えることができるか定かでない．この場合，土留め壁根入れ部から門型改良側壁までの離隔が小さいほど，その影響度が大きいはずである．土留め壁根入れ部変形を抑えられれば，この危惧は解消される．

また，東側の土留め壁は，根入れ部先端下に電力洞道シールド管があり，十分な根入れ長の施工ができない．そこで，止水壁を土留め壁と不連続に別途に施工する．いわゆる互い違い壁の構造となり，不安定な構造形態となっている．このため，土留め壁の根入れ効果に不安が残されていた．

c. 地中ばり方式の採用

これらの不確定要素に対処するため，以下のような地盤改良で下水道シールド管の防護を図ることにした．

すなわち，図-5.26に示すように互い違い壁の構造となり，土留め壁の根入れ効果に不安が残されていた部分を補強するため，噴射攪拌置換杭工法で不連続部を改良する．併せて，東側の止水壁と西側土留め壁との間を，噴射攪拌置換杭工法で地中ばりを構築し，西側土留め壁の根入れ部変形と止水壁の変形を抑え込む．これにより，シールドにかかる水平方向土圧の増加を抑える効果が期待できる．また，掘削底以下の地盤と下水道シールド管のリバウンドに対して，定量的評価は難しいが，土圧を受けた地中ばりには圧縮力が導入されており，より曲げ抑え効果が期待できることになる．

地中ばりは，図-5.27の先行地中ばりの配置に示すように，所要の間隔で施工することとした．なお，地中ばりの施工は現道下での施工となるため，施工基盤は3ないし4次掘削底となった．

5.2.3 下水道シールド管が受ける土圧変化の推定

通常，トンネル径の2倍以上の土被り厚さがあればトンネル上部の地盤内にアーチアクションが働き，かなり深い位置にあるトンネルであっても，地表面からトンネル天井部深さまでの土被り圧が直接トンネル上部に作用することはなく，トンネル空洞周辺の緩み土圧が働く程度であることがわかっている．シールド管に働く土圧の設計値は，こうしたメカニズムを考慮して，鉛直方向と水平方向からの土圧・水圧による分布荷重を作用させる．

第5章 掘削底部地盤安定の力学

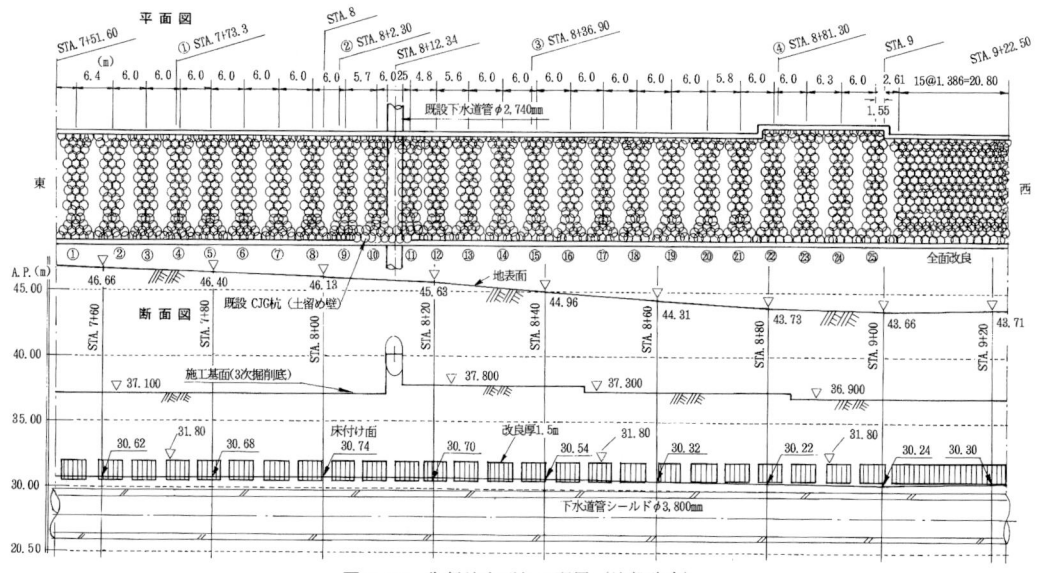

図-5.27 先行地中ばりの配置（地盤改良）

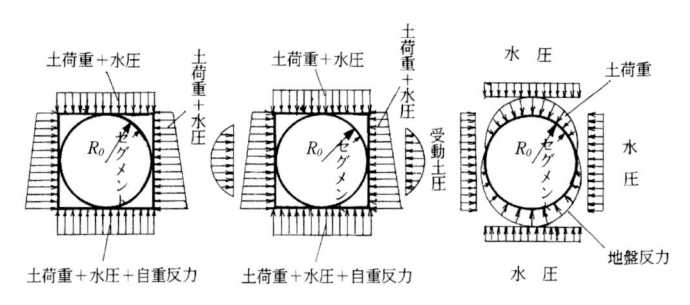

図-5.28 設計当時のセグメントリングへの載荷重

　図-5.28は，このシールドが建設された当時の設計によるセグメントリングへの載荷状態を示したものである(下水道シールド工法の指針と解説：社団法人 日本下水道協会)[12]．
　このような鉛直方向と水平方向の荷重バランスが土被り圧の開放を伴う掘削工事などで崩れると，セグメントリングに発生する曲げモーメントが大きくなって，セグメント部材の応力度が許容応力度を超過し，超過応力度が大きくなるとシールドトンネルの破壊に至る．
　また，今回の掘削工事のように掘削底の下にある下水道シールド管は，鉛直方向には土被り圧の変化の影響を，水平方向には掘削の進行に伴い土留め壁の根入れ部が掘削側へ変形することによる受働土圧の増加の影響を受ける．したがって，下水道シールド管はこうした応力変化の影響を受け，図-5.23に示したように断面的に縦長に変形する．
　シールド断面の周辺地盤の地中応力の変化を掘削工程に沿って考えると，次のようになる．
① 掘削の初期段階では，シールドが十分深い位置にあってアーチアクションが働く土被り厚さが保たれていれば，シールド管周辺地盤の緩み領域の変化は小さいので，設計で仮定した緩み土圧を大きくこえることはない．
② 掘削が進みアーチアクションが期待できない深さに達して，当初の緩み範囲が拡大した場合，残った土被り厚さに相当する鉛直荷重が作用する．したがって，シールド管には掘削の途中段階で，設計土圧より大きな鉛直荷重が働く．

③ さらに掘削が進むと，拡大した緩み領域そのものの土被り圧が除去されるので，シールド管に作用する鉛直荷重は小さくなる．

④ シールド管に作用する水平荷重は，①～③の鉛直荷重に応じて変化する．これに，土留め壁根入れ部の変形に伴う受働土圧が加わる．

5.2.4 下水道シールド管の許容変位の計算

相対する部分一様荷重が作用した場合のリング公式[13]を使って，シールド径の許容変位量をシールド外周地盤の地中応力変化に対応して算定した．

(1) 下水道シールド工事用コンクリート系セグメントの諸元

この現場の下水道シールド外径は $\phi 3,800$ mm である．下水道シールド工事用コンクリート系セグメントの形状および寸法は，当時，種々の外径に対して用意されており，この現場で使われたセグメントの諸元を図-5.29に示した．

(2) 曲げ降伏応力となる鉛直方向荷重と水平方向荷重の組合せの決定法

リング公式から，曲げ応力がコンクリート系セグメントの鋼材（丸鋼と平鋼）の降伏応力度（SS41，$\sigma_y = 1.5\sigma_{sa} = 160 \times 1.5 = 240$ MN/m^2）になる水平方向（x方向）と鉛直方向（y方向）の相対する部分一様荷重 W_{xy}，W_{yy} の組合せは，次のようにして求めた．

なお，降伏曲げモーメント M_y と鉄筋の降伏応力 σ_y の関係は，次の通りである．

$$\sigma_y = (M_y / I) y$$

ここで，I：セグメントの断面二次モーメント，

y：中立軸から鉄筋までの距離．

$I = 2.813 \times 10^{-4}$ m^4，図-5.29から $y = 0.125$ m，$\sigma_y = 240$ MN/m^2 なので，

$$M_y = 8.439 \text{ kN·m}$$

セグメント外径 D_0	(mm)	3,550 ～ 4,800
セグメント幅 B	(mm)	900
ボ ル ト 本 数	(本)	16
ボルトピッチ中心角 θ_P	(度)	360/16 (= 22.5°)
セグメントの中心角 θ_A	(度)	3 × 360/16 (= 67.5°)
θ_B	(度)	3 × 360/16 (= 67.5°)
θ_K	(度)	360/16 (= 22.5°)
継 ぎ 手 角 度 α	(度)	14.5

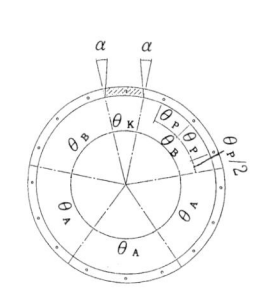

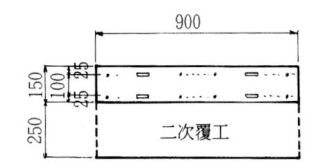

- 丸鋼（D13） 4 × 1.327 = 5.31 cm²
- 平鋼（50×6） 2 × 5.0 × 0.6 = 6.00 cm²

ΣA = 11.31 cm²

図-5.29 コンクリート・セグメントの形状と寸法

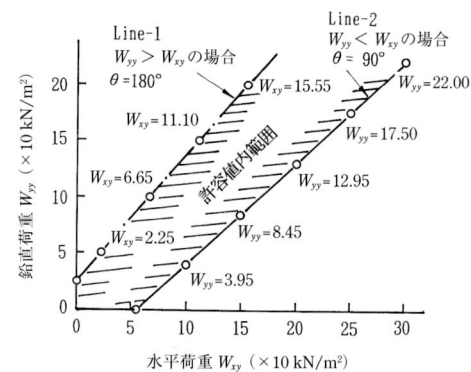

注) Line-1は各鉛直荷重に対する必要水平荷重　Line-2は各水平荷重に対する必要鉛直荷重

図-5.30 コンクリート・セグメントの鋼材応力 σ が降伏応力 σ_y に達する時の鉛直・水平載荷重の組合せ

a. 鉛直方向荷重が水平方向荷重より大きい場合

まず，鉛直方向荷重 W_{yy} が 50 kN/m² の場合について，リング公式から $\theta = 180°$ の場合（シールド天端位置）の曲げモーメント M_{180} を計算する．さらに，降伏曲げモーメント M_y と比較し，その差を求める．

$$\Delta M = M_y - M_{180}$$

ΔM となる水平方向荷重 W_{xy} をリング公式から逆算する．この場合，シールド天端位置に相当する θ は $\theta = 90°$ となる．

鉛直方向荷重 W_{yy} を 100，150，200 kN/m² と変えて，同様な計算を行い，曲げ降伏応力となる鉛直方向荷重と水平方向荷重の組合せを算定する．

b. 水平方向荷重が鉛直方向荷重より大きい場合

上述の場合と同様に，水平方向荷重が鉛直方向荷重より大きい場合について計算する．

こうして求めたセグメントの鋼材応力が降伏曲げ応力 σ_y に達するときの鉛直と水平荷重の組合せの関係を，図-5.30に示す．

(3) 許容変位の算定

x 方向の相対する部分一様荷重 W_{xy} による鉛直向軸の変位を ΔD_{xy} とし，y 方向の相対する部分一様荷重 W_{yy} による鉛直方向軸の変位を ΔD_{yy} とすれば，両者が同時に作用した場合の鉛直方向軸の変位 ΔD_y は，

$$\Delta D_y = \Delta D_{xy} + \Delta D_{yy}$$

となる．

表-5.4 は，セグメントの鋼材が曲げ降伏応力となる荷重の組合せで，x 方向の相対する部分一様荷重 W_{xy} が y 方向の相対する部分一様荷重 W_{yy} より大きい両方向荷重を作用させた場合について，鉛直方向軸の変位 ΔD_y を計算した結果である．

この計算結果から，下水道シールドの許容変位量は 10～15 mm の範囲と考えてよい．

(4) 掘削工程に沿うシールド径の変化の推定

掘削工程に沿うシールド径の変化の推定は，次の方法で行った．荷重載荷幅は，シールド径相当

5.2 掘削底下の地盤に埋設された下水道シールド管浮上り計測管理と地盤改良

表-5.4 水平荷重が鉛直荷重より大きい場合の鉛直方向の直径の変位（解析結果）

荷重の方向	項目	荷重組合せ	$W_{xy}=56.0$ $W_{yy}=0.0$	$W_{xy}=100.0$ $W_{yy}=39.5$	$W_{xy}=150.0$ $W_{yy}=84.5$	$W_{xy}=200.0$ $W_{yy}=129.5$	$W_{xy}=250.0$ $W_{yy}=175.0$	$W_{xy}=300.0$ $W_{yy}=220.0$
X方向 W_{xy}	分布荷重	W (kN/m²)	56	100	150	200	250	300
	リング半径	R (m)	1.825	1.825	1.825	1.825	1.825	1.825
	弾性係数	E (kN/m²)	3.600×10^7	3.600×10^7	3.600×10^7	3.600×10^7	3.600×10^7	3.600×10^7
	剛性	I (m⁴)	2.813×10^{-4}	2.813×10^{-4}	2.813×10^{-4}	2.813×10^{-4}	2.813×10^{-4}	2.813×10^{-4}
	載荷幅の角度 $\phi=90°$	ϕ (rad)	1.57080	1.57080	1.57080	1.57080	1.57080	1.57080
		$\sin\phi$	1.00000	1.00000	1.00000	1.00000	1.00000	1.00000
		$\cos\phi$	0.00000	0.00000	0.00000	0.00000	0.00000	0.00000
	リング公式の項	第1項	1.00×10^0	1.00×10^0	1.00×10^0	1.00×10^0	1.00×10^0	1.00×10^0
		第2項	3.33×10^{-1}	3.33×10^{-1}	3.33×10^{-1}	3.33×10^{-1}	3.33×10^{-1}	3.33×10^{-1}
		第3項	-1.50×10^0	-1.50×10^0	-1.50×10^0	-1.50×10^0	-1.50×10^0	-1.50×10^0
	変位量	ΔD_{xy} (m)	0.0102	0.0183	0.0274	0.0365	0.0456	0.0548
Y方向 W_{yy}	分布荷重	W (kN/m²)	0.0	39.5	84.5	129.5	175.0	220.0
	リング半径	R (m)	1.825	1.825	1.825	1.825	1.825	1.825
	弾性係数	E (kN/m²)	3.600×10^7	3.600×10^7	3.600×10^7	3.600×10^7	3.600×10^7	3.600×10^7
	剛性	I (m⁴)	2.813×10^4	2.813×10^4	2.813×10^4	2.813×10^4	2.813×10^4	2.813×10^4
	載荷幅の角度 $\phi=90°$	ϕ (rad)	1.57080	1.57080	1.57080	1.57080	1.57080	1.57080
		$\sin\phi$	1.00000	1.00000	1.00000	1.00000	1.00000	1.00000
		$\cos\phi$	0.00000	0.00000	0.00000	0.00000	0.00000	0.00000
	リング公式の項	第1項	-1.50×10^0	-1.50×10^0	-1.50×10^0	-1.50×10^0	-1.50×10^0	-1.50×10^0
		第2項以降	1.67×10^0	1.67×10^0	1.67×10^0	1.67×10^0	1.67×10^0	1.67×10^0
	変位量	ΔD_{yy} (m)	0.0000	-0.0072	-0.0154	-0.0237	-0.0320	-0.0402
鉛直方向直径変位量 ΔD_y (mm)			10.2	11.1	12.0	12.8	13.7	14.9
備考			$\Delta D_y=\Delta D_{xy}+\Delta D_{yy}$，荷重の組合せは $\sigma_y=2,400\text{kgf/cm}^2$ のとき					

である．

a. 鉛直方向荷重の算定

鉛直方向荷重は，各掘削段階の掘削底からシールド天端までの深さの土被り圧である．

b. 水平方向荷重の算定

土留め壁の設計で用いる弾塑性法では，通常，各部材を次のようにモデル化して解析する．すなわち，土留め壁は弾性ばりとする．土留め壁を支える切ばりと根入れ部地盤については，切ばりを弾性ばね，根入れ部の受働側地盤を弾性支承ばねに置き換える．そして，主働側から設計側圧を外力として加え，土留め壁の応力と変位，切ばり反力を算定する．

根入れ部の変位と受働側地盤の弾性支承ばね定数を乗じた値が，地盤の受働側圧をこえた場合はその範囲の地盤が塑性化したものとみなし，支承ばね定数を小さな値に置き換え，次段階掘削の解析を行う．これを繰返し，最終掘削までの解析を行う．

ここでは，シールド管の埋設深さに相当する土留め壁根入れ部の変位に受働側地盤の弾性支承ばね定数を乗じた値が，土留め壁からシールドに作用する水平荷重分布とした．ただし，土留め壁からシールド管までは離れているので，Boussinesqの式[14]による荷重の低減を行っている．

土留め壁の設計で，掘削底の下に地中ばりが有る場合は，無い場合と比べ根入れ部変位は小さく

第5章　掘削底部地盤安定の力学

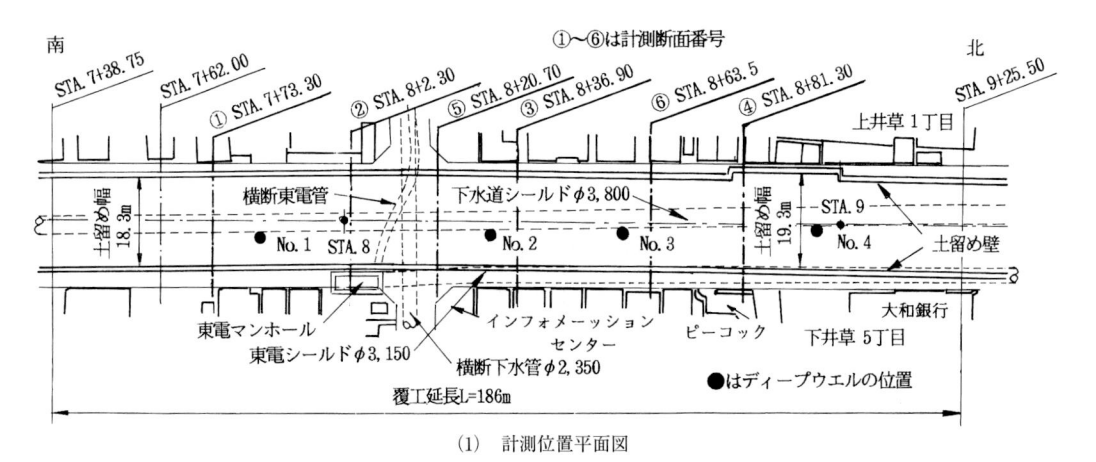

(1) 計測位置平面図

(2) 計測器の配置断面図（断面－3）

図-5.31　計測器の配置

なる．したがって，地中ばりが有る場合のシールドに作用する水平荷重分布は，無い場合に比べて小さくなる．

c. リング公式による直径変化量 ΔD_y の計算

こうして算定した鉛直・水平荷重をシールドに載荷し，掘削工程に沿ってリング公式により直径変化量 ΔD_y を計算する．

(5) 計測器の配置と掘削底下の下水道シールド管直径変化の管理基準

a. 計測器の配置

南側工区の計測位置を図-**5.31(1)**の平面図に示す．計測断面は，断面－①～⑥の6断面である．このうち，断面－⑤と断面－⑥は，掘削底の下の地盤のリバウンド量の測定のみである．代表計測断面(断面－③)を図-5.31(2)に示した．

b. 管理基準

井荻トンネルの開削工事における下水道シールド管の直径変化の管理基準として，上記**(1)**～**(4)**

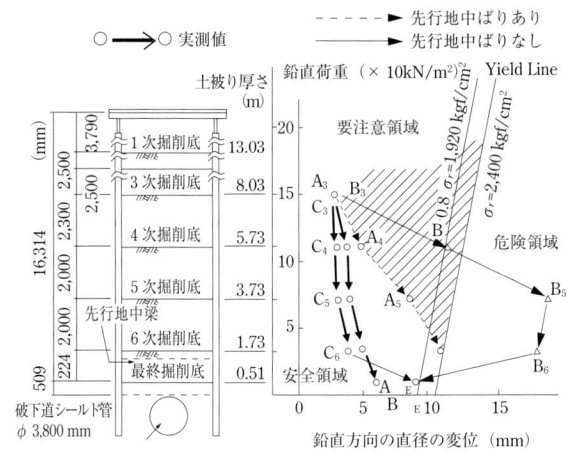

図-**5.32** 下水道管の直径の変位と鉛直荷重の関係

の考え方に基づき計算した鉛直方向の直径変位量 ΔD_y(mm) と鉛直荷重 W_{yy}(kN/m²) の関係を図-**5.32**に示す．

また，図中の $A_3 \rightarrow A_4 \rightarrow A_5 \rightarrow A_6 \rightarrow A_E$ は先行地中ばりがある場合，$B_3 \rightarrow B_4 \rightarrow B_5 \rightarrow B_6 \rightarrow B_E$ は先行地中ばりがない場合の，掘削工程 (3次掘削底から最終掘削底に至る過程) に沿った $\Delta D_y \sim W_{yy}$ 関係である．

この図において，セグメントの鋼材の曲げ降伏応力をパラメーターとする直径の変化量と鉛直荷重の関係直線の左側が管理領域である．この直線と先行地中ばりがある場合の経路で囲われる斜線を付した領域を管理上の要注意領域，これをこえる領域を危険領域，内側を安全領域として管理した．

5.2.5 リバウンドの推定

リバウンド量は，Steinbrennerの方法で推定した．

有限地盤 (厚さ h) 上の一様長方形荷重 (長辺 b，短辺 a，等分布荷重 q) による隅角部沈下は，近似的には，深さ方向に半無限地盤の同一荷重による隅角部沈下と，その直下 h における沈下の差と考えられる．したがって，Steinbrenner式から次式が得られる．

$$\delta = q\frac{b}{E}(1-v^2)(K_{D1}+\frac{1-2v}{1-v})K_{D2}$$

ここに，δ：地盤のリバウンド

v：ポアソン比

K_{D1}，K_{D2}：b，a，h，vによって定まる係数 (影響値) で，図-**5.33**の剛性地盤上弾性体の表面変位に関する影響値による[14]．

これによる解の重ね合せによって，掘削底面に対して除荷荷重を上向きに作用させることにより，掘削面内の任意の位置のリバウンドを計算できる．

計測断面-③の最終掘削底面中央位置のリバウンドをこの方法で計算する．

掘削幅は18.3 mなので片側の土留め壁面から掘削底面中央位置までの距離は b = 9.15 m，掘削延長は長いので $a = \infty$，したがって $a/b = \infty$．また，最終掘削底から層別沈下計の根入れ先端までの深さは約16 mなので h = 16.0 m．したがって，h/b = 1.7．図-5.33から，影響値 K_{D1}，K_{D2} はそれぞれ0.22，0.14となる．

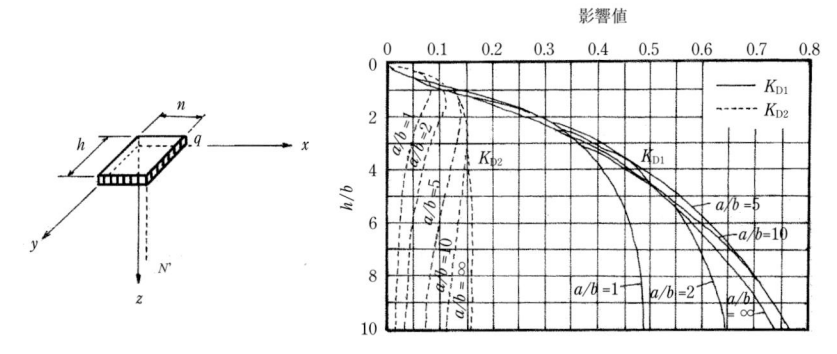

図-5.33 剛性地盤上弾性体の表面変位に関する影響値

掘削底の下の地盤である東京層の弾性係数 E とポアソン比 ν を，それぞれ $E = 136\,\text{GN/m}^2$，$\nu = 0.3$ と仮定すると，$q = \sigma_R = 262\,\text{kN/m}^2$ なので，上式から $\delta = 4.8\,\text{mm}$ となる．

掘削底面中央位置を挟んで左右，および考慮している断面を挟んで掘削延長の先と後ろの除荷荷重の影響が加わるので，上記計算値の4倍がリバウンドとなる．すなわち，$\Delta = 4\delta = 19.2\,\text{mm}$ となる．

地盤改良後 (3次掘削底) から最終掘削底までの掘削による除荷荷重は，$q = \sigma_R = 157\,\text{kN/m}^2$ なので，リバウンド δ は，

$$19.2(\text{mm})/262(\text{kN/m}^2) \times 157(\text{kN/m}^2) = 11.5(\text{mm})$$

となる．

以上の計算結果をまとめると，表-5.5 になる．

表-5.5 リバウンドの推定値 (単位mm)

推 定 法	最終掘削	4次掘削〜最終掘削
実測値の回帰式（A）	8.4	2.8
実測値の回帰式（B）	30.7	17.9
Steinbrenner 式	22.4	11.5

5.2.6　掘削底の下にある下水管シールド幹線のリバウンドの計測結果

第一期工事区間南側における掘削底のリバウンドの経日変化を図-5.34 に示す．図-5.31(2)の計測器配置断面に示したうちの，下水道シールド幹線に沿わせてその天端レベルにあわせて設置した

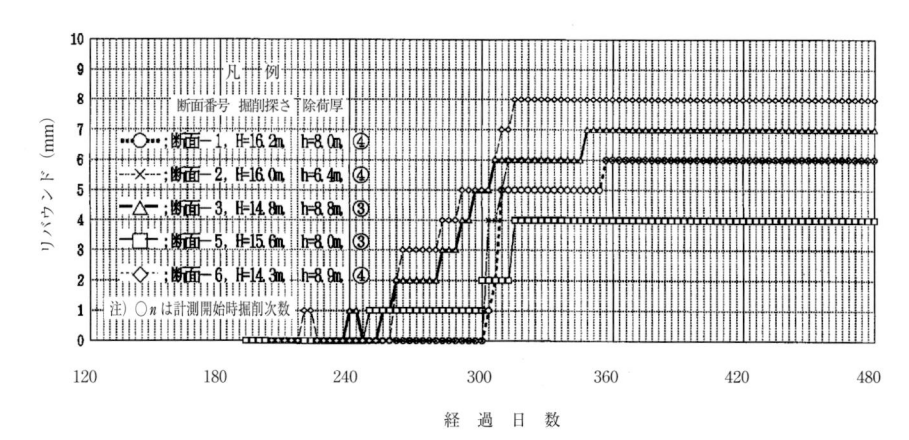

図-5.34 掘削底のリバウンドの経日変化（実測値）

沈下計(西側)での計測値である．計器の設置は3～4次掘削して地盤改良を行った後に行ったので，最終掘削までの除荷厚は計測断面-①～⑥毎に異なり，8～8.9 mである．

掘削の進行とともにリバウンドが増加し，4～8 mmの範囲の値となっている．表-5.5に示したリバウンドの推定値から，計測値はSteinbrenner式による推定値の2/3の値となっている．

また，掘削底の下には下水管シールド幹線が埋設されている．下水管シールド幹線の天端と底のレベル位置に設置した沈下計の指示値の差を，便宜的にシールド管自体の鉛直方向の口径変化と見なすと，図-5.32中の実測値の変化 ($C_3 \to C_E$) に示したように，解析で求めた口径変化プロセスの$A_3 \to A_4 \to A_5 \to A_6 \to A_E$とは異なるものの，口径が鉛直方向に3～6 mm，平均で3 mm程度大きくなったと考えられる．

次に，掘削の開始から終了までの口径鉛直方向変位量を推定すると，表-5.5に示したSteinbrenner式による掘削の当初からのリバウンド (22.4 mm) と，3～4次掘削後からのリバウンド (11.5 mm) の比が約2であることから，2～12 mm (＝1～6 mm×2)，平均で6 mm程度となる．

一方，シールドセグメントの剛性を考慮した口径の許容変位 (許容内空変位) は，10～15 mm程度 (表-5.4参照) であることから，口径の変位量は許容変位量の範囲にほぼ納まっている．

以上の検討結果から，掘削による下水道管シールド幹線への影響はかなり抑えられ，管の浮上り防止対策として施工した先行地中ばりの効果があったものと判断した．

5.3 埋立地盤におけるヒービング計測と地盤改良

5.3.1 概　　説

臨海部の埋立地では，近年，大規模な開発事業に伴って掘削工事が頻繁に行われるようになり，掘削規模の大規模化と，それに伴う掘削期間の長期化が目立つようになってきた．このため，土留め・掘削工事を安全に施工するための技術的な検討事項とその内容は，既往の理論や施工実績で得られた知識や知見の範囲をこえた領域へと広がっている．

ここでは，掘削底の膨上り現象の一つであるヒービング現象に注目し，初めに，有限要素法による数値実験で，掘削底からの湧水(排水)がある場合とない場合についての周辺地盤と土留め壁の変形解析を行い，ヒービング現象に及ぼす浸透の影響を検討した結果を紹介する．

次に，若齢埋立地盤で開削工法によりトンネルを築造した工事の中で，ヒービング現象を計測した例を示す．この事例から，ヒービング現象にとって，土留め壁の根入れ先端下の地盤の水平変位と間隙水圧等の時間依存性要因が，埋立地のようなきわめて軟弱な地盤では重要な要因であることを示す．

5.3.2 軟弱な粘性土層厚さが非常に厚い場合のヒービング現象への対応

ヒービング現象に関する既往の研究の基本的な考え方は，次のように大別される．
① 掘削底面以下の地盤の支持力問題
② 土留め壁の根入れ先端を通るすべり面の安定問題

前者の研究は，Terzaghi & Peck[15]，Tschebotarioff[16]，Bjerrum & Eide[17]，Finn[18]，Peck[19]等によって行われた．また，後者の研究は，主としてわが国の設計基準[20~22]等で提案されたものである．いずれの研究も，ヒービング破壊は土が非排水条件下で生じるものと仮定している．

ところで，ヒービング破壊に関するWhitney[23]，金谷・宮崎[24]等の実験的研究や最近の計測例[25]から掘削底の膨上り挙動が，時間依存性の挙動であることがうかがえる．また，掘削規模の大型化に伴って掘削期間が長期化し，止水性の土留め壁である鋼管矢板壁を用いたにもかかわらず，掘削底からの排水に伴う圧密沈下によって，土留め壁の背面地盤で地表面沈下が生じた実測例[26]も報告されている．このように，粘性土地盤を掘削する場合の浸透 (排水) の影響は，重要な検討課題となってきているが，この影響を解析的に検討した事例[27],[28]は少ない．

ヒービングに対する対策工は，基本的には，古藤田[29]によれば"大きな剛性と強度をもった壁を，硬い地盤中に深く根入れすること"であるが，例えば東京湾沿いの埋立地のように軟弱な沖積層厚さが40 m近くもあると，土留め壁の根入れ先端を硬い地盤に根入れすることは仮設工事費が大きくなりすぎて実施が難しい．そこで，土留め架構は，補助工法として掘削底の下の地盤改良を加味した形式となり，軟弱地盤中に浮いた形式となる．このため，ヒービングに対する万全の対策と監視が必要となる．

ところで，ヒービングの検討式は，土質力学上の支持力理論，あるいは現場での測定結果や室内実験の結果に基づいて提案されており，理想的な仮定条件下での極限状態の力のつり合いを考えたものである．実際の現場の場合，検討式の仮定条件が満たされることは稀といってよいであろう．まして，臨海部の埋立地盤で大規模な掘削工事を長期間にわたり行う場合，ヒービングに対する検討式の仮定条件が完全に満たされている，あるいは工事期間中一定であるといった保証は少ない．したがって，仮定条件が工事の進捗とともにどのように変っていくかを把握しておくことが，安全管理を図るうえで重要となる．また，ヒービングによる掘削底の下部の地盤破壊は，土留め架構全体の過大な変形や破壊につながるため，検討式で推定した極限状態への移行過程の把握が必要となる．

5.3.3 ヒービング現象に及ぼす浸透の影響のモデル解析

ここでは，軟弱粘性土地盤での開削工事を想定し，土と水の連成問題として定式化した有限要素法を用いて，最終掘削に至るまでの逐次掘削過程の土留め壁の変形，掘削底の膨上り量，そして地表面沈下量を含む周辺地盤の変形等を解析し，ヒービング現象に及ぼす浸透の影響を検討する．

(1) 土と水の連成問題解法

土と水の連成有限要素法プログラム[30]は，Cristian[31]が有効応力論に基づいて定式化した考え方に準拠して開発したもので，既知の体積ひずみを制約条件とするつり合い方程式で構成されている．制約条件である既知の体積ひずみについては，Abott[32]の一次元多層浸透問題の差分解法を二次元多層浸透問題に拡張した連続条件式を使っている．基本的には，多次元圧密解析プログラムである．

(2) 地盤と土留め壁・切ばりのモデル化

a. 解析モデルの東京沖積低地の地盤特性

解析のモデル地盤として東京の沖積地盤を想定した．東京湾内埋立地の模式的な基礎地盤の構成は，海浜性の緩い砂層，その下位の軟弱な粘性土やシルトなどの粘性土層，砂と粘性土が互層をなしている七号地層，埋没段丘礫層等が，数10 mも堆積した沖積地盤である．これら沖積層を構成する各層のうち，粘性土やシルトなどの粘性土層は圧縮性に富み，土の強度が小さく，強度異方性が顕著である．沖積層の下位には，N値50以上の東京礫層や東京層が層序をなしている．これら

の層は，構造物の支持層となり，数10mの沖積層を剥ぐと現われてくる．

また，沖積層上部の砂層中の地下水は，いわゆる浅層地下水で，自由水面をもつ不圧地下水である．沖積層の下位の東京礫層や東京層中の深層地下水[33]は，1965年代前半からの地下水汲上げ規制によって水頭回復が著しく，1985年頃からはほぼ平衡状態を保っており，現在は被圧状態となっている．

b. 土の変形係数

Duncan & Chang[34]は，土の応力〜ひずみ曲線をKondner[35]が提案した双曲線関数式を用いて，土の変形係数を応力レベルで表わす式を誘導した．この解析では，Duncan & Chang式をもとに，主応力回転による圧縮強さの補正を加えた次式を用いた．

$$E_t = Kp_a(\sigma_3'/p_a)^n \times [1 - \{R_f(1 - \sin\phi')(\sigma_1' - \sigma_3')/\alpha(2C'\cos\phi' + 2\sigma_3'\sin\phi')\}] \tag{5.1}$$

ここで，K，R_f，n：実験で得られる係数，
　　　　σ_1'とσ_3'：最大・最小有効主応力，
　　　　C'とϕ'：有効粘着力と有効内部摩擦角，
　　　　p_a：応力と同じ単位の大気圧，
　　　　α：主応力回転による非排水圧縮強さの補正係数．

c. 圧縮時と伸張時の応力〜ひずみ関係

掘削底の下の地盤は，土被り圧の減少（応力解放）と土留め壁根入れ部の掘削側への押出しにより受働状態となり，掘削の進行に伴って最大主応力方向が鉛直方向から水平方向へと回転して，伸張応力状態へと移行すると考えられる．そこで，東京の江東区内の有楽町層下部のシルト質粘性土について圧密非排水三軸圧縮および伸張試験を行い，応力〜ひずみ関係を調べた．その結果を図-5.35に示す．

プロットは，圧縮時と伸張時の土質試験結果であり，実線はKondner[35]の双曲線関数で近似した曲線である．

伸張破壊時と圧縮破壊時の軸差応力$(\sigma_1' - \sigma_3')_{fe}$と$(\sigma_1' - \sigma_3')_{fc}$の比を$\alpha$とし，圧縮試験時のKondner式を補正した式(5.2)で予測した伸張試験時の応力〜ひずみ曲線を点線で示した．

$$\sigma_1' - \sigma_3' = \varepsilon/(a + \alpha b\varepsilon) \tag{5.2}$$

係数aとbは圧縮試験で得られた係数であり，εはひずみである．式(5.2)で計算した応力〜ひずみ曲線は，伸張試験の結果（プロット）と非常に近似した関係にあることがわかる．そこで，解析では，三軸圧縮試験で求めた応力〜ひずみ曲線をαで補正した式(5.2)を用いることとした．

d. 主応力回転による非排水圧縮強さの補正

主応力方向の回転により，破壊時の土の強度は，鉛直方向に取り出す通常の土質試験で求めた値と異なる．供試体の切出し方向角が，水平地盤面からβの場合の破壊時軸差応力UU_βと，切出し方向角が90°（通常のボーリング・サンプリング試料の切出し方向）の場合の破壊時軸差応力UU_{90}の比を，切出し方向角βに対して描くと，

図-5.35 圧密非排水圧縮および伸張三軸試験で求めた応力〜ひずみ曲線

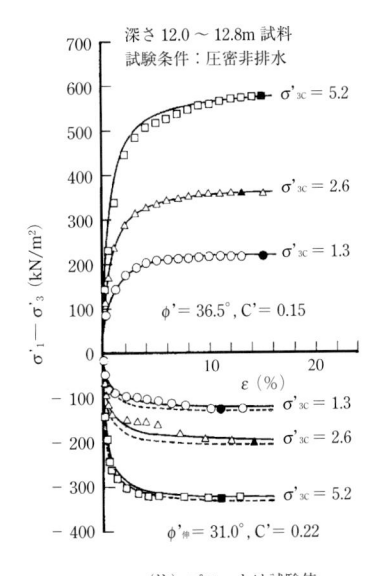

（注）プロットは試験値
　　実線は，Kondner式
　　点線は，式(5.2)

図-5.36のようになる．

三軸試験の供試体軸は，切出し方向角βに一致し，かつ主応力軸であるので，主応力の回転により非排水圧縮強さは，小さくなることがわかる．そこで，解析では，式(5.2)の主応力回転による圧縮強さの補正係数αを，図-5.36中の折れ線で示すこととした．

e. 土と鋼との付着抵抗試験

地盤と土留め壁との境界特性は，ジョイント要素[36)]でモデル化した．ジョイント要素の剛性を求めるため，まず，土の強度を圧密非排水三軸圧縮試験で求め，次に，土と鋼との付着抵抗試験を圧密定体積直接せん断で求めた．これらの試験結果をもとに，土のせん断強さτ_fに対する土と鋼との付着抵抗τ_sの比$\beta_s = \tau_s/\tau_f$を求めた．実験結果によると，$\beta_s = 0.56$である．

土と鋼との境界面方向のジョイント剛性E_{js}と，境界面に垂直な方向のジョイント剛性E_{jn}は，図-5.37に示す土と鋼との付着抵抗試験で求めた水平変位δ_hとτ_s/σ_nの関係，および図-5.38に示す圧密時の垂直応力σ_n'と垂直変位δ_nの関係から，次式で表わした．

$$E_{js} = 6{,}000\sigma_n' \text{ (kN/m}^2\text{/m)} \tag{5.3}$$

$$E_{jn} = 140{,}000 \text{ (kN/m}^2\text{/m)} \tag{5.4}$$

f. 土留め壁・切ばりのモデル化

土留め壁は，長さ16mのU形鋼矢板（Ⅲ型）をはり要素でモデル化した．また，切ばりは，1段切ばりが通称250Hと呼ばれるH形鋼で，2，3段切ばりが300Hと呼ばれるH形鋼で架設されたも

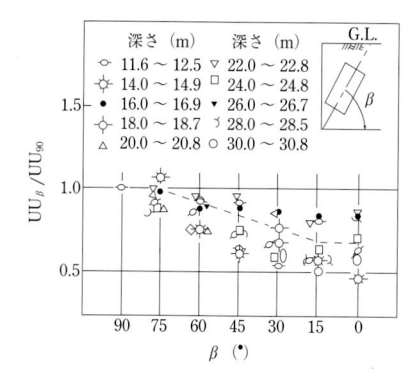

図-5.36 供試体の切り出し方向角βと非排水せん断強さ比の関係

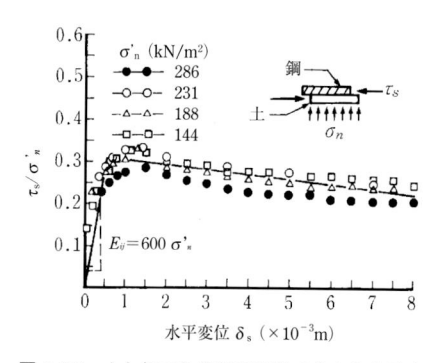

図-5.37 土と鋼の付着抵抗試験で求めた水平変位δ_s〜せん断応力比τ_s/σ_n'の関係

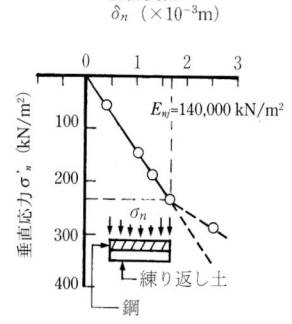

図-5.38 土と鋼の付着抵抗試験で求めた垂直変位δ_n〜垂直応力σ_n'の関係

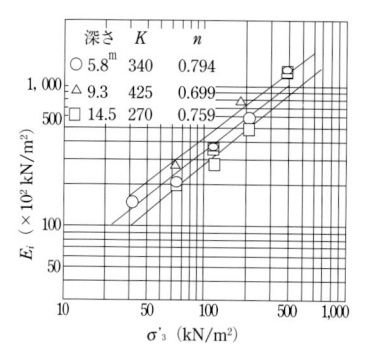

図-5.39 解析上の入力値

5.3 埋立地盤におけるヒービング計測と地盤改良

表-5.6 解析の入力値

深さ	土圧係数	土の密度	粘着力	内部摩擦角	式(5.1)の係数			ジョイント要素の係数		透水係数	
										水平	鉛直
H	K_0	ρ'	C'	ϕ'	K	n	R_f	E_{ij}	E_{nj}	$k_H \times 10^{-3}$	$k_V \times 10^{-3}$
m	−	$\times 10 kN/m^3$	$\times 10 kN/m^2$	−	−	−	−	$\times 10 kN/m^2/m$	$\times 10 kN/m^2/m$	m/日	m/日
0〜1	0.5	1.8	1.0	38.6	112	0.61	0.65	100	14,000	1.09	1.09
1〜4	0.6	0.66	1.0	36.9	340	0.79	0.91	250〜500	14,000	2.05	1.56
4〜5	0.6	0.66	1.0	33.7	425	0.70	0.90	700	14,000	1.35	9.07
5〜8	0.6	0.66	1.0	41.3	270	0.76	0.84	900〜1,200	14,000	3.37	0.46
8〜12	0.5	0.66	1.6	25.4	265	1.13	0.97	1,400〜1,600	14,000	2.05	1.56
12〜16	0.5	0.66	2.0	27.9	200	1.18	0.97	2,000〜2,200	14,000	1.35	0.91
16〜20	0.5	0.66	3.2	23.5	130	1.34	0.99	−	−	3.37	0.46

土留め壁	鋼矢板の剛性: $EI = 2.41 \times 10^4 kN \cdot m^2$	E: 鋼材のヤング率
切ばり	H鋼の断面積: $A = 0.92 \sim 1.64 \times 10^{-2} m^2$	I: 断面二次モーメント
ポアソン比 ν	$\nu = K_0 / (1 + K_0)$	K_0: 静止土圧係数

のとして,一次元の棒要素でモデル化した.切ばりの水平間隔は4mとし,また,鋼矢板および切ばりの剛性効率は,それぞれ70%とした.

g. 地盤の透水係数と透水境界条件

モデル地盤の透水係数は,地表面に対して鉛直方向と水平方向に切出した有楽町層下部のシルト質粘性土について行った圧密試験から,鉛直方向と水平方向の透水係数を求めた.解析上の入力値は,表-5.6,図5-39の通りである.

解析上の排水条件は,掘削底からの湧水(排水)を想定して,掘削底面を排水条件とし,土留め壁の鋼矢板部分は非排水条件とした.地下水面は地表面下1mの深さとし,土留め壁から40m離れた解析モデル地盤の鉛直境界,掘削幅の中心となる解析モデルの右側鉛直境界,そして解析モデルの最下層面は非排水条件とした.

h. 変位に関する境界条件

変位に関する境界条件は,掘削底と土留め壁背後の地表面を自由境界とし,解析モデル地盤の左右の鉛直境界は,鉛直方向を自由,水平方向を拘束条件とした.また,地盤の最下層面は,鉛直方向と水平方向ともに拘束条件とした.

(3) 解析結果

a. 掘削底の排水条件差による地中変位の比較

掘削底の排水条件の相違による地中変位の比較を,図-5.40に示す.実線が排水条件,点線が非排水条件で求めた地中変位である.排水条件解析では,掘削後の放置期間として,図中に示した日数を設定した.

土留め壁背後の地表面沈下量は,排水条件の場合の方が非排水条件の場合より大きい.土留め壁の根入れ先端付近では,排水条件の場合に根入れ先端をもぐり込むように変位している.掘削底の下の膨上り量は,排水条件の場合の方が非排水条件の場合より大きい.とくに,最終掘削後の掘削底の膨上り形状は,排水条件の場合,中央が膨らんだ形で大きいのに対して,非排水条件の場合は,土留め壁に近い部分が膨らんでいる.

図-5.40 排水条件の相違による地中変位ベクトル比較（計算例）

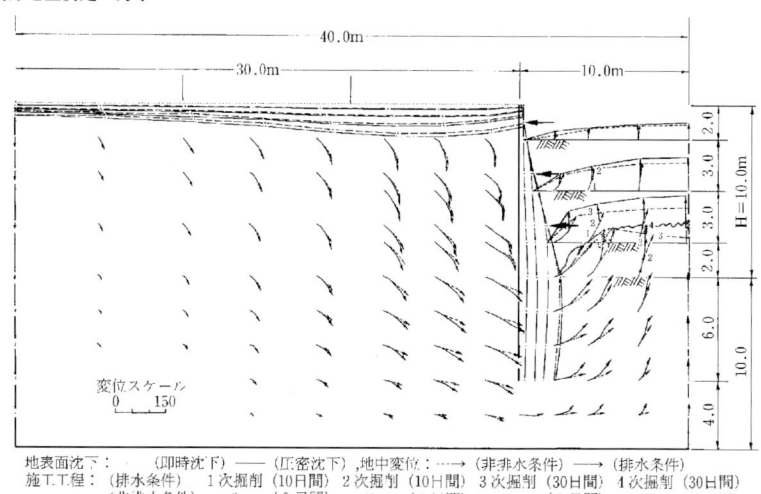

b. 流線網，体積ひずみ，最大せん断ひずみ

排水条件で解析した最終掘削後30日経過した時点の流線網，体積ひずみ，および最大せん断ひずみの分布を，図-5.41に示す．

同図(1)の流線網は，全水頭ポテンシャルの分布をもとに描いたもので，土中水が土留め壁背面地盤から根入れ先端を通って，掘削底に集まることを示している．このため，同図(2)の体積ひずみ分布に示したように，土留め壁の背面地盤では，地表面下4mの深さから根入れ先端付近にかけて，体積ひずみは膨張ひずみとなる．また，掘削底の直下でも，体積ひずみは膨張ひずみとなる．

ただし，土留め壁根入れ部の掘削底付近は，土留め壁が掘削側に押し出された影響で，圧縮ひずみとなる．掘削底の直下では，同図(3)に示したように，最大せん断ひずみが大きく，破壊状態となっている．

c. 浸透による掘削底の下の地盤の破壊領域の拡大

Peck[19]は，掘削底の安定性問題を，地盤の極限支持力の考え方を使って，次式の安定係数で検討することを提案した．

$$N_s = \gamma H / S_{ub} \tag{5.5}$$

ここで，γ：土の単位体積重量 (kN/m^3)，H：掘削深さ (m)，S_{ub}：掘削底より下の地盤の平均非排水せん断強さ (kN/m^2)．

3次掘削により，掘削底の下で破壊領域が拡大する様子を，図-5.42に示す．3次掘削直後に生じた破壊領域は，30日経過するとさらに拡大している．掘削底の膨上り量の増加は，図-5.40に示したように，1〜2次掘削の段階より大きい．3次掘削時の安定係数N_sは3.50である．Peckは，$N_s = 3.14$で掘削

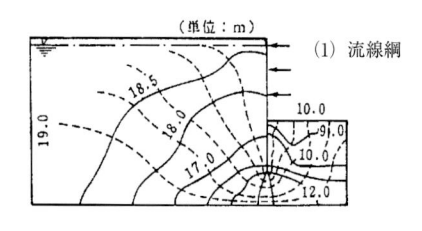

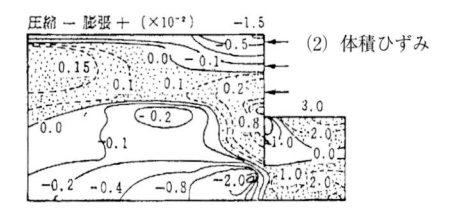

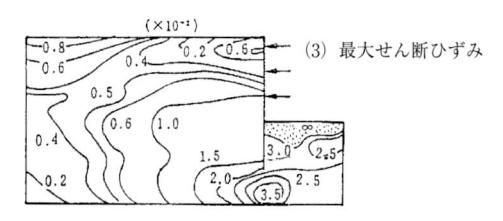

図-5.41 流線網，体積ひずみ，最大せん断ひずみの分布

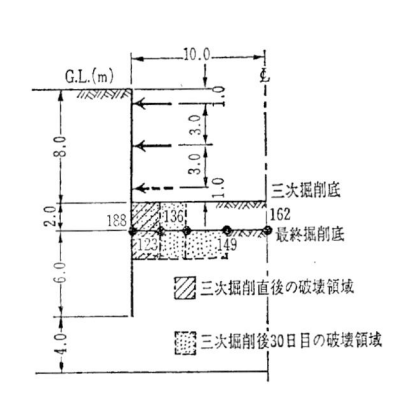

図-5.42　三次掘削後の塑性域の拡大 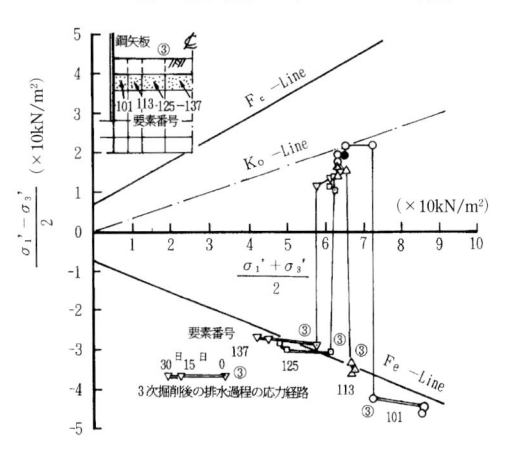　　図-5.43　破壊要素の応力経路

底の隅角部に塑性域が生じ，$N_s = 3.14$ をこえると，塑性域が拡大していくと述べているが，これに近い結果である．これらの破壊要素について，1次掘削からの応力経路を描くと，図-5.43のようになる．3次掘削直後から30日経過時点に至る経路では，軸差応力の変化は小さいが，平均有効主応力が減少して破壊包連絡線をこえている．このことから，浸透による間隙水圧の増加により平均有効主応力が減少して破壊するHydrouric Failureの生じたことがわかる．

以上の数値解析例から，粘性土地盤であっても，掘削後の放置期間が長くなると，浸透の影響がヒービング現象に加わり，非常に危険となることが予想される．

5.3.4　埋立地における開削トンネル工事で発生したヒービング現象

(1)　地盤・工事概要および土質試験結果と計器配置

地盤・工事概要および土質試験結果と計器配置は，第4章4.2を参照することとし，ここではヒービング現象にかかわる計測結果について述べる[37]～[40]．

(2)　計 測 結 果

a.　中間杭の浮上り量と掘削底以深の膨上り量の変化

1)　中間杭の浮上り量

C，D断面の掘削工程，中間杭の浮上り量と掘削底以深の地盤の膨上り量の変化を，図-5.44に示す．D断面の中間杭の浮上り量分布は，4次掘削（G.L.－10.8 m）までは，掘削幅の中央部付近が90 mm程度となる凸形であったが，5，6次掘削に入ると急激に増加し，とくにG.L.－15.1 mの床付け掘削（6次掘削）段階の増加量が非常に大きく，中央部で200 mmとなった．床付け掘削後も浮上りは止まらず260 mmに達し，目視で切ばりの曲がり具合が確認できるほどであった．この先，切ばりの座屈破壊，掘削底のヒービング崩壊，土留め壁の倒壊といった崩壊プロセスが想定されるに至った．

どの断面も中間杭の浮上り量が大きく，弓型に変形した切ばりの補強をしながら掘削していったが，浮上りが止まらず，掘削を中止した．

第5章　掘削底部地盤安定の力学

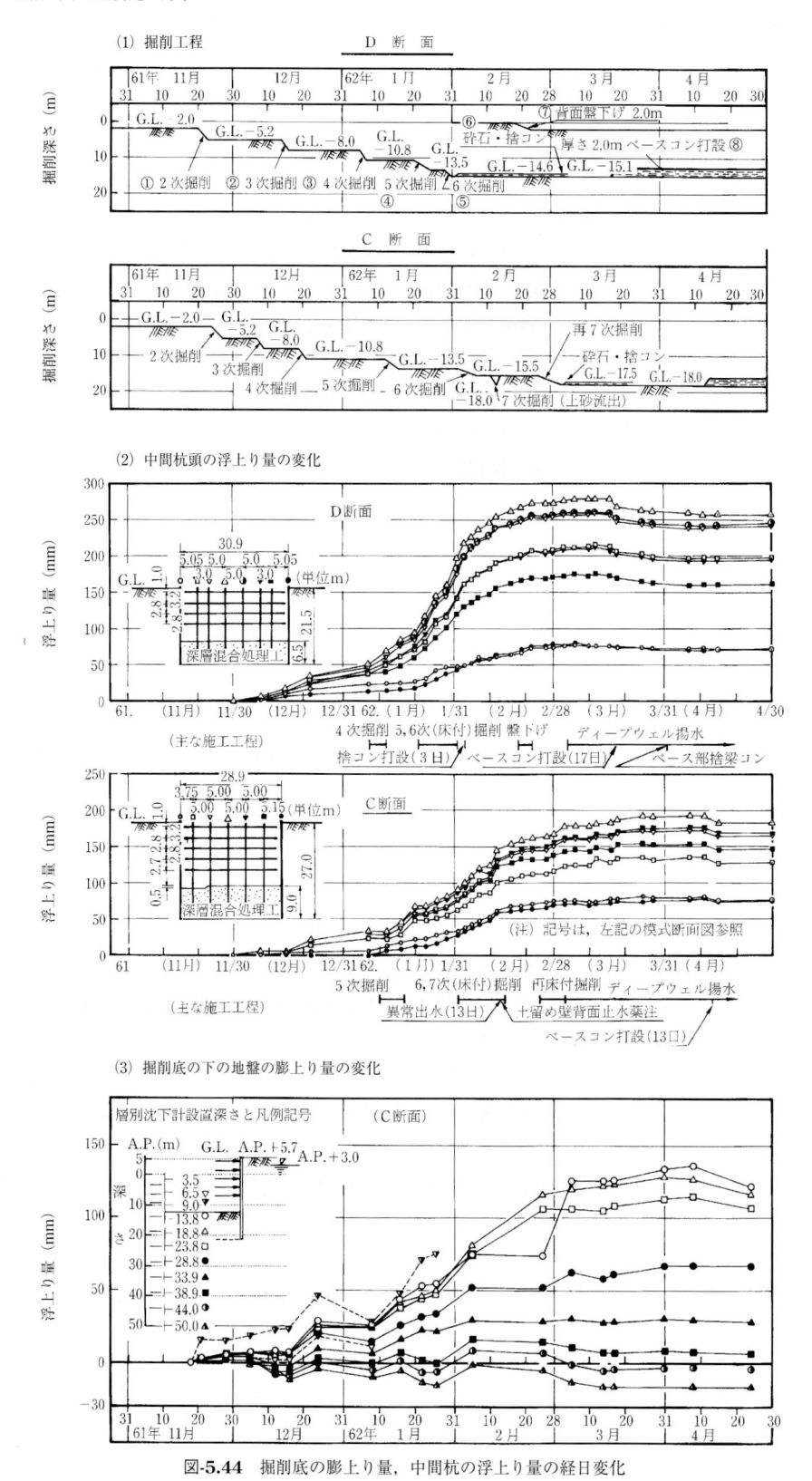

(1) 掘削工程

(2) 中間杭頭の浮上り量の変化

(3) 掘削底の下の地盤の膨上り量の変化

図-5.44 掘削底の膨上り量，中間杭の浮上り量の経日変化

このため，対策工として土留め壁の背面地盤の地表面を 2 m 掘り下げるとともに，支保工の補強や背面地盤 (沖積砂層) 中の間隙水圧の低下を図るためのディープウェルによる地下水位の低下等を行って対処した．これによって，浮上り量の経時的な増加が抑制でき，床付け面へのベースコンクリート打設で浮上りが止まった．その後，本体底版コンクリート (厚さ 2 m) 打設で，中間杭頭は沈下傾向へと移行した．

なお，断面で見た C 断面と D 断面の土留め壁と背面地盤の変形および中間杭の浮り計測結果は，第 4 章の図-4.27(1),(2) に示した通りである．

最大掘削深さと掘削幅は，C 断面が 18.3 m と 28.9 m，D 断面が 16.2 m と 30.0 m である．また，地盤改良厚さは，前者が 8.7 m，後者が 6.4 m である．中間杭の最大浮上り量に注目すると，C 断面が 195 mm，D 断面が 280 mm で，掘削深さが約 2 m 浅い D 断面の方が大きい．この理由の一つとして改良厚さがあり，D 断面の方が C 断面より 2.3 m 薄いこと，そして根入れ先端下の未改良地盤の水平移動量も D 断面の方が約 150 mm であるのに対して，C 断面は 80 mm 程度と小さいことがあげられる．

2) 掘削底以深の地盤の膨上り量

図-5.44 に示したように，C 断面における掘削底以深の地盤の膨上り量は，掘削底付近が一番大きく，深さが深くなるに従って小さくなる．膨上りは，A.P. − 33.9 m まで認められる．A.P. − 38.9 m より深い洪積層の粘性土層の膨上りは，ほとんどない．したがって，掘削による下層地盤の膨上りは，有楽町層下部の Ac_2 層全体に及んでいたことがわかった．

3) 掘削底の下部地盤の水圧変化

掘削時の水圧変化は第 4 章の図-4.26 で示した．その図中の①から⑥は土留め壁背面地盤中に埋設した間隙水圧計で測った水圧変化であり，⑦から⑨は掘削底の下の地盤中に設置した間隙水圧計で測った水圧変化である．⑦から⑨の間隙水圧計は，地盤改良終了後に設置した．設置後の水圧は，設置深さから算定される静水圧と比べて大きく，改良材の注入による地盤の体積膨張と重量増加の影響を受けたものと考えられる．

2 次掘削以降，土被り圧を除荷した影響で，急激に水圧が低下している．2～4 次掘削 (掘削厚さ 8.8 m) により，⑦で 90 kN/m^2，⑧で 140 kN/m^2，⑨で 90 kN/m^2 の水圧低下である．

5 次掘削から床付け掘削 (掘削厚さ 7.5 m) までの水圧低下は，⑦で 60 kN/m^2，⑧で 10 kN/m^2，⑨で 50 kN/m^2 の水圧低下である．Boussinesq 解で帯状荷重による地盤内応力 (鉛直応力) の変化量を検討すると，2～4 次掘削 (除荷重約 140 kN/m^2) での水圧低下量は Boussinesq 解の 90～150％となり，除荷荷重の水圧への応答割合が大きい．

一方，5 次掘削から床付け掘削まで (除荷重 135 kN/m^2) の水圧低下量は Boussinesq 解の 40～65％であり，除荷重とは異なる要因が，水圧の低下を抑制していた疑いが残る．

ここで，土留め壁の根入れ先端の下の地盤の水平変位に注目すると (第 4 章の図-4.27 を参照)，水平変位量は，掘削底の下の地盤の膨上り量 (図-5.44 参照) の 0.5 倍以上も変形し，地盤改良層の下の地盤はかなりの圧縮応力を受けていたと考えられる．この影響によって，間隙水圧は増加するので，掘削に伴う応力解放による水圧低下量を小さくしたものと考えられる．

残留した水圧が各掘削段階の掘削底からの土被り圧以上となれば，土は間隙水圧によって，破壊状態となる．まして，**5.3.3** の解析例のように，浸透の影響が掘削底の下の地盤に加わると，膨上りはクリープ的な様相を呈することとなる．

b. 掘削深さと水圧の関係

その 1，その 2，その 3 工区の主計測断面 (B，C，E 断面) の掘削深さと水圧の関係を，**図-5.45**

第5章 掘削底部地盤安定の力学

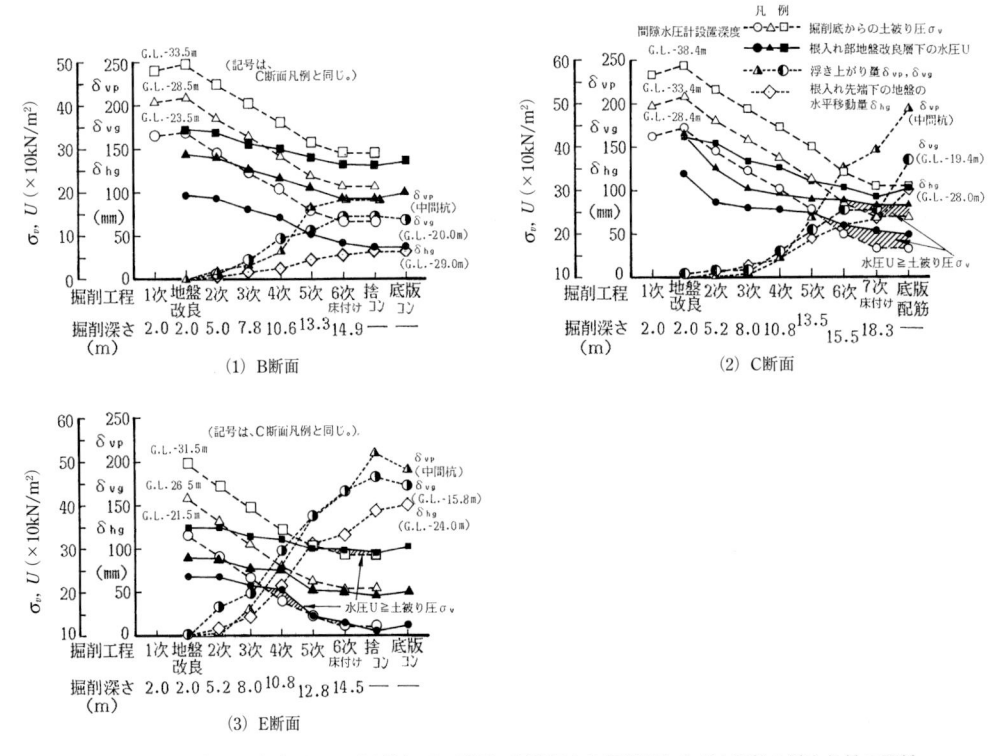

図-5.45 掘削深さと水圧および土被り圧の関係，掘削深さと掘削底および中間杭の浮上り量の関係

に示す．図中には，中間杭の浮上り量δ_{vp}，掘削底の膨上り量δ_{vg}，根入れ先端下の地盤の水平変位量δ_{hg}もプロットした．

地盤改良直後の水圧に注目すると，B断面では静水圧に近く，C，E断面では静水圧以上の水圧となっている．掘削過程での水圧の変化は，B断面の場合，5次掘削までの土被り圧の減少に対して水圧の減少が小さかったが，6次掘削時には，G.L.-23.5 mとG.L.-28.5 mの深さの水圧が除荷荷重相当の減少を示している．そして，C，E断面の場合と異なり，全工程で土被り圧の方が水圧より大きい．中間杭の浮上り量δ_{vp}，掘削底の膨上り量δ_{vg}，根入れ先端下の地盤の水平変位δ_{hg}は，掘削深さがB断面より浅いE断面の場合と比べて小さく，床付け後のクリープ的な増加がなかったことがわかる．

C断面では，2次掘削の当初から静水圧以上の水圧となっており，掘削の初期に除荷荷重相当の水圧減少を示したが，それ以降は，土被り圧の減少に比較して水圧の減少が小さい．このため，5～6次掘削以後の水圧は，土被り圧より大きくなった．床付け掘削(7次掘削)までの中間杭の浮上り量δ_{vp}，掘削底の膨上り量δ_{vg}，根入れ先端下の地盤の水平変位δ_{hg}は，B断面の場合と比べてかなり大きい．水圧は，床付け掘削以降も土被り圧以上の値となっており，クリープ的に各変位が増加している．

E断面でも，C断面と同様に，2次掘削の当初から静水圧以上の水圧となっており，掘削の初期段階(3次掘削まで)では，土被り圧の減少に呼応して水圧が減少したが，B，C断面の場合と比べ，減少量が非常に小さいという特徴が認められる．これは，根入れ先端下の地盤の水平変位δ_{hg}が，B，C断面の場合と比べかなり大きく，地盤改良層の下の地盤が水平方向に圧縮された影響が大きいためと考えられる．このことから，4次掘削時という早い段階で，水圧が土被り圧よりも大きくなっ

5.3 埋立地盤におけるヒービング計測と地盤改良

たものと考えられる．

5次掘削に入ると，前段階で破壊状態にあった掘削底付近は，膨上り量が急増した．根入れ先端下の水平変位も大きかったが，除荷荷重相当の水圧低下を示したものと考えられる．この時の水圧低下量は，C断面の場合より大きい．先に述べたように，C断面とE断面の地盤改良層厚さの差の影響や改良層の下の軟弱層の厚さも，5次掘削時の大きな膨上り量と関係していると考えられる．そして，C断面の場合と同様に，床付け掘削以降にクリープ的な変位が生じている．

以上の各断面での水圧と土被り圧との比較から，E断面での最大掘削深さがC断面より4m近く浅いにもかかわらず，掘削底の膨上り量が大きくなった要因をあげれば，次のようになる．

① 地盤改良により，改良層の下の地盤中で水圧が上昇した，
② 地盤改良層の下の地盤は，根入れ先端の下を通って背面地盤側からの押込みがあって圧縮応力が働き，土被り圧の減少に比べて，水圧の減少が小さくなった，
③ 掘削の途中で，水圧が土被り圧以上になった，
④ 根入れ部の地盤改良厚さがC断面に比べ薄く，改良地盤を下から突き上げる力に対する抵抗力が小さかった．

c. 土留め壁の根入れ先端下の地盤の水平変位量と掘削底の膨上り量等の関係[40]

ヒービング崩壊が危惧された断面では，掘削時に土留め壁根入れ先端下の地盤の水平変位δ_{hg}が，土留め壁の変位より大きくなるという非常に特異な変形であった．この変位と掘削底の膨上り量δ_{vg}，中間杭の浮上り量δ_{vp}，また地表面沈下量δ_zとの関係を調べた結果を，図-5.46に示す．

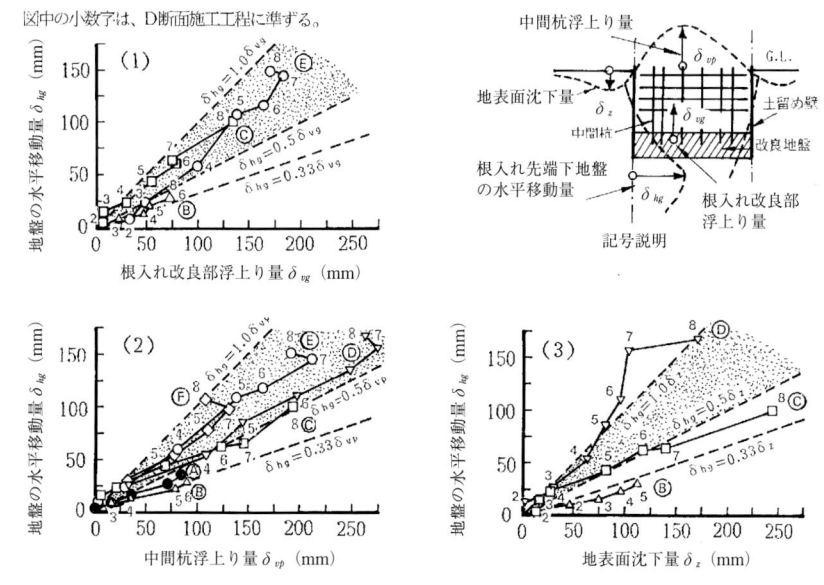

同図(1)は，B，C，E断面の，根入れ先端下地盤の水平変位δ_{hg}と掘削底の膨上り量δ_{vg}の関係を調べたものである．B断面のδ_{hg}はδ_{vg}の0.33倍程度であり，ヒービング崩壊が危惧されたC，E断面ではδ_{vg}の0.5～1.0倍の範囲にある．

同図(2)は，A～F断面について，根入れ先端下地盤の水平変位δ_{hg}と中間杭の浮上り量δ_{vp}の関係を調べたものである．A，B断面ではδ_{hg}がδ_{vp}の0.33程度と小さが，C，D断面ではδ_{vp}の0.50倍，E，F断面ではδ_{vp}の0.75倍と大きい．各断面毎の根入れ先端下地盤の水平変位δ_{hg}の大きさに差が生じ

図-5.46 根入れ先端下地盤の水平変位δ_{hg}と掘削底の膨上り量δ_{vg}の関係

た要因をあげれば，次のようである．
① 地盤改良を行う根入れ部の地層を比べると，A，B断面は砂質土層を挟んでおり，C～F断面は粘性土層のみであったこと (図-4.22参照)，
② 地盤改良層厚さ (掘削底から土留め壁の根入れ先端までの厚さ)，および根入れ先端下の粘性土層の厚さに差があったこと，
③ 壁剛性 (A～D断面は鋼管矢板壁，E～F断面はU形鋼矢板壁) に差があったこと．

同図(3)は，B～D断面について，根入れ先端下地盤の水平変位 δ_{hg} と地表面沈下量 δ_z との関係を調べた結果である．

C，D断面での δ_{hg} は，δ_z の0.5～1.0倍の範囲にあるが，B断面では δ_z の0.33倍以下であった．

これらの関係から，ヒービング現象にとって，土留め壁根入れ先端下の地盤の水平変位は重要な要因の一つであることがわかる．そして，この変位は，ヒービング崩壊の管理指標の一つとして有効であり，掘削底の膨上り量の0.5倍が目安となる．

5.3.5　根入れ部地盤改良効果の解析

ここでは，5.3.4の事例について，根入部の地盤改良効果を有限要素法とは別の視点から解析した青木(1993)[41]と田中(1998)[42]の検討結果を紹介する．

(1)　青木の方法[41]

a.　円弧すべり計算

青木は，5.3.4の事例のC断面の挙動について解析した．図-5.47に示すように円弧すべりの半径をとり，日本建築学会修正式により解析した．

$$F_s = \frac{x \times \int_0^{\pi/2+\alpha} C(x d\theta)}{W \times x/2} \tag{5.6}$$

ここで，$\alpha = \tan^{-1}(B/h)$．

原地盤の粘着力を c_0，改良地盤の粘着力を c'，θ を図-5.47の通りとすると，安全率 F_s は，

$$F_s = \frac{c'\theta + c_0(\pi/2 + \alpha - \theta)}{\gamma_t H + q} \times 2 \tag{5.7}$$

$$c' = a_p c_p + (1 - a_p) c_0 \tag{5.8}$$

ここで，c_p：改良体の粘着力 $(= q_u/2)$

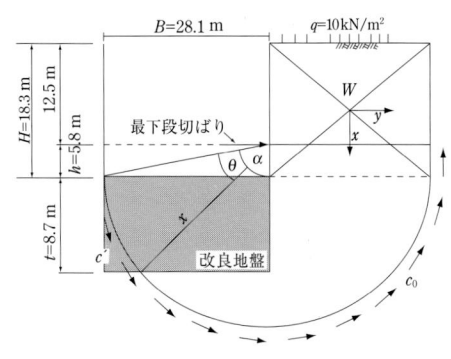

図-5.47　ヒービングの検討（円弧すべり計算）

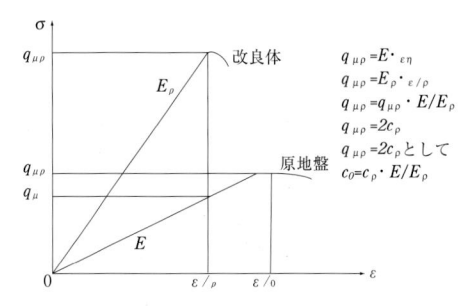

図-5.48　原地盤および改良地盤の応力～ひずみ関係の概念図

a_p：改良率 $(=83\%)$

γ_t：土の単位体積重量

図-5.47 より，

$\alpha = \tan^{-1}(28.1/5.8) = 1.37$ rad

$x = (28.1^2 + 5.8^2)^{1/2} = 28.7$ m

$\theta = \alpha - \cos^{-1}\{(t + h)/x\} = 0.33$ rad

が求まる．原地盤の粘着力 c_0 は $50\ \mathrm{kN/m^2}$ であり，改良率は 0.83 なので，改良地盤の粘着力 c' は式 (5.8) より，

$c' = 0.83 \times 200 + (1 - 0.83) \times 50 = 174\ \mathrm{kN/m^2}$

となる．したがって，円弧すべりに対する安全率 F_s は，式 (5.7) より，

$F_s = 1.24$

となる．

この検討では，図-5.48 に示すような，原地盤と改良地盤の変形特性の違いを考慮していない．そこで，円弧すべりは原地盤のひずみが改良地盤と同じひずみの状態で起ると仮定すると，補正後の原地盤の粘着力は，

$$c_0' = c_p \times E/E_p \tag{5.9}$$

となる．

$c_p = 200\ \mathrm{kN/m^2}$，$E = 4{,}000\ \mathrm{kN/m^2}$，$E_p = 20{,}000\ \mathrm{kN/m^2}$ とすると，$c_0' = 40\ \mathrm{kN/m^2}$ となる．また，改良地盤の強度は，式 (5.8) より $c' = 172\ \mathrm{kN/m^2}$ となる．

式 (5.7) にこれらの値を代入すると，

$F_s = 1.06$

となる．

この値は，C 断面ではヒービングによる浮上りが生じる可能性が大きかったことをうかがわせる結果である．

b． 地盤改良部の応力検討

青木は，地盤改良部を版として解析する方法を提案して，解析を試みている．

図-5.49 に示すように，土留め壁背面部の掘削深さ分の重量から掘削底面の抵抗力 (ここでは円弧を仮定) を差引いたものが，地盤改良部を押し上げる力として働くとし，さらに最下段切ばり以深の土圧が改良版に圧縮力として働くと考えて改良地盤の応力計算をしている．

押上げ力を U (等分布荷重) とすると，O 点周りのモーメントのつり合いを考え，

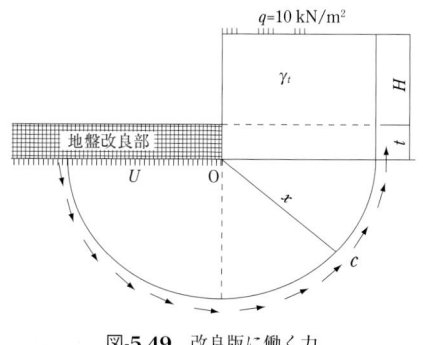

図-5.49　改良版に働く力

$$Ux^2/2 = \{\gamma_t(H+t)+q\}\,x^2/2 - x\int_0^\pi c(x\mathrm{d}\theta)$$

$$\therefore\quad U = \{\gamma_t(H+t)+q\} - 2\pi c \tag{5.10}$$

改良版を，はりの長さLが掘削幅Bに等しい単純ばりとして最大曲げモーメント$M_{\max}$を計算する．改良版に働く荷重Wは，

$$W = U - \gamma_t t = [\gamma_t(H+t)+q] - 2\pi c \tag{5.11}$$

$$M_{\max} = WL^2/8 \tag{5.12}$$

で求まり，式(5.11)と式(5.12)に所要の値を代入すると，

$$W = 51\ \mathrm{kN/m^2},\ M_{\max} = 5{,}033\ \mathrm{kNm/m}$$

また，軸力Nは，

$$N = 2{,}951\ \mathrm{kN/m^2}$$

改良地盤の厚さはtであり，曲げ応力度は，

$$\{\sigma_c,\sigma_t\} = \frac{N}{1\times t} + \frac{M_{\max}}{1\times t^2/6} = \{738,\ -60\}\ \mathrm{kN/m^2/m}$$

となる．

この結果，改良体の圧縮強度$q_{up} = 2c_p = 2\times 20 = 400\ \mathrm{kN/m^2/m}$をこえる圧縮応力が作用していることになる．

c. 背面地盤の盤下げとベースコン打設時の検討

計測結果で記述したように，ヒービング挙動が大きく危険となったため，対応策として行った土留め壁背面地表面の盤下げとベースコン打設の効果を，同じ考えで検討した．その結果，円弧すべり安全率は1.44となった．また，押上げ力はマイナスとなり改良地盤には押上げ力が働かないという結果となった．

(2) 田中の方法[42]

田中も先に示した計測結果について，ヒービング対策としての地盤改良の効果を分析している．

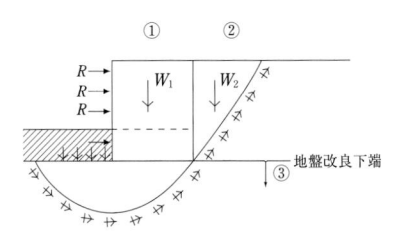

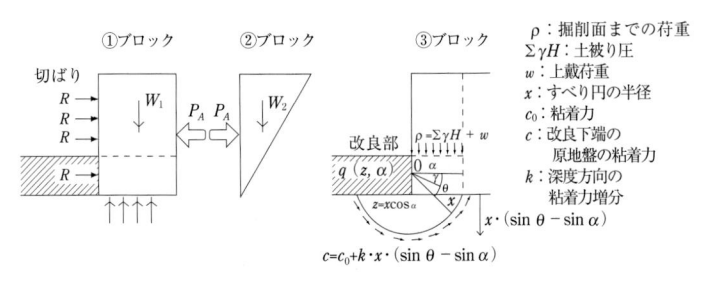

図-5.50 土留め壁周辺地盤の全体のつり合い

ヒービング現象の極限状態の力のつり合いとして，**図-5.50**のような状態を想定している．図に示すように，①，②，③の三つの土塊ブロックにモデル化する．ブロック②はブロック①に作用する切ばりと改良地盤の水平反力でつり合う．地盤改良層下のブロック③には，ブロック①の鉛直荷重と改良地盤からの浮上り力の反力$q(z, \alpha)$が作用する．

a. 円弧すべりの中心角の算定

深さ方向に非排水せん断強度（粘着力）が増加している地盤とし，地盤改良下の無改良部に作用する力によるO点からのモーメントのつり合いを考える．ここで，O点はz点を通るすべりモーメントが最大になる円弧の中心である．掘削面以上の土砂荷重による回転モーメントをM_d，無改良部のすべり面に沿うせん断抵抗をM_rとすると，この差分$(M_d - M_r)$のモーメントを地盤改良部分が受けもつ．すなわち，地盤改良に作用する浮上り荷重の反力$q(z, \alpha)$によるモーメントがこの差分$(M_d - M_r)$とつり合うことになる．

$$\int_0^x q(\xi, \alpha)\xi \mathrm{d}\xi = M_d - M_r \tag{5.13}$$

$$= pz^2/2 - \int_\alpha^{\pi-\alpha} \{c_0 + kx(\sin\theta - \sin\alpha)\}x\mathrm{d}\theta$$

$$= pz^2/2 - c_0(\pi - 2\alpha)z^2/\cos^2\alpha - k\{2\cos\alpha - (\pi - 2\alpha)\sin\alpha\}z^3/\cos^3\alpha$$

ここで，$x = z/\cos\alpha$．

円弧の中心角αは，式(5.13)が最大となる角度であることから，これをαで微分した

$$\mathrm{d}(右辺)/\mathrm{d}\alpha = 0$$

より求められる．

b. 浮上り荷重の算定

浮上り荷重$q(z, \alpha)$は，式(5.13)の左辺の$q(\xi, \alpha)\xi$が$(0, z)$で連続であるためzについて微分可能であり，式(5.14)が成立つことにより式(5.13)をzで微分すれば求められる．

$$\frac{\mathrm{d}}{\mathrm{d}z}\int_0^z q(\xi, \alpha)\xi\delta\xi = q(z, \alpha)z \tag{5.14}$$

浮上り荷重$q(z, \alpha)$をこの方法で求め，その結果を示すと式(5.15)が得られる．

$$q(z, \alpha) = p - N_c \times c_0/F_s \tag{5.15}$$

ただし，

$$N_c = \frac{2(\pi - 2\alpha)}{\cos^2\alpha} + \frac{3z_c\{2\cos\alpha - (\pi - 2\alpha)\sin\alpha\}}{\cos^3\alpha}$$

$$z_c = kz/C_0 \tag{5.16}$$

ここで，F_s：粘着力の安全率．

ただし，円弧の中心角αは次式で求める．

$$1 + \cos 2\alpha - (\pi - 2\alpha)\sin 2\alpha + z_c[(\pi - 2\alpha)(2 - \cos 2\alpha) - 3(\sin 2\alpha)] = 0 \tag{5.17}$$

c. 実測値と計算値の比較

図-5.51は，計測断面のD断面について，以上の考えで計算した浮上り荷重に基づき，改良地盤を土留め壁の両端で支持された単純ばりとして計算した浮上り量の分布である．粘着力の安全率F_sを1.2程度として計算した最大浮上り量は256 mmであり，実測値の280 mmに近い．

5.3.6 ヒービング現象の影響要因と対策工

以上のヒービング現象に対する数値実験例，および埋立地における計測管理例から，ヒービング

第5章 掘削底部地盤安定の力学

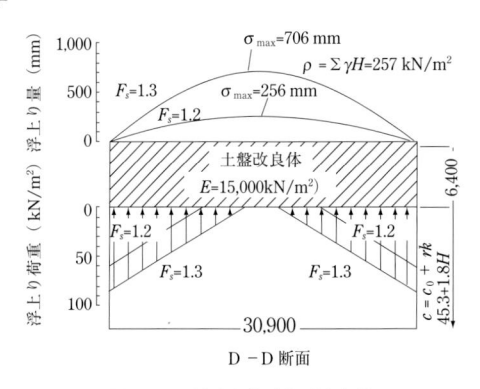

図-5.51 浮上り荷重と浮上り量

現象に及ぼす影響要因として重要なものをあげると，次のようになる．

① 土留め壁根入れ先端下の地盤の水平変位量
② 根入れ部改良地盤の下にある地盤の掘削による水圧変化
③ 改良層の下にある地盤の地盤改良によって生じる水圧上昇
④ 根入れ部改良地盤の土留め壁拘束効果 (改良杭接円部の摩擦，改良体の連続性等)
⑤ 根入れ部改良地盤の下の軟弱層の厚さ

今回の計測管理例から，同種地盤のヒービング管理指標 (管理基準) を示せば，以下の関係の検討が有効であると考えられる．

① 土留め壁根入れ先端下の地盤の水平変位量 δ_{hg} と掘削底の膨上り量 δ_{vg}，または地表面最大沈下量 δ_z の関係の管理指標：

$$\delta_{hg} < 0.5\delta_{vg}, \quad \delta_{hg} < 0.5\delta_z$$

② 根入れ部改良地盤の下にある地盤の水圧 U と土被り圧 σ_z の関係の管理指標：$U < \sigma_z$

臨海部の埋立地では，沖積層の厚さが非常に厚くなり，土留め架構は，軟弱地盤中に浮いた構造とならざるをえない．このため，常にヒービング崩壊の危険を背負ったなかでの施工となる．

このように土留め架構が軟弱地盤中に浮いた構造となる場合の土留め仮設計画では，今回の施工経験を基にすれば，次のような対策工を施すことが望ましい．

① 事前にヒービング起動力の低減を図っておくため，地盤の施工基面を数m掘り下げる
② 地盤改良による土留め壁の変形を最小限にするため，土留め壁の施工以前に地盤改良を行う
③ 深層混合処理工法による地盤改良にあたって，粘性土層を改良する場合は，接円構造を避けオーバーラップさせる
④ 土留め壁根入れ先端下を通るすべりを阻止するため，地盤改良に加えて，土留め壁の根入れを長くする

5.4 被圧地下水による盤膨れ対策

5.4.1 概　　説

掘削底の下の地層状況として，粘性土などの難透水性地盤の下に被圧帯水層がある場合，掘削が進むと，掘削底から難透水層下面までの土被り圧 W が徐々に小さくなる．一方，難透水層下面で上向きに作用している被圧地下水圧 U は，通常，変化がない．このため，掘削が進むと，土被り圧の値 W が被圧地下水圧 U の値に徐々に近づく．変形現象として，掘削底が徐々に浮上り，やがて

5.4 被圧地下水による盤膨れ対策

は掘削底の破壊につながる，いわゆる，盤膨れ現象が起る[43),44)]．

土留め掘削にかかわる基準類は，被圧地下水に対抗する力として，以下の3つの力を考え，盤膨れに対する安全率の算定式を提案している．

① 掘削底から難透水層下面までの土の重量
② 土留め壁と地盤との摩擦力
③ 土留め壁の根入れ先端から難透水層下面までの地層のせん断抵抗力

現行基準の多くは剛体モデルに近い考え方であり，被圧地下水圧に抵抗する力として，主に①の土の重量を考えて設計することが多い．

今後の研究課題ではあるが，難透水層を版またははりと仮定できる条件が明らかにされ，②と③の力の要素が適切に評価できて設計に組込めれば，より合理的な設計が可能となる．

ここでは，ディープウェルによる対策工の例[43)]を紹介する．

5.4.2 工事・地盤概況

(1) 工事概要

建設する河川の調節池は，貯留量が221,000 m^3 とかなり大きい．土留め・掘削工事（仮設平面：図-5.52）は，連続地中壁（長さ：35.5 m，厚さ1.0 m）で囲った内部（平面積：9,735 m^2）を深さ25.5 m (A.P.＋16.00 m) まで，水平切ばり工法により10段階で掘削を行うものであった．同時に，掘削底の盤膨れ対策と掘削時のドライワークを確保する目的で，後述する各地層毎にストレーナーを設けたディープウェル7本により揚水を行った．掘削工期は14ヵ月間である．

施工中の計測として，土留め仮設の挙動，揚水量および周辺地下水位の測定等を行った．

(2) 地質概要

ボーリング調査に基づく地質断面を図-5.53に示す．表層部の埋土層下部は，芋窪礫層と呼ばれる層厚約22 mのローム質腐れ礫層（Dg_1層）である．黄褐色のローム質粘性土を多く含む径3～50 mmの腐れ礫層で，礫を割った内部は茶褐色である．また，数10 cmをこえる径の花崗岩や砂岩の玉石も確認された．ボーリング位置での揚水試験で求めた透水係数 k は $k = 3.04 \sim 5.54 \times 10^{-5}$ cm/s である．

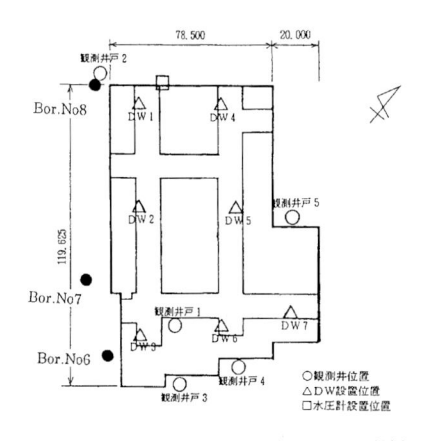

図-5.52 仮設平面およびディープウェル設置位置の関係

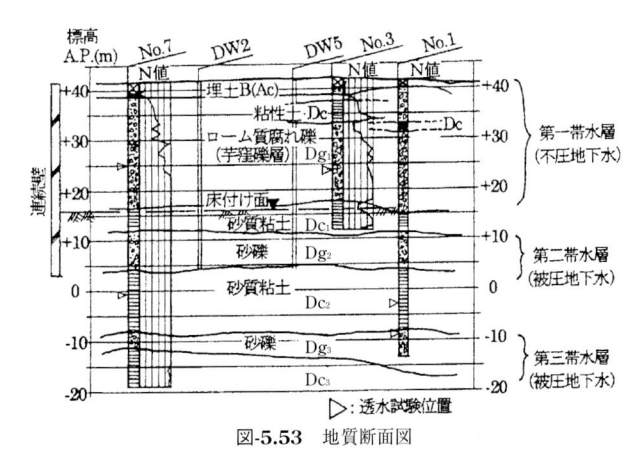

図-5.53 地質断面図

Dg_1 層の下部は，層厚 4.7 m の固結シルト層 (Dc_1 層) であり，床付け面はこの層に位置する．第一帯水層の Dg_1 層 (不圧帯水層) と第二帯水層の Dg_2 層 (被圧帯水層) の遮断層となっている．

 Dc_1 層の下部は，層厚約 7.0 m の粘性土混じり砂礫層 (Dg_2 層) で，現場透水試験結果から求めた透水係数 $k = 2.04 \times 10^{-4}$ cm/s の地盤である．この層の被圧水頭 H は掘削前には $H = 24.05$ m あり，この被圧水圧で Dc_1 層を浮上がらせて掘削底を崩壊させる危険があった．

 Dg_2 層に続いて層厚約 12 m の固結シルト層 (Dc_2 層) がある．この層に連続地中壁の先端が約 1 m 根入れされている．この地層の透水係数 k は，現場透水試験から $k = 1.01 \times 10^{-4}$ cm/s である．

 さらに Dc_2 層以深は砂礫層 (Dg_3 層) であり，Dg_2 層と同様に高被圧水を有した層である．透水係数は $k = 2.84 \times 10^{-3}$ cm/s である．

5.4.3 対策工検討の経緯

 地下水対策の当初設計の考え方は，当該地盤は地下水が豊富な礫質土と粘性土の互層状態であるが，土留め壁 (連続地中壁) の先端を難透水層中に根入れするので，周辺地下水との遮断を図れるものとしていた．しかしながら，浅層地下水位より深い掘削に入った段階から，連続地中壁による締切り端部の直角に接合する部分からかなり多量の漏水があった．その対策として，土留め壁背面から薬液注入による止水が考えられたが，接合不良部がどの程度の深さまであるかわからないこと，また，薬液注入圧により壁変形を促進して接合不良部を拡大する恐れがあったため，漏水を掘削側から 1 箇所に誘導して排水することとした．

 また，最終掘削面付近の粘性土層下位に被圧帯水層が存在し，その揚圧力により掘削底が崩壊するいわゆる "盤膨れ" が懸念された．

 土留め壁の先端は Dc_2 層中に約 1 m 根入れしてあり，当初設計では，被圧帯水層である Dg_2 層は土留め壁によって掘削内部は周辺地下水と遮断されると考えていた．しかし，遮断層と考えた Dc_2 層は，透水係数が $k = 1.01 \times 10^{-4}$ cm/s であり，遮断層としての機能を発揮するには疑問として，次にあげる 2 点が考えられた．

① 土留め壁背面側の Dg_2 層の被圧水が Dc_2 層を通じて根入れ先端を廻り，土留め内部の Dg_2 層へ浸透する．

② Dg_3 層の被圧水が遮断層と考えていた Dc_2 層を通じて，土留め内部の Dg_2 層へ浸透する．

 こうした考え方から，上述①と②による浸透量を推定し，併せて盤膨れの安定計算式により盤膨れ防止水位の設定を行って，揚水により各掘削段階で Dg_2 層の被圧水位を低下させることとした．また，土留め内部に 1 本，外部周辺に 4 本の観測井を設け，水位低下の確認および水位変動の観測を行った．

5.4.4 ディープウェル稼働に伴う観測井水位の変動

 掘削に伴う揚水量，観測井水位，土留め壁に作用する水圧の変化を測定した結果を，図-5.54 に示す．なお，ディープウェルの構造は，図-5.55 に示すように，Dg_1 層の不圧地下水と Dg_2 層の被圧地下水を同時に揚水する構造となっている．

 土留め壁によって遮断したため，溜り水的となっている Dg_1 層の地下水位を常に各掘削面以下に保つために，2 次掘削時から揚水を開始した．土留め内部に設けた観測井 (No.1) 水位記録をみると (図-5.54)，ポンプ稼働を停止させると短期間で急激に水位が上昇している．溜り水を揚水しているのであれば，水位は低下したままである．このことから，土留め壁の外側からの地下水供給がかなり多いことがわかった．

5.4 被圧地下水による盤膨れ対策

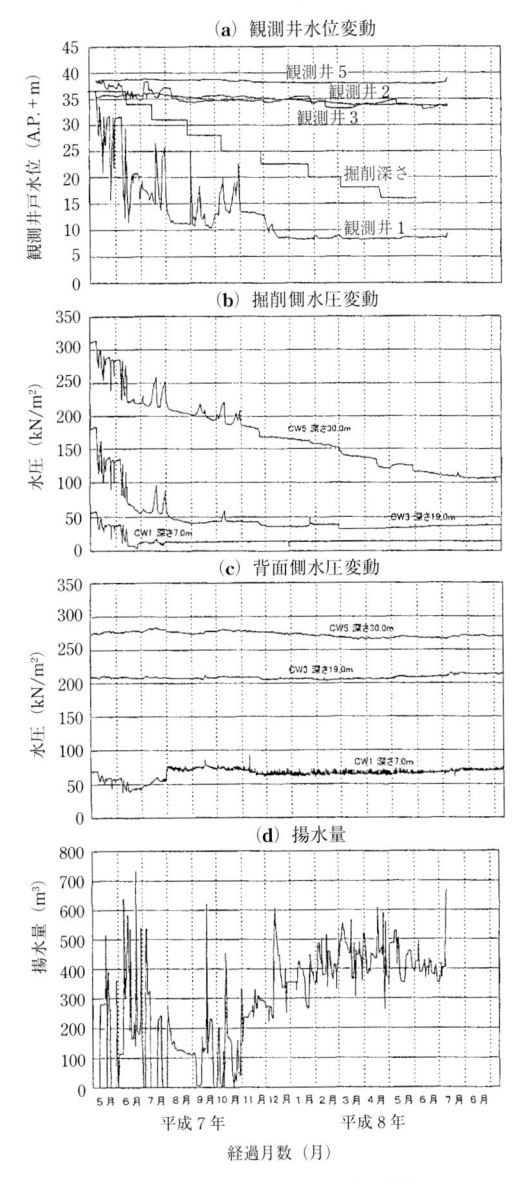

(a) 観測井水位変動

(b) 掘削側水圧変動

(c) 背面側水圧変動

(d) 揚水量

図-5.54 揚水量と水圧変動の関係

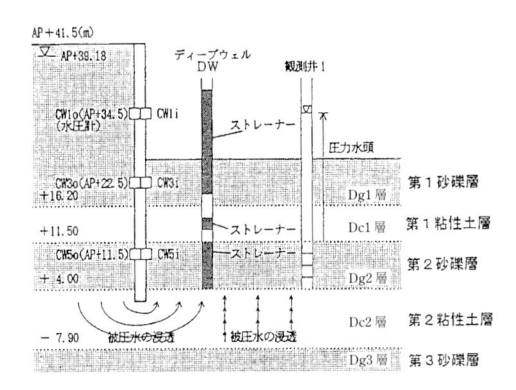

図-5.55 ディープウェルの構造

なお，背面側の観測井水位 (No.3，No.5) と背面側水圧の変動から，降雨の影響を除き，揚水の影響は認められない．こうした掘削側に設置した観測井の経日変化から，地下水の供給について次のことが考えられた．

① 遮断層と考えていたDc_2層中に水みちができ，漏水が起る．
② 土留め壁に沿って水が伝わる．また，Dc_2層への根入れが浅いため，根入れ先端を廻った水がかなり供給される．
③ 土留め壁の亀裂またはジョイント部からの漏水．
④ Dg_3層の被圧地下水が遮断層のDc_2層を透過する水量は，Dc_2層厚やその透水性から判断して，あまり多くないと推測される．

ところで，遮水性土留め壁によって被圧帯水層を分断した場合，理論上は土留め壁で囲まれた被圧地下水帯への地下水の供給量は遮断されるが，水圧を遮断することはできない．まして，実際の施工では，土留め壁のジョイント部やDc_2層への約1mの根入れの壁面に沿う流れが考えられ，掘削側への地下水の供給を完全に止めることはできない．また，Dc_2層は遮断層の機能を担うが，透水性がゼロという意味ではなく，動水勾配を与えれば地下水が流れることになる (図-5.55参照)．

こうしたことから，①Dg_2層の水圧低下を図ることを第一とし，Dg_2層に対してその浸透量に見合った揚水を行うためのディープウェルを設置して地下水制御を行うこととした．

5.4.5　盤膨れの検討と計測結果

(1) 盤膨れの検討

盤膨れの検討を行った結果を図-5.56に示す．△印はDg_2層の圧力水頭を各掘削段階の掘削面より0.5 m下がった位置まで制御するとして計算したもので，盤膨れの危険はない．□印は水圧制御しない場合であり，7次掘削以降，盤膨れの危険があることを示している．

なお，Dg_3層の被圧地下水による盤膨れの可能性はないという計算結果であった．したがって，Dg_2層に対して被圧水位の低下が必要であった．

(安定計算式)

$$\text{安全率} F_s = W/U = \sum (\gamma_t d)/\gamma_w H$$

ここで，W：土重量，d：土の層厚，U：揚圧力，γ_t：土の単位体積重量，γ_w：水の単位体積重量，H：被圧水頭．

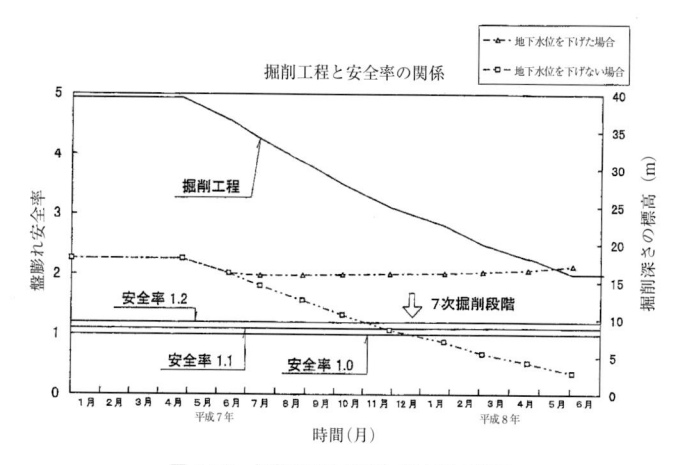

図-5.56　掘削工程と盤膨れ安全率の関係

(2) 実測値に基づく透水係数の推定

図-5.54の実測値をもとに，Dg_2層への漏水量と見掛けの透水係数k_aを推定し，土質調査結果と比較する．**表-5.7**に揚水量の推移を示す．

表-5.8は，掘削側の観測井No.1で測定したDg_2層の水頭，土留め壁背面側水圧計で測定した水圧，およびDg_3層の水頭を使って，Dc_2層透水係数を推定した結果である．

同表(1)は，土留め壁背面側のDg_2層の地下水がDc_2層中を通って根入れ先端を廻る浸透量を考えている．この時の浸透量は，各掘削段階での観測井No.1の水位が一定時の揚水量に等しいとして，Dg_3層から上向きの浸透はないものとした場合である．結果は，10^{-3}オーダーでかなり大きな透水係数となった．

表-5.7　揚水量の推移

ディープウエルによる揚水量			
掘削段階 (掘削深さの標高)	揚水量 q(m³)	累計 Q(m³)	低下水位 (m)
2次掘削　(A.P.+36.5m)	9,730	9,730	A.P.+11.38
3次掘削　(A.P.+34.0m)	6,036	15,766	A.P.+14.87
4次掘削　(A.P.+31.0m)	4,062	20,728	A.P.+10.62
5次掘削　(A.P.+28.0m)	5,411	26,139	A.P.+10.44
6次掘削　(A.P.+25.0m)	8,941	35,080	A.P.+12.73

表-5.8(1) 透水係数の算定（根入れ先端を回る浸透流量解析（流線網）から）

	観測井No.1の水位（A.P.+m）	揚水量（m³/day）	背面側水頭(m)	掘削側水頭(m)	水頭差(m)	透水係数(cm/s)
6月3日（2次）	31.39	114	27.7	19.89	7.81	6.0×10^{-3}
8月16日（4次）	11.27	127	27.6	-0.23	27.83	1.7×10^{-3}
11月5日（6次）	13.44	236	27.7	1.94	25.78	3.4×10^{-3}

表-5.8(2) 透水係数の算定（Dg_3層からDc_2層を通過する浸透流量解析（Darcy）から）

	揚水量（m³/day）	Dg_2層の圧力水頭(m)	Dg_3層の圧力水頭(m)	水頭差(m)	透水係数(cm/s)
6月3日（2次）	114	19.89	42.20	22.31	7.2×10^{-6}
8月16日（4次）	127	-0.23	42.20	42.43	4.2×10^{-6}
11月5日（6次）	236	1.94	42.20	40.26	8.3×10^{-6}

また，同表(2)は，Dg_3層の地下水がDc_2層中を上向きに流れてDg_2層中に供給される量が，観測井No.1の水位が一定時の揚水量に等しいとした場合の透水係数である．10^{-6}オーダーでかなり小さい透水係数となり，ボーリング調査時の透水係数$k' = 9.82 \times 10^{-6}$ cm/sに近い結果となった．
この計算結果から，次のようなことが推定された．

① Dg_2層への浸透経路は定かではないが，いずれかの水みちを通って土留め壁背面地盤から地下水が供給されていることは確実である．

② 土留め壁背面側のDg_2層の地下水がDc_2層中を通って根入れ先端を廻る浸透を考えた透水係数は，通常の固結シルトのそれと比べかなり大きい．したがって，この方向からの浸透の可能性としては，土留め壁面に沿った流れが相当大きいことがあげられる．

③ Dg_3層の地下水がDc_2層中を上向きに流れてDg_2層中に供給されるとした場合の透水係数はボーリング調査時の値に近く，ディープウェル設計時に予想した値より小さい．固結シルト層約12m分のボーリング・コア試料を観察した結果でも透水性はかなり小さいと判断された．以上の検討から，この上向きの浸透量は設計時の予想よりかなり小さいものと判断された．

5.4.6 掘削内ディープウェル稼働の留意点

以上の検討の結果をまとめると次のようになる．

① 掘削内部に設けた観測井戸の水位記録から，土留め壁で囲った地盤内の地下水の汲上げを停止すると，水位が上昇することがわかった．このことから，土留め壁の根入れ効果だけでは被圧帯水層を遮断しえない状態が考えられたので，ディープウェルによる揚水を行うこととした．

② 被圧水位低下のための揚水と，掘削中の不圧地下水排除の設備は分離して設ける方が望ましい．実施したディープウェルでは，構造上被圧地下水と不圧地下水を同時に揚水するため，結果的に早い時期(2次掘削段階)からの揚水開始となって，その分当初設計以上の揚水を行うこととなった．

③ 被圧地下水は，盤膨れの安定計算から，盤膨れが起る7次掘削の前の6次掘削段階からの揚水開始とし，不圧地下水排除については釜場排水で行うのがよい．

④ 今回のディープウェルのストレーナー配置の場合，地下水位を常に各掘削面から一定の深さ(図-5.56は掘削面から50 cm下がりで計算) に保つように揚水制御しながら掘削を行い，常に必要安全率以上を保ちながら最終掘削まで到達させることが望ましい．

⑤ 必要以上の揚水は，掘削側と背面側との水圧差を大きくすることとなり，土留め壁に過大な水圧による外力を与える．

参考文献

1) 村上 仁，高柳枝直，玉野富雄，福井 聡 (1988)：関西の土質と基礎—大規模土留め工，土と基礎，**36** (11), 67-72.
2) 玉野富雄，福井 聡，村上 仁，門田俊一 (1990)：土留め掘削底部地盤におけるリバウンドの力学挙動解析，土木学会論文集，**418** (III-13), 221-230.
3) Tamano, T., Fukui, S., Kadota, S. and Ueshita, K. (1991)：Mechnical behavior of bottom ground heave due to excavation, *Proc. of 7th Int. Conf. on Computer Methods and Advances in Geomechanics*, 199-204.
4) Tamano, T., Tsuboi, H., Haneda, T., Harada, K. and Fukui, S. (1995)：Numerical analysis of deep excavation, *Proc. of the 7th Int. Symp. on Numerical Models in Geomechanics*, 539-544.
5) Terzaghi K. and Peck, R. B. (1948)：Soil Mechanics in Engineering Practice, JohnWiley & Sons, New York, 196-198.
6) 植下 協，松井克俊，大岡 武，永瀬信一 (1973)：地盤の挙動計測による建築基礎の合理化の例，土質工学会論文報告集，**13** (3), 87-95.
7) 大西有三，村上毅 (1980)：有限要素法による地盤の応力・変形を考慮した浸透流解析，土木学会論文報告集，**298**, 87-96.
8) 駒田広也，宮口友延 (1980)：湛水地山内浸透流に対する遮水および排水に関する考察，電力中央研究所・研究報告380026.
9) 門田俊一，斎藤悦郎，和久昭正，後藤哲雄 (1989)：繰返し拡張カルマンフィルターによる異方性岩盤物性の同定と地下空洞計測管理への適用，土木学会論文報告集，**406** (III-11), 107-l16.
10) 土質工学会関西支部，関西調査業協会編 (1988)：新編大阪地盤図，31-64.
11) 杉本隆男，佐々木俊平 (1996)：開削工事における下水シールド浮き上がり対策，東京都土木技術研究所年報 (平成8年)，309-320.
12) 日本下水道協会 (1968)：下水道シールド工法の指針と解説
13) 土木学会 (1986)：構造力学公式集
14) 土質工学会編 (1969)：土質力学，282-286.
15) Terzaghi, K. and Peck, R. G. (1948)：Soil Mechanics in Engineering Practice, John Wiley & Sons, 195-198.
16) Tschebotarioff, G. P. (1951)：Soil Mechanics, Foundations and Eerth Structures, McGraw-Hill, 412-417.
17) Bjerrum, L. and Eide, O. (1956)：Stability of Strutted Excavations in Clay, *Géotechnique*, **6**, 32-47.
18) Finn, W. D. (1963)：Stability of Deep Cutts in Clay, *Civil Engineering*, **6**.
19) Peck, R. B. (1969)：Deep Excavations and Tunneling in Soft Ground, *Proc. of 7th ICSMFE. State of the Art Report,* Mexico, 275-290.
20) 日本建築学会 (1974)：建築基礎構造設計基準・同解説，455-473.
21) 日本国有鉄道編 (1979)：掘削土留め工設計施工指針 (案)，17-26.
22) 日本道路協会 (1986)：共同溝設計指針，130-135.
23) Whitney, H. T. (1969)：Plastic Movement of Soft Clay in a Sheeted Excavation, A Disertation for Ph.D, Illinois.
24) 金谷祐二，宮崎祐助 (1975)：ヒービング破壊の実験的研究，日本建築学会年次講演会，1399-1400.
25) 大久保常雄，富士泰彦，坂口充夫，石郷岡 誠 (1985)：軟弱地盤における開削工事でのリバウンド測定，第20回土質工学研究発表会，(480), 1253-1254.

26) 伊勢本昇昭, 岡部徳一郎, 窪田敬昭, 保井美敏 (1985)：掘削時の山留め壁背面地盤の挙動について, 第20回土質工学研究発表会, (477), 1245-1246.
27) 杉本隆男, 佐々木俊平 (1986)：土留・掘削工事に伴うヒービング現象に及ぼす浸透の影響, 東京都土木技術研究所年報 (昭和61年), 225-237.
28) 松井 保, 中平明憲 (1989)：軟弱粘性土地盤のヒービングに関する現場実験と弾塑性解析, 土と基礎, **37**, (5), 29-34.
29) Kotoda, K. (1975)：Field Instrumentation for Measurement of Lateral Pressures Acting on Retaining Structures for Excavation and Bottom Heaving, *State of the Art Report, 6th Asian Conf. of S.M.F.E.*.
30) 杉本隆男, 佐々木俊平 (1979)：盛土による地中構造物を含む地盤の変形解析, 東京都土木技術研究所年報 (昭和53年度), 335-354.
31) Cristian, J. T. (1968)：Undrained Stress Distribution by Numerical Methods, *Jour. of S.M.F. Div.*, ASCE, **94**, (SM6), 1333-1345.
32) Abott, M. B. (1960)：One-Dimentional Consolidation of Multi-Layered Soil, *Géotechnique*, **10**, 151-163.
33) 石井 求, 遠藤 毅他 (1989)：昭和63年の地盤沈下, 東京都土木技術研究所年報 (平成元年), 195-230.
34) Duncan, J. M., and Chang, C. Y. (1970)：Nonlinear Analysis of Stress and Strain in Soils, *Jour. of S.M.F. Div.*, ASCE, **96**, (SM5), 1629-1635.
35) Kondner, R. L. (1963)：Hyperbolic Stress-Strain Response；Cohesive Soils, *Jour. of S.M.F. Div.*, ASCE, **93**, (SM5), 283-310.
36) Goodman, R. E., Tayler, R. L. and Brekke, T. I. (1968)：A Model for Mechanics of Jointed Rock, *Jour. of S.M.F. Div.*, ASCE, **94**, (SM3), 637-659.
37) 杉本隆男, 大石宏行, 宮尾新治, 越沼 環, 小林延房, 村上清基, 佐々木豊, 草薙史朗, 田中幹彦, 石黒 健, 佐々木俊平 (1988)：環状第8号線羽田空港トンネル工事におけるヒービング計測管理 (その1～5), 第23回土質工学研究発表会, 1583-1600.
38) 杉本隆男, 佐々木俊平 (1987)：埋立地盤におけるヒービング計測管理-環状第8号線羽田空港トンネル開削工事-, 東京都土木技術研究所年報 (昭和62年), 249-262.
39) 内田広次, 杉本隆男, 佐々木俊平 (1988)：都市土木工事に伴う地盤問題に関する現場調査事例, 東京都土木技術研究所年報 (昭和63年), 295-309.
40) 杉本隆男 (1992)：超軟弱地盤山留めのヒービング現象とその対策, 基礎工, **20**, (8) 23-29.
41) 青木雅路 (1993)：噴射攪拌工法による地盤改良を行う場合のヒービングと根入れ長さの検討例, トンネルライブラリー 第4号, トンネル標準示方書 (開削編) に基づいた 仮設構造物の設計計算例, 土木学会, 95-104.
42) 田中幹彦, 杉本隆男 (1998)：講座, 各種構造物の実例にみる地盤改良工法の選定と設計, 3.5掘削にかかわる仮設構造物, 土と基礎, **46**, (6), 51-56.
43) 杉本隆男, 米沢 徹, 中澤 明 (1996)：地下水圧制御による盤膨れ対策, -黒目川黒目橋調節池工事-, 東京都土木技術研究所年報(平成8年), 299-308.
44) 杉本隆男, 佐々木俊平, 石井 求, 常盤 健 (1984)：工事に伴う地盤問題に関する現場調査事例-環8・青梅街道立体交差工事例-, 東京都土木研究所年報 (昭和59年), 177-180.

第6章　土留め支保工の力学

6.1　土留め鋼製切ばりに作用する温度応力

6.1.1　概　　説

　鋼製切ばりを用いた土留めの平面的大きさの限界は，温度変化により生じる切ばりの温度応力などにより限定される．また，地盤状態・施工状態によって異なるが，切ばり軸力における温度変化による影響は，20～50％になることが実測値で示されている[1)～3)]．鋼製切ばりの温度応力は，切ばりの両端の土留め壁，および直交する切ばりの交差部での拘束の程度，それらに関係する，①周辺地盤の性状，②土留め壁の剛性，③切ばりの長さ，④切ばりの交差点数，⑤交点での拘束の方法，⑥施工精度に関係する切ばりの蛇行性などの影響を受ける．そのため，理論のみによる把握は難しく，現場計測を含めた相互の研究が必要とされる．

　遠藤・川崎は，切ばり軸力による土留め壁の変位特性を考慮して，鋼製切ばりの温度応力計算式を提案している[3)]．また，土留め壁を弾性ばりと仮定し，土留め壁が切ばりの温度応力によって発生する軸力によって集中荷重を受けるものとし，地盤と土留め壁の剛性が切ばりの温度応力に与える影響を調査しようとする試みも行われている．

　ところで，温度応力を測定するうえでは，壁面側圧が定常状態であること，大気温度でなく切ばり温度に基づくこと，測定誤差が少ないことなどに対する配慮が必要である．従来の調査では，長期にわたって測定されたものが大部分であり，壁面側圧が定常状態であることが保証できないこと，切ばり温度に基づかなくても大気温度に対して考えればそれほどの誤差がないという考えから，便宜的に大気温度を使用していること，測定箇所，頻度が少ないこと，が問題点として指摘できる．また，土留め工事は現場毎に条件の異なる仮設工事であり，多くの要因が関係するので，切ばり軸力における温度応力の把握はまだ十分とはいえない．以下に，切ばりの温度応力について，2つの現場における詳細な調査結果を述べ，力学挙動について考察する．

6.1.2　測　定　例　1

(1)　土留め，基礎構造および測定現場の状況

　温度応力の測定方法ならびに測定結果の理解をよりよくするために，まず測定現場の状況について述べる．

　地盤状況は，図-6.1のようであるが，詳しくは第3章で述べた通りである．この土留め工は，図-6.2に示すような平面計画で，連続地中壁を先につくり，その後，図-6.3のように深さ方向に土留めしながら掘削した工事現場である．こういった土留め工と基礎構造の採用は，軟弱な埋立て地盤での大規模な掘削工事 (平面35 m×90 m，掘削深さ10～15 m) であること，掘削時に土留め工の破壊とそうした場合に隣接した橋梁ピアーの側方変位の危険が予想されること，盛土地盤中に

第6章 土留め支保工の力学

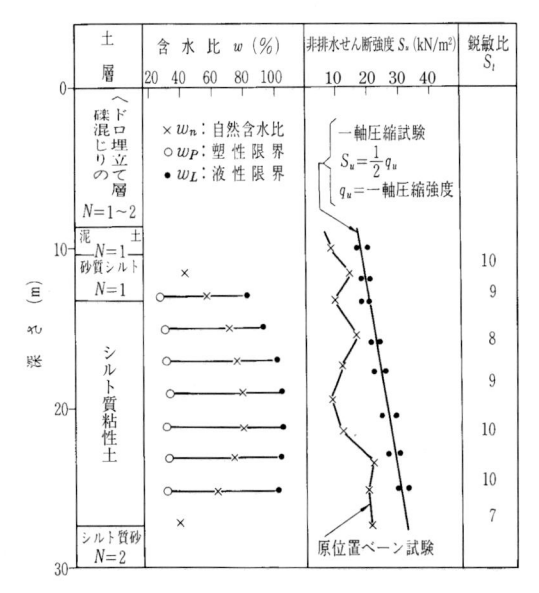

図-6.1 土層図および土質特性

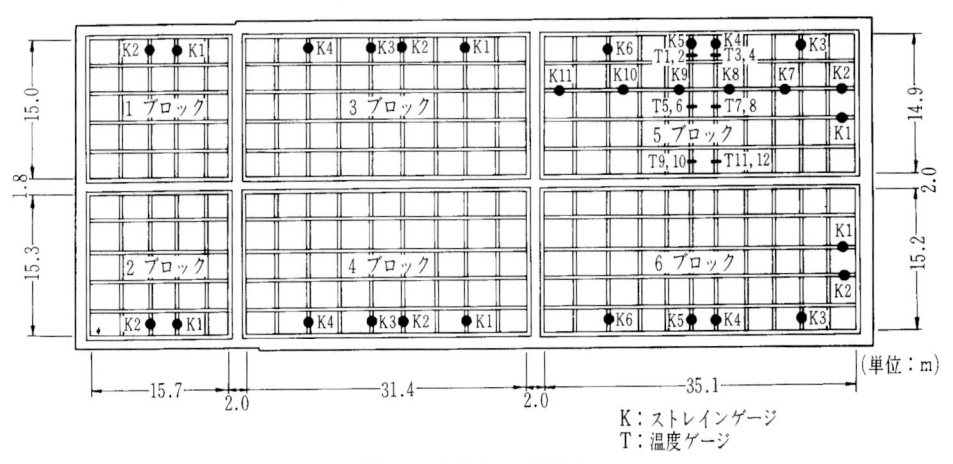

図-6.2 土留め工の平面図

は，粗大な石塊が多数あり，沖積粘性土層に対する経済的に，かつ，短期間に効果のある地盤改良を行うことが不可能な状態であること，を念頭に置いたものである．

そのため，構築する構造物の用途上より掘削面を6分割し，掘削時にバランスのとれた安全な土留め構造となるように考慮したものである．一般に，粘性土地盤における土留めの力学特性は，掘削幅，あるいは掘削底下の粘性土層厚さなどの要因によって影響を受けるといわれている．定性的には，有限要素法を用いてPalmerら[4]により検討されているものの，定量的にはわからない点が多い．この構造を採用するにあたっては，掘削形状を小さくすることでPeckの定義した安定係数 (N_s) の増大を図るとともに，三次元的な格子状にすることで土留め工全体の剛性の増大を期待している．なお，連続地中壁は，土留め壁と基礎杭を兼用するように設計している．

連続地中壁は，当初，RC連続地中壁で設計していたが，トレンチ掘削が工法上無理と判断されたため，鋼管矢板壁（外周壁は管径100 cm，管厚18 mm，中仕切り壁は管径80 cm，管厚12 mm）

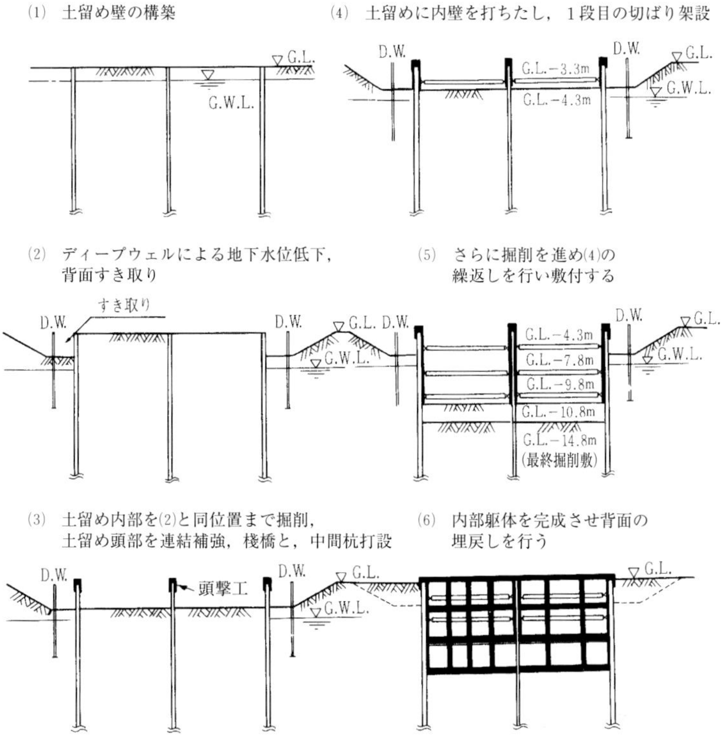

図-6.3 土留め掘削の施工順序

で施工した．図-6.3に示す施工順序は次のようである．
① 掘削背面にディープウェルをかけて地下水位をG.L.−5.5mまで低下させ，その後，背面地盤のすき取りをする．
② 土留め頭部の連結補強をする．
③ 1次掘削をする．
④ 1段切ばり設置深さまで外周壁については本体仕上げ用の厚さ40cmの内壁を内側に，中仕切り壁については20cmの内壁を両側に施工する．その後，1段切ばりを内壁の上に設置する．
⑤ このような手順で掘削，内壁打設，切ばり設置を繰返し，床付けをする．切ばり部材には，H-400（幅400mm，高さ400mm，ウエブ厚13mm，フランジ厚21mm，断面積A_s = 218.7 cm^2）を用い，格子形に組んだ切ばりの各交点は，中間杭とU字ボルトで拘束し，それらの間隔は2.5～3m程度である．

(2) 温度応力測定法

切ばり温度と温度応力の測定は，各段階の掘削終了時の内壁打設作業中に，すでに設置している1段切ばり部材を用いて行った．測定は，9月6～8日（第1回測定と呼ぶ），10月5～7日（第2回測定と呼ぶ），10月26～28日（第3回測定と呼ぶ）の晴天時を選んで計3回行った．切ばりの温度と温度応力の測定位置は図-6.2に示した．切ばり温度の測定は，切ばり温度が，太陽の輻射熱の影響により平面的に多少異なることになるので，第5ブロック（図-6.2参照）の1段切ばりの6箇所に設置した．なお，土留め内の大気温度は第5ブロック掘削内の日陰（足場板の下）に，布で囲った中で測定した．

第6章 土留め支保工の力学

図-6.4 温度応力測定のストレインゲージ設置の概略

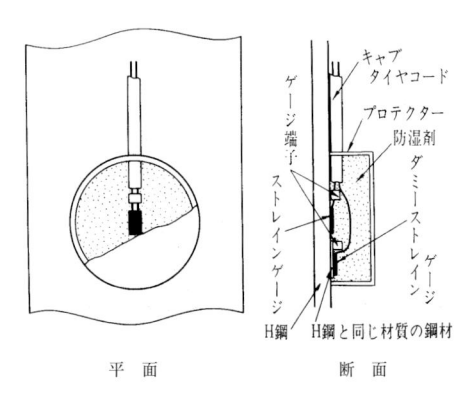

図-6.5 切ばり断面におけるゲージ設置位置

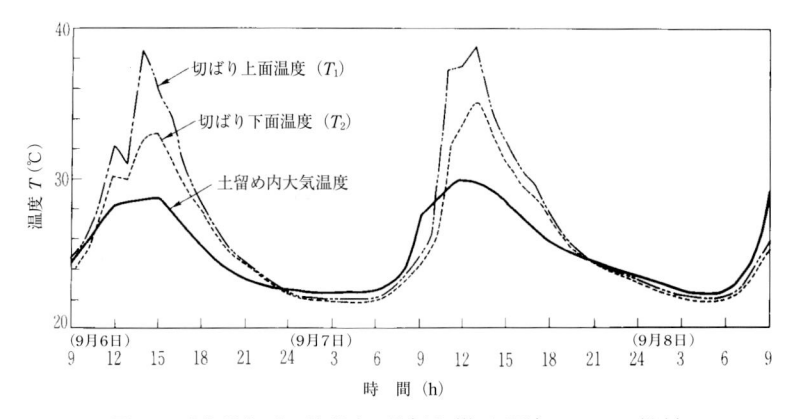

図-6.6 大気温度，切ばり温度の測定例（第1回測定のT_1，T_2の場合）

切ばり温度応力の測定は，1測点毎に，図-6.4に示すようなストレインゲージのアクティブ・ダミー法 (2枚ゲージ法とも呼ばれている) により測定した．図-6.4の方法によれば，温度変化が生じると，拘束なしで発生している切ばりのひずみと拘束によって温度応力の発生している切ばりのひずみとの差から，切ばりに発生している温度応力が読み取れる．切ばり温度の測定には抵抗線温度ゲージを用い，図-6.5に示す通り，切ばりの上・下フランジの内側に設置した．切ばり温度の初期値は，サーミスタ温度計により測定した．

測定は各回とも，測定前3日間の午前9時の切ばり応力に変化がないことを確かめてから，48時間について，1時間毎の変化を集中管理により自動測定した．

(3) 測定結果

図-6.6に第1回測定における大気温度，切ばり温度の測定例を示す．切ばり温度は輻射熱の影響により，昼間は大気温度よりかなり高く，夜間は大気温度とほぼ等しくなっている．切ばりとして設置するH形鋼は，断面積に比べ表面積が大きいので，切ばりの表面温度と内部温度はほぼ等しいと仮定した．そこで，上部フランジと下部フランジの測定値の平均値を切ばり温度とみなした．

図-6.7は第1回測定の場合で，6測点での切ばり温度 (各測点ごとの平均値) と大気温度とを比較したものである．この6測点での切ばり温度の平均値を，温度応力を計算するための第1回測定での基準切ばり温度とした．第2回測定，第3回測定の場合も同様に図-6.8，図-6.9に示す．表-6.1

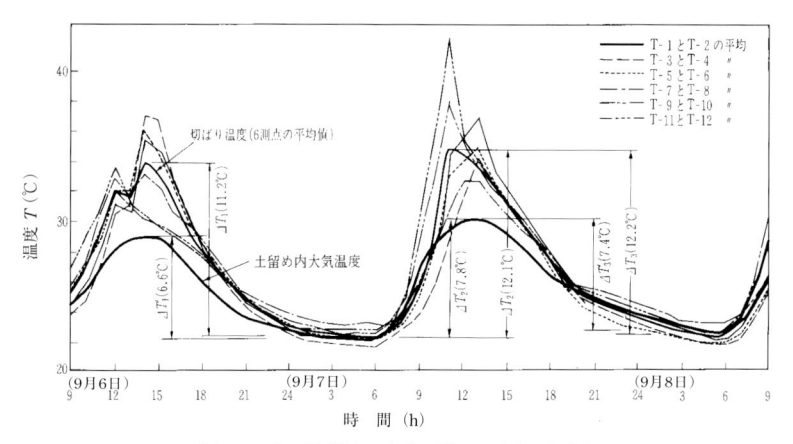

6.1 土留め鋼製切ばりに作用する温度応力

図-6.7 切ばり温度の変化（第1回測定の場合）

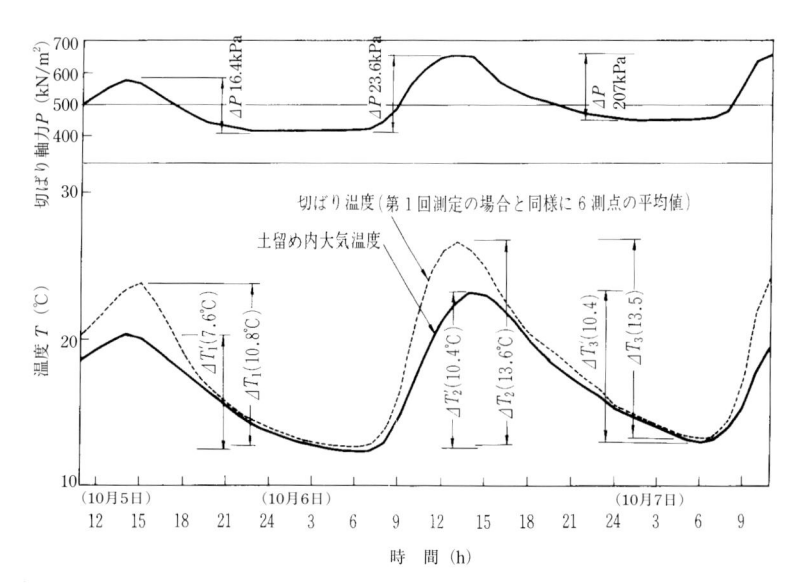

図-6.8 温度と切ばり軸力の変化（第2回測定，第4ブロック K-2 の場合）

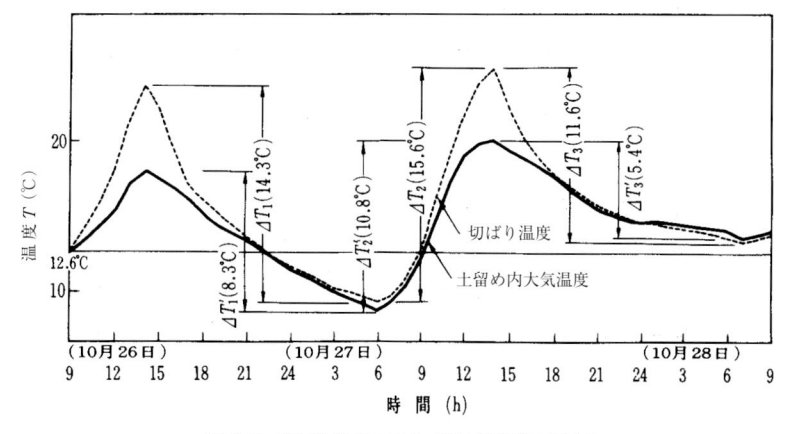

図-6.9 切ばり温度の変化（第3回測定の場合）

表-6.1 切ばり温度変動ならびに大気温度変動

測定	切ばり温度変動（℃）			大気温度変動（℃）			切ばり温度変動/大気温度変動		
	ΔT_1	ΔT_2	ΔT_3	$\Delta T_1'$	$\Delta T_2'$	$\Delta T_3'$	$\Delta T_1/\Delta T_1'$	$\Delta T_2/\Delta T_2'$	$\Delta T_3/\Delta T_3'$
第1回	11.2	12.1	12.2	6.6	7.8	7.4	1.70	1.55	1.65
第2回	10.8	13.6	13.5	7.6	10.4	10.4	1.38	1.27	1.30
第3回	14.3	15.6	11.6	8.3	10.8	5.4	1.72	1.44	2.14

には，各測定期間の切ばり温度ならびに大気温度の変動率を示す．切ばり温度と大気温度の変動量の比率も示したが，その日の天候の具合により変化している．(切ばり温度の変動/大気温度の変動)の値の平均値は1.57である．図-6.8で，第2回測定での大気温度と切ばり温度の変化および切ばり軸力の変化を例示したが，温度変化と切ばり軸力の変化はよく対応しており，測定開始時の温度になった状態では，切ばり軸力も元の状態に戻っている．図-6.8で，温度変化に対する切ばり軸力の変化率$\Delta P/\Delta T$を計算してみると，温度変化について切ばり温度の変動値を用いれば，15.1 kN/℃，17.06 kN/℃，15 kN/℃の値が求まり，大気温度の変動率$\Delta P/\Delta T'$により計算すれば，21.18 kN/℃，22.26 kN/℃，19.52 kN/℃の値が求まる．

次に，温度軸力係数$\Delta P/\Delta T$の平均的な値を，切ばり長さが15 mの場合と35 mの場合に分けて整理して示せば，表-6.2のようにであり，切ばり長さが大きいほど，温度軸力係数は増大することがわかる．

表-6.2 切ばり長さL(m)と温度軸力係数：$\Delta P/\Delta T$(kN/℃) の場合

	大気温度による $\Delta P/\Delta T'$	切ばり温度による $\Delta P/\Delta T$
短辺（約15m）	19.4	13.0
長辺（約35m）	22.2	14.6

(4) 計測結果による考察

遠藤・川崎[3]は，切ばりの温度軸力ΔPに関する式を，次の式(6.1)～(6.3)のように導いている．温度変化ΔTによる切ばりの温度軸力ΔPによって，土留め壁が弾性的に変形するものとし，その弾性的な係数をK_E，変位をΔeとすれば，温度軸力ΔPは，土留め壁の変位Δeによって次のように表現できる．

$$\Delta P = K_E \Delta e \tag{6.1}$$

一方，温度軸力ΔPは，土留め壁の拘束(拘束がなければ，$\beta L \Delta T$だけ伸びるはずであるが，切ばりの両端でΔeずつ，すなわち，$2\Delta e$しか伸びられないので，伸びられない分だけ拘束力すなわち温度軸力が発生する)によって生じ，次式のように計算できる．

$$\Delta P = \frac{(\beta L \Delta T - 2\Delta e)A_s E_s}{L} \tag{6.2}$$

ここで，β：鋼材の線膨張係数
L：切ばりの長さ
A_s：切ばりの断面積
E_s：鋼材の弾性係数

式(6.2)に，式(6.1)に基づく$\Delta e = \Delta P/K_E$を代入すれば，

$$\Delta P = \frac{K_E A_s E_s \beta L \Delta T}{K_E L + 2 E_s A_s} \tag{6.3}$$

が求まる．

いま，図-6.2のように，切ばり両端の支持条件が，上述の考察のように対称的と考えられない

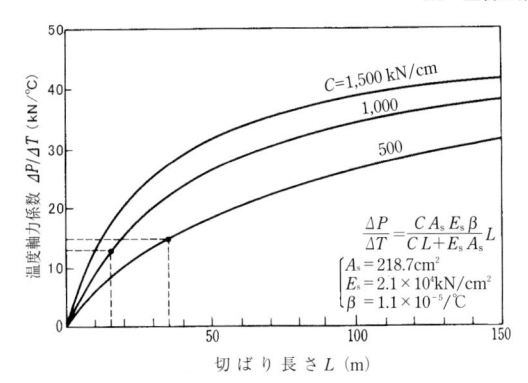

図-6.10 遠藤・川崎式による温度軸力係数$\Delta P/\Delta T$と切ばり長さLとの関係

場合の便宜的な扱いとして，切ばりの温度変化による増加軸力ΔPにより，切ばりを拘束している土留め壁が弾性的に変形するものとし，その拘束間隔(切ばりの長さLに等しい)の変化量をΔL，その変化量に拘束力が比例的(弾性的)に増加するとして，その弾性的拘束係数をCとすれば，

$$\Delta P = C \Delta L \tag{6.4}$$

と表現でき，上記式(6.2)，(6.3)に対応する式が，

$$\Delta P = \frac{(\beta L \Delta T - \Delta L)A_s E_s}{L} \tag{6.5}$$

$$\Delta P = \frac{CA_s E_s \beta L \Delta T}{CL + E_s A_s} \tag{6.6}$$

と表現できる．

式(6.6)より，切ばり長さLと温度軸力係数$\Delta P/\Delta T$との関係を示せば，

$$\frac{\Delta P}{\Delta T} = \frac{CA_s E_s \beta}{CL + E_s A_s} L \tag{6.7}$$

となり，これを図示すれば，図-6.10のようになる．この図-6.10に，表-6.2の値をプロットすれば，切ばり長15 mの場合の弾性的拘束係数は$C = 981$ kN/cm，切ばり長35 mの場合は$C \fallingdotseq 490.5$ kN/cmとなっている．これらの値は直接，切ばりプレロード試験をしても求められるはずの値である．表-6.3には，式(6.7)によって計算した土留め壁の弾性的拘束係数C (図-6.2，図-6.3を参考としてこの現場では対称に工事が進められたので，中仕切り壁が変位しなかったとすれば，式(6.1)のK_Eが，式(6.4)のCと等しいとみなせる)が，切ばり軸力の初期値の増大により若干減少することが示されている．すなわち，K_Eは，実際には一定値を示すのではなく応力レベルによって変化し，このことは，地盤の載荷試験でみられる現象と同じである．また，Cは，短辺($L = 15$ m)

表-6.3 切ばり軸力の初期値と温度軸力係数$\Delta P/\Delta T$との関係

	大気温度による$\Delta P/\Delta T'$			切ばり温度による$\Delta P/\Delta T$			土留め壁の弾性的拘束係数C (kN/cm) $\fallingdotseq$ 土留め壁の弾性的係数K_E (kN/cm)		
切ばり軸力初期値 (kN)	0〜500	500〜1,000	1,000以上	0〜500	500〜1,000	1,000以上	0〜500	500〜1,000	1,000以上
短 辺	20.27	20.05	19.00	13.69	12.80	12.50	1,138	1,041	1,008
長 辺	23.00	21.04	15.80	15.48	13.80	12.94	580	493	452

で988.8〜1,116.3 kN/cm，長辺 ($L = 35$ m) で443.4〜568.9 kN/cmであり，長辺方向の弾性的拘束係数が短辺方向の弾性的拘束係数の1/2程度であることは，切ばり架構における長辺と短辺の剛性の方向差や土留め壁背面の地盤状況の違い，すなわち，長辺方向切ばりを支える土留め壁が海岸に接近していることなどによると考えられる．

図-**6.11**は，ストレンゲージのひずみより計算した切ばり長さの変化と切ばり軸力の変化の関係を，図-**6.8**の場合について示したものである．図-6.11から，式 (*6.4*) により，弾性的拘束係数 C (この現場の場合，K_Eと同等視できる) を求めると，図-6.11の勾配から $C = 362.9 \sim 9,682.4$ kN/cmの範囲となり，おおむね981〜1,471 kN/cmとみなしうる．また，切ばり温度応力の測定の際，切ばり軸力を載荷重，切ばりの負担する土留め壁面を載荷面と考えれば，温度応力による軸力の変化と切ばりの長さの変化から，比較的簡単に水平方向地盤反力係数を得ることができる．

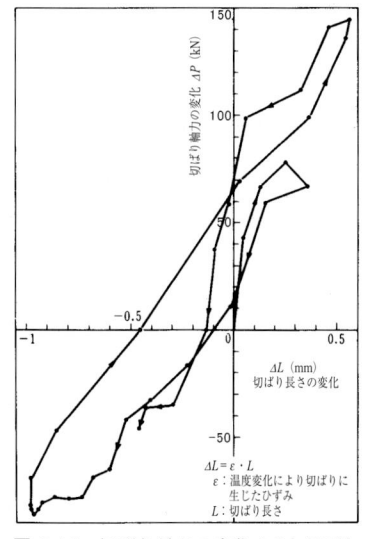

図-**6.11** 切ばり長さの変化 ΔL と切ばり軸力 ΔP の関係

6.1.3 測定例2

測定現場は，大阪市域東部における土留め工である．土留め掘削現場の平面図と断面図ならびに計器設置位置を図-**6.12**に示す．土留め形状は縦22.4 m，横22.8 m，深さ11.4 mであり，Ⅳ型の鋼矢板 (断面係数2,270 cm³/m幅)，4段の鋼製切ばりを使用している．1段切ばり，H-300 (幅300 mm，高さ300 mm，ウェブ厚10 mm，フランジ厚15 mm)，2段切ばり，H-350 (幅350 mm，高さ350 mm，ウエブ厚12 mm，フランジ厚19 mm)，3段・4段切ばり，H-400 (測定例1で前述) である．また，地盤状況を図-**6.13**に示す．計器による測定は測定例1の場合と同様である．温度応力の測定は，底盤コンクリート打設後の，外力が一定で温度変化がなければ切ばり軸力が一定であるとみなされる時期に行った．測定は7月18〜20日，7月25〜27日の2回行っている．

計測結果を図-**6.14**に示す．温度軸力係数 $\Delta P/\Delta T$ の平均値 (測定例1の場合と同様に計算した12データの平均) は，1段切ばり (H-300) で7.06 kN/℃，2段切ばり (H-350) で12.06 kN/℃，3段切

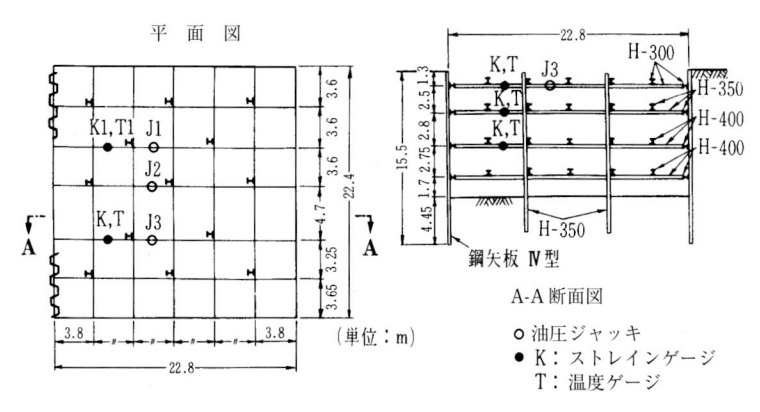

図-**6.12** 土留め掘削現場の平面図ならびに断面図とストレインゲージ，温度ゲージ，油圧ジャッキ設置位置

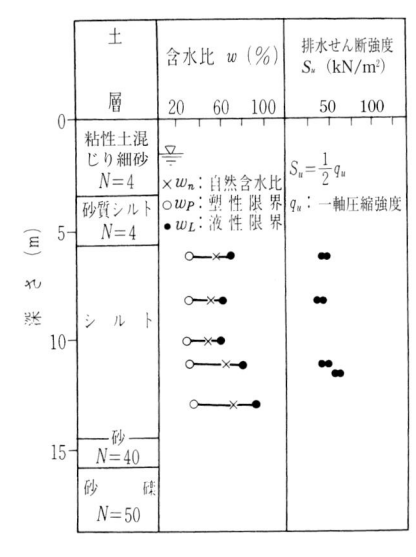

図-6.13 現場の地盤状況

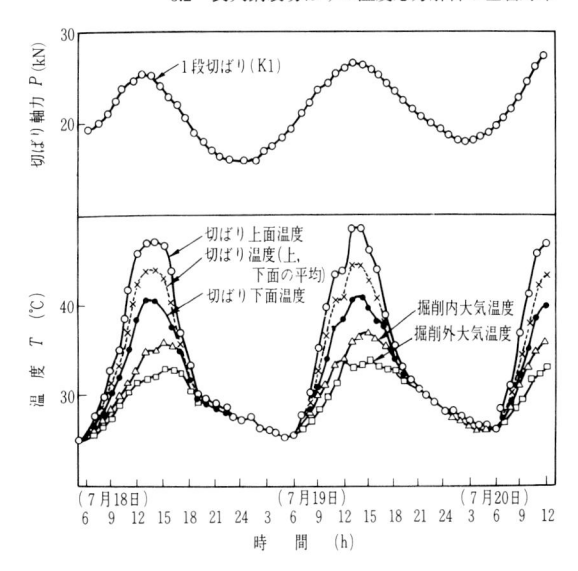

図-6.14 温度と切ばり軸力の変化（7月18日〜20日測定，1段切ばり，K-1，T-1の場合）

ばり (H-400) で14.12 kN/℃である．なお，1日の最高気温を示す12〜15時の間には，切ばり温度は掘削内大気温度より，1段切ばりで20％，2段切ばりで16％，3段切ばりで11％程度と，上段の切ばりになるほど高めであり，測定時の切ばり軸力は1段切ばりで196.2 kN，2段切ばりで588.6 kN，3段切ばりで981 kN程度であった．

直接的に弾性的係数K_Eを求めるため，2段切ばり架設前に，1段切ばり中央部の3本の切ばりにあらかじめ設置してあった490.5 kN用の油圧ジャッキによって3本の切ばりを同時にプレロード載荷し，鋼矢板の変位dと載荷重Pの関係を調べた．載荷時の切ばり軸力は136.5 kN程度であり，鋼矢板と切ばり間に緩みはないと考えられた．図-6.15に鋼矢板の変位dと載荷重Pの関係を示す．図-6.15の勾配から求まる弾性的係数は784.8〜882.9 kN/cmとなり，直接油圧ジャッキ載荷により求めたK_Eの値とよく一致している．前述した遠藤・川崎による式(6.3)は温度変化による切ばりの力学機構をよく評価している．

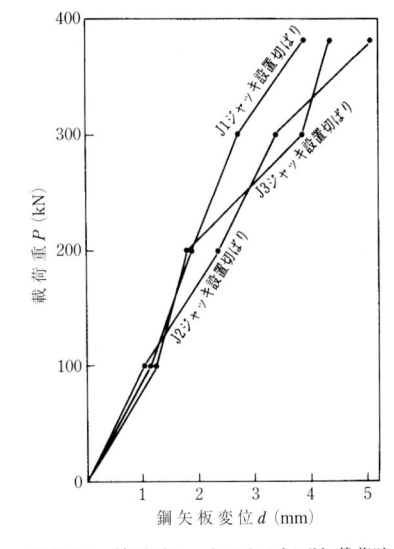

図-6.15 油圧ジャッキによる切ばり載荷時の鋼矢板の変位dと載荷重Pの関係

6.2 長大鋼製切ばりの温度応力解析と座屈対策

6.2.1 概　　説

この事例は，**5.4.1**の事例と同じ現場であり，切ばりの長さは100 mと非常に長い鋼製切ばりの温度影響を述べたものである．地盤・工事の概要は**5.4.2**に示した通りである．

本現場のように掘削深さが25.5 mと深い大規模土留め工の場合，土留め壁の応力解析は地盤の非線形性を考慮した弾塑性法がよく用いられる．切ばり軸力については，一連の土留め壁解析によ

り算出された切ばり軸力に，12 kN/℃程度を温度軸力分として付加するのが一般的である．

　この事例では，4段切ばりプレロード後，5次掘削中に低気圧の通過とともに急激な気温低下が起り，これに伴って切ばり軸力が低下し，図-**6.16**に示すように連続地中壁の水平変位の増加が発生した．連続地中壁の水平変位の増加はB，C測点（図-**6.17**平面図参照）で大きく，最大水平変位

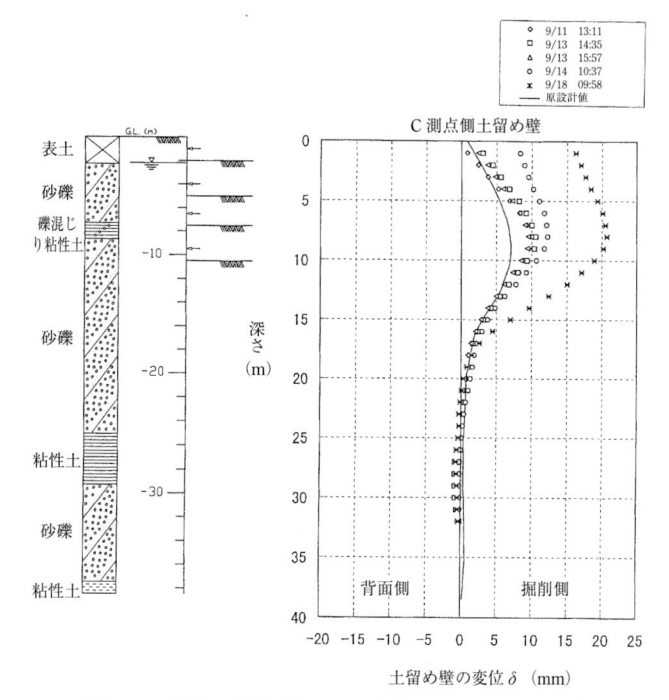

図-**6.16**　気温の急激な低下による連続地中壁水平変位の増加

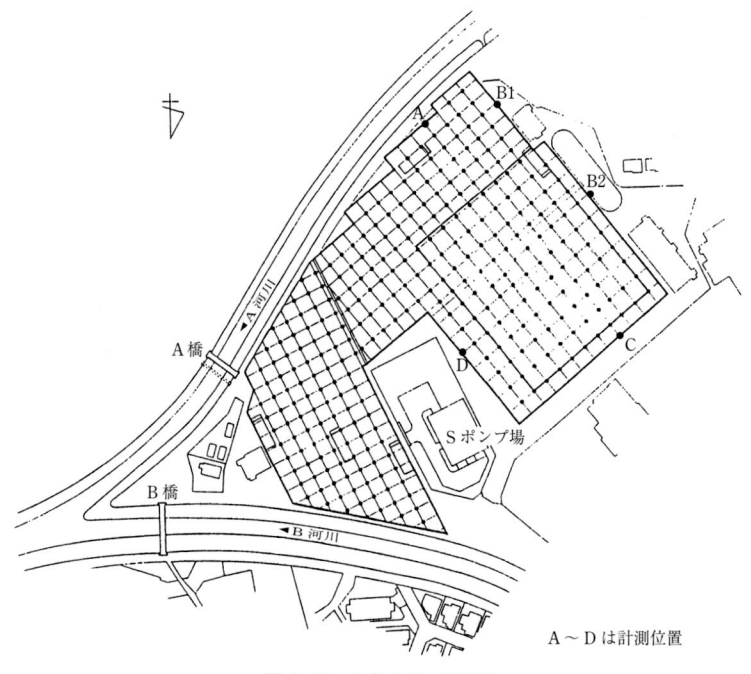

図-**6.17**　土留め壁の平面図

が12 mmから21 mmに急増した．この値は，原設計での5次掘削後の水平変位7 mmの3倍に達しており，連続地中壁の挙動を再検討した．

その後も気温の低下に伴って，切ばり軸力の低下と連続地中壁の水平変位の増加傾向が続いた．このため，新たな解析モデルを用いて計測結果のシミュレーションを行い，その後の挙動を予測した．この予測結果から，切ばりが座屈する可能性が生じたため，中間杭を増設して交差する切ばりを緊結し座屈長を短くすることにより，切ばりの許容座屈応力を増加させる対策を講じた[5),6)]．

6.2.2 切ばりの温度と軸力の関係

現場の工事休止期間を利用して切ばりの温度と軸力の経時変化を計測した．その結果を図-**6.18**に示す．

この経時変化によると，切ばり温度と切ばり軸力は密接な関係にあることを示しており，切ばり軸力と切ばり温度の相関図を作成した．代表的な相関図としてY1測点の3段切ばりについて，切ばり軸力と切ばり温度の相関図を図-**6.19**に示す．この結果，両者の相関関係は非常に強く現われており，温度変化1℃当りの軸力変化量は，23.87 kNとなっている．

表-**6.4**に各計測点，各段数の切ばり温度と軸力の関係の傾きを示す．傾きは温度1℃当りの軸力変動量である．これらの値にはややばらつきがみられるが，これは，計測点により温度計の近傍に

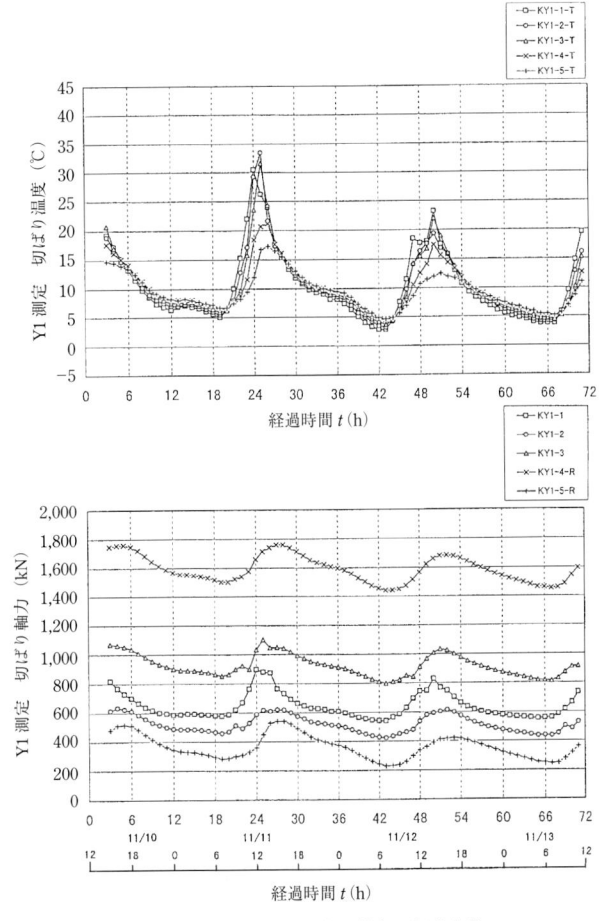

図-6.18 切ばりの温度と軸力の経時変化

第6章 土留め支保工の力学

直射日光が当たる箇所とそうでない箇所があるためと考えられる．ここでは，直射日光を受けないX2測点の温度計と最も切ばり長さが長いY1測点の軸力計を組合せて相関をみた時の傾きを，温度1℃当りの軸力変動量の代表値として採用することとした．

以上から得られた温度と軸力の関係式から切ばりの温度軸力を算定すると，例えば，3段切ばりにおける切ばり温度は7月29日で最高41.7℃を計測しており，東京都の年間平均気温に比べて26℃ほど高い．これに対応する切ばり軸力変化は約620 kN/本となる．

この値は，原設計で考慮した切ばりの温度軸力増分120 kN/本の約5倍の値となっており，この切ばり温度軸力増分に対して何らかの対策が必要となった．

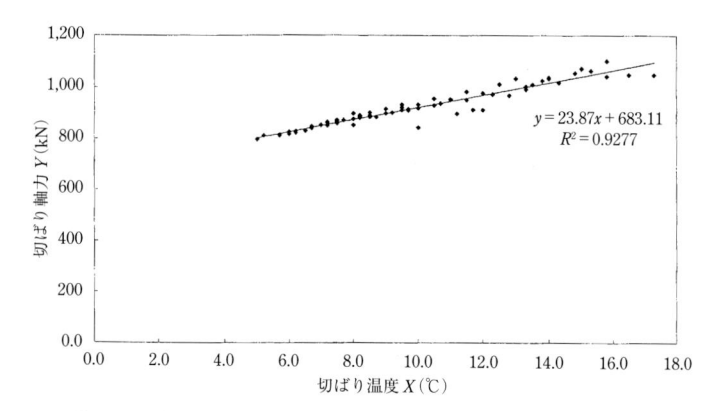

図-6.19 切ばりの温度と軸力の相関図（3段切ばりX2温度―Y1軸力）

表-6.4 各計測点の切ばりの温度と軸力の相関関係の傾き

		X1測点	X2測点	Y1測点	Y2測点	X2－Y1	採用値
1段切ばり		11.46	12.44	13.91	7.10	16.02	16.02
2段切ばり		20.80	21.16	8.49	6.47	16.57	16.57
3段切ばり		15.72	29.29	12.07	12.64	23.87	23.87
4段切ばり	左側	31.12	32.50	26.98	21.92	41.40	37.14*
	右側	22.19	28.05	20.59	20.52	32.87	
5段切ばり	左側	29.97	35.23	22.47	18.97	28.97	30.75*
	右側	27.31	32.88	25.63	26.12	32.52	

＊ 4，5段切ばりは2本並列配置した切ばりの左側と右側の平均値を示す．
＊切ばりの温度と軸力の関係式 $N = at + b$（N；軸力，a；傾き，t；温度，b；定数）
＊ X2－Y1は，直射日光を受けないX2測点の温度と切ばり長さが最も長いY1測点の軸力の相関から求めた時の傾きを示す．

6.2.3 切ばりの温度応力を考慮した解析モデル

(1) 解析モデル

切ばりの温度応力を考慮した解析モデルとして，以下の①弾塑性解析モデルと，②温度応力解析モデルを考え，両者の結果を足し合わせる方法を採用した．

① 弾塑性解析モデル：平均気温である $t = 15.6°$ で連続地中壁と切ばりの弾塑性解析を行う．その際，各施工ステップで導入するプレロードの値を $t = 15.6°$ に換算する．換算プレロードは，実際に導入したプレロード値から各施工ステップでの気温と平均気温との差から求めた切ばり軸力の増減量（$\Delta N = a \Delta t$）を加えた値である．

② 温度応力解析モデル：切ばりと連続地中壁を連成させた温度応力解析用モデルを作成する．平均気温の $t = 15.6°$ より気温が高い場合は，切ばりが連続地中壁を押すことを考えて連続地中壁背後の土の抵抗を考慮する．平均気温の $t = 15.6°$ 以下の場合は，切ばりが連続地中壁を引張ることを考えて連続地中壁背後の土の抵抗を考慮しない．

図-6.20に今回の解析モデルを示す．同様な解析は文献7)でも行っている．

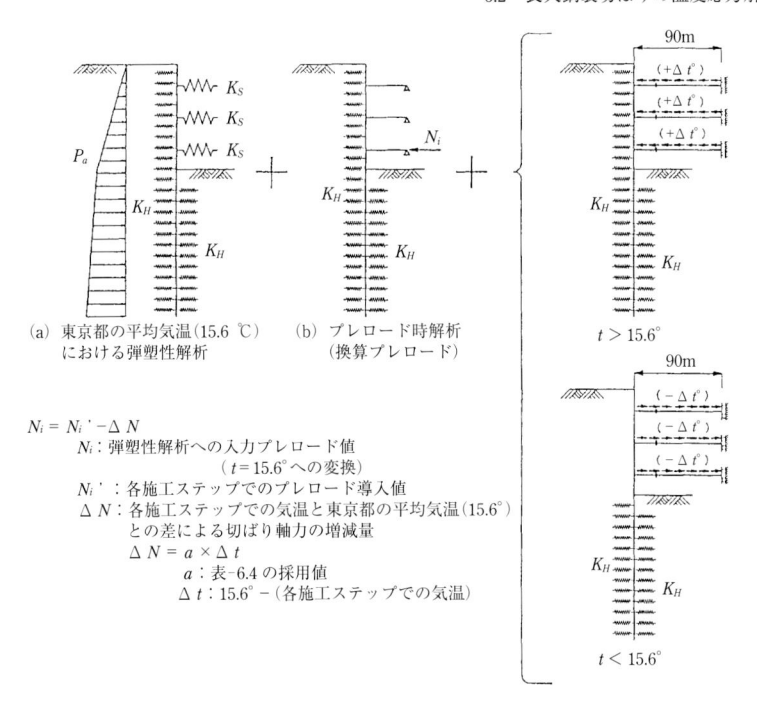

6.2 長大鋼製切ばりの温度応力解析と座屈対策

(a) 東京都の平均気温 (15.6 ℃)
における弾塑性解析

(b) プレロード時解析
(換算プレロード)

$N_i = N_i{}' - \Delta N$
N_i：弾塑性解析への入力プレロード値
　　　　($t = 15.6°$ への変換)
$N_i{}'$：各施工ステップでのプレロード導入値
ΔN：各施工ステップでの気温と東京都の平均気温 (15.6°)
　　　との差による切ばり軸力の増減量
　　　$\Delta N = a \times \Delta t$
　　　　a：表-6.4 の採用値
　　　Δt：15.6° − (各施工ステップでの気温)

① (弾塑性解析モデル)　　　　② (温度応力解析モデル)

図-6.20 解析モデルの概念図

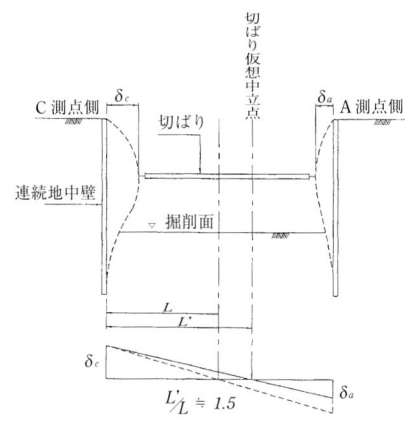

図-6.21 切ばり長の仮想中立点の概念図

(2) 解析条件

5次掘削時の状態を対象に連続地中壁と切ばりの解析を行った．弾塑性解析に用いた各種条件は
「トンネル標準示方書 (開削編)・同解説」(土木学会) によっているが，その際，次の条件を加えた．

① 夏期に導入した2,3,4段切ばりのプレロードを実施した日中の切ばり温度である40°以上
とした．

② 対面する連続地中壁の変形形状が対称でなく，片方の連続地中壁の変形形状が大きいので，
切ばりの中立点が中心からずれ，変形形状の大きい方より遠くなっている (図-6.21参照)．そ
のため切ばりの長さを壁の変形形状の比より1.5倍とした．

6.2.4　5次掘削時のシミュレーション解析とプレロードの再導入

(1)　5次掘削時のシミュレーション解析
5次掘削終了時の計測結果と今回採用した解析モデルのシミュレーション解析結果の比較を図-**6.22**に示す．図中には，連続地中壁の配筋量を考慮した設計の抵抗曲げモーメント分布線を併記した．計測値と解析値の比較結果は次のようであった．

気温の低下による切ばりの収縮により軸力が一部抜けて，連続地中壁の変形が増加した．また，掘削の順序が図-**6.17**に示す測点Cを先行したため，それぞれ対面する測点Aに比較して測点Cの壁変形が大きくなったうえ，もともと平面形状からみても測点Cは対面する測点Aと比較して剛性効果が小さいことから結果的に変形が大きくなり，そのため切ばりの中立点が測点Cの反対側の測点Aに近くなって，測点Cに対する切ばりのばね定数が2/3程度に低下したものと推定された．

(2)　プレロードの再導入
シミュレーション解析結果を受けて，次の3つの対策を行った．
① 変形の大きい壁面 (測点C) からの掘削をやめ，対面する壁面 (測点A) から掘削を先行させて，これ以上の変形の差が生じないようにした．
② 5段プレロード後，軸力低下の大きい3，4段切ばりと5段切ばりに再プレロードの導入を行った．その際気温の低下と切ばり軸力の低下にはほぼ比例関係が認められたので，翌年1月下旬の最低気温 (5℃) を考慮して，低下すると想定される温度に見合う軸力分を割増してプレロードを導入した．
③ さらに，新たに設置する切ばりに対しても，翌年1月下旬の最低気温を考慮して，低下すると想定される軸力分を割増してプレロードを導入することとした．

6.2.5　5段切ばりプレロード以降の予測解析と計測結果の比較
前述の対策を実施することを前提に，5段プレロード以降の予測解析を行った．

ここでは，最低気温時の7次掘削時と最高気温時の最終掘削経過時についての予測解析結果を図-**6.23**と図-**6.24**に示す．計測値については，その後の工事の進展で両工程とも計測結果を得られているので，その値も示してある．

(1)　7次掘削時 (図-6.23)
① 変位分布：連続地中壁の変形は，主に地表面から最終掘削底までの間で生じ，その最大値は解析値18 mmに対し計測値が28 mmとやや差がある．また，根入れ部での変位については，解析値，計測値ともに小さい．
② モーメント分布：計測値に比べて全体的に解析値が小さい．
③ 切ばり軸力分布：6段切ばりの軸力に差がみられるものの，その他の切ばり軸力は計測値と解析値がよく合っている．

(2)　最終掘削経過時 (図-6.24)
① 変位分布：連続地中壁上部において解析値の変位が計測値に比べて小さい．解析上，8月までの夏場の温度上昇による切ばり軸力増加の再プレロード効果を考慮すると，壁は押し戻されることになる．しかし，計測値が示すように壁は押し戻されることなく，軸力の計測値 (切ば

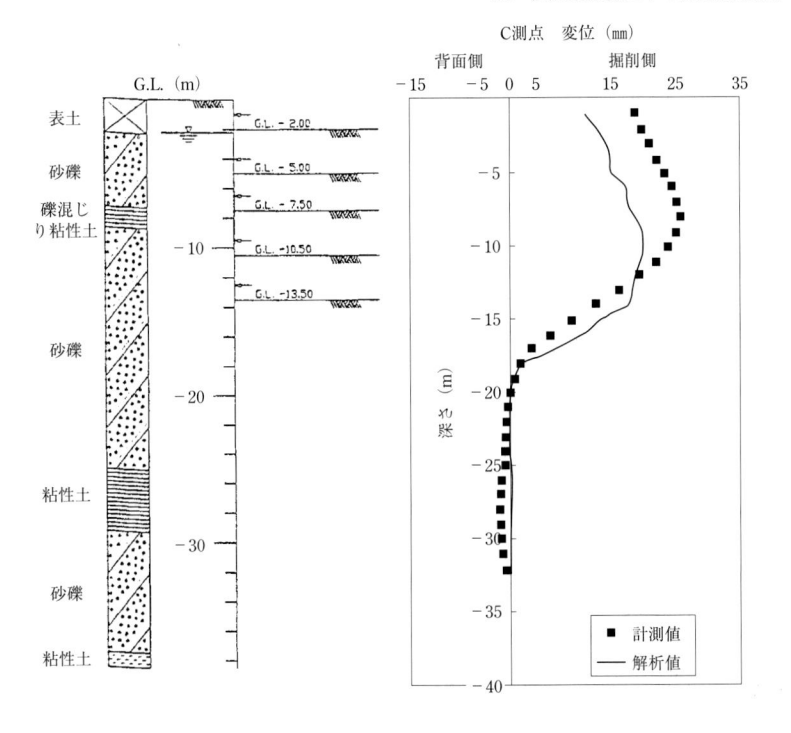

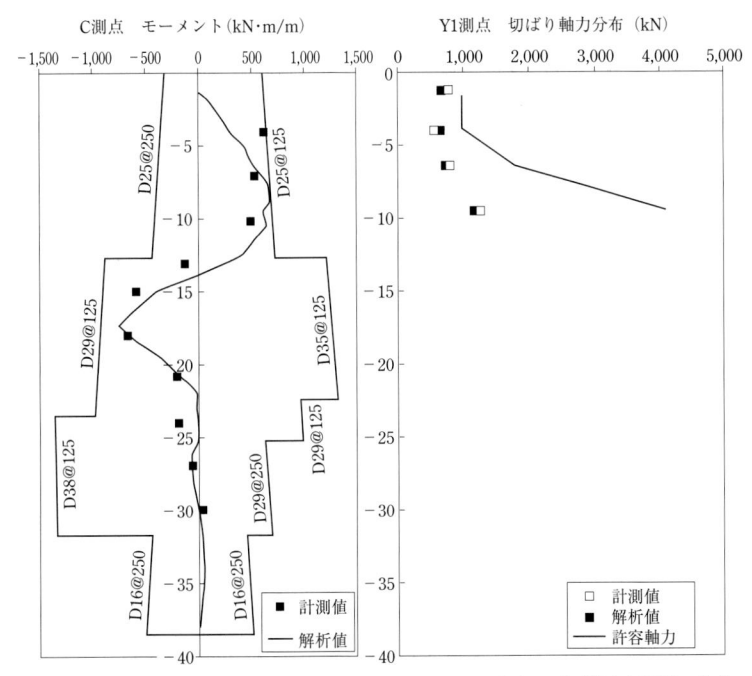

図-6.22 5次掘削終了時の土留め壁変形・モーメント・切ばり軸力の計測値と解析値の比較

りひずみ計)が示すように軸力増加となって現われている．
② モーメント分布：連続地中壁上部において解析値のモーメントが計測値に比べてやや小さかった．

第6章　土留め支保工の力学

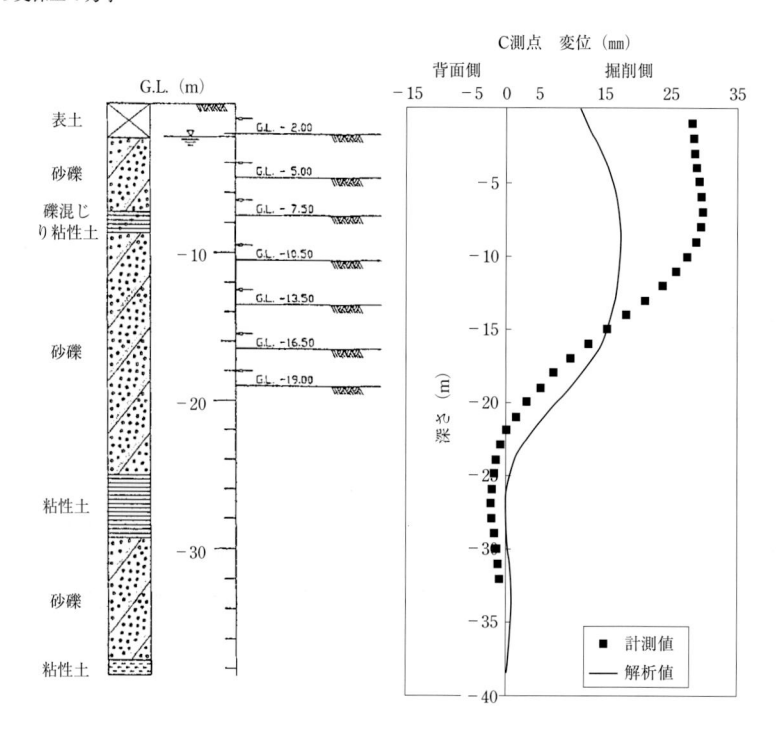

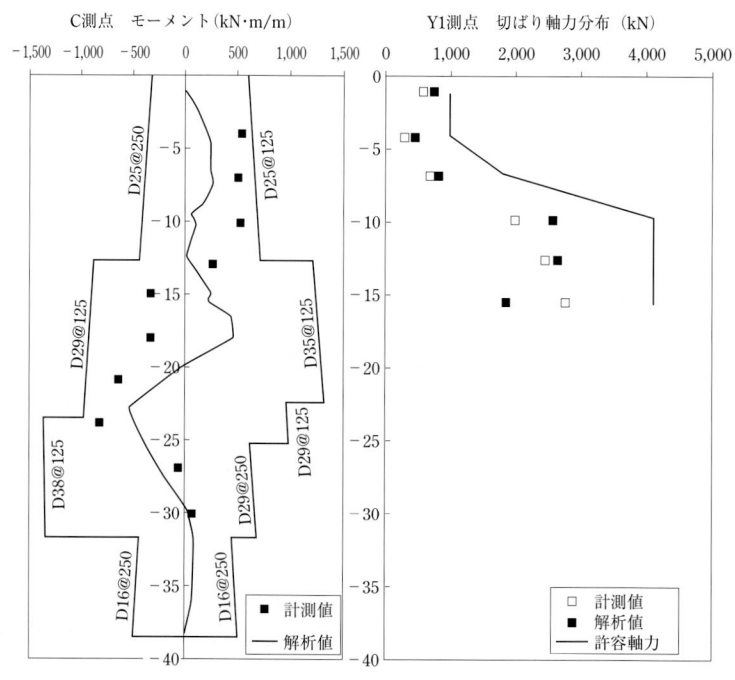

図-6.23　7次掘削終了時(最低気温時期)の土留め壁変形・モーメント・切ばり軸力の計測値と解析値の比較

③　切ばり軸力分布：各段の切ばり軸力の解析値は，6，7，8段切ばり軸力が許容値を超す可能性があることを示している．なお，計測値は許容値以内に納まっている．

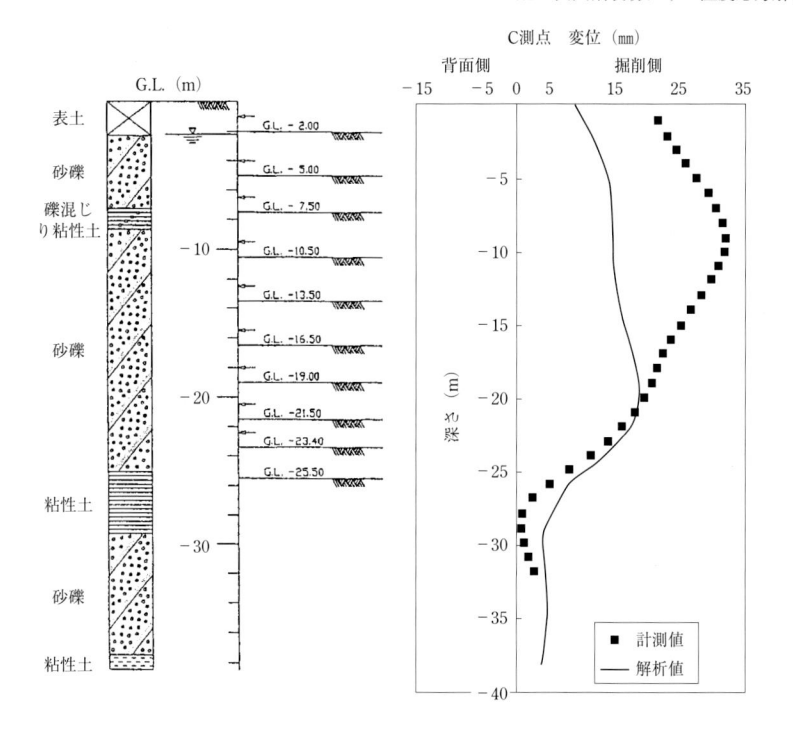

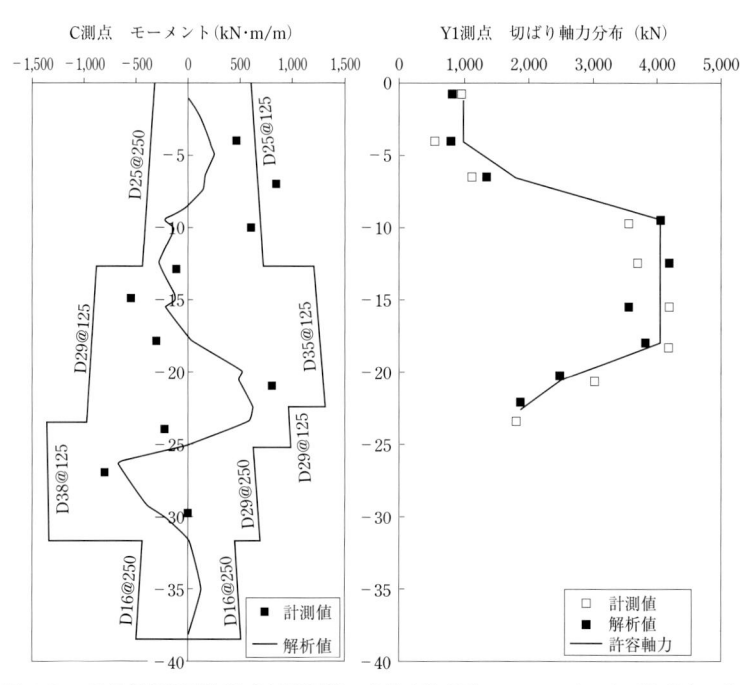

図-6.24 最終掘削終了時(最高気温時期)の土留め壁変形・モーメント・切ばり軸力の計測値と解析値の比較

6.2.6 座屈長の低減対策

許容軸力をこえると予想された6段から以深の切ばりは，中間杭に支持されていない切ばり交差部に鋼材を鉛直に配置して緊結して，切ばりを拘束することにより切ばりの座屈長を12 mから

6 m に短くして許容軸力の増大を図った．その対策工を図-**6.25**に示す．この結果，温度応力で増加する切ばり軸力を許容軸力内に満たすことができた．

掘削平面の一辺が100 m をこえるような工事で水平切ばり工法を採用した場合，この事例のように，気温低下により鋼製切ばり自体が温度低下して切ばり長が短縮するため，土留め壁は掘削側に変形する．また，気温上昇では鋼製切ばりが伸びて土留め壁とその背面地盤を押すことになるが，土留め壁の背面地盤がこの現場のように洪積地盤で地盤反力係数が大きい場合には，切ばりの伸びが抑えられ，結果として切ばりに大きな温度応力が発生する．温度応力が大きくなると，切ばりの許容座屈応力をこえる場合も生じる．この現場では，図-6.25のように中間杭を増設する対策を講じた．

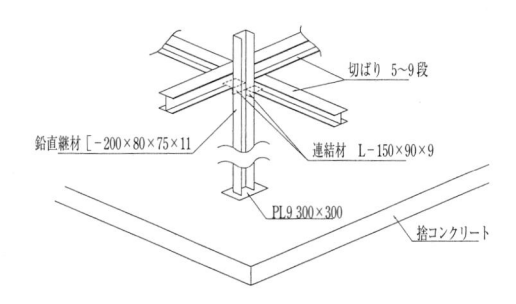

図-**6.25** 切ばりの座屈対策工

6.3 中間杭に突き上げられた切ばりの座屈挙動

6.3.1 概　　説

盤膨れやヒービング現象に伴う掘削底の浮上り量は，掘削に伴う土被り圧の除荷による弾性的なリバウンドより大きい．このため，掘削底部地盤の浮上りとともに中間杭が浮上がった場合，切ばりを支えるために中間杭につけたブラケットを介して切ばりが突き上げられる．

この事例[8]は**5.3**の開削トンネル工事で生じたものであり，ヒービングにより根入れ部の地盤改良層と改良層に根入れしてあった中間杭がともに浮上り，これにより切ばりが突き上げられて座屈寸前に至った．応急対策として，切ばり相互を縦横に補強材で緊結し，土留め壁背面地盤の盤下げを行い，併せて土留め壁背面側水位の低下を図るためウェルポイントを施し，土留め工全体の崩壊を防いだ事例である．

6.3.2 中間杭の浮上りによる切ばり材の座屈検討

(1) 切ばりの変形解析

中間杭の浮上り計測位置を**4.2**の図-**4.22**の地質縦断面図に，また，中間杭の浮上り計測結果を図-**4.27**に示す．

この事例では，掘削が進むに従い掘削底の膨上りとともに中間杭が浮上り，その大きさは床付け掘削後ではA～F断面で最大84～197 mm生じた．中でもD, E断面の浮上りが著しく，掘削後の本体底盤コンクリート打設までにC～F断面では132～279 mmに達した．このため，各段切ばりは弓形に湾曲し座屈破壊の可能性が生じた．

切ばり材の座屈検討は，切ばり軸力と中間杭位置での強制変位による曲げを受けた単純ばりと仮定して行った．i番目の中間杭位置のたわみδ_iは，n個の各中間杭ごとの未知荷重P_jによるi番目の中間杭位置のたわみδ_{ij}を重ね合わせたものに等しい．

$$\delta_i = \delta_{i1} + \delta_{i2} + \cdots\cdots + \delta_{ij} + \cdots\cdots + \delta_{iz} \tag{6.8}$$

$i, j = 1, 2, 3, \cdots, n$　（nは中間杭の本数）

式(6.8)をマトリックス表示すれば，

$$\{\delta_i\} = [K] \cdot \{P_j\} \tag{6.9}$$

ここで，$[K]$：係数マトリックス．
したがって，中間杭による未知荷重$\{P_j\}$は，
$$\{P_j\} = [K]^{-1} \cdot \{\delta_i\} \tag{6.10}$$
このようにして，すべての中間杭の荷重が計算されるので，曲げモーメント分布が求まる．なお，切ばり材の自重は無視した．

(2) 検討結果

D断面の1段切ばりについて，4次掘削から6次(床付け)掘削に至る過程のたわみ分布と曲げモーメント分布，および曲げモーメント分布から求めた最大曲げ応力と切ばり軸力の実測値との関係を図-**6.26**に示す．図中の(3)の曲線は，曲げ応力を受ける切ばり鋼材の座屈に対する許容軸力の関係[9]である．

この方法でB，D，E断面の各段切ばりについて検討した結果を図-**6.27**に示す．B断面の切ばり軸力は各段ともに許容値以内であったが，D断面では1，3，4段切ばりが床付け掘削時に許容値をこした．また，E断面でも，2，3，4段切ばりが5次掘削から床付け掘削時に許容値をこし，座屈破壊が危惧された．

6.3.3 応急対策工

実際の施工では，切ばりの湾曲が著しかったC〜E断面にかけて4次掘削後に次のような補強や対策工を施し，切ばりの座屈破壊による土留め壁の倒壊を防いだ．
① 各段切ばりを鉛直ブレース材での補強と，上方への変形を防止するブラケットを設置することにより中間杭も含めた支保工全体の一体化を図った．
② 腹起し材と切ばり材の接合部や切ばり継手部の補強を行った．
③ また，クリープ的変形への対処として，設計時の最下段切ばりの架構を省略し，床付け掘削

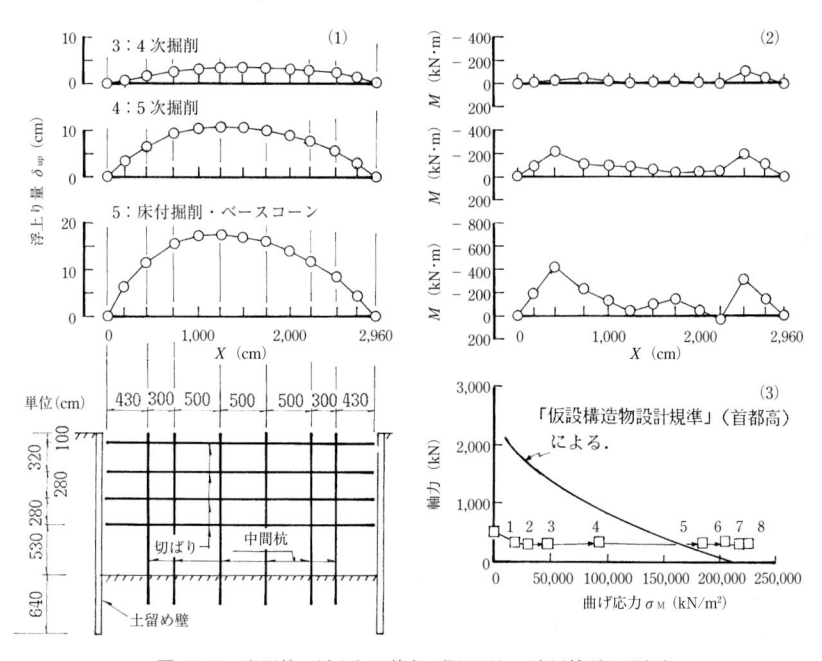

図-**6.26** 中間杭の浮上りに伴う1段切ばりの座屈検討(D断面)

第6章 土留め支保工の力学

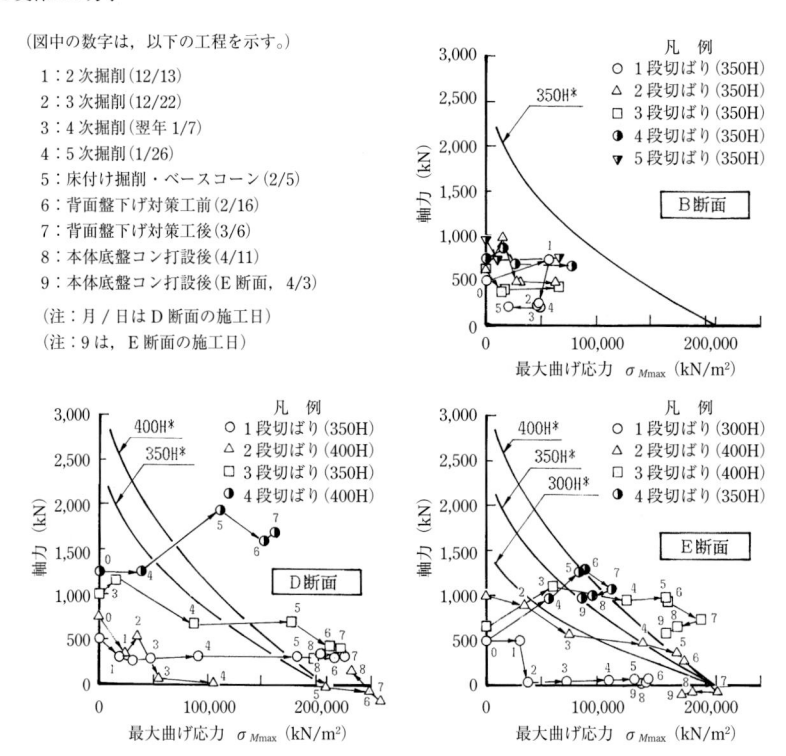

図-6.27 中間杭の浮上りによる切ばりの座屈検討 (注：＊は，首都高速道路公団「仮設構造物設計基準」)

と捨コンクリート打設を急いだ．

④ さらに，土留め壁背面のヒービング起動荷重である土被り重量と壁面側圧を低減するため，土留め壁から20m範囲の地表面を2m掘り下げるとともに，ウェルポイントを施工し，中間杭の浮上りを抑制した．

これらの対策により，ヒービングによる掘削底の浮上りが抑えられ，切ばりの座屈破壊を避けることができた．

土留め工法で最も一般的に採用されるのが，鋼製切ばりを掘削の進行とともに水平に架構していく，いわゆる水平切ばり工法である．その設計の考え方として，元々，切ばりには大きな曲げ変形を考えていない．しかし，この希な事例のように，ヒービング現象とともに地盤改良層が浮上り，改良層中に根入れ先端を置いた中間杭が改良層とともに浮上る場合には，中間杭により切ばりが突き上げられ曲げ変形を起すことがある．この事例から，土留め架構の挙動が，土留め壁，腹起し・切ばり・中間杭などの支保工と，それに付随する細かなピース部材，そして地盤改良といった総合体としての挙動を示していることがわかる．

6.4 打設状態がアンカーの引抜き抵抗力に及ぼす影響

6.4.1 概　説

アンカーの設計に際し，問題となるのは引抜き抵抗力の算定である．引抜き抵抗力は，地盤状態・施工状態により異なるため，多くのアンカーを使用する場合では，事前のアンカーの引抜き試験結果に基づいて設計が行われる．

しかし，実際のアンカーの使用状態が土留め内の深い施工基面から角度をもった状態であるのに対し，試験アンカーでは，掘削前の地盤面から鉛直に打設することが多い．地盤の異方性や施工技術からみて，アンカーの定着地盤および施工方法が同一であっても，アンカーの打設状態 (ここでは主として，高さと角度) が異なれば，引抜き抵抗力も異なってくることが予想される．このような調査は，アンカーの設計上きわめて重要な要因であるにもかかわらず報告例はない．

ここでは，摩擦形式アンカーの打設状態が引抜き抵抗力に及ぼす影響を調査するため，同じ現場内で，ケース1として高さの異なる施工面から鉛直に打設したアンカー (鉛直アンカー) と鉛直方向に対して45°の角度で打設したアンカー (45°アンカー)，ケース2として施工面の高さが同じである鉛直アンカーと45°アンカーの2つのケースの引抜き実験を行った結果について考察を行う[10]．

6.4.2 アンカーの引抜き抵抗力に影響する因子

Wernick[11]は，摩擦形式のアンカーの引抜き抵抗力に影響する因子として，上載荷重，削孔方法，アンカーの径と傾き，定着長，セメントスラリーの加圧力，定着層へのセメントスラリーの浸透，土の粒度分布と密度などをあげ，なかでも土の構造の重要性を指摘している．また，Ostermayer[12]も種々の実験結果から土の構造が大きな影響をもつのに比べ，セメントスラリーの加圧力やアンカー体直径の多少の大小は無視できる程度のものとしている．

一方，アンカーの引抜き抵抗力の発生機構については，アンカー体と地盤との間の周辺摩擦といった簡単なものだけではなく，種々の議論がなされているが，不明な点が少なくない．例えば，Wernickは，アンカー体表面からある範囲のすべり領域 (shear band)[13]でのダイレイタンシーにより引抜き抵抗力が発生するとしている．

6.4.3 実験概要および土質性状

本実験では，打設高さを変えた場合 (ケース1)，および等しくした場合 (ケース2) についてそれぞれ鉛直方向と斜め45°方向に打設した2本の周辺摩擦形式のアンカー2組について引抜き実験を行った．この2ケースのアンカーは平面距離にして80m程度離れている．また，ケース2については，アンカー体の性状を調べるため，損傷を与えないように掘り出した．実験概要および土質性状を図-6.28，図-6.29に示す．

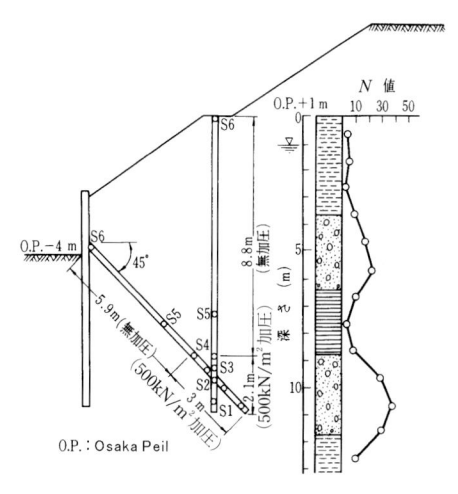

図-6.28 アンカー引抜き実験とその地盤状況 (ケース1)

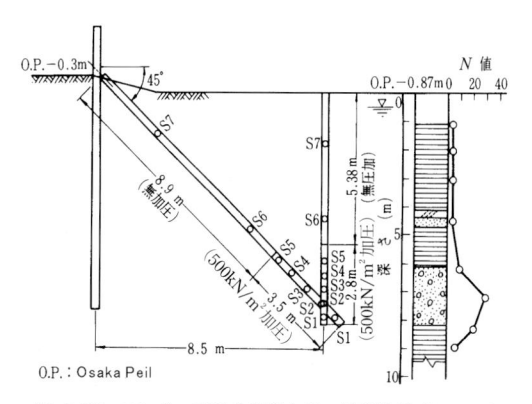

図-6.29 アンカー引抜き実験とその地盤状況 (ケース2)

第6章 土留め支保工の力学

図-6.30 粒度分布

図-6.32 ストレインゲージ取付け詳細図

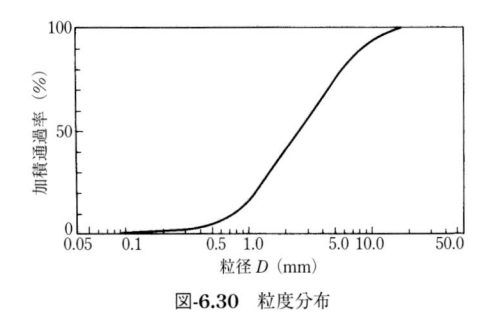

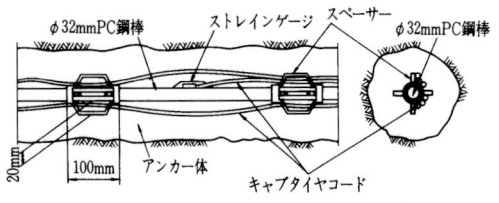

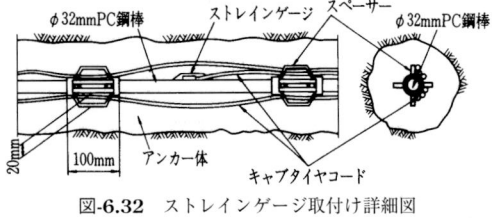

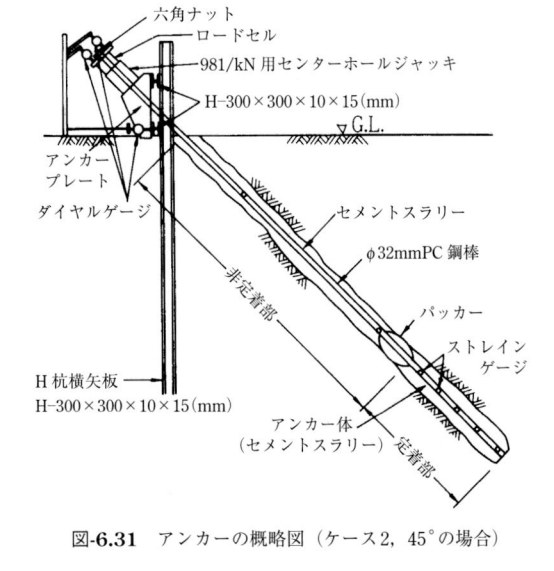

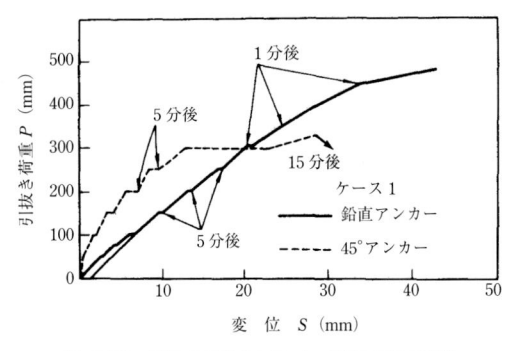

図-6.31 アンカーの概略図（ケース2, 45°の場合）

図-6.33 引抜き荷重とアンカー頭部変位の関係
（ケース1の場合）

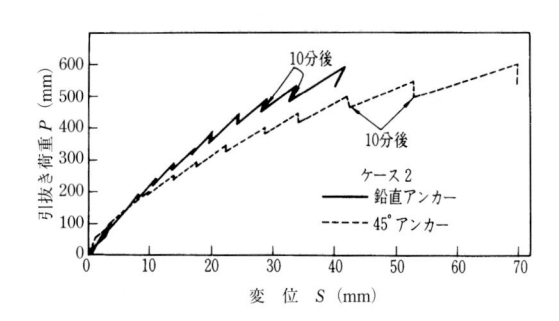

図-6.34 引抜き荷重とアンカー頭部変位の関係
（ケース2の場合）

アンカー体の定着層は，N値20～30，被圧水圧27 kN/m^2（ケース1）～33 kN/m^2（ケース2）の礫混り砂層である．また，ケース2でアンカー体掘り出し時に調査した現場密度は，1.75～1.85 g/cm^{3}であり，粒度分布は図-6.30に示す通りである．

図-6.31にアンカーの概略を示す．また，施工順序は次の通りである．まず，ϕ135 mmのケーシングによるロータリー式削孔機で削孔し，孔内水をセメントスラリーに置換した後，鋼棒を挿入する．次に，ケーシングを定着長さだけ引上げ，パッカーを加圧し，定着部についてのみセメントスラリーを加圧注入する．なお，定着部ではセメントスラリーを500 kN/m^{2}で加圧注入している．

図-6.28, 図-6.29中のS1－S7はϕ32 mm鋼棒に設置したストレインゲージの位置を示す．図-6.32にストレインゲージ設置状況の詳細を示す．ひずみ計測用ケーブルを鋼棒に直接ビニールテープで固定すると鋼棒とセメントスラリーとの間の付着力に影響を与えると考えられるため，鋼棒にスペーサーを設置して，ケーブルが鋼棒に接しないよう配慮した．

ケース1とケース2の引抜き実験の方法については，図-6.33, 図-6.34に示す通りである．

ケース1については，引抜き荷重を50 kNずつ増大させ，5分間だけ荷重を一定に保つようにした．まず，実験は45°アンカーについて行った．その際，30 kNの荷重段階で変位が止らずフローの状態となったため，15分後に連続的に荷重を増大させたところ，多少の荷重増大の後，急激に

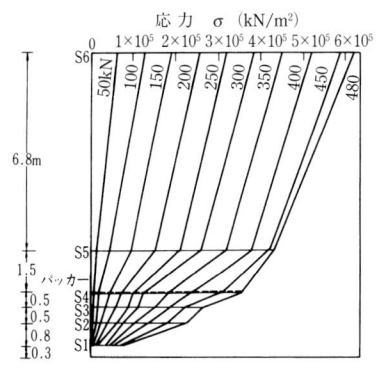

図-6.35 応力分布（ケース1，鉛直の場合）

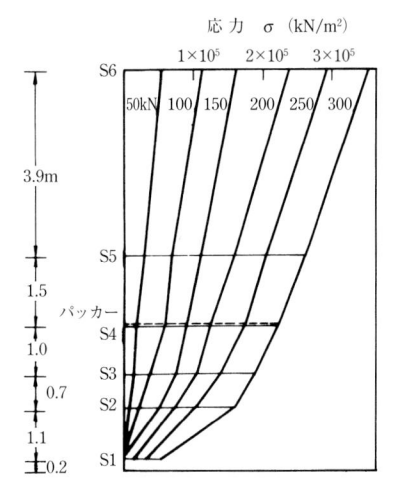

図-6.36 応力分布（ケース1，45°傾斜の場合）

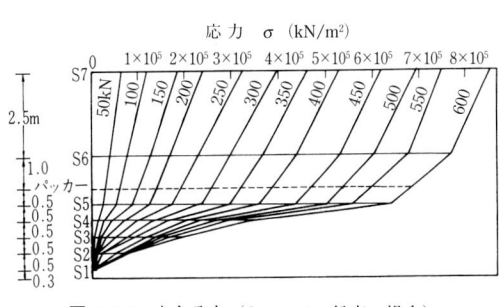

図-6.37 応力分布（ケース2，鉛直の場合）

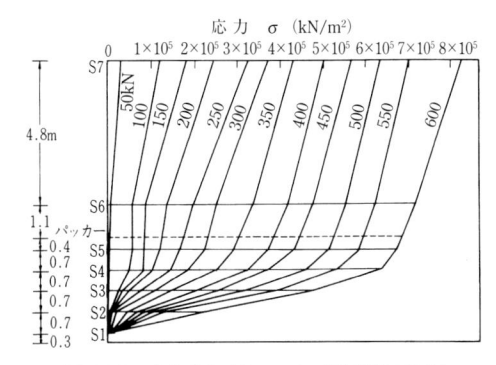

図-6.38 応力分布（ケース2，45°傾斜の場合）

荷重が減少した．次に行った鉛直アンカーの引抜き実験では，45°アンカーの引抜き実験の状態より考えて，30 kNをこえると連続的に引抜くことにした．ケース2については，引抜き荷重を5 kNずつ増大させ，10分間変位を一定に保ち，その後，荷重を増大させる実験方法とした．

なお，以下に考察する総てのデータは荷重増大の直後で整理している．

6.4.4 実験結果と考察

図-6.33，図-6.34に引抜き荷重とアンカー頭部での変位の関係，**図-6.35〜図-6.38**に引抜き荷重段階でのPC鋼棒の応力分布を示す．なお，非定着部でも荷重負担がなされているが，調査対象を定着部に限定する．**図-6.39**は，アンカー体頭部（パッカー直下）での荷重P_eと変位δ_eの関係を示す．アンカー体頭部での荷重P_eは，図-6.35〜図-6.38でのパッカー直下の応力から計算する．また，アンカー体頭部での変位δ_eは，アンカー頭部での変位から，非定着部に設置したストレインゲージから計算できる非定着部での変位を差引いて計算している．

図-6.39からケース1の鉛直アンカーでは272 kN，45°アンカーでは180 kN，ケース2の鉛直アンカーでは270 kN，45°アンカーでは300 kNでそれぞれ降伏していることがわかる．これらを定着部の単位長さ当りに換算すると，それぞれ129.5 kN/m，60.6 kN/m，96.4 kN/m，85.7 kN/mとなる．ケース1とケース2では実験位置が離れているので直接的な比較はできないが，打設高さを変

第6章　土留め支保工の力学

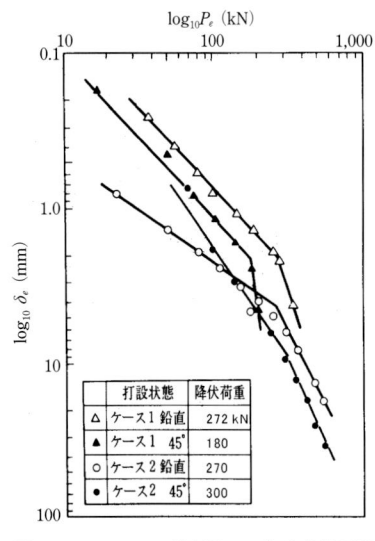

図-6.39　アンカー体頭部での荷重-変位関係

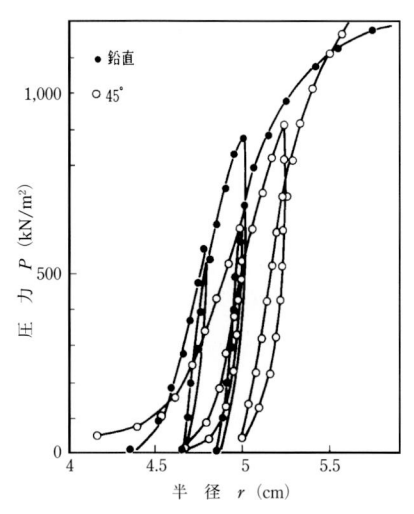

図-6.40　ケース1，N値19の場合のボーリング孔内横方向載荷試験結果

えたケース1では，45°アンカーは鉛直アンカーの46%，打設高さを等しくしたケース2では89%の値となっている．打設高さを変えた場合では，降伏荷重に大きな差がみられるのに対して，打設高さを等しくした場合では，いくぶん，鉛直アンカーの方が大きくなっている程度である．

アンカー削孔時の地盤の状態を調査するため，ケース1，2のアンカーと同じ位置，状態でφ86mmのロータリー式ボーリングを行い，それぞれのアンカー定着層で孔内横方向載荷試験（LLT試験）を行った．その結果を表-6.5に示す．このうち，ケース1のN値19の場合の半径〜圧力関係を図-6.40に例示する．地盤係数K_mは，ケース1では2組とも，45°傾斜の場合は，鉛直の場合に比較して50%程度の値しか示していないが，ケース2の場合はほとんど差がなく，アンカーの単位長さ当りの引抜き抵抗力にみられる関係とよく一致している．

表-6.5　ボーリング孔内横方向載荷試験結果

	深さ(m)	N値	打設角度	横方向地盤係数 (kN/m²/cm)
ケース1	O.P.−11.3	14	鉛直	1,450
			45°	740
ケース1	O.P.−10.4	19	鉛直	3,390
			45°	1,460
ケース2	O.P.−8.4	29	鉛直	4,590
			45°	5,290

K_mは地盤の乱れの1つの指標と考えられる．ケース1の45°傾斜孔は，鉛直孔に比べて孔壁の乱れが著しいのに対して，ケース-2では，両者の乱れに大きな差はないと推定できる．この原因として，孔壁安定に寄与する孔内水位の影響が考えられる．

Wernickが指摘しているようにアンカー引抜き抵抗力のかなりの割合が，アンカー体周辺でのすべり領域におけるダイレイタンシーにより生じると考えられるならば，孔壁の乱れ（緩み）は直接的にアンカーの引抜き抵抗力に影響を与えることになる．いったん孔壁に緩みが生じると，セメントスラリーを加圧注入しても，孔径が大きくなることで密な構造に移行するが元の密度状態に戻ることはなく，ダイレイタンシー効果は著しく低減することになる．また，ボーリング孔内横方向載荷試験結果からもわかるように，セメントスラリーの注入加圧力500 kN/m²はほぼ弾性域にあり，適正な加圧力と判断される．

以上のことから，打設角度についてはそれほど大きな要因とはならないと考えられるが，打設高さは，アンカー体削孔時の周辺地盤の緩みにかなりの影響があり，それが引抜き抵抗力に関係しているといえよう．それゆえ，アンカーの引抜き試験を行う際には，実際の使用条件に近い状態で行うことが必要であると考えられる．

次に，ケース2について，掘り出した2本のアンカーの状態について述べる．掘り出し中の状況を図-**6.41**に示す．掘り出したアンカー体の形状を調べた結果を，定着部を表-**6.6**に，その断面図の一部を図-**6.42**に示す．

鉛直アンカーでは，局部的にやや拡幅された箇所もみられる．鉛直アンカー，45°アンカーの平均径は，それぞれ197 mm，165 mmで，削孔径135 mmに比べて1.2～1.4倍程度の径のアンカー体が形成されている．

掘り出し中にアンカー体周辺の地盤にフェノールフタレイン溶液を噴き付けて，セメントスラリーの地盤中への浸透の状況を調べたがまったく反応がみられず，地盤中へのセメントスラリーの浸透はないと判断できた．

一般的に，セメントスラリーは，透水係数0.1 cm/s以下の地盤に対して，ほとんど地盤中への浸透がないことが示されている[14]．自然状態にある砂質土層の透水係数は1 cm/s (砂利層) ～ 0.01 cm/s (密な砂層) 程度であり[15]，アンカーの定着層として利用する密な砂質土層では，セメントスラリーの地盤中への浸透が期待できない地盤状態にあることが多いと考えられる．セメントスラリーの地盤中への浸透がないとすれば，アンカー体造成過程の力学的な状態は，ボーリング孔内横方向載荷試験での状態に近いものと考えられる．前述のアンカー引抜き抵抗力とボーリング孔内横方向載荷試験より得られる地盤係数K_mの相関からも，ボーリング孔内横方向載荷試験は，アンカー打設時の周辺地盤の状態をよく調査できているといえよう．

表-**6.6** 定着部におけるアンカー体断面形状(ケース2の場合)

位置	鉛直アンカー		45°アンカー	
	アンカー体周長 l	l/π	アンカー体周長 l	l/π
パッカー～S5	50.7cm	16.1cm	49.1cm	15.6cm
S5～S4	68.1	21.7	50.8	16.2
S4～S3	58.9	18.7	55.0	17.5
S3～S2	89.5	28.5	54.3	17.3
S2～S1	54.1	17.2	54.5	17.3
S1～	50.3	16.0	47.1	15.0
平均値	61.9	19.7	51.8	16.5

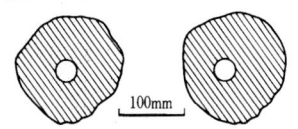

図-**6.41** アンカー体掘出しの状況(ケース2，鉛直アンカーの場合)

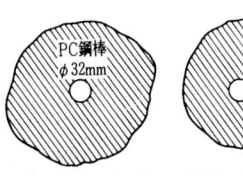

図-**6.42** アンカー体切断断面図

ところで，アンカー体周面と地盤との間の摩擦力でのみ荷重伝達が行われると仮定すると，摩擦応力は次のように計算される．アンカーの引抜きにより生じる鋼棒各部での荷重は次式で示される．

$$P_i = A_s \varepsilon_i E \tag{6.11}$$

ここで，A_s：鋼棒の断面積，ε_i：鋼棒のひずみ，E：鋼棒のヤング率．

一方，ひずみ測点間 $l_{i \sim i+1}$ の荷重負担 $\Delta P_{i \sim i+1} = P_i - P_{i+1}$ $(P_i > P_{i+1})$ の関係から摩擦応力 f は次式で計算される．

$$f = \frac{\Delta P_{i \sim i+1}}{u_c l_{i \sim i+1}} \tag{6.12}$$

ここで，u_c：アンカー体の周長．

図-6.43，図-6.44に実際のアンカー体周長の測定結果と鋼棒の応力から求めた f と，ひずみ測点 ε_i と ε_{i+1} の平均値より計算される変位 S の関係を示す．また，図-6.45，図-6.46に各荷重段階における定着部での摩擦応力 f の分布を示す．図-6.43，図-6.44で鉛直アンカーと45°アンカーの摩擦

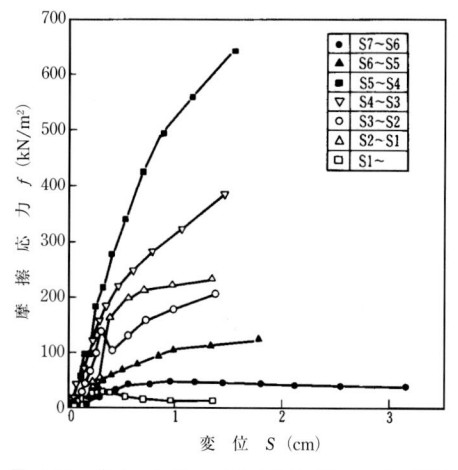

図-6.43 摩擦応力 f と変位 S の関係（ケース2，鉛直アンカーの場合）

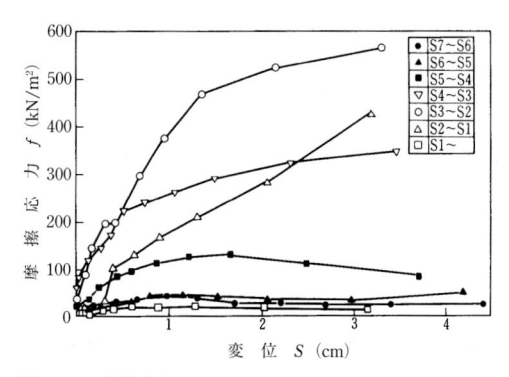

図-6.44 摩擦応力 f と変位 S の関係（ケース2，45°アンカーの場合）

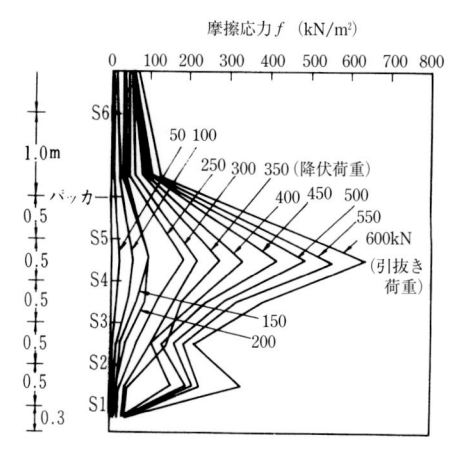

図-6.45 定着部での摩擦応力 f の分布（ケース2，鉛直アンカーの場合）

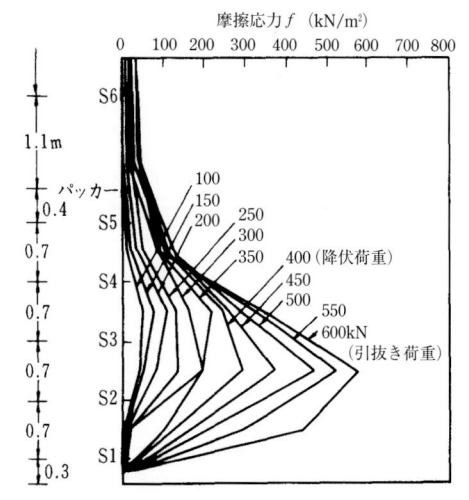

図-6.46 定着部での摩擦応力 f の分布（ケース2，45°アンカーの場合）

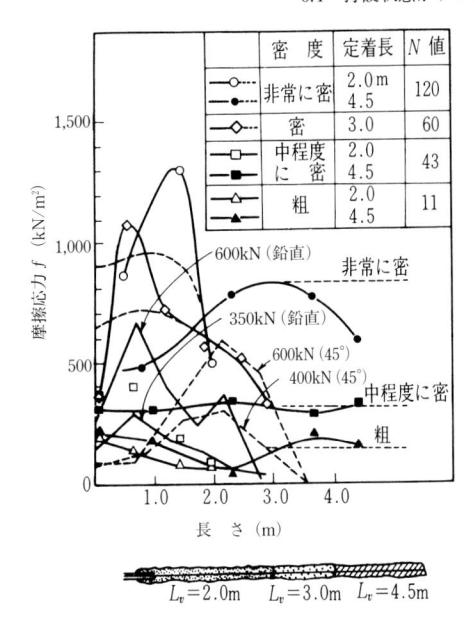

図-6.47 Ostermayer[12]の報告での応力分布との比較

応力fの最大値の応力-変位関係 (鉛直アンカーではS_5〜S_4, 45°アンカーではS_3〜S_2) をみた場合, 鉛直アンカーの方がより密な状態での応力-変位関係に対応している.

また, Ostermayer[12]により示されている定着長と密度を変化させた時のfの分布を図-6.47に示す. 比較の意味で, 図-6.45, 図-6.46の降伏荷重時 (鉛直アンカー350 kN, 45°アンカー400 kN) と最終荷重時 (鉛直・45°アンカーとも600 kN) を記入してある.

本実験での場合, N値からみればいくぶん大きな値となっているが, これは, Ostermayerの実験が人工地盤での値であることも影響していると思われる.

参考文献

1) 玉野富雄, 植下 協, 結城庸介, 村上 仁 (1982):山留め鋼製切ばりに作用する温度応力, 土と基礎, **28** (12), 19-24.
2) 松永一成, 山野寿男, 玉野富雄, 植下 協 (1977):埋立軟弱地盤における土留めの実測挙動について, 第13回土質工学研究発表会, 1233-1236.
3) 遠藤正明, 川崎孝人 (1963):山留め切ばりに生ずる温度応力について, 日本建築学会論文集, **9** (189), 254.
4) Palmer, P. H. L. and Kenny, T. C. (1972):Analytical study of a braced excavation in weak clay, *Canadian Geotechnicnal Jour.*, **9**, 145-164.
5) 東京都土木技術研究所 (1997):黒目川黒目橋調節池の土留め仮設挙動に関する報告書, 平成9年7月.
6) 金子義明, 杉本隆男, 米沢 徹 (1998):支保工形式の異なる大規模土留め壁の挙動比較, 東京都土木技術研究所年報 (平成10年), 23-34.
7) 中島 豊, 中島卓夫, 杉本隆男, 福田孝夫 (1989):黒目川舟入場調節池工事における土留め計測施工, 第24回土質工学研究発表会, 1455-1458.
8) 杉本隆男 (1992):羽田沖合展開部における深い掘削時のヒービング計測例と地盤改良評価, 土質工学会「山留め掘削時の変形」講習会.
9) 首都高速道路公団 (1980):仮設構造物設計基準.
10) 玉野富雄, 植下 協, 村上 仁, 結城庸介, 福井 聡 (1982):打設状態がアースアンカー引抜き抵抗

力に及ぼす影響，土と基礎，**30** (4)，23-28.
11) Wernick, E. (1977)：Stress and strain on the surface of anchors, *Proc. of 9th ICSMFE, Spec. Session on Ground Anchors*, 115-119.
12) Ostermayer, H. and Scbeele, F. F. (1977)：Research on ground anchors in non-cohesive soils, *Proc. of 9th ICSMFE. Spec. Session on Ground Anchors*, 92-97.
13) 村山朔郎，松岡　元 (1969)：粒状土地盤の局部沈下現象について，土木学会論文報告集，(175)，31-38.
14) 土質工学会 (1966)：土質工学ハンドブック，78.
15) 坪井直道 (1979)：薬液注入工法の実際，鹿島出版会，30-97.

第7章 アンカー土留め工の力学

7.1 アンカーを用いた鋼矢板土留め工の力学挙動

7.1.1 概　　説

　地盤内に定着し土留めを支持するアンカー工法は，切ばり工法と比較して，アンカーのばね係数は切ばりのばね係数に比べて小さい，アンカーの設置時にプレストレスを導入するといった特徴があり，その結果，より複雑な土留めの力学挙動を示すことになる．アンカーを用いた土留めの力学挙動については，多くの事例研究や有限要素法などによるパラメトリックな解析[1～6]がなされてきているが，詳細に調査した例は矢板岸壁や切ばりを用いた土留め工事に比べて少ない．加えて，アンカーそのものの引抜き抵抗力の発生機構が十分解明にされていない現状では，安全管理の面からも詳細な調査が必要となる．さらに，アンカー工法のようにプレストレスを導入する土留め計算手法の開発に利用できる調査例の蓄積が望まれている．

　アンカーを用いた土留め工事の安全管理上の問題として，掘削中あるいは躯体施工中に，すでに打設してあるアンカーに何らかの理由で破壊が生じ，その荷重が周辺のアンカーに順次伝達し，破壊が進行するといった現象が，最も危険な状況として想定される．アンカーの破壊による荷重分配挙動を確かめることにより，安全率の範囲で処理できる程度であるのか，あるいは設計時にその分だけ設計荷重に見込んでおく必要があるのか，などの議論がなされよう．こういったアンカーの破壊により生じる近接アンカー荷重の変化の研究についてはStilleら[3]により報告されているのみであり，より安全なアンカーのピッチや段数を決めるために，さらに詳細な調査例の蓄積が必要とされよう．

　以下に，上述のような観点より，軟弱粘性土地盤での鋼矢板土留めを用いた10.4 mの掘削工事で，比較的N値の小さい砂層と洪積粘性土層を定着層とする4段のアンカー土留め工について述べる[7～13]．初めに，掘削過程(アンカー設置，掘削の繰返し)から埋戻し過程(アンカー除去，埋戻しの繰返し)までの種々の力学挙動について述べ，次に，埋戻し過程でのアンカー除去時を利用して行ったアンカー破壊時の近接アンカーへの荷重分配挙動のシミュレート結果の詳細について述べる．あわせて，有限要素法を用いた数値解析を行い，実測力学挙動に対する考察を行う．

7.1.2 施工および地盤の概要

　施工概要の平面図・断面図は図-**7.1**に示した通りである．図-**7.2**に東面のアンカー施工状況を示す．図-7.1の断面図には土層構成の概略を，図-**7.3**には東面付近の土質データを示す．

　現場付近の土層構成は非常に複雑であり，沖積層の厚さも東側にいくほど厚くなっている．東面付近の沖積層は，G.L.-10～-12 m (O.P.-4～-6 m)までであり，それ以下は洪積層である．土留めの力学特性に最も影響を与えると考えられるG.L.-5.5～-12 mの粘性土層は，塑性限界 (P_L) 30～40%，液性限界 (L_L) 80～90%，自然含水比 (W_n) 70～80%である．また，非排水せん断強度

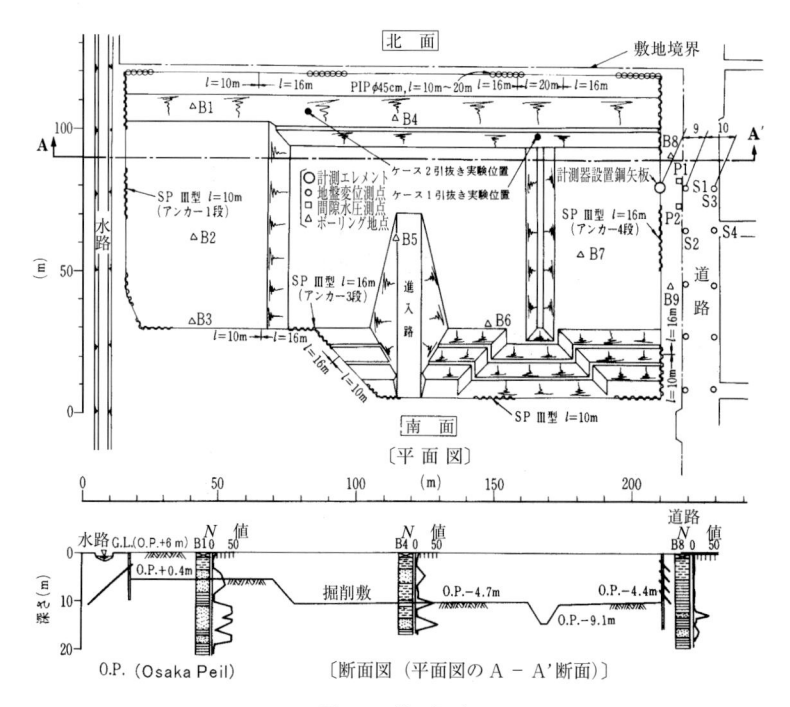

図-7.1 施工概要

図-7.2 東面のアンカー施工状況

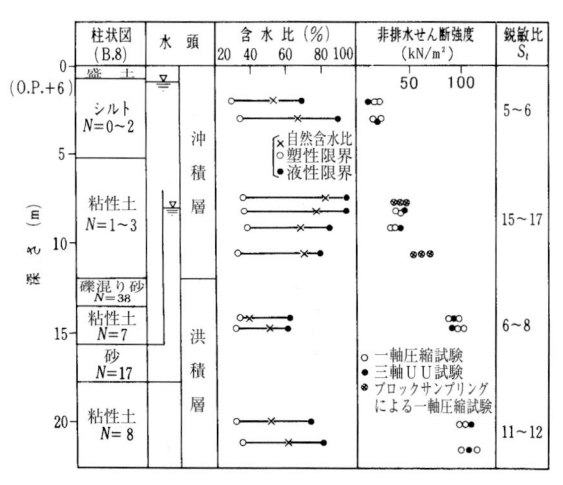

図-7.3 東面付近の土質データ(B8および最終沈殿池部掘削時のブロックサンプリングによる)

(S_u) 30～70 kN/m^2, 鋭敏比 (S_t) 15～17程度である．沖積粘性土層は，圧密試験やボーリング孔内水平載荷試験の結果から，正規圧密がほぼ終了した状態である．鋼矢板先端部 (G.L.－16 m) の砂層の被圧水頭は G.L.－8 m 程度である．また，アンカーの定着層に用いた G.L.－13～－15 m の洪積粘性土層は，塑性限界 (P_L) 30％，液性限界 (L_L) 60％，自然含水比 (W_n) 40～50％，非排水せん断強度 (S_u) 80～100 kN/m^2, 鋭敏比 (S_t) 6～8程度である．

7.1.3 アンカーの設計

アンカーは，施工完了後のPC鋼線の除去を必要としたため，公称径$\phi 14$ cmの加圧形除去式アンカーを使用した．このアンカーでは，PC鋼線は除去機構上，アンカー体先端部より順次，アンカー頭部方向に伝達する構造になっている．なお，セメントスラリー注入時の加圧は500 kN/m^{2}で行った．

図-7.4にアンカー荷重設計の説明図，図-7.5に東面土留め断面と土質柱状図，および表-7.1に設計に使用したアンカー定着各層の周辺摩擦抵抗値を示す．壁面側圧分布は，建築基礎構造設計規準に示されている切ばり工法における実測例[14]を参考として1次掘削時で壁面側圧係数0.7，2次掘削時で0.6，4次掘削時で0.5とし，各掘削段階とアンカー設置位置との交点を結ぶ最大包絡線によって決定した．土質試験結果により，設計に採用した平均湿潤単位体積重量 (γ_t) は16.5 kN/m^{3}とした．また，設計アンカー荷重は，設計側圧分布に対して粘性土地盤では，比較的よく合うとされている下方分担法により便宜的に決定した．次に，極限アンカー荷重が，設計荷重に対して1.5倍の安全率を有するようにアンカーピッチ，アンカー体定着長を表-7.2のように決定した．表-7.1の周辺摩擦抵抗値は，砂層については，加圧形アンカーでの経験的な関係[15]，また，粘性土層の周辺摩擦抵抗値は，非排水せん断強度と一致するものと仮定した．

表-7.1 設計に使用した各層の周辺摩擦抵抗

深さ (m)	層厚 (m)	地盤の種類	平均N値	設計に使用した周辺摩擦抵抗 (kN/m^2)
12～13	1	礫混り砂層	38	270
13～15.2	2.2	粘性土層	7	95
15.2～17.3	2.1	砂層	17	220
17.3～	-	粘性土層	8	107

表-7.2 東面アンカー総括表

	アンカー荷重 (kN)	設置角度 (°)	施工ピッチ (m)	アンカー自由長 (m)	アンカー体定着長 (m)	アンカー長 (m)	本数 (本)
1段アンカー	307	35	1.6, 2.0の交互	17.4	6.8	24.2	51
2段アンカー	336	35	2.4	14	7.3	21.3	34
3段アンカー	416	35	2.4	10.5	8.5	19	32
4段アンカー	469	35	2.4	7	9.8	16.8	29

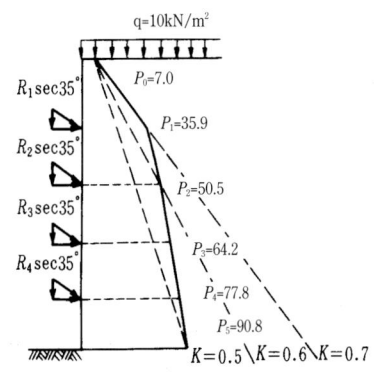

R_1=140kN/m　$R_1\sec 35°$ ×1.8m=307kN/本
R_2=114.7kN/m　$R_2\sec 35°$ ×2.4m=336kN/本
R_3=142.0kN/m　$R_3\sec 35°$ ×2.4m=416kN/本
R_4=160.1kN/m　$R_4\sec 35°$ ×2.4m=469kN/本

図-7.4 アンカー荷重設計の説明図

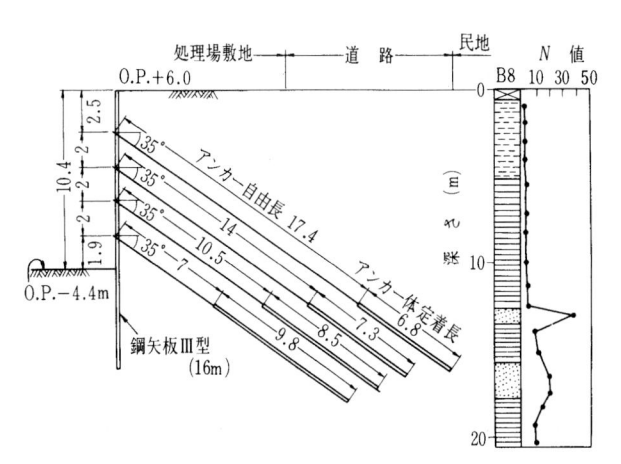

図-7.5 東面土留め壁断面と土質柱状図

なお，図-7.5でわかるように1段アンカーの長さは，利用範囲が制限されるため，アンカー体定着長が短くなり，その分だけアンカーピッチが短くなっている．

7.1.4 引抜き試験

前述したように，本現場のアンカーの定着層は，アンカー定着層としては比較的N値の小さい砂層と洪積粘性土層であるため，表-7.1に示した通りの周辺摩擦抵抗値が期待できるかどうかを調査するため，工事の施工に先立って引抜き試験を行って確認した．引抜き試験用のアンカーは，図-7.1に示すB4ボーリング付近で鉛直に打設し，公称径を$\phi 14$ cm，定着長をG.L.$-12 \sim -20$ mの8 mとした．表-7.1により計算される極限アンカー荷重は540 kNである．

図-7.6にアンカー荷重とアンカー変位の関係，図-7.7に図-7.6における最終引抜き時のアンカー荷重とアンカー体変位の関係を示す．

本工事で使用したアンカーのPC鋼線にはシースがかぶせてあり，アンカー体との定着は先端支圧板でのみ行っていることから，引抜き荷重は直接先端支圧板に伝わるので，PC鋼線の伸びはアンカー全長に対するものである．実際の変位からPC鋼線の計算上の伸びを差引いた変位が，アンカー体の変位となる．

アンカー荷重500 kN程度まではほぼ弾性状態にあり，それ以後は地盤との間に降伏が生じ，その後，アンカー体変位に対してアンカー荷重が立ち上った状態になり900 kNまで達すると急激に降伏が進んでいる．このことは，前述した応力の伝達機構から，変曲点以後，アンカー体頭部付近の最も大きい周辺摩擦抵抗値を有する礫混り砂層の影響によるものであることが推測された．

引抜き試験結果での極限アンカー荷重は900 kNと，表-7.1により計算される極限アンカー荷重540 kNに比べかなり大きいが，打設状態が掘削前の地盤で鉛直方向であるので，
① 実際の使用状態ではアンカーの引抜き抵抗力の減少が予想される
② できるだけ変位の小さい弾性域でアンカーを使用する
③ 土留め支保工として3年近くの長期使用になる
を考慮して当初設計通り施工することとした．

7.1.5 アンカーの設置・掘削過程での計測結果と考察

図-7.1には計測器を設置した鋼矢板の位置を示し，図-7.8にひずみ測点，壁面側圧測点，壁面水

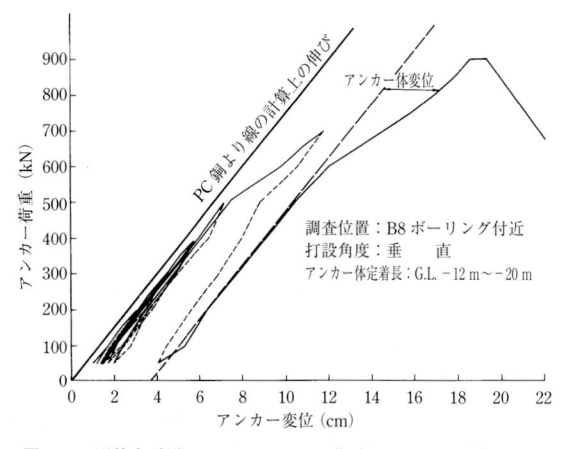

図-7.6 引抜き試験におけるアンカー荷重とアンカー変位の関係

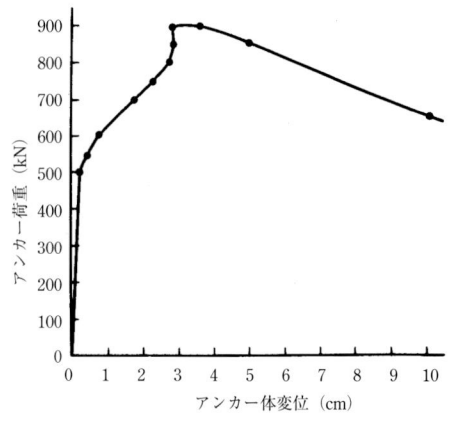

図-7.7 アンカー荷重とアンカー体変位の関係（図-7.6における最終引抜き時）

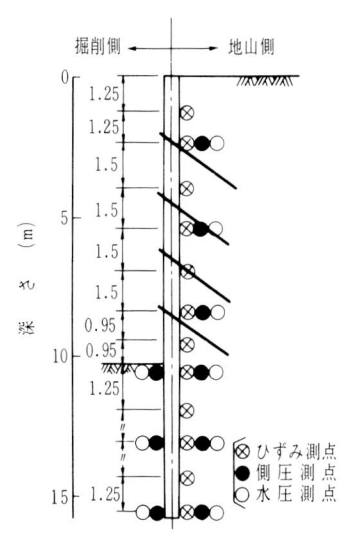

図-7.8　計測鋼矢板の計器設置断面図

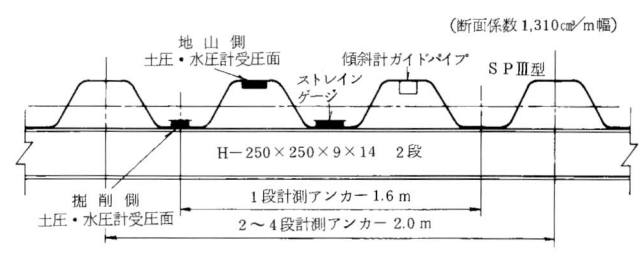

図-7.9　計測鋼矢板の計器設置平面図

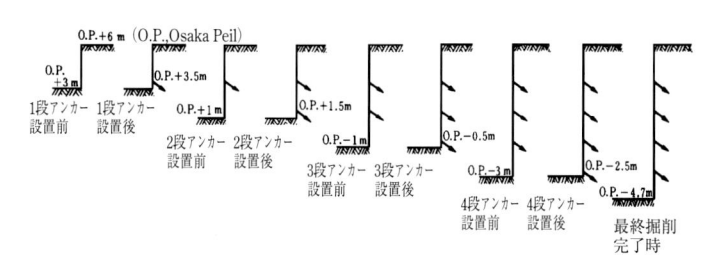

図-7.10　施工順序図

圧測点の断面図，図-7.9には平面図を示す．また，図-7.10に施工順序を示す．

(1)　鋼矢板の変形

　鋼矢板の打設は，圧入工法で行った．使用した鋼矢板の断面係数はm当り1,310 cm³である．鋼矢板の変形は，亜鉛メッキをした角パイプ（7.5 cm角，厚さ2.3 mm）を鋼矢板に溶接し，差動トランス式の傾斜測定器を角パイプに挿入し，1 mピッチで傾斜角を測定する方法で行った．図-7.11に各施工段階における打設時を基準とした鋼矢板の変形を示す．同図に示す変形は，鋼矢板頭部の変位をトランシット測量により測定し，鋼矢板先端部を不動点として図式的に多少修正を加えて求めたものである．同時に，掘削底面から上では下げ振りによる測定を行い，同図の変形の正確さを確認した．

　鋼矢板は，1段アンカー設置前では鋼矢板頭部で1.8 cm，1段アンカー部では0.6 cm，掘削側に片持ばりの形状で変位している．1段アンカー設置時（プレストレス導入時）では，プレストレスにより鋼矢板頭部で約1.6 cm地山側に戻り，1段アンカー部では逆に地山側に変位している．同様に，その後の掘削，アンカー設置の作業段階においても，1段～4段のアンカー設置部での掘削時の掘削側への変形，アンカー設置時の地山側への変形が認められた．また，鋼矢板の最大変位は，4段アンカー部付近で約4 cm生じている．本施工のような鋭敏比の大きい軟弱粘性土地盤での10 m近い掘削で，剛性の小さい鋼矢板による工事として4 cmの変位は，切ばり工法における他の測定例[2]

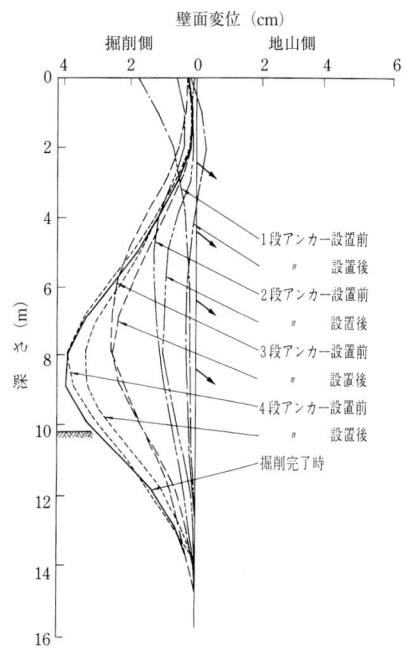

図-7.11　施工段階における鋼矢板の変形

などと比較して小さく，アンカー工法は変位を小さくする目的で有効である．また，アンカー荷重の深さ方向の分力は，4段アンカー設置時で鋼矢板m当り約400kNになるが，鋼矢板の先端がN値17程度の砂層に入っているため，鋼矢板の沈下は，ほとんど生じなかった．

　土留め背面地盤の沈下は，図-7.1に示す平面位置で，土留め背面9mのS1, S2, 19mのS3, S4 (土留め背面から9mの間は，資材搬入通路として使用したので測点を設置しなかった) で測定した．S1, S2測点の測定値は，最終掘削段階で5cm程度であった．背面の地盤沈下は，土留め壁の剛性，地盤条件，および施工時の地下水位の低下などにより異なることになる．一般的な傾向として，土留め壁の変形と背面の地盤沈下の関係において，最大土留め壁の変位と最大背面の地盤沈下が等しい，あるいは，土留め壁の変形面積と背面の地盤沈下面積が等しくなるといった関係も調査されており，土留め壁の背面から9mの測点で5cm程度の地盤沈下があったことは，その傾向と一致する．

(2) アンカー荷重

　図-**7.12**にアンカー荷重の変化を示す．荷重計としては多少の偏心に対しても精度の良いセンターホール形荷重計を使用した．アンカーは設計荷重の1.2倍の荷重まで引張り，アンカー荷重と変位の関係が正常であることを確認したうえで多少の鋼矢板の変形を許容し，壁面側圧の低減を図ることを目的として設計荷重の85%で定着するようにした．図-7.12でL-1～L-8の各段の実測値と2つの実測値の平均を示す．各段でのアンカーの定着荷重に大小があるのは，定着作業時のばらつきによるものである．なお，2段アンカー部のL-3, L-4計器は6月19日設置した際，設置の不注意からリード線の絶縁が不良な状態であったため7月8日に計器を取替え再設置したものである．また，アンカーのクリープによる変位は，400kNの荷重によるクリープ試験より1年当り2mm程度であると判断できた．以下，アンカー荷重の変化について述べる．

　1段アンカー荷重は掘削の進行に伴い増大の傾向にあり，とくに，2段アンカーの設置後顕著である．L-1アンカーでは420kN近くになり，設計上の極限アンカー荷重が480kN程度であるから，かなり大きい荷重状態にあった．しかし，その後，3段アンカー設置後では減少の傾向にあり，掘削完了時には300kN程度になった．2段アンカーは，3段アンカー設置後に減少の傾向を示し，掘

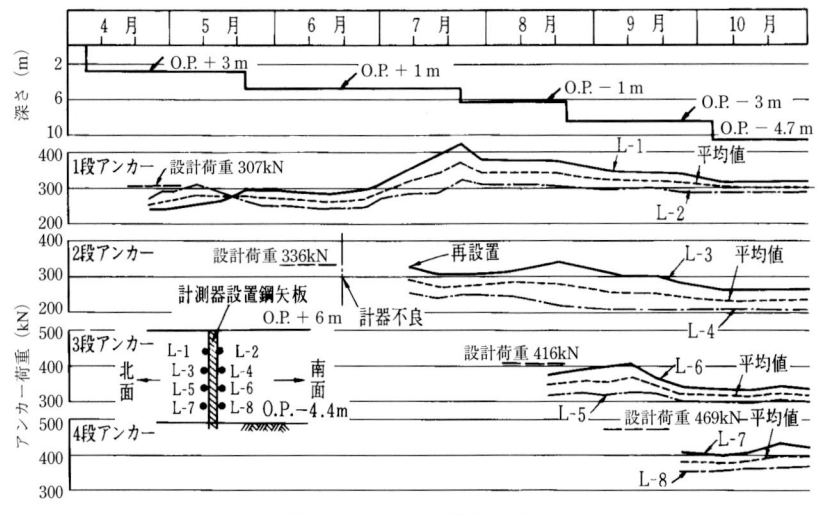

図-**7.12**　アンカー荷重の変化

削完了時では 230 kN と初期値に比べ 50 kN 程度減少している．3 段アンカーは，設置後多少増大の傾向がみられる．全体的にみて，1 段アンカー部での増大とそれより下段のアンカー部での減少の傾向がみられる．

(3) 鋼矢板の応力

図-**7.13** に，鋼矢板の応力分布を示す．圧縮応力で最大になったのは，3 段アンカー設置前で 43,000 kN/m^2，引張り応力で最大になったのは，同じく 3 段アンカー設置前で 35,000 kN/m^2 であった．切ばり工法の場合と異なり，応力は掘削段階毎に増加することはなく，アンカー設置時に大きく減少して連続ばりの状態に近くなっている．また，最大応力の生じる位置は，掘削時の鋼矢板の変形に対応して下方に順次移動している．

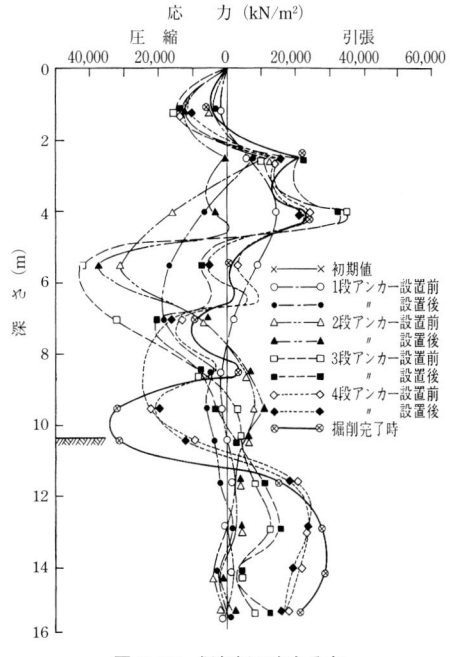

図-**7.13** 鋼矢板の応力分布

(4) 壁面側圧・壁面水圧

図-7.10 に示した施工段階における壁面側圧分布，壁面水圧分布を図-**7.14**，図-**7.15** に示す．また，壁面側圧・壁面水圧の初期値と掘削完了時の比較を図-**7.16** に，アンカー設置時のプレストレスの影響を調べるために図-**7.17** に各段のアンカー設置前後の壁面側圧・壁面水圧の変化を示す．

まず，壁面水圧分布の初期値について考察する．鋼矢板先端部の砂層は，図-7.3 に示したように

図-**7.14** 壁面側圧分布

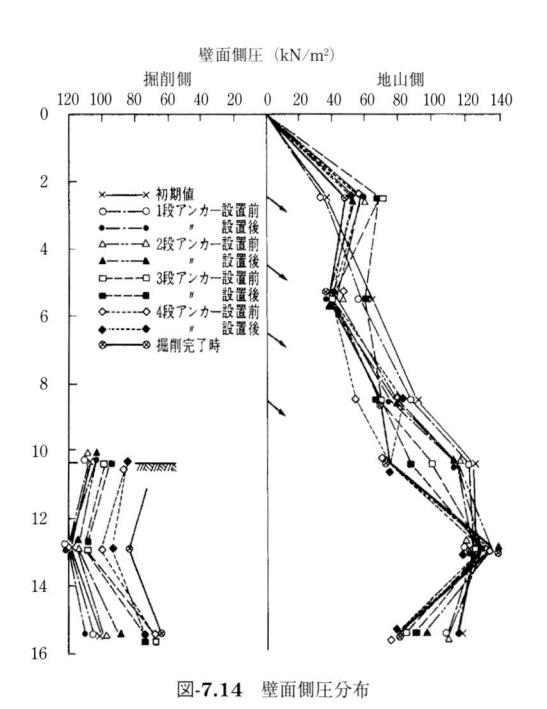

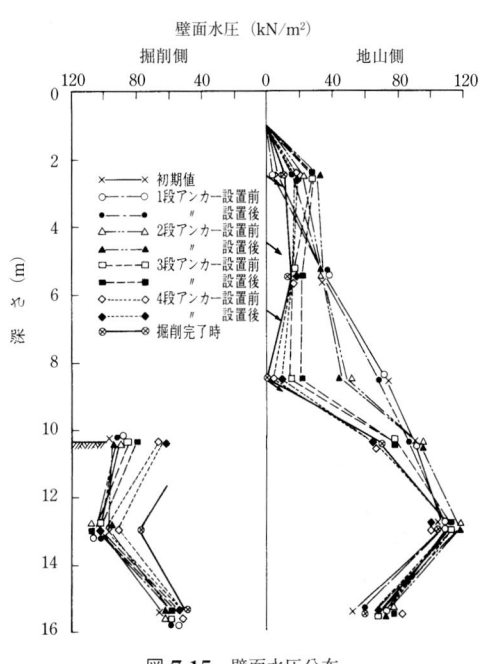

図-**7.15** 壁面水圧分布

G.L.-8m程度の被圧水頭を有している．図-7.15に示すように，壁面水圧の初期値は，浅層（不圧）地下水位であるG.L.-1mからの静水圧と被圧水頭を考慮した水圧線とよく一致している．

図-7.17に示すアンカー設置前後の水圧変化をみると，1段アンカー設置前ではアンカー用に設けた鋼矢板の開口部からの出水により水圧は低下しているが，設置後では18kN/m^{2}程度に増大している．アンカー設置時に鋼矢板は地山側に変形しており，それが原因で壁面水圧低下を上回る過剰間隙水圧が生じたと考えられる．2段アンカー設置後でも過剰間隙水圧による壁面水圧の増大がみられる．こういったアンカー設置時のプレストレスの影響による過剰間隙水圧の発生は，切ばり工法による場合と特に異なった挙動を示すものである．

図-7.16 壁面側圧・壁面水圧の初期値と掘削完了時の比較

また，3段アンカー設置前後では，土留め東面全面で毎分$20\sim30$ℓ（リットル）の出水（水をピットに集めポンプアップしたのでその時の量より推定）があり，それが原因と考えられるかなりの水圧の低下が，2段，3段，4段アンカー設置位置で生じている．さらに，4段アンカー設置前後でも毎分$30\sim40$ℓの出水があり，4段アンカー部では，壁面水圧はほとんどゼロに近くなった．掘削完了時での4段アンカー部より上部の壁面水圧は，ほとんど過剰間隙水圧によるものであると考えられる．

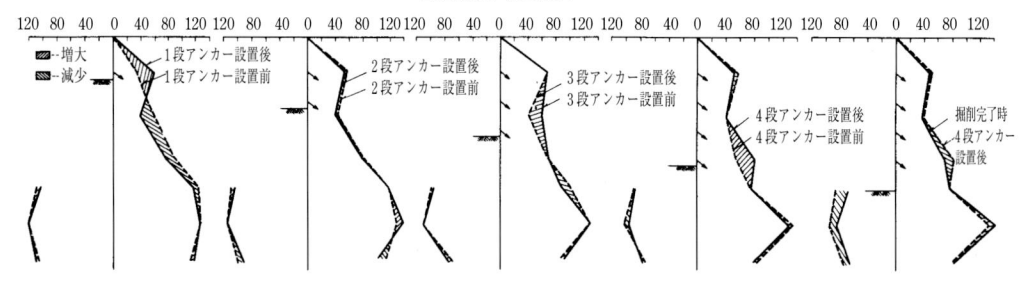

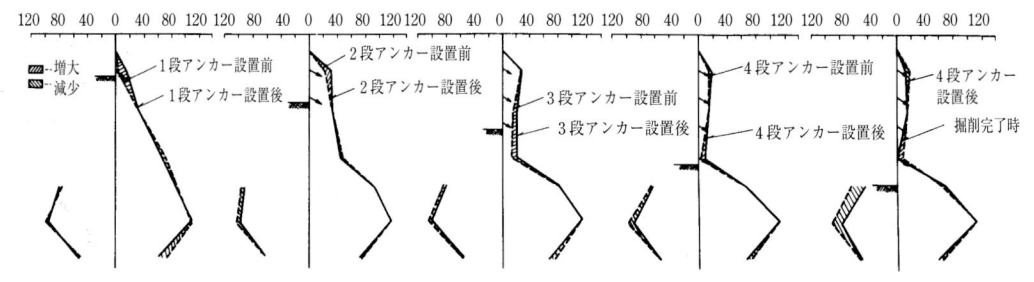

図-7.17 各段アンカー設置前後での壁面側圧・壁面水圧の変化

7.1 アンカーを用いた鋼矢板土留め工の力学挙動

土留め背面から9m離れた位置に設置したG.L.−4〜−7mにストレーナーを切った水位観測井の水頭は，施工期間中を通じてG.L.−1〜−2mとほとんど変化がなかった．また，図-7.1に示す

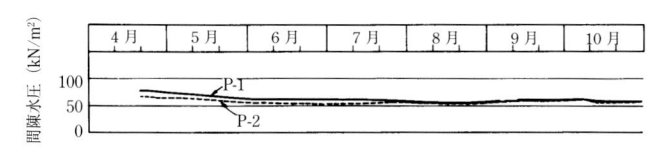

図-7.18 間隙水圧の経時変化

土留め背面から7m離れた位置で深さ8.5mに埋設した間隙水圧計の間隙水圧 (P-1, P-2) の変化を図-7.18に示す．P-1，P-2の計器とも初期値は静水圧に近い値を示し，掘削とともに減少の傾向がみられ，3段アンカー設置時で55 kN/m²程度になり，その後はほとんど変化がない．アンカー設置時のプレストレスによる過剰間隙水圧の影響は，この位置にまで及んでいないと考えられる．土留め背面9mの位置にある水位観測井の水位にほとんど変化がなかったことと合わせて考えると，土留め背面9m，G.L.−1〜−2mのところから，土留め4段アンカー部に放物線の形状で水位曲線があると推測できる．

図-7.14，7.1.15の関係から土留め背面の掘削底面より上部についての壁面土圧分布を図-7.19に示す．また，各段アンカー設置前の側圧の初期側圧からの変化を同様に図-7.20に示す．また，初期値と掘削完了時での値を比較すれば，壁面側圧の変化で，上部での増大と下部での減少が顕著である．また，壁面水圧および壁面土圧の変化を合わせ考えると壁面水圧の変化分を除いても，1段アンカー部で壁面土圧は増大し，2段，3段，4段アンカー部では減少している．

これらの挙動は，図-7.11に示した施工段階における鋼矢板の変形と密接に関係し，アーチングおよび掘削底の境界部における土のせん断抵抗による壁面土圧の伝達が生じたことによると考えられる．

図-7.16に設計に用いた壁面側圧分布を図示したが，1段アンカー部を除けばよくあっている．また，掘削底面での壁面側圧係数は，0.7から0.4程度に減少している．壁面側圧分布は，当初の三角形分布から鋼矢板の変形に伴い，上部での増大と下部での減少により台形分布に移行している．

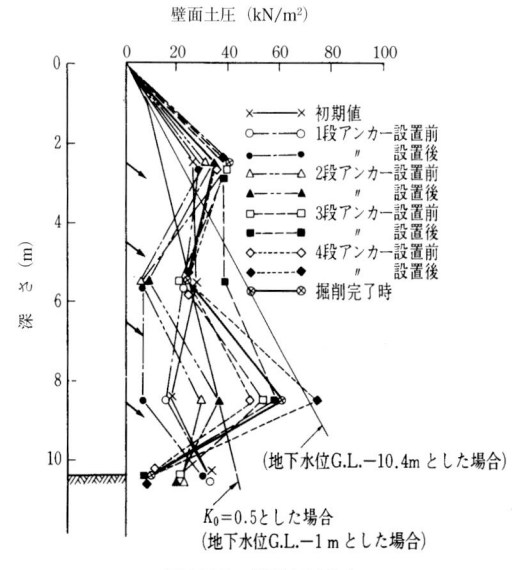

図-7.19 壁面土圧分布

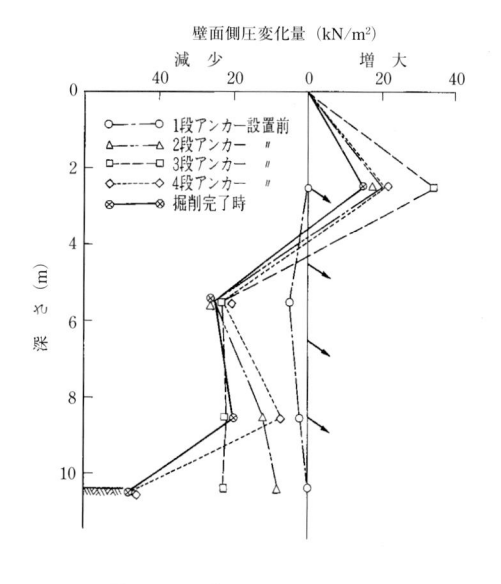

図-7.20 初期壁面側圧からの変化

7.1.6 アンカー除去・埋戻し時の土留めの力学挙動

掘削完了後，躯体施工を行い，18ヵ月して埋戻しを行った．埋戻しは次の手順で行っている．まず，掘削底で完成した躯体底盤と鋼矢板の間に木製の捨ばりを設置し，その後，4段アンカー設置位置より50 cm下まで土砂の転圧による埋戻しをする．その状態でアンカーのPC鋼線の除去をする．4段アンカーのPC鋼線の除去後，土砂の転圧埋戻し，3段アンカーのPC鋼線の除去をする．その後，順次，同じ手順を繰返し埋戻し作業を行っている．

アンカー除去時の土留めの力学挙動をよりよく理解するために，まず全体的な1段～4段のアンカー除去・埋戻し時の土留めの力学挙動について述べる．

図-**7.21**に鋼矢板の変形を示す．各段のアンカー除去に対応して変形が少しずつ進み，最終の1

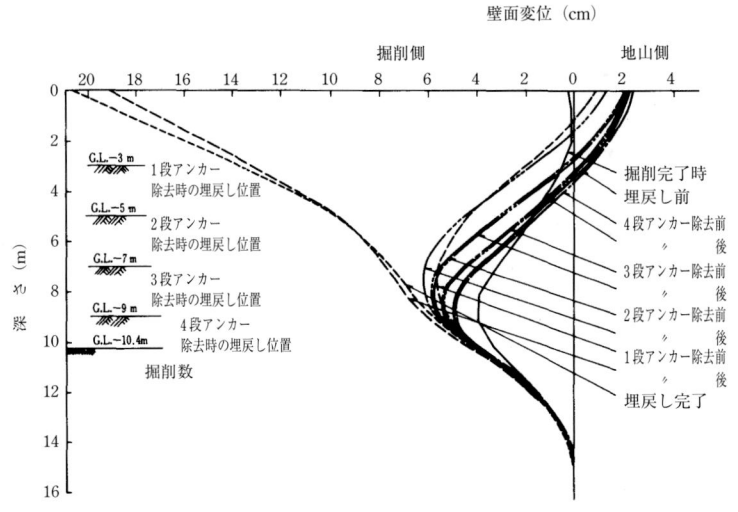

図-**7.21** アンカー除去・埋戻し時の鋼矢板の変形

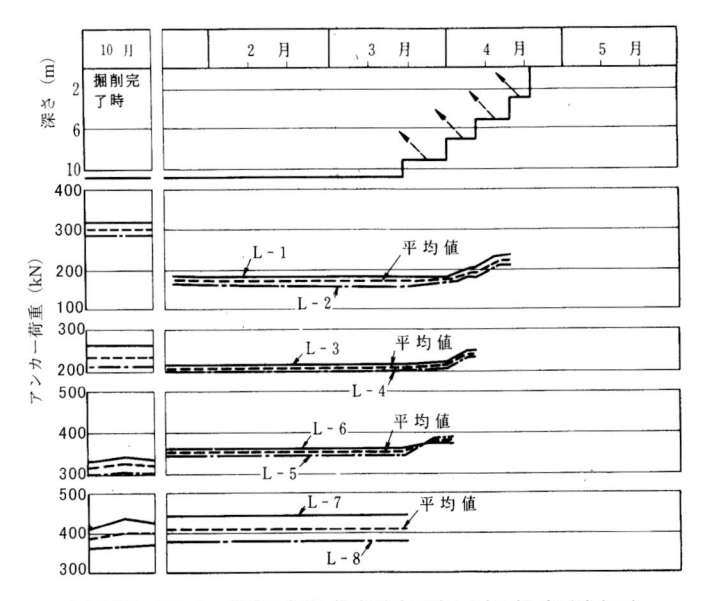

図-**7.22** アンカー荷重の変化（掘削時完了時から埋戻し完了時まで）

段アンカー除去時では変形が大きく進み，土留め壁から9m離れた背面地盤に幅2cm程度でかなりの深さのクラックが確かめられた．

アンカー荷重の変化を図-7.22に示す．アンカー荷重の変化は，土留めの力学挙動を把握するのに最も適したものであるので，全体の土留めの力学挙動を理解できるよう掘削完了時から埋戻し時までの変化を示している．掘削完了時からみると，1段，2段アンカー荷重の減少と3段，4段アンカー荷重の漸増の傾向がみられる．また，下段アンカーの除去に対応して，上段アンカー荷重は増大している．

図-7.23に壁面側圧分布，図-7.24に壁面水圧分布を示す．また，図-7.25にアンカー除去の各段階での壁面側圧の増減を示す．

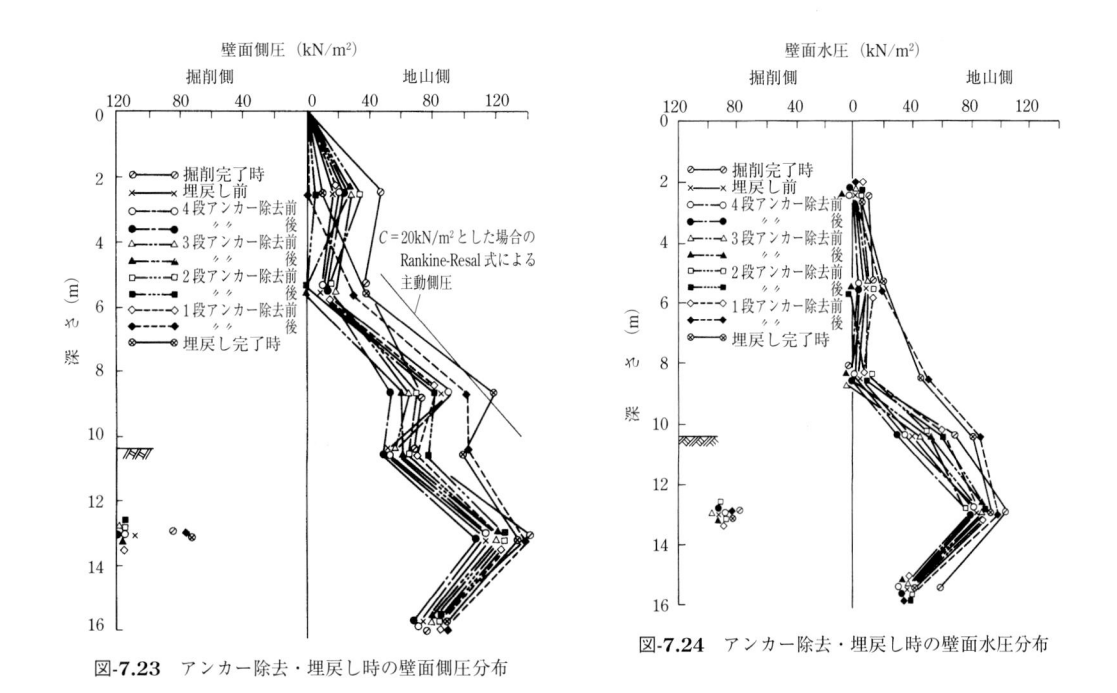

図-7.23 アンカー除去・埋戻し時の壁面側圧分布

図-7.24 アンカー除去・埋戻し時の壁面水圧分布

図-7.25 アンカー除去時での壁面側圧の増減

掘削完了時と埋戻し前 (期間18ヵ月) の鋼矢板の変形，アンカー荷重，および壁面側圧を比較すると，アンカーのクリープ (事前の試験結果で，1年当り2mm程度) によるアンカー変位の進行に対応してプレストレスの影響が小さくなっている．

また，4段，3段アンカー除去時では，除去したアンカー近傍の鋼矢板の変形に伴う壁面側圧の減少が，2段，1段アンカー除去時では，除去アンカー近傍の壁面側圧の減少と，それより下方での背面地盤の破壊による過剰間隙水圧が原因である壁面水圧の増大による壁面側圧の増大が顕著である．

7.1.7 アンカー除去時の荷重分配

(1) 実験方法

まず，4段アンカー引抜き時の手順について説明する．アンカー除去順序は，図-7.28に示すように，①の計測アースアンカーを除去し，他の計測アンカー荷重および壁面側圧・壁面水圧の変化を測定する．次に，②〜⑧のアンカーを除去し，同様に測定を行い，最後に⑨の計測アンカーを除去する．3段，2段，1段アンカー除去時も同様の手順である．

(2) 計測結果と考察

図-7.26に1本のアンカー除去状態である各段の①のアンカー除去時の荷重分配の状況を示す．ただし，4段アンカー直上の3段，2段アンカーの荷重変化は計測上のミスで計測されていない．

4段〜2段の①のアンカーを除去した場合，他のアンカーへの荷重分配は0〜1.57％とごく小さい．左右対称で最も近接したアンカーのみに分配したと仮定すれば，大部分の96.9〜97.4％は下部地盤へ荷重の分配が生じている．参考までにStilleら[3]により報告されている粘性土地盤で断面係数1,100 cm^3/m幅の鋼矢板土留め (本調査での鋼矢板の断面係数は1,310 cm^3/m幅である) で非排水せん断強度25 kN/m^{2}程度の地盤での測定結果を図-7.27に例示するが4〜11％と本報告と比べてかなり大きい．ただ，本事例での1段アンカーの①を除去した場合では，図-7.26でのStilleらの報告の場合 (10％程度) と同程度に大きい (9.13％)．

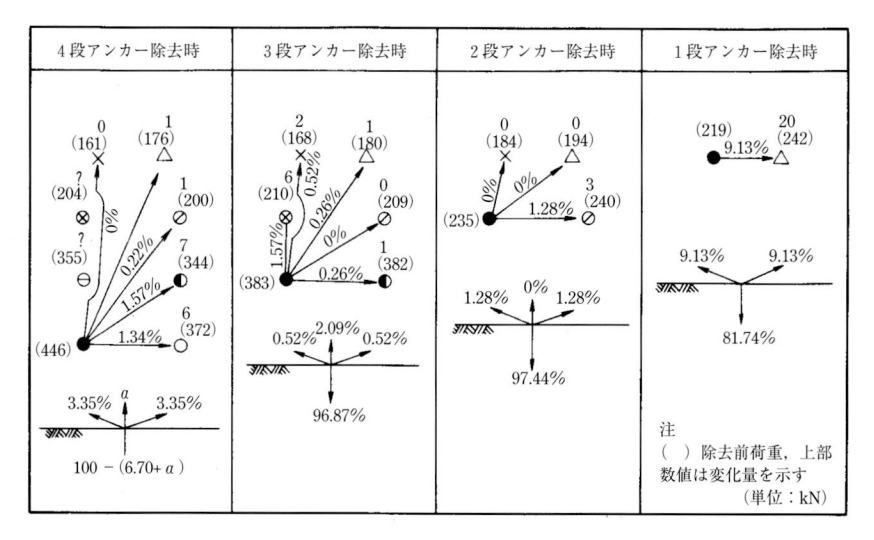

図-7.26 1本のアンカー除去時の荷重分配の状況

7.1 アンカーを用いた鋼矢板土留め工の力学挙動

鋼矢板の断面係数 1,110 cm³/m 幅, $S_u = 25$ kN/m²

図-7.27 Stilleら[120]による1本のアンカー除去時の荷重分配例

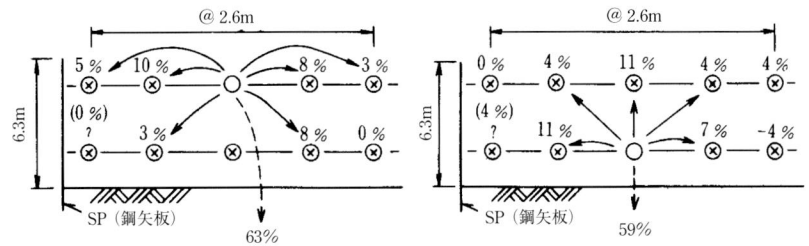

表-7.3 アンカー除去時での荷重変化

		4段アンカー	3段アンカー	2段アンカー	1段アンカー
1	段	$\frac{161+176}{2}=168.5$	$\frac{168+180}{2}=174$ (+5.5)	$\frac{184+194}{2}=189$ (+15)	$\frac{219+242}{2}=230.5$ (+41.5)
2	段	$\frac{204+200}{2}=220$	$\frac{210+209}{2}=209.5$ (+7.5)	$\frac{235+240}{2}=237.5$ (+28)	
3	段	$\frac{355+344}{2}=349.5$	$\frac{383+382}{2}=382.5$ (+3.30)	$\frac{(15+28)}{382.5}=0.112$ (11.2%)	$\frac{41.5}{237.5}=0.174$ (17.4%)
4	段	$\frac{446+372}{2}=409$	$\frac{(5.5+7.5+33.0)}{409}=0.112$ (11.2%)		(単位：kN)

 また，4段，3段，2段で荷重分配の大部分が下部地盤中に分配されているのに対し，1段の場合の左右への荷重分配が大きいことは，1段アンカーを用いた土留めの危険性を示している．

 荷重分配の影響範囲を調べる目的で，各段の①〜⑨の順にアンカーを除去した時のアンカー荷重の変化を図-7.28(1)〜(4)に示す．計測アンカーから離れていくほど，当然のことながら荷重分配が小さくなっている．除去アンカーから10m程度で4箇所のアンカーを介せば，ほとんど影響を及ぼさないといえる．

 また，表-7.3は，図-7.26の実測値を整理して各段のアンカー除去時の上部アンカーへの荷重分配の割合を示している．4段アンカー除去時で11.2%，3段アンカー除去時で同様に11.2%，および2段アンカー除去時で1段アンカーに17.4%分配している．この荷重分配は，上段のアンカーによる拘束の有無とともに埋戻し条件等により相当に異なると考えられる．

 各段の①〜⑨アンカー除去時で，掘削底面より上部についての壁面側圧 (SP-1〜3)，および壁面水圧 (WP-1〜3) の変化を図-7.29(1)〜(4)に示す．4段の①〜⑦アンカー除去までについてはデータが得られていない．

 4段アンカー除去時の壁面側圧SP-3，3段アンカー除去時の壁面側圧SP-2，および2段アンカー除去時の壁面側圧SP-1の変化は，除去アンカー近傍での局部的な減少を示している．その原因として，上部アンカーと下部地盤での変形の拘束，わずかな変形に対する局部的なアーチング現象，あるいは，粘性土のせん断強度の発生する割合の増大が考えられる．それに対し，1段アンカー除去時の場合，壁面側圧SP-1の減少，および壁面側圧SP-2，SP-3の増大が顕著である．1段アンカー除去時の場合，背面地盤の破壊により粘性土層に過剰間隙水圧が生じたことによる壁面水圧WP-2，WP-3の増大が主要因になっていると考えられる．

 以上，アンカー除去時の種々の力学特性について述べたが，1本のアンカー除去時の荷重分配挙

第7章　アンカー土留め工の力学

(1) 4段アンカー除去時

(2) 3段アンカー除去時

(3) 2段アンカー除去時

(4) 1段アンカー除去時

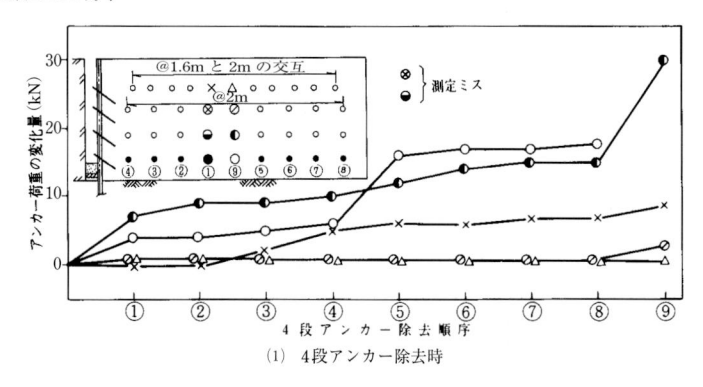

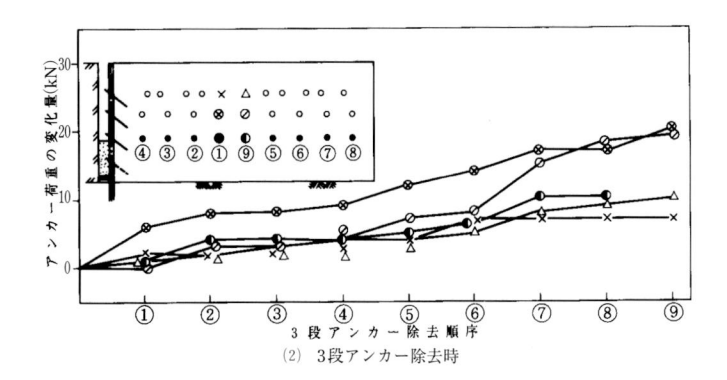

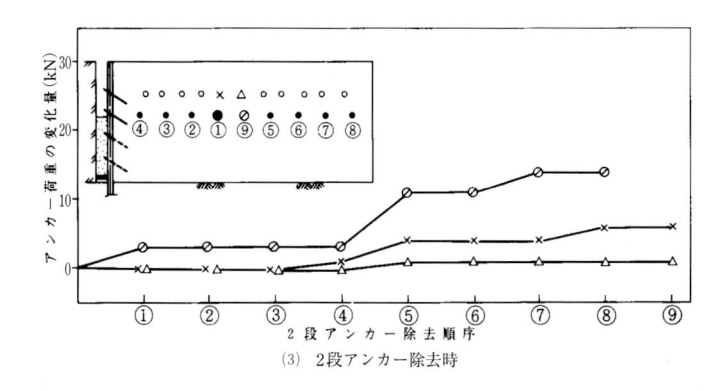

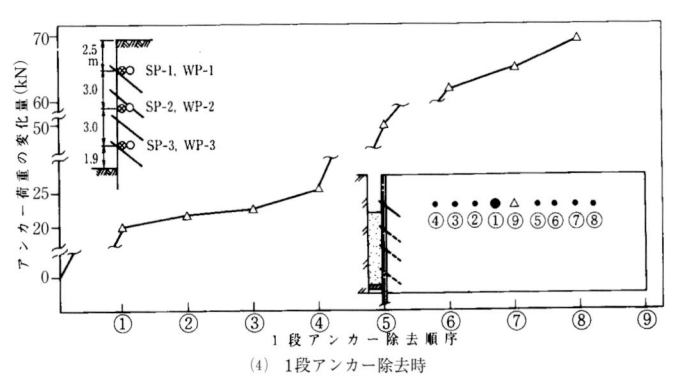

図-7.28 計測アンカー荷重の変化

7.1 アンカーを用いた鋼矢板土留め工の力学挙動

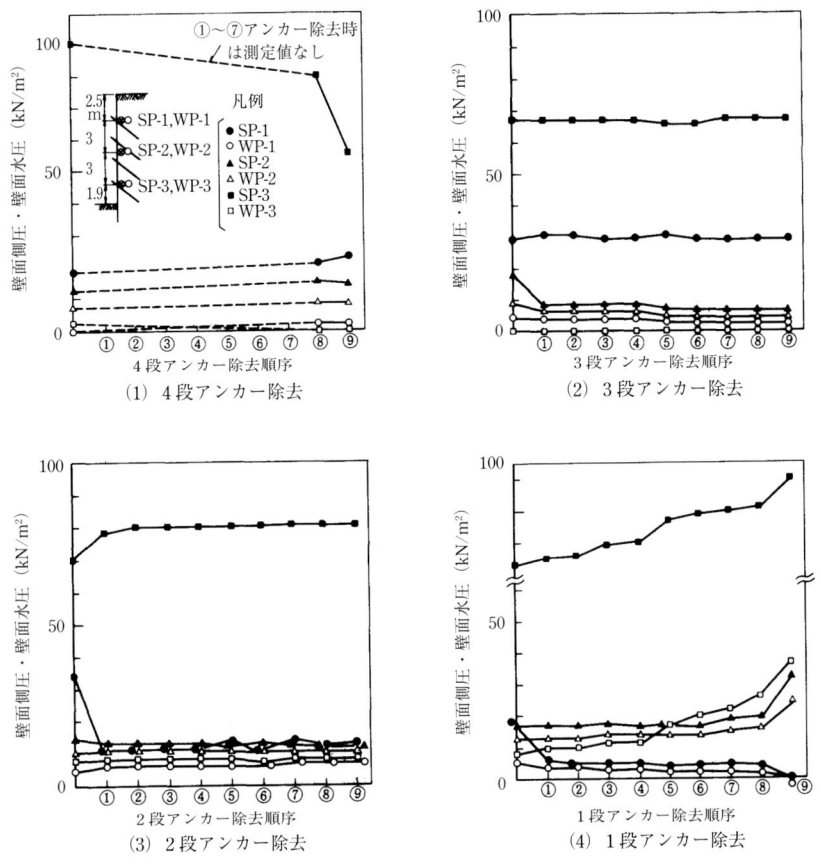

図-7.29 アンカー除去時の壁面側圧・壁面水圧の変化

動から考えて,本事例でのアンカー土留め工は,局部的なアンカーの破壊に対しても,安全性の高い土留め工であったと判断できる.

7.1.8 数値解析

(1) 解析方法

数値解析は,背面地盤における地盤変形と地下水状態を把握する目的で,土と水の連成有限要素法で行った.有限要素メッシュと境界条件を図-7.30に示す.鋼矢板土留め壁の透水係数kは,久保らの実験値である4.17×10^{-3}cm/sを用いた[16].側方境界は,定水頭状態で鉛直方向の変位のみを可能とした.底部は固定で非排水条件とした.土のパラメーターを表-7.4に示す.粘性土層と砂層の弾性係数Eはそれぞれ

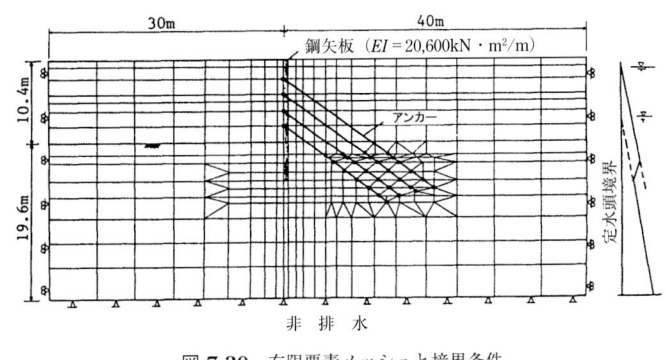

図-7.30 有限要素メッシュと境界条件

表-7.4 土質パラメーター

	E (kN/m²)	ν	k (cm/s)	γ_t (kN/m³)
	150,000	0.35	1.0×10^{-7}	18
	4,200	0.4	4.0×10^{-7}	16
	6,300	0.4	4.0×10^{-8}	16
	110,000	0.35	1.0×10^{-4}	18
	18,500	0.4	4.8×10^{-8}	16
	50,000	0.35	1.0×10^{-4}	18
	20,000	0.4	1.0×10^{-7}	16
	200,000	0.35	1.0×10^{-4}	18

砂層：$E = 3,000N$
粘性土層：$E: 210C$

図-7.1および図-7.3に示す粘着力CとN値を考慮して計算した．粘性土層と砂層の透水係数kは，圧密試験と現場透水試験よりそれぞれ求めた．有限要素法解析は第1ステップ (1st) から第10ステップ (10th) 段階に対して行った．

(2) 解析結果

図-7.31は，1st〜10thの施工段階における土留め壁の壁面変形の実測値と解析値を示す．掘削による掘削側への変形の進行，プレロード時の地山側への変形の戻りがあり，実測値と解析値で同様の力学傾向がみられる．最大壁面変位の解析値については，計測値4cm程度と比べて小さいという結果であった．土留め壁背面側の地盤沈下は，図-7.1に示す平面位置で土留め背面9mのS1，S2，19mのS3，S4で測定した．図-7.32に9thと10th施工段階における土留め背面地盤における

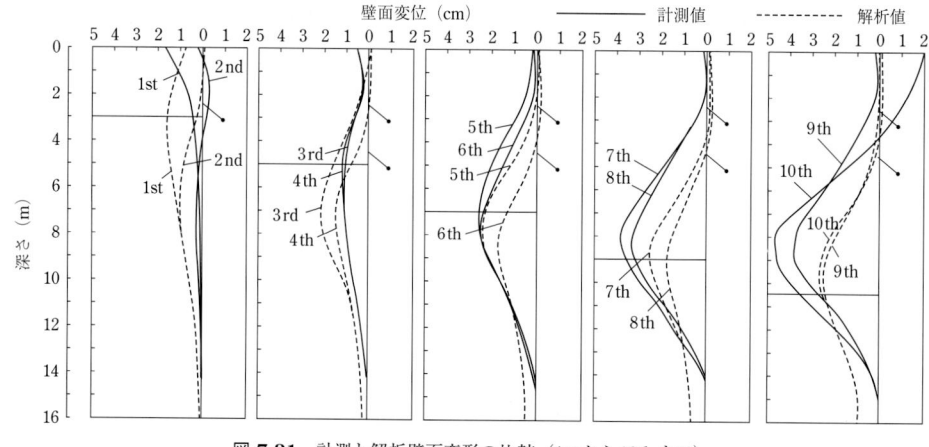

図-7.31 計測と解析壁面変形の比較（1stから10thまで）

図-7.32 背面地盤沈下（9thと10th）

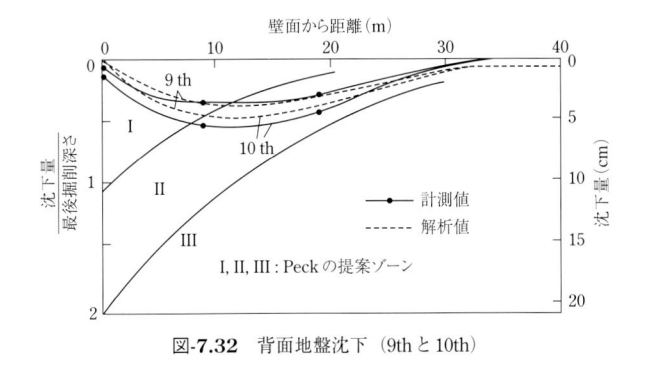

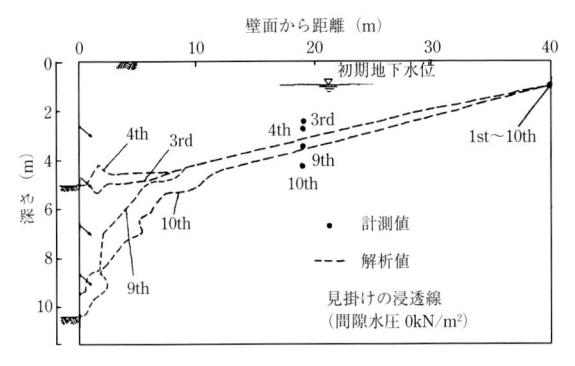

図-7.33 背面地盤の浸透線（3rd, 4th, 9thと10th）

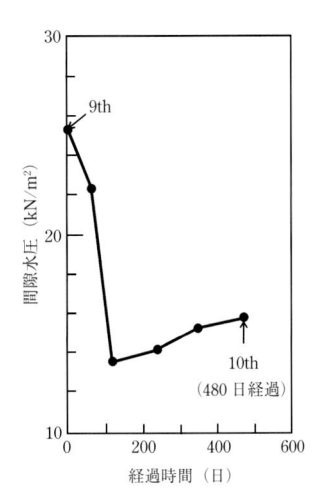

図-7.34 背面地盤における間隙水圧解析値の変化（深さ8.5m, 鋼矢板背面7m）

背面沈下をPeckの提案図中に示す[17]．9th施工段階では掘削深さの0.35％の3 cmであり，10th施工段階では0.55％の5.5 cmである．これらの実測値と解析値は比較的よく一致している．

図-7.33には，3rd，4th，9th，10th施工段階の解析値での間隙水圧ゼロのライン（見掛けの浸透線）を示す．図中の実測値と解析値によって示されているように，背面地盤の地下水位の低下は，土留め壁から40 m離れた点から掘削底に向かって低下している．3rd施工段階から4th施工段階の間で，アンカーのプレロードの影響による鋼矢板壁の地山側への変形により過剰間隙水圧が生じている．9th～10th施工段階の間の地表面沈下は，主として粘性土層の圧密により生じていると判断できる．図-7.34に，背面地盤の1点における間隙水圧の解析値の9th～10th施工段階の480日間の経時変化を示す．図-7.33，図-7.34より，10th施工段階における解析値である浸透線は，おおむね定常状態であることがわかる．

7.2 アンカーを用いた連続地中壁の力学挙動

7.2.1 概　　説

この工事は，東京の武蔵野台地を流れる河川に洪水調節池を構築するもので，構築する調節池の規模は，貯溜水深約23 m，貯溜面積約12,200 m²，貯溜量212,000 mm³であった．深い掘削であるため，土留め壁にはRC連続地中壁を採用している．また，掘削平面形状が五角形となり，水平切ばり工法では長大な切ばりとなるなどのため，アンカー工法を採用した[18),19)]．

第7章　アンカー土留め工の力学

7.2.2　工事と地盤概要

(1)　土留め工

図-**7.35**に本工事の平面図および断面図を示す．本工事における土留め工は連続地中壁工法とアンカー工法を採用している．

a.　連続地中壁

土留め壁にRC連続地中壁を採用したのは，掘削深さが27.6 mと深く，また沿道の構造物への近接度が高いため，剛性の大きな土留め壁を使うことにより，土留め壁の変形に伴う周辺地盤沈下による被害をくい止めるためである．また，この工法は，低騒音，低振動工法であるため，土留め壁施工に伴って発生する騒音と振動が小さく，近接する構造物への影響が少ないという利点がある．加えて，止水性が高いので，地下水が豊富な周辺地盤から掘削部への湧水を防ぐことができる．また，経済性を考えて，土留め壁を完成時には本体構造物 (重ね壁形式) の一部として利用すること

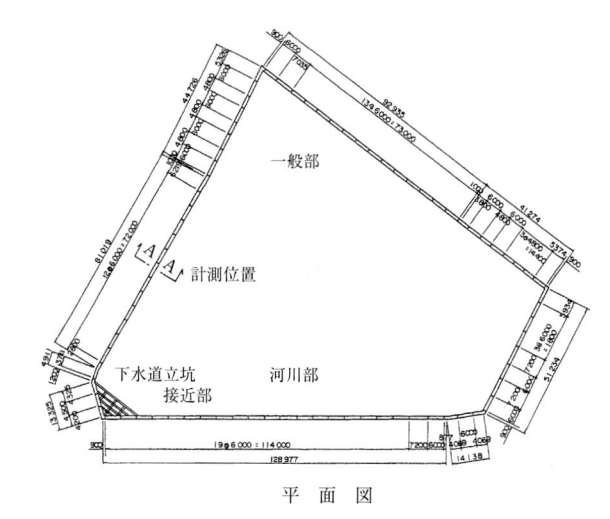

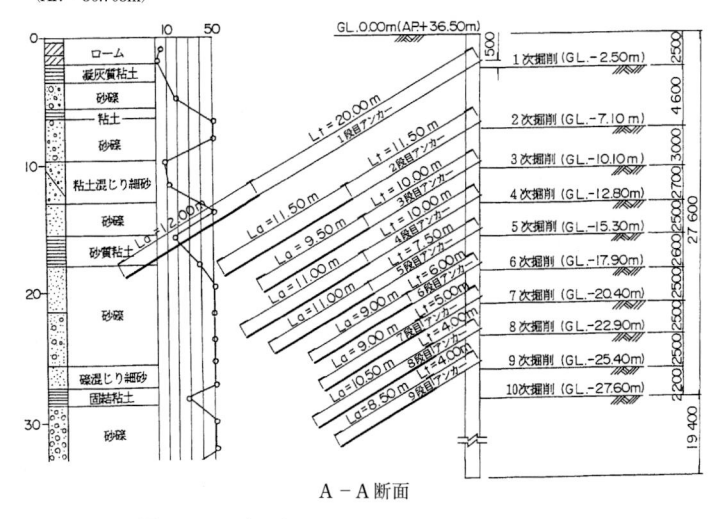

図-**7.35**　土留め仮設平面図および計測断面図(A測点)

としている．連続地中壁の諸元は，以下の通りである．

- エレメント数：80エレメント
- エレメント長：47.0 m
- エレメント幅：6.00 m (標準)
- エレメント厚：1.20 m

b. アンカー

土留め壁を支える支保工にアンカーを採用した．これは，構造物の平面形状が多角形で複雑であるが，①それらの壁面に対応可能であること，②切ばり工法における中間杭や切ばりなどがないため作業性がよいこと，③大平面での掘削効率がよいこと，などによる．用いたアンカーの諸元は，次の通りである．

- アンカー段数：9段
- アンカー本数：2,952本
- アンカー長：12〜32 m (定着長6〜12 m)
- 引張り材：PC鋼より線 (SWPR7B，7本より)

なお，アンカー削孔時の被圧地下水対策としては，止水ボックスや逆止弁付きビットなどを使用し，削孔時の土砂の噴出を防止することとした．

(2) 地盤概要

a. 地質縦断面

工事場所のボーリング調査結果および地層構成については，図-7.36に調査ボーリングによる縦

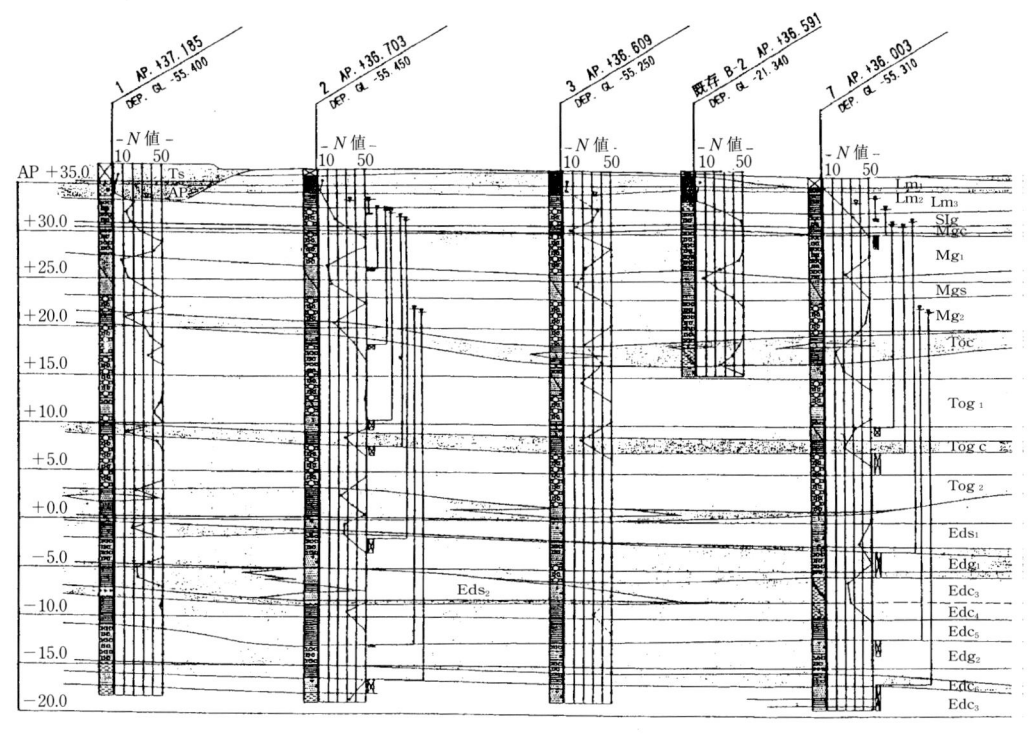

図-7.36 調査ボーリングによる地質縦断面図

断面図を示す．

　工事場所付近の地層構成の特徴は，非常に礫質土が多く，とくにAP.＋33〜＋3m付近にかけての約30m間にその傾向がみられ，掘削範囲 (AP.＋36.5〜＋8.9m) の大半を占める．各地層の分布状況をみると，地表面付近の地層 (盛土，腐植土層，関東ローム層) 以深は，白子川礫層 (Sig) 〜江戸川層 (Ed) の各地層とも，ほぼ水平に堆積をしている．アンカー体は表層部を除く地層に定着された．

b. 水圧分布

4箇所で実施した原位置試験結果から得られた掘削前の水圧分布の一例を図-**7.37**に示す．他の3箇所もほぼ同じ水圧分布であった．同図より，以下に示すような3つの滞水層に区分される水圧分布を示す．

① 武蔵野礫層 (Mg) と東京礫層 (Tog) を主体とし一部江戸川礫層 (Edg) からなる第1滞水層

　　AP.＋33.70m付近を$P_u = 0\ kN/m^2$とした静水圧分布を示し，AP.－8.04m付近で水圧$P_u = 410\ kN/m^2$程度となる．

② 江戸川礫層 (Edg_2) を主体とする第2滞水層

　　AP.－8.04〜－11.49mにかけて分布する層厚約3.5mの粘性土 (Edc_4, Edc_5) 中で，水圧は第1滞水層の静水圧分布より約100 kN/m²低下し，AP.－11.49〜－28.84m間でAP.＋23m付近を水頭とする水圧分布を示す．

③ 第3滞水層

　　AP.－28.84〜－34.20mに分布する層厚約5.3mの粘性土 (Edc_7) 中で，水圧は第2滞水層の静水圧分布よりさらに約100 kN/m²低下し，AP.＋13m付近をヘッドとする水圧分布を示す．

なお，地層別の透水係数分布を表-**7.5**に示す．

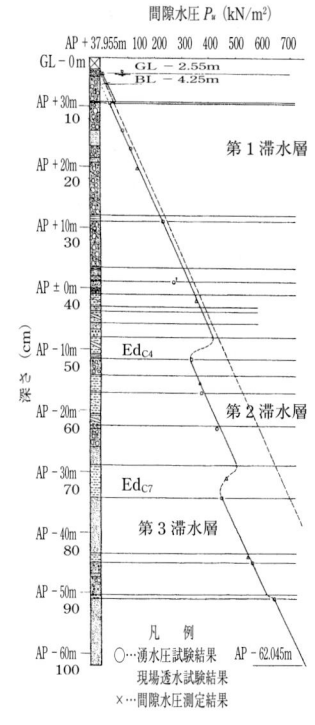

図-**7.37** 土留め壁背面地盤側の水圧分布(掘削前)

表-**7.5** 地層別の透水係数分布

地層名称	地層記号	透水係数 k (cm/s) 原位置試験より	透水係数 k (cm/s) 粒度試験からの推定値	設定透水係数 k (cm/s)
白子川礫層	Sig	$6.21 \times 10^{-2} \sim 3.39 \times 10^{-3}$	$3.41 \times 10^{-3} \sim 1.20 \times 10^{-3}$	5.0×10^{-2}
武蔵野砂礫層	Mg_1	$1.52 \times 10^{-1} \sim 4.04 \times 10^{-4}$	$9.95 \times 10^{-3} \sim 8.27 \times 10^{-4}$	1.0×10^{-2}
	Mg_5	$4.70 \times 10^{-1} \sim 1.12 \times 10^{-3}$	$2.86 \times 10^{-3} \sim 2.44 \times 10^{-4}$	1.0×10^{-2}
	Mg_2	$1.05 \times 10^{-2} \sim 5.71 \times 10^{-5}$	2.97×10^{-4}	1.0×10^{-2}
東京層	Toc（砂がち部）	1.09×10^{-3}	$9.95 \times 10^{-3}, 4.05 \times 10^{-4}$	1.0×10^{-3}
東京礫層	Tog_1	$3.66 \times 10^{-3} \sim 1.91 \times 10^{-3}$	$6.18 \times 10^{-3} \sim 1.03 \times 10^{-4}$	1.0×10^{-3}
	Tog_2	$1.99 \times 10^{-3} \sim 1.72 \times 10^{-4}$	3.41×10^{-2}	1.0×10^{-3}
江戸川層	Eds_1	2.33×10^{-3}	$2.27 \times 10^{-3} \sim 3.72 \times 10^{-4}$	1.0×10^{-3}
	Edg_1	2.33×10^{-3}	3.41×10^{-2}	1.0×10^{-3}

c. 横方向地盤反力試験結果

図-**7.38**に変形係数の深さ分布図を示す.

変形係数 (E_s) は, 各土質 (粘性土, 砂質土, 礫質土) とも, 深さが増すにつれ増加する傾向を示している.

各土質によるE_s値の分布状況をみると, 武蔵野砂礫層のMg_2, 東京礫層のTog_2といった礫質土でE_s値がバラついている. 礫質土の場合, 地盤が不均一であるため, 試験深さが礫の混入が多い部分であるか, またはマトリックスの粘性土混じり中砂の部分かによって試験値に大きな差が生じることになる. これが, 分布範囲が広い要因である.

以下に主な地層の変形係数を示す.
① 武蔵野砂礫層 (砂質土層)
   : 11,100 ～ 42,900 (kN/m²)
② 武蔵野砂礫層 (砂礫層) : 34,900 ～ 207,300 (kN/m²)
③ 東京礫層   : 78,800 ～ 236,700 (kN/m²)
④ 江戸川層 (粘性土層)   : 56,400 ～ 143,000 (kN/m²)
⑤ 江戸川層 (砂質土層)   :   39,500 (kN/m²)

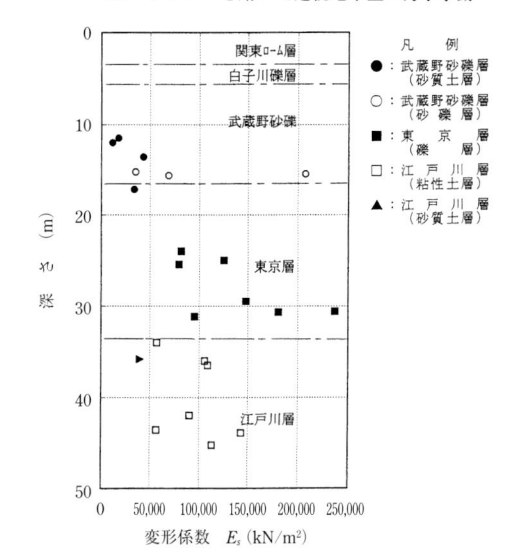

図-**7.38** 変形係数の深さ分布図

7.2.3 土留め工の設計

(1) 連続地中壁の根入れ長

連続地中壁の根入れ長は, 次の3通りの方法から算定した最大長とし, 最終床付け面から19.4 mの長さである.
① 土圧および水圧のつり合い計算からの根入れ長　7.94 m
② 盤膨れの計算からの根入れ長　　　　　　　　　19.4 m
③ 連続地中壁の鉛直支持力の計算 (壁長47 m, 1エレメント当り)
　　　　　　　許容鉛直支持力 36,885 kN ＞ エレメント重量 20,944 kN

(2) アンカー頭部の検討

この現場では腹起しを用いずに, 連続地中壁に鋼製台座を直接設置しアンカーを施工する. したがって, 連続地中壁は水平方向にも曲げモーメントが発生する2方向スラブとして考え, 水平方向の配力鉄筋は主鉄筋断面積の1/4以上とした[20].

アンカー頭部は, 以下の4項目について検討した.
・水平方向曲げに対する検討
・せん断力の検討
・アンカー頭部押抜きせん断の検討
・アンカー頭部支圧応力の検討

この結果, 配力鉄筋としてD22～25を300 mm間隔で配筋し, 台座は250 mm (幅)×530 mm (高

第7章 アンカー土留め工の力学

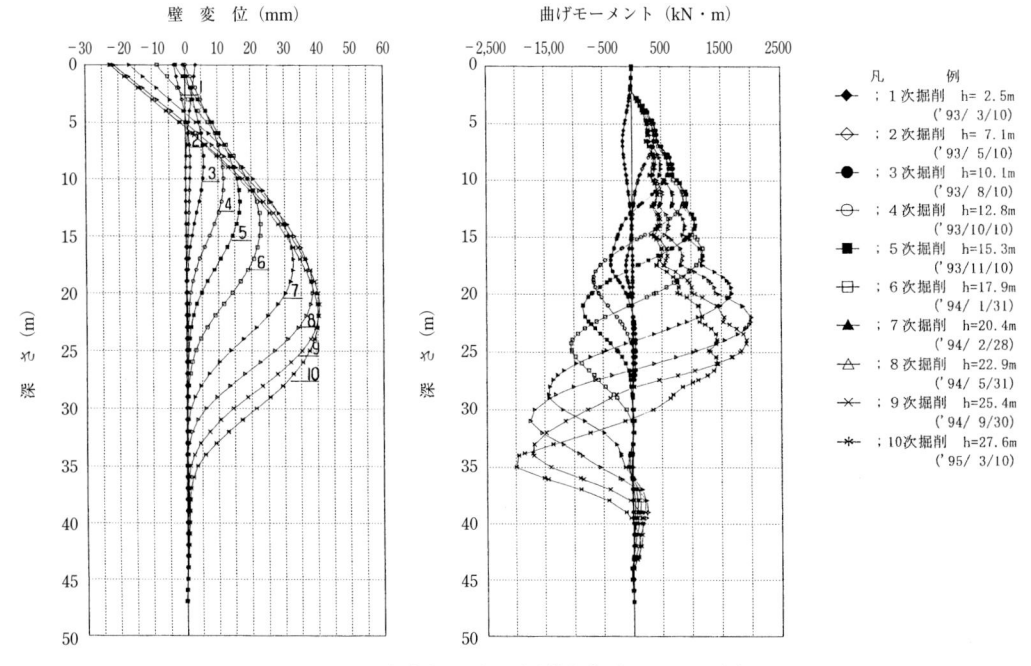

図-7.39 設計時の土留め壁変位と曲げモーメント分布

さ) 以上とした.

(3) 解析結果

土留め壁変位と曲げモーメント分布の解析結果を，図-7.39に示す．連続地中壁の断面性能は，全断面積の60％を有効断面として算出した．

土留め壁変形は，頭部において5次掘削以降は土留め壁背面側に押し戻される形状である．各ステップの最大変位発生位置は掘削深さから3～5m上であり，掘削終了時点までの土留め壁の最大変位は，9次掘削の40.6 mm (G.L.−21.0 m) である．また，壁下端から10 m程度の高さまでは，掘削が終了しても壁の動きがほとんどみられない．

一方，曲げモーメントの最大値は，同図より，8次掘削時のG.L.−22 m付近で発生し，2,005 kN·mであった．この時の鉄筋応力は137,620 kN/m^{2}である．

7.2.4 計測器配置と計測管理

(1) 計測器の配置

計測は土留め壁および場内地盤の挙動 (工事場所内) の調査と近接構造物等の影響調査について実施した．これらの計測位置は，図-7.35の仮設平面図に示したが，このうちA測点における計器配置断面図を図-7.40に示す．

また，工事場所外における計測の対象物は，高速自動車道の橋脚，隣接する道路に構築されている下水人孔 (マンホール) および橋台である．

全体の計測項目と計測器数量を，表-7.6に示す．計測器の総数量は259個である．測定点数が多いため，パーソナルコンピューターで制御する自動計測システムを採用している．

7.2 アンカーを用いた連続地中壁の力学挙動

表-7.6 計測項目と計測器数量

場所	種別	計測項目	計 測 目 的	使用計器	測点断面毎の設置数量							計	成果
					A-1~2	B1~2	C1~2	D1	E1~2	F	近隣構造物		
場内	土留め壁	①土留め壁に作用する壁面側圧および壁面水圧	土留め壁に作用する壁面側圧および壁面水圧の大きさとその分布状態を監視して，設計側圧あるいは掘削深さとの関係を把握する．	土圧計	11	8	11		11			41	壁面側圧と壁面水圧の分布図
				間隙水圧計	6	6	6		6			24	壁面側圧と壁面水圧の経日変化図
		②土留め壁に作用する応力	土留め壁の変形に伴う壁材料の応力を測定し，実際に作用している曲げモーメントを求め，設計モーメントとの比較検討する．	鉄筋計	28	28	26		28			110	鉄筋応力の分布図 曲げモーメント分布図
		③土留め壁に作用する壁面側圧等の外力による壁変形	土留め壁の変形を測定し，設計時の変形との比較検討を行い，近接構造物との関係を調べる．	挿入式傾斜計	1	1	1	1	1			5	土留め壁の水平変位図
	アンカー	④グラウンドアンカーに作用する荷重	グラウンドアンカーに作用する荷重の挙動を監視し，管理基準値との比較検討を行う．	センターホール荷重計	9	9	9					27	アンカー荷重の経日変化図
	地盤	⑤掘削底版以深の地盤の沈下量	掘削に伴う最終掘削底面以深の地盤の浮上り量や沈下量を把握する．	層別沈下計	2	2	2			2		8	沈下量の経日変化図
		⑥掘削底版以深のアップリフト	掘削に伴う最終掘削底面以深の地盤に対する被圧水圧を把握する．	間隙水圧計						2		2	水圧の経日変化図
場外	構造物	⑦橋脚および橋台の鉛直変位量	掘削に伴う近接構造物(橋脚，橋台)への鉛直変位量を把握する．	水盛式沈下計							10	10	
				基準水槽							2	2	
	地盤	⑥橋脚および下水人孔近接部の地盤の水平変位量	構造物の地中部分の水平変位量を掘削深さとの関係から調べる．	多段式傾斜計							30	30	
				合 計	57	54	55	1	46	4	42	259	

(2) 計測管理の方法

土留め架構の設計値と計測値を比較し，第一管理基準値以内であれば工事を継続する．計測値が第一管理基準値をこえた場合は，土留め架構や周辺地盤の変状に注意し，工事を継続する．第二管理基準値をこえた場合は，原因を検討し，必要に応じて対策を施す．

ところで，設計値は，多くの仮定条件のもとで算出されていることに注意する必要がある．主要な仮定条件をあげると，次のようなものがある．

① 設計土圧係数 K_a, K_p
② 地盤反力係数 K_h
③ 壁体の断面剛性 EI や鉄筋コンクリートのヤング係数比 $n(=E_s/E_c)$
　　ここで，E_s：鉄筋のヤング係数

第7章　アンカー土留め工の力学

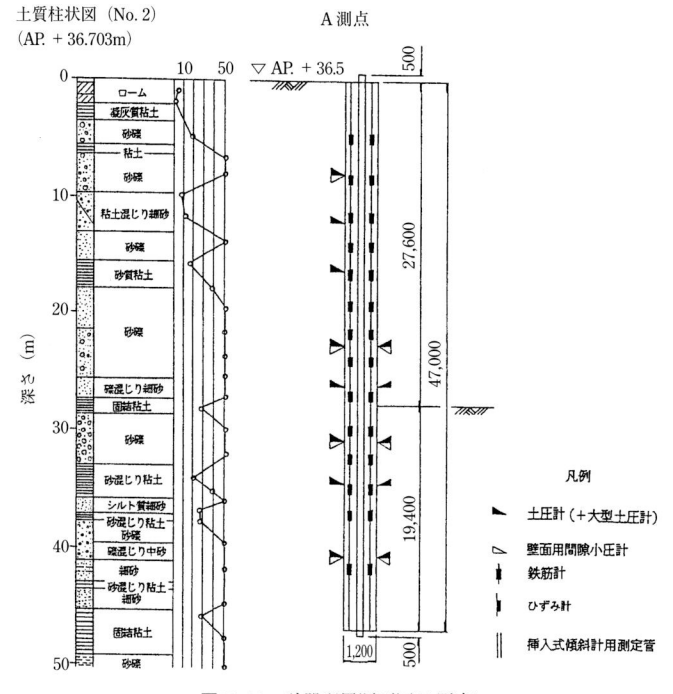

図-7.40　計器配置断面図(A測点)

E_c：コンクリートのヤング係数
④　切ばりや腹起しなど支保工の剛性

これらの仮定条件が掘削中一定値に維持される保証はなく，むしろ変化するなかで計測値が得られる．したがって，管理基準値は，計測値をもとにした換算値 (例えば曲げモーメント) よりも，一次管理値そのもの (すなわち，鉄筋応力そのもの) が望ましい．なぜならば，鉄筋応力測定値をもとに曲げモーメントを計算するには，壁体の断面剛性 (EI) や鉄筋コンクリートのヤング係数比 (n)，コンクリートの応力度などの仮定値を設定しなければならない．設計時にはこれらの値を仮定するが，実際挙動の中でそれらの値がいくつになっているかを特定することは，現実的には大変難しいからである．

7.2.5　計 測 結 果

計測結果は主計測断面のうち，変位量が最大となったA測点に着目し，掘削完了までの土留め架構の挙動をみる．

(1) 掘削工程

A測点における掘削深さと経過日数の関係は，後述する図-7.43を参照することとするが，掘削工程は大きく次の3工程に分けられる．
① 掘削深さの比較的浅い1〜2次掘削
② 本工事に近接して施工された大規模道路工事と並行して実施した掘削の期間 (3次掘削以降)
③ 洪積地盤である東京層 (Tog，深さ20〜27m) の掘削

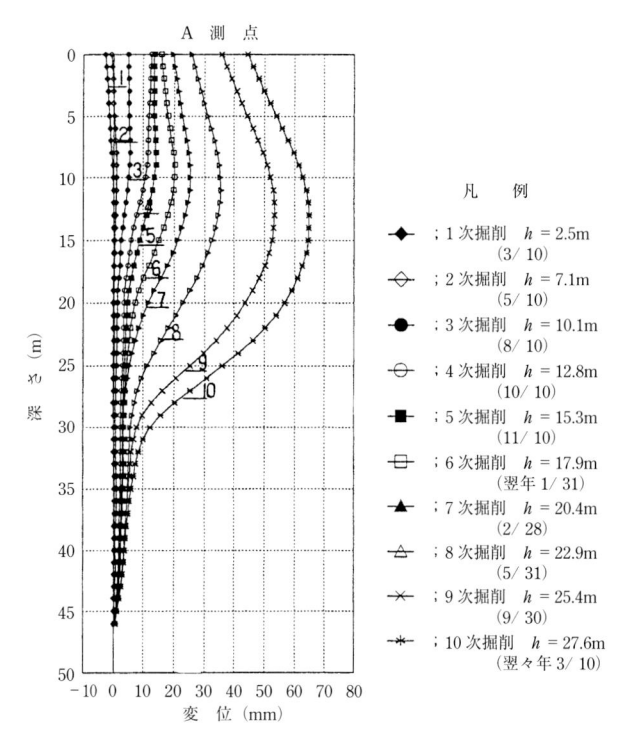

図-7.41 掘削過程における土留め壁の変位分布(A測点の実測値)

(2) 土留め壁の変位分布

A測点の掘削過程における土留め壁変位の変位分布を図-7.41に示した．この図から，以下のような変形挙動が確認された．

① 1～2次掘削は，土留め壁が掘削背面側に押し戻されるような自立した形状であるが，その変位量は3～4mm程度で小さい．

② 2～4次掘削では，計10mm前後の変位増加が掘削底面位置付近まで発生している．また，壁変形は掘削底面以深根入れ部でも顕著に現われており，土留め壁全体で変位が増加する傾向にある．

③ 4～7次掘削は，掘削が1段進捗する毎に2～6mm程度変位が増加し，片持ちばり的な形状から弓なりの形状となるが，最大変位発生位置は深さ8～11m付近であり，掘削深さの進行(7次掘削深さ－4次掘削深さ＝7.6m)に対し，2m程度下がるだけである．

④ 7～10次掘削では，各掘削段階毎の変位量がさらに大きくなり，8～9次掘削において最大20mm以上も増加した．10次掘削における土留め壁最大変位は64.7mmである．

(3) 土留め壁の変形に関する設計値と計測値の比較

土留め壁変位分布について，壁の変位が大きくなった6次掘削以降の掘削過程における設計値と計測値の比較を図-7.42に示す．

6次掘削以降に現われてきた設計値と計測値との大きな違いは，深さ10～20m以浅の変形と最大変位発生位置である．前者については，設計値では壁頭部は掘削背面側に戻る形状であったが，計測値では掘削側に30～40mmの変位が認められた．後者は設計値では掘削が進行するにつれてそ

第7章 アンカー土留め工の力学

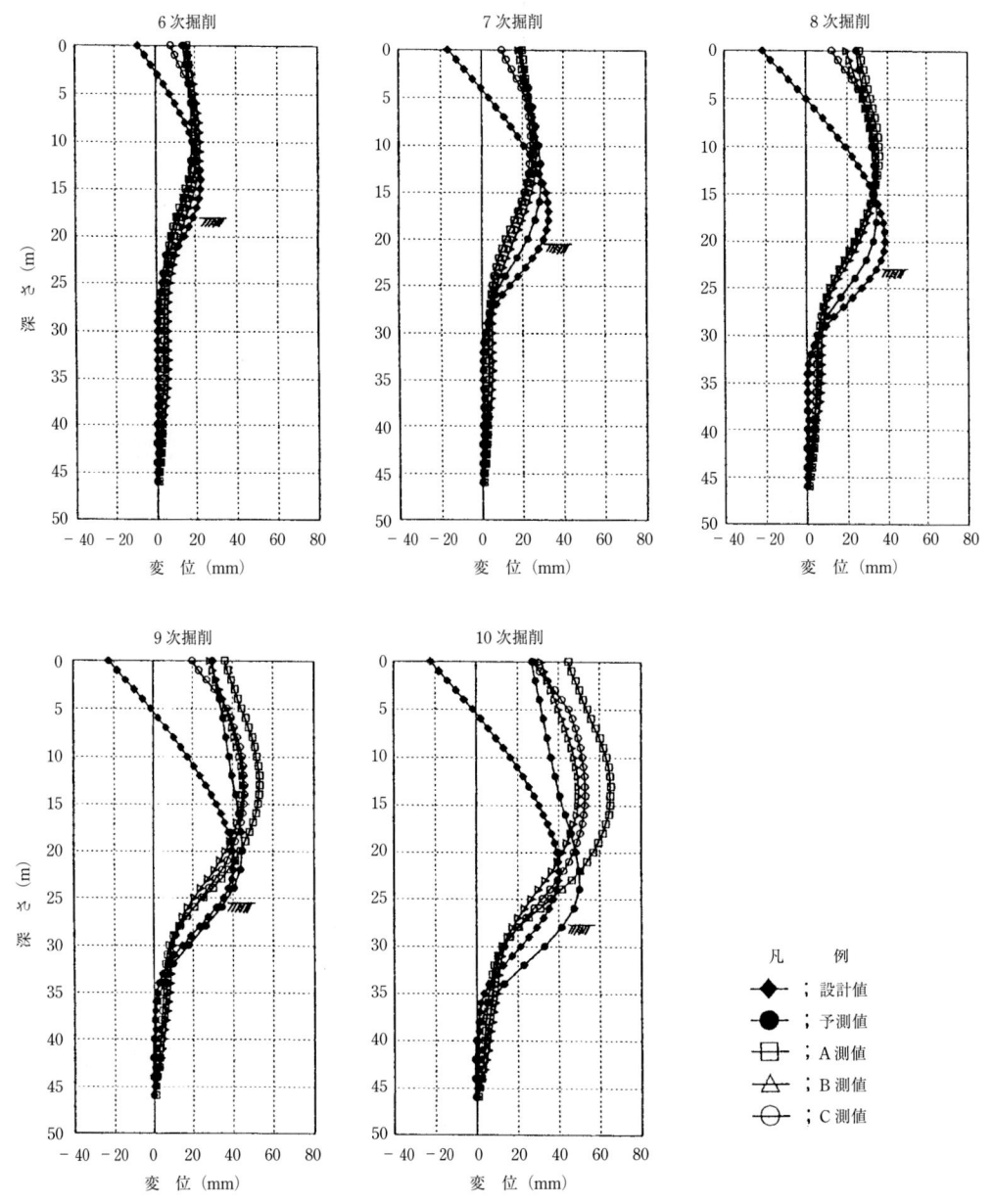

図-7.42 6次掘削以降の土留め壁変位分布の設計値と計測値の比較

の位置も徐々に下がっていき，各掘削底から4m前後上で発生しているが，計測値ではG.L.−12〜15mの深さで留まっている．

10次掘削における設計値と計測値の最大変位量（δ_{max}）はそれぞれ40.6 mm，64.7 mmであり，最終掘削深さ（L）に対する壁変位量の割合は，設計で0.15%（$\delta_{max}/L \times 100$）程度，計測で0.23%となり，多少大きい．しかし，硬質地盤における剛性壁の最大変位量としては一般的な範囲内と考えられる．

この土留め壁変位の増加要因として，アンカーのばね値の変化とともに，以下のことが考えられる．N値の大きい深さ20〜27 m付近のTog層は，1〜5段掘削時には先行地中ばり的な効果を発揮

7.2 アンカーを用いた連続地中壁の力学挙動

(1) 掘削深さ

(2) 土留め壁の内側

(3) 土留め壁の外側 (7.8～22.5m)

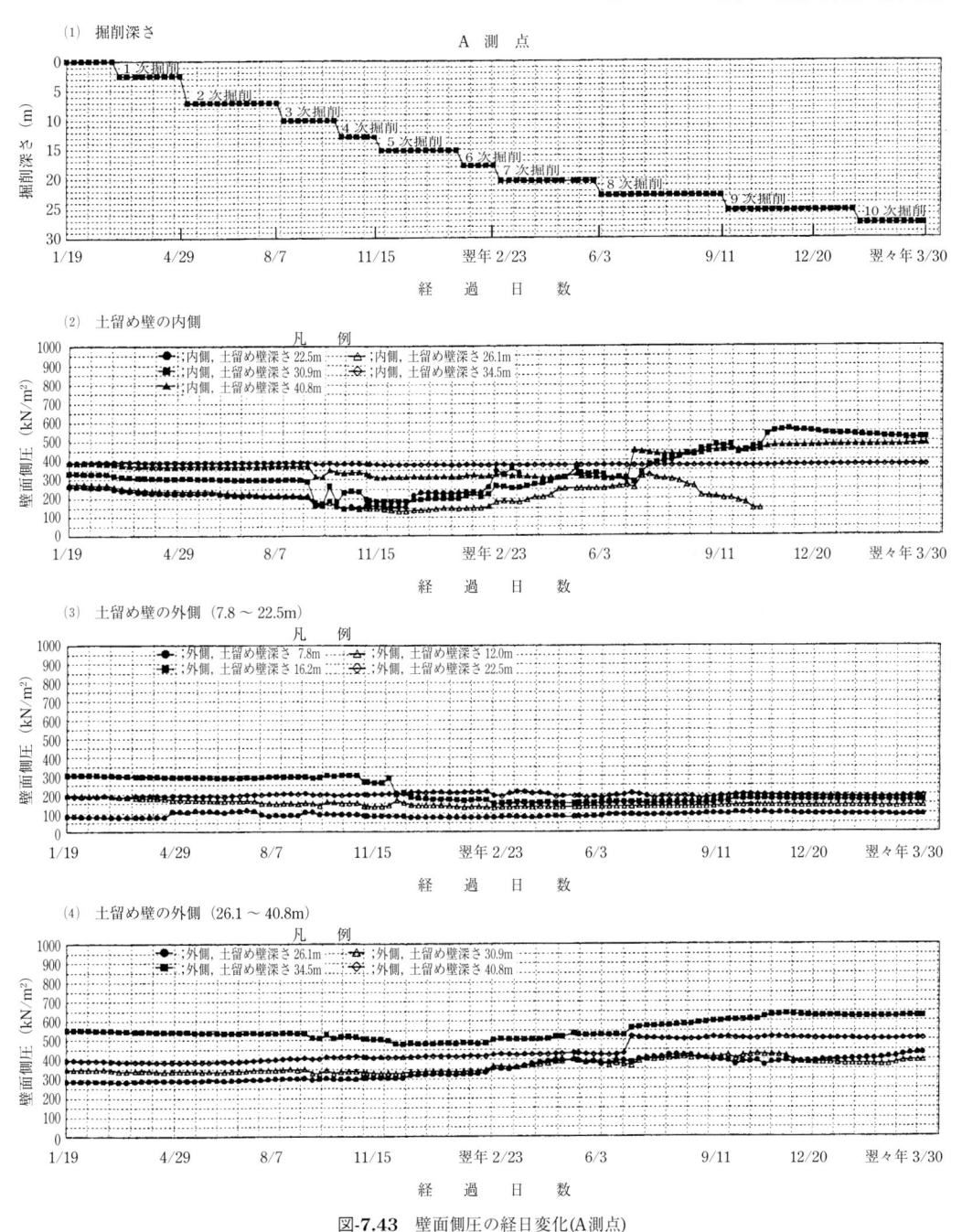

(4) 土留め壁の外側 (26.1～40.8m)

図-7.43 壁面側圧の経日変化(A測点)

し掘削底面以下の壁変形を抑止していたが，この層の掘削により，6次掘削以降の壁変形は深部からはらみ出すこととなり，全体的に土留め壁変位が増加した．これは計器設置位置 $h = 26.1$m 以深の内側測点の土圧計 (壁面側圧) の計測結果 (図-7.43(2)の△，■，○，▲印参照) からも読み取れ，5次掘削まで減少傾向であった側圧が，7次掘削以降のTog層の掘削では逆に増加に転じ，この層が土留め壁のはらみ出しを抑えていたことがうかがえる．

なお，土留め壁変位の設計値と計測値の相違が現われてきた6次掘削以降において，情報化施工

(4) 予測解析結果

6次掘削以降に計測値の土留め壁変形および曲げモーメントの形状が，設計時に算出された形状と異なり始め，A測点（図-7.42の□印参照）では土留め壁の最大変位が9次掘削時点で設計値をこえる計測値となった．またその他，以下に示すような特徴もみられた．

① 設計値では，土留め壁頭部は掘削の進行につれて土留め壁背面側に押し戻される形状であっ

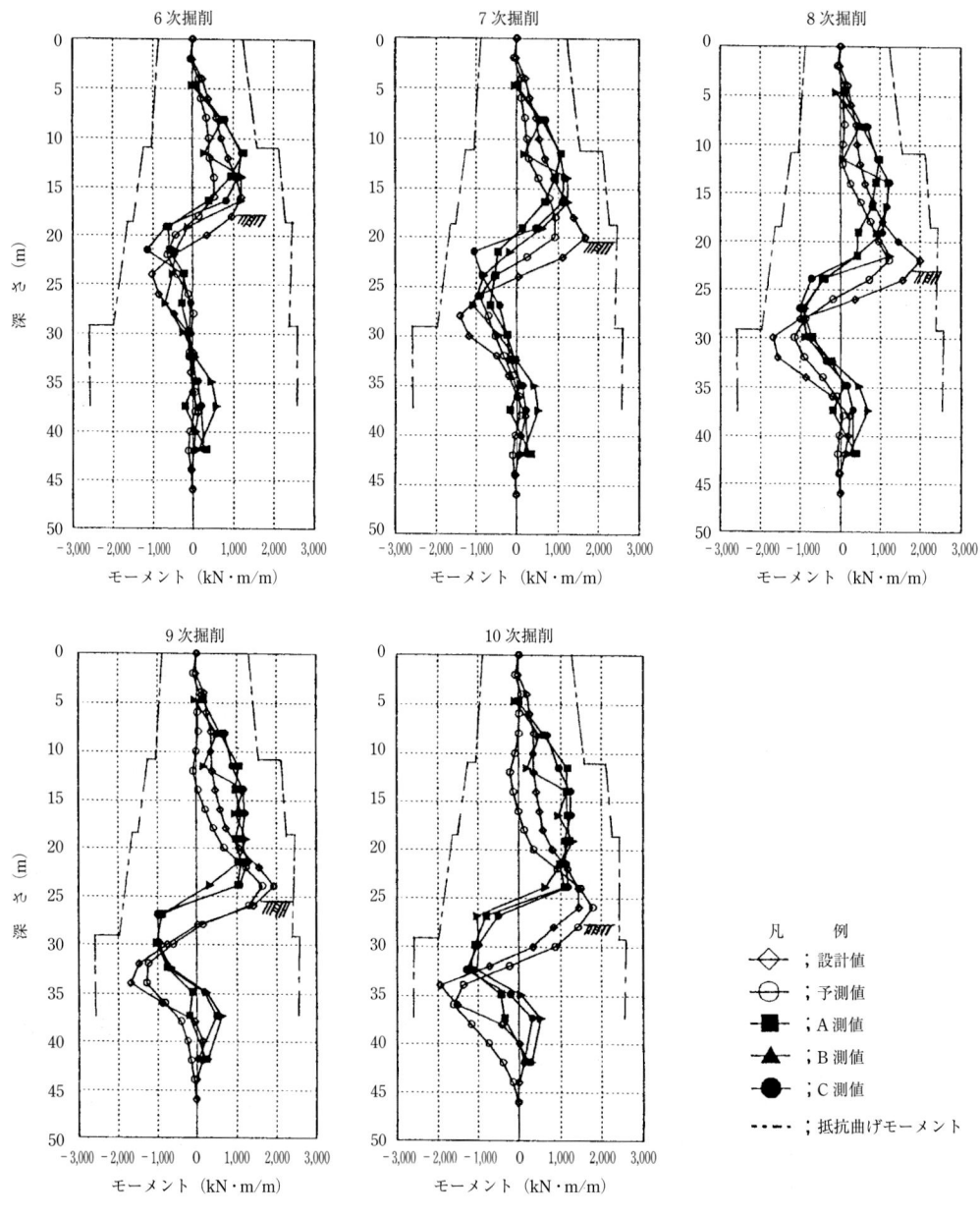

図-7.44 6次掘削以降の土留め壁曲げモーメントの設計値と計測値の比較

たが，計測値では逆に掘削面側に変形が増加する傾向を示している．

② 土留め壁の最大変位および最大曲げモーメント発生位置は，一般に掘削に伴いその位置が徐々に下がっていくが，計測値はGL.－12 m付近で留まっており，設計値と計測値に5～6 mの差が生じている．

③ 掘削底面付近の土留め壁変形は，設計では掘削底から約10 m以深でほぼ0 mmとなり壁下端まで変位がない状態が続いているが，計測値では徐々に収束しながらも壁下端まで変形が発生している．

このため，実際の9次掘削段階でその時の計測結果をもとに，10次掘削時の予測解析を行った．予測解析での予測値と，当初の設計値および計測値の比較を図-7.42と図-7.44に示す．

予測値は設計値に比べ計測値に近似するものの，必ずしもよい一致を示していない．予測解析を行うための弾塑性法プログラムの多くは，計測・試験結果から既値とみなせる値と，それらを実施していないため推定して決定しなければならない値の両者を入力値として用いて計算する．この入力値の前者は壁面側圧・アンカー荷重 (ばね値) などであり，後者は地盤ばね定数・土留め壁剛性などである．また，壁面側圧や地盤ばね係数などは各掘削毎に変更可能であるが，アンカーばね値は変化させることができない．このため，本現場でみられた土留め壁変位とアンカー荷重の関係が

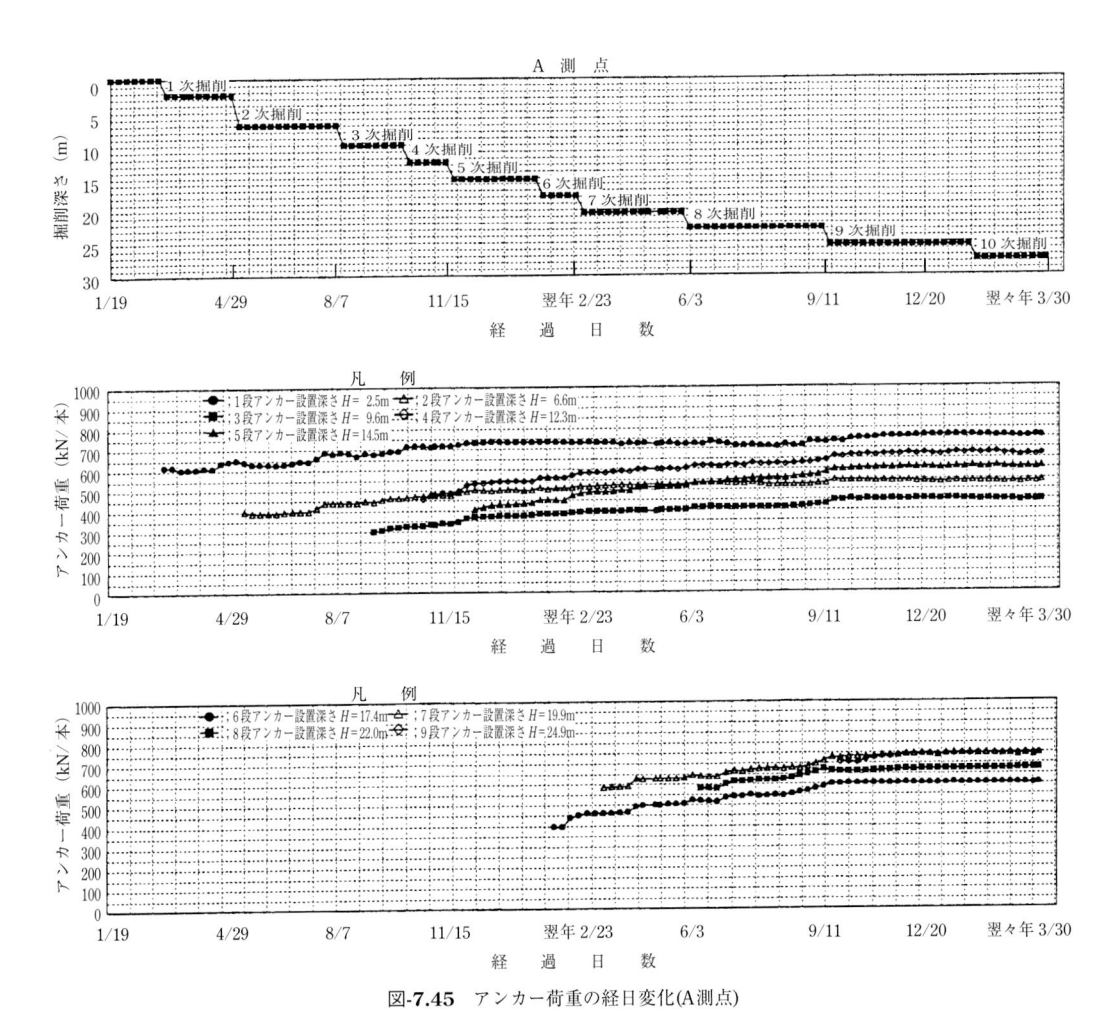

図-7.45 アンカー荷重の経日変化(A測点)

非線形的であった計測値の場合，予想精度を上げることが難しい．

こうしたことから，アンカーばね値が徐々に減少していく現象や変位および曲げモーメントの最大値発生位置が下がらない現象などを近似する7次掘削以降の予測解析は，計測値と整合しがたい結果となった．結果として，最終の10次掘削時における予測最大変位は50.2 mm（発生位置G.L.－23 m），最大曲げモーメントは1,796 kN·m/m（G.L.－26.3 m）であった．

(5) アンカー荷重の経日変化

アンカー荷重の経日変化を図-**7.45**に示す．

① アンカー荷重は，設置直後から2～3次掘削後までは徐々に増加するが，その後はほぼ変化せずに進行している．

② 1～5段アンカーは，6次掘削まではほぼ設計ばね値と同等の値にて増加しているが，7次掘削以降は変形増加に比べ荷重の増加は少なくなる（ばね値が減少する）傾向にある．

③ 6～9段アンカーは，当初より設計ばね値が小さい傾向にあり，さらに掘削進行に伴いばね値が減少することは1～5段アンカーと同様である．

①～③のような計測結果となった理由については後述する．

凡　例
- ◆ ：1次掘削　$h = 2.5$m　(3/10)
- ◇ ：2次掘削　$h = 7.1$m　(5/10)
- ● ：3次掘削　$h = 10.1$m　(8/10)
- ○ ：4次掘削　$h = 12.8$m　(10/10)
- ■ ：5次掘削　$h = 15.3$m　(11/10)
- □ ：6次掘削　$h = 17.9$m　(翌年 1/31)
- ▲ ：7次掘削　$h = 20.4$m　(2/28)
- △ ：8次掘削　$h = 22.9$m　(5/31)
- × ：9次掘削　$h = 25.4$m　(9/30)
- ＊ ：10次掘削　$h = 27.6$m　(翌々年 3/10)

図-**7.46**　土留め壁に作用する壁面側圧分布(A測点)

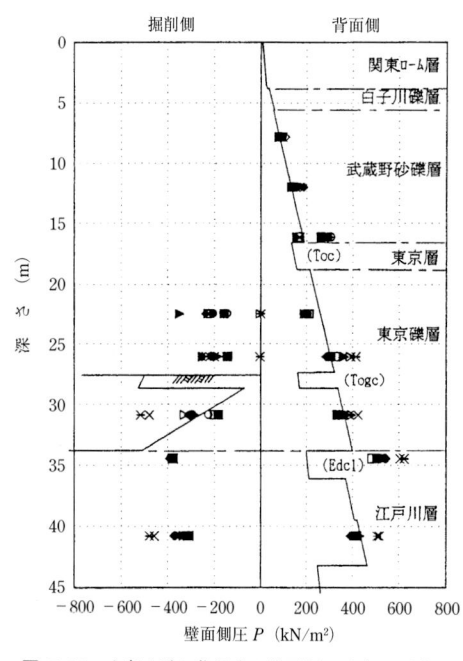

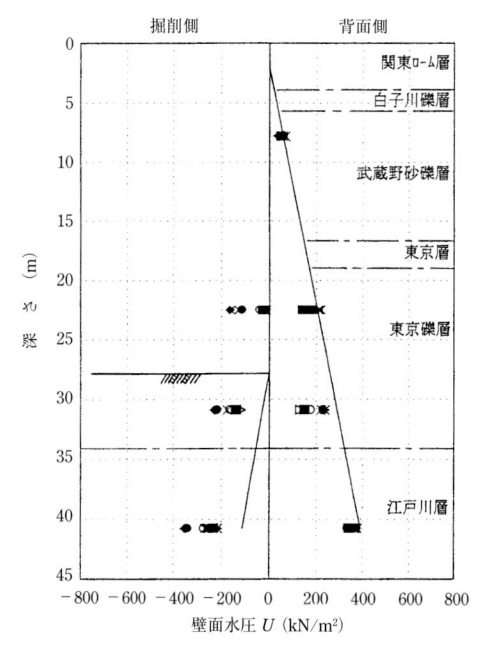

図-**7.47**　土留め壁に作用する壁面水圧分布(A測点)

(6) 壁面側圧分布

土留め壁に設置した土圧計で測定したA測点での壁面側圧を, 図-**7.46**に示す. 実線は, 土木学会の「トンネル標準示方書　開削工法編」(1996)[21]に準拠して, 当初設計で設定した壁面側圧分布である. この図から, 以下のことが読み取れる.

① 土留め壁背面側の主働壁面側圧は, 全体的に設計壁面側圧と比べて, 大きな傾向を示している.

② 土留め壁の背面側の壁面側圧は, 一般的に掘削に伴い静止側圧から主働側圧に移行する. 本現場では, 最終掘削底深さまでの位置にある測点はその傾向がみられるが, それ以深の測点では, 一定値か逆に増加している.

③ 最終掘削底以浅の土留め壁掘削側の受働壁面側圧は, 徐々に減少している. 一方, それ以深の計器設置位置 $h = 30.9$ m の測点では, 一次的に計測値が減少したが, 8次掘削から増加に転じている.

(7) 壁面水圧分布とその経日変化

土留め壁に設置した水圧計で測定した壁面水圧分布を, 図-**7.47**に示す. 実線の土留め壁背面側は, 当初設計で設定した壁面水圧 (静水圧) であり, 掘削面側は最終掘削底における壁面水圧分布である.

なお, 連続地中壁は不透水層である江戸川層 (Edc) まで根入れさせている.

① 土留め壁背面側の壁面水圧は, 当初設計値である静水圧分布とほぼ一致している.

② 土留め壁掘削面側の壁面水圧は, 掘削とともに減少しているが, 設計値と比較すると最終掘削時の壁面水圧分布は約 150 kN/m^2 大きく, 掘削に伴う減少率は小さい.

③ 3～4次掘削 (●印→○印) では, 100 kN/m^2 程度の減少がみられる.

7.2.6　アンカー荷重と土留め壁変位との関係

(1) アンカーばね値減少原因の推定

土留め壁変位とアンカー荷重の関係を図-**7.48**に示すが, 同図での計測値の傾きがアンカーばね値を表わしている. また, アンカーの引抜き試験 (アンカー撤去時点) を実施した結果も併せて掲載した. なお, 図中の予測解析とあるのは, アンカーの水平間隔と傾斜角を考慮して算定した値である.

アンカー荷重の各掘削ステップにおける挙動は, 以下のようである. なお, これらの傾向は, A測点以外の計測断面でも, ほぼ同様であった.

① 1～5段アンカーは, 6次掘削まではほぼ設計ばね値と同等の値で増加しているが, 7次掘削以降は変形増加に比べ荷重増加は少なくなる (ばね値が減少する) 傾向にある.

② 6～9段アンカーは, 当初よりばね値が小さい傾向にあり, さらに掘削の進行に伴いばね値が減少することは1～5段アンカーと同様である.

上記の原因として, 以下の4点が考えられる.

① 計測器の異常
② 壁面側圧・壁面水圧等の増加による背面荷重の増加
③ 壁変形に伴う背面地盤の緩み領域の拡大
④ 土留め架構全体を含む大きな地すべりの発生

第7章　アンカー土留め工の力学

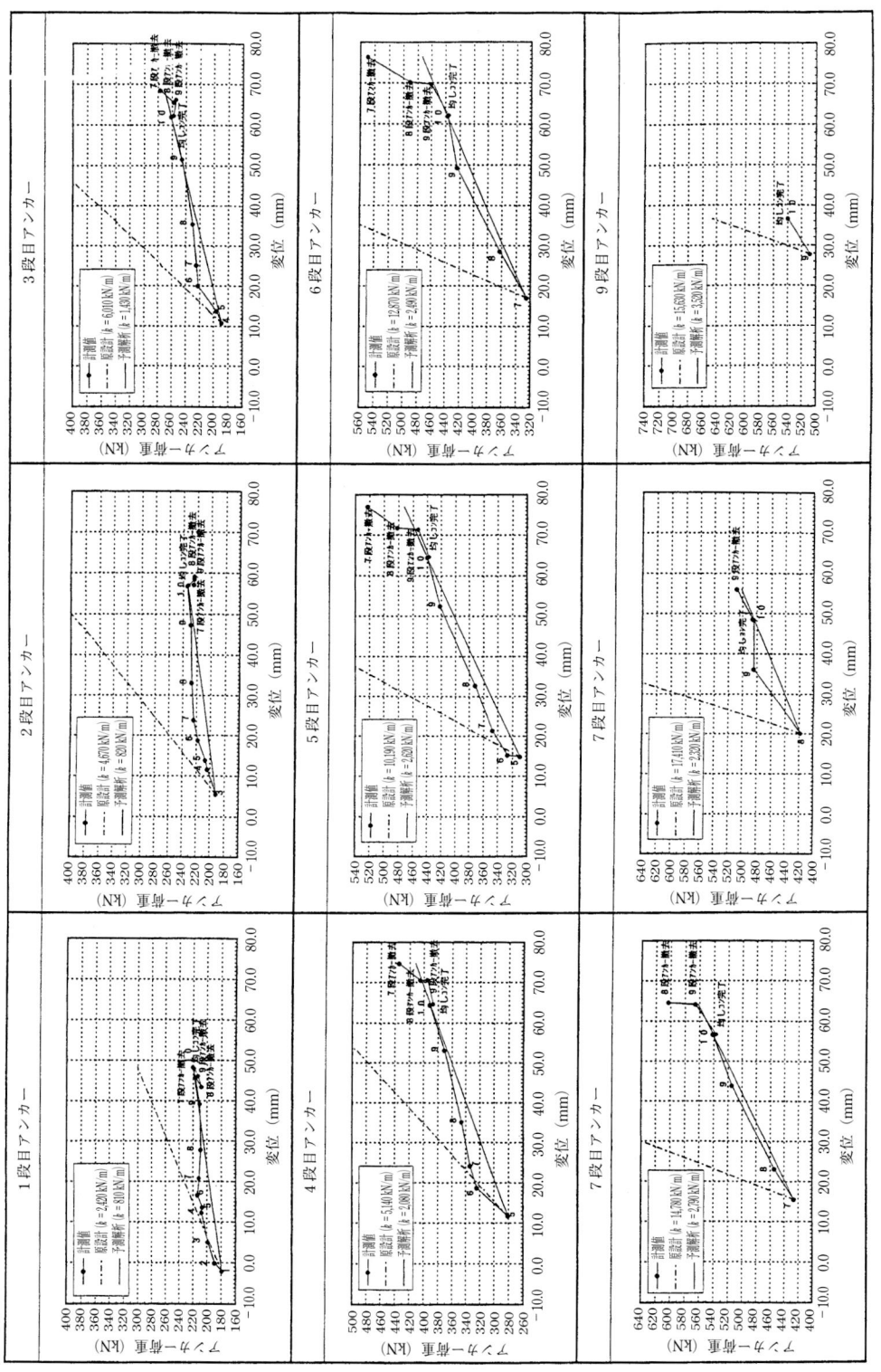

図7.48　土留め壁変位とアンカー荷重の関係(A測点)

これらの要因に対し，計測・観測結果から次のことがいえる．

① 計測器の異常：土留め壁変位とアンカー荷重の関係は，他の計測断面も同様な傾向を示していることから計測器の異常の可能性は低い．また，センターホール荷重計の電気抵抗チェックを行った結果，異常はみられなかった．加えて，挿入式傾斜計の3測点とも同じ傾向を示している．

② 壁面側圧，壁面水圧などの背面荷重増加：背面荷重が増加した場合，土留め壁変位の増加とともにアンカー荷重も増加するが，計測データではアンカー荷重は増加していない．また，側圧，水圧とも大きな変動を示していない．

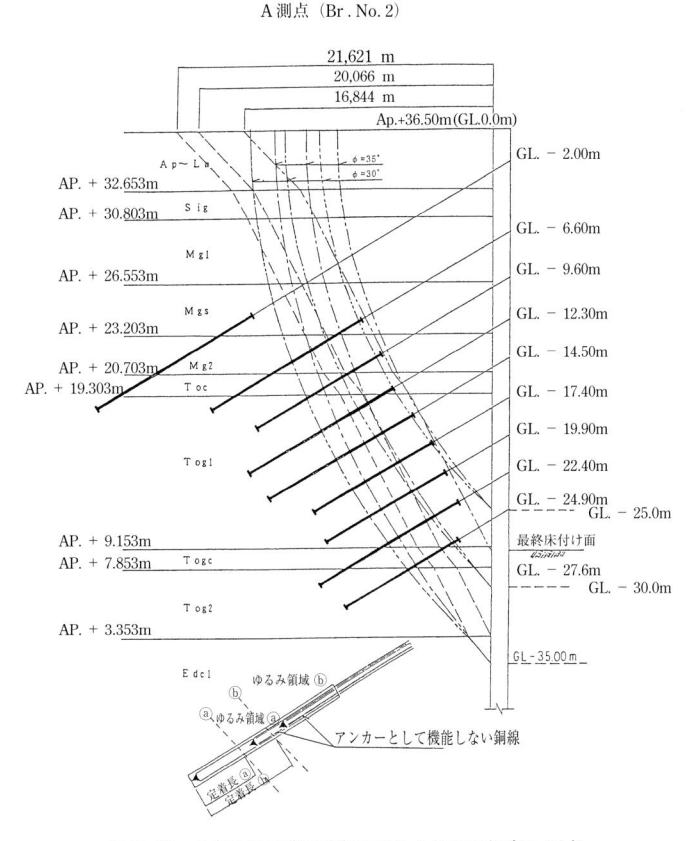

図-7.49 土留め壁の背面地盤のゆるみ領域の推定(A測点)

Cターン除去式アンカー工法

1本のアンカー孔の中に2組のアンカーケーブルが挿入されており，
個々のケーブルが独立したアンカーとして設計および管理を行う．

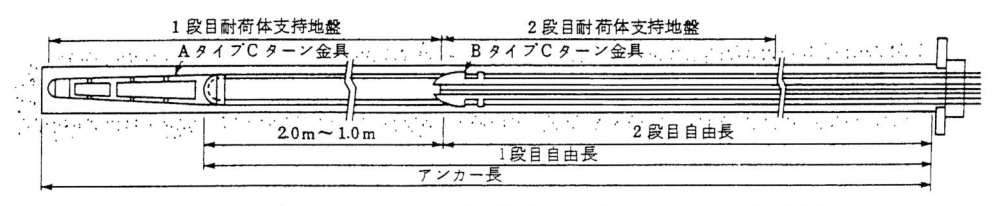

AタイプCターン金具とBタイプCターン金具を組合わせて使用したPCケーブル組立図例

図-7.50 除去式アンカーの構造

③，④　緩み領域の拡大，地すべりの発生：土留め背面側の著しい沈下やクラック等がみられない．

以上のことから，要因を特定することはが難しいが，壁変形に伴う土留め背面地盤緩み領域の拡大により，以下に示すようなメカニズムで現象が生じた可能性があると考えられるため，アンカー引抜き試験を実施して要因を確認することとした(図-**7.49**緩み領域の推定参照)．

＜現象発生メカニズム＞
・アンカー定着体の中に緩み領域が生じる．
・アンカー定着長が減少し，地盤との摩擦抵抗が減少する．
・アンボンド除去式アンカーの構造上の特徴によりアンカーとして機能する鋼線本数が減りばね値が低下する．

＜アンボンド除去式アンカーの構造の特徴＞

アンボンド除去式アンカーは，図-**7.50**に示すように異なる長さの鋼線が別々に荷重を負担する構造であり，鋼線自由長が長くなることからアンカーばね値は小さくなる．計測データによる換算ばね値は，第一耐荷体の鋼線のみが機能している場合のばね値に近い値を示している．

(2) アンカー引抜き試験結果

アンカー引抜き試験結果を図-**7.51**に示す．

a. 9段目アンカー引抜き試験結果

図-7.51から，変位は，理論値および適性試験結果に比べて大きい傾向にあるが，アンカーの破

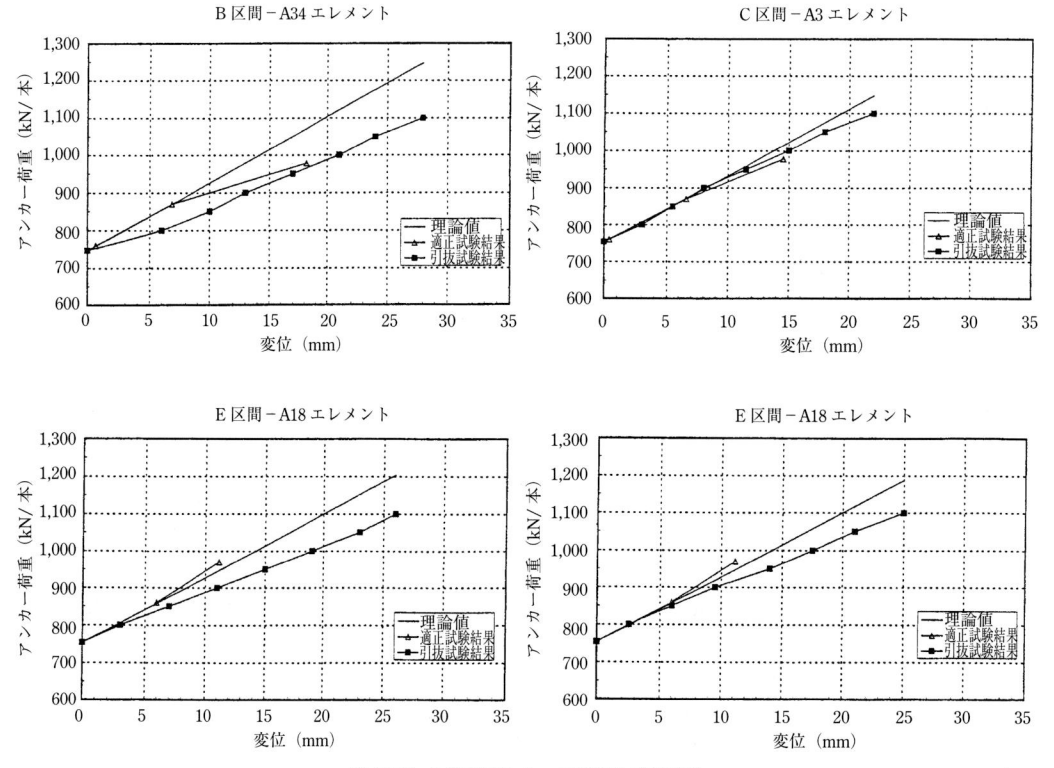

図-**7.51**　9段目アンカーの引抜き試験結果

断や引抜けの現象はみられず，アンカー体の極限引抜き力 (耐力) は設計荷重以上であることが確認できた．

b. 8～7段目アンカー引抜き試験結果

各測点とも9段目アンカー引抜き試験結果と同様に，理論値，適性試験結果とほぼ同様であった．

なお，PC鋼線が弾性範囲内であれば，フックの法則より荷重と伸び量の関係は線形となり，この関係をここでは理論値と呼んでいる．

7.2.7 土留め壁変形が設計値より大きくなった原因

以上の計測結果とその考察から，土留め壁の変形が設計値より大きくなった原因として考えられることをあげると，次のようになる．
① 掘削側地盤の横方向地盤反力係数が設計時の想定値より大きかった地層があり，その地層を掘削したため変位が大きくなった．
② 実際のアンカーばね係数が設計時より小さかった．ここで使用した除去式アンカー体の定着部機構が，事後に鋼線を引抜くため定着金具に巻き付ける構造となっている．このため，緊張時に定着部に巻いた鋼線も伸びることとなり，アンカーばね係数の設定での自由長の採り方として，定着部長さを含めて設計値とする必要があった．

参考文献

1) Hunder, J. (1972)：Defornation and earth pressure, *5th European Conf. on SMFE, pannel discussion*, 37-40.
2) Stroh, D. and Breth, H. (1976)：Deformation of deep excavations, *Numerical Method in Geomechanics, ASCE*, 686-700.
3) Sti11e, H. and Broms, B. B. (1979)：Load redistribution caused by anchor failures in Sheet pile walls, *Proc. of 6th European Conf. on SMFE*, 197-200.
4) Akai, K., Onishi, U. and Murakami, T. (1979)：Coupled stress flow analysis in saturated-unsaturated medium by finite element method, *Proc. of 3rd Int. Conf. on Numerical Methods in Geonecharlics*, 241-249.
5) Bull, J. W. (1994)：Soil-structure interaction- numerical analysis and modeling, E & FN Spon..
6) Vazuri, Hans H. (1996)：Numerical study of parameters influencing the response of flexible retainig walls, *Canadian Geotechnic Jour.*, **33**, 290-308.
7) 玉野富雄，結城庸介，六鹿史朗，松永一成，植下 協，富永克己 (1979)：多段式アースアンカーを用いた鋼矢板土留めの実測例，土と基礎，**27** (2)，25-32.
8) 玉野富雄，富永克己，小泉国土，植下 協 (1979)：ストレスパスメソドによる土留め挙動の解析例，第14回土質工学研究発表会，1473-1477.
9) 玉野富雄，植下 協，村上 仁，福井 聡 (1981)：打設状態がアースアンカーの引き抜き抵抗力に及ぼす影響，土と基礎，**30** (4)，23-28.
10) 玉野富雄，植下 協，村上 仁，結城庸介，田中正道，富永克己 (1982)：4段アースアンカーを用いた鋼矢板土留めにおけるアースアンカー除去時の力学挙動，土と基礎，**30** (5)，15-20.
11) 村上 仁，結城庸介，玉野富雄 (1982)：水処理施設建設に伴う大規模掘削工事の設計・施工例，下水道協会誌，**19** (217)，50-60.
12) 玉野富雄 (1983)：現場計測に基づくアースアンカーを用いた鋼矢板土留めの事例研究，土木学会論文報告集，**332**，127-136.
13) Murakami, H., Yuki, Y. and Tamano, T. (1988)：Performance and analysis of anchored sheet pile wall in soft clay, *Proc. of the Int. Conf. on Numerical Methods in Geomechanics*, 1341-1346.
14) 日本建築学会 (1970)：建築基礎構造設計基準・同解説，15-28.

15) 土質工学会 (1976)：アースアンカー工法，123-131.
16) 久保浩一，村上　守 (1963)：鋼矢板壁の透水性に関する一つの実験，土と基礎，**11** (2)，25-31.
17) Peck, R. B. (1969)：Deep excavations and tunneling in soft ground, *Proc. of 7th ICSMFE, State of the Art Report*, **1**, 225-290.
18) 東京都土木技術研究所 (1997)：白子川比丘尼橋下流調節池の土留め仮設挙動に関する報告書.
19) 金子義明，杉本隆男，米沢　徹 (1998)：支保工形式の異なる大規模土留め壁の挙動比較，東京都土木技術研究所年報 (平成10年)，23-34.
20) 土木学会 (1986)：コンクリート標準示方書　設計編.
21) 土木学会 (1996)：トンネル標準示方書　開削工法編.

第8章　土留め工と地盤変状および地下水

8.1　概　　論

　土留め・掘削工事を既設構造物や地下埋設物に近接して行う場合は，土留め架構の安全性の検討と同時に，周辺環境への影響についても配慮する必要がある．
　図-8.1に土留め・掘削と周辺環境の関係を概念的に示した．土留め壁を境に，掘削工事区域と周辺環境に分けて考えることができる．矢印は，掘削工事区域と周辺環境との境界を挟んで相互に作用している要因(土圧・水圧など)，および何らかの影響要因によって現われた現象(地盤変形や騒音・振動など)を表わしている．
　周辺環境から掘削工事区域に向かう矢印が示す現象の要因を「Aタイプの要因」とよび，その反対方向に向かう現象の要因を「Bタイプの要因」と呼ぶことにする[1]．
　土留めの設計に用いる土圧・水圧は，図に示すように周辺環境から掘削工事区域への影響要因の一つであり，設計時に検討するヒービングやボイリング現象も，Aタイプの要因による．地下水の掘削側への湧出もAタイプの要因であるが，周辺の地下水位の低下をもたらすのでBタイプの要因でもある．このように，Aタイプの要因は土留めの安全性と密接に関係があると同時に，Bタイプの要因ともなるので，土留めの安全性の確保は周辺環境への影響を少なくすることと密接に関係する．
　周辺環境への影響は，土留め壁の施工から埋戻し・撤去に至る一連の工程を通して，掘削工事区域と周辺環境との間に，Aタイプの要因が作用したりBタイプの要因が作用し，様々な現象となって現われる．
　この章では，掘削工事区域から周辺環境への影響要因による現象，すなわちBタイプの要因による現象のうち，地盤沈下と地下水について扱っている．

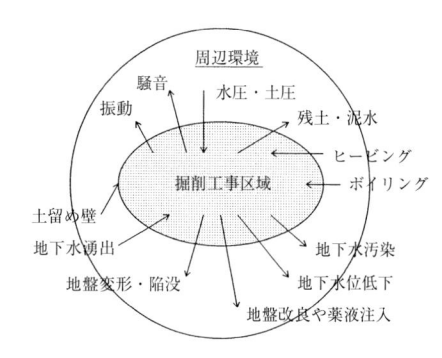

図-8.1　土留め工と周辺環境の関係

8.2　土留め工における地盤変状

8.2.1　概　　説

　既設構造物や地下埋設物に近接して仮設構造物を施工する場合に，土留め壁の応力の検討と同様に，土留め壁の変形および周辺地盤の変位の検討は重要である．掘削に伴う周辺地盤の沈下や側方変位が過大になると，土留め架構自体の安全性を低下させ，本体構造物の施工にも支障をきたすだけでなく，近接する既設構造物や地下埋設物に影響を与えることになる．したがって，土留め壁の変形および周辺地盤の変位を検討し，近接する既設構造物や地下埋設物への影響の程度を判定する．必要に応じて対策工法を施したり現場計測を行い，過大な変位が生じないようにしなければならな

い．

　土留め壁の変形については，土留め架構部材，壁面土圧や壁面水圧，地盤の定数を適切に設定して，土留め壁の設計に従えば推定することができる．

　一方，周辺地盤の変位や既設構造物に与える影響については，確立された手法がないのが現状である．

　ここでは，掘削工事に伴う周辺地盤の変形，とくに土留め壁背面側地盤の変形について，既往の研究成果やこれまでに用いられてきた手法をもとに，周辺地盤の変位の地盤工学的要因による分類，開削工事の施工過程でみた周辺地盤の変位，土留め壁背面地盤の地表面沈下の検討方法，そして対策工法について述べる．

8.2.2　地盤変状の分類と地中応力・地中変位

(1)　周辺地盤の変位の地盤工学的要因による分類

　開削工事に伴う周辺地盤の変位は，土留め壁を境に，土留め壁の背面地盤の変位と掘削底の下の地盤の変位に分けられる．それぞれの変位の形態を地盤工学的要因で分類すると，図-8.2のようになる．

　掘削底の下の地盤の変位については，第5章掘削底部地盤安定の力学を参照することとし，ここでは，土留め壁の背面地盤の変位を考える．

(2)　地盤内の応力状態と地中変位の形態

　掘削という行為は，今まで平衡状態が保たれていた地盤のバランスを崩すことであり，地盤内で地中応力の変化 (土圧と水圧の変化) と地中変位 (地中ひずみの発生) が起る．土留め壁の背面側地盤は，鉛直方向の土被り圧が変わらないまま水平方向の地盤内応力が減少し，掘削が進むと最終的にはいわゆる主働土圧状態に至る．また，掘削側地盤 (掘削底の下の地盤) は，鉛直方向に土被り圧が減少し，併せて土留め壁の根入れ部が掘削側に押し出され，水平方向に圧縮応力を受ける．掘削が進むと最終的に受働土圧状態に至る．

　粘性土地盤では，掘削中はこのような地中応力の変化が排水を伴わないで起ると考えられるので，この時生じる地盤の変位がせん断による変位であり，即時的な変形形態となる．また，掘削後は，土留め壁を挟んで背面側地盤と掘削側地盤との間に水圧差が生じており，土中の間隙水の移動が起って有効応力が変化する場合がある．この時生じる地盤の変位が圧密による変位であり，経時的で

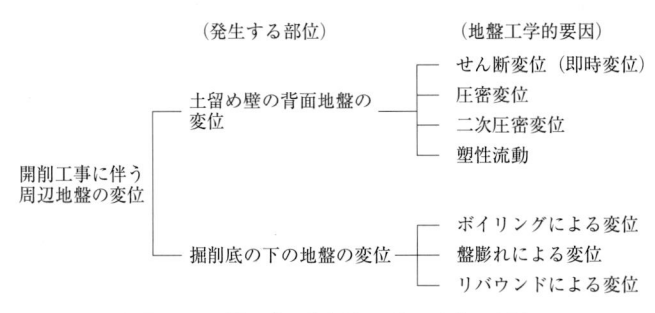

```
                              （発生する部位）              （地盤工学的要因）
                                                        ┌─ せん断変位（即時変位）
                         ┌─ 土留め壁の背面地盤の ──┤   圧密変位
                         │   変位                    │   二次圧密変位
                         │                           └─ 塑性流動
   開削工事に伴う ───┤
   周辺地盤の変位        │                           ┌─ ボイリングによる変位
                         └─ 掘削底の下の地盤の変位 ─┤   盤膨れによる変位
                                                        └─ リバウンドによる変位
```

図-8.2　開削工事に伴う周辺地盤の変位の分類

ある.

また，圧密による変位が終了した後も長期的に沈下が生じる場合があり，この変位を二次圧密による変位と呼んでいる．腐食土層の場合は，二次圧密による変位が大きい．

砂地盤の場合は，遮水性の土留め壁で地下水の掘削側への流入を防ぎながら施工することが多く，この場合の地盤の変位は，排水を伴わないせん断による変位と考えてよい．親杭横矢板土留め壁のように，開水性の土留め壁で掘削する場合は，排水を伴ってせん断による変位が地盤中で起る．いずれにせよ，これらの変位は，粘性土地盤の場合に比べて掘削とほぼ同時に起ると考えられるので，即時的に地盤の変位が生じる．

塑性流動とは，一定の外力のもとで塑性変形のひずみが時間とともに増加することをいうが，土留め掘削工事に伴う地盤変位の中で，現在の段階では，塑性流動による地盤変位を明確に定義するまでに至っていない．これに類する現象として，ヒービングが起って掘削底が経時的に浮上がる場合や，逐次掘削中に次段階掘削までの間に土留め壁の変形が増加し，地表面沈下が増加する場合などがあげられ，クリープ変位と呼ぶこともある．いずれにせよ，このような現象は，主として，非常に軟弱な地盤を掘削する場合にみられる．

(3) 開削工事の施工過程でみた周辺地盤の変位

開削工事にかかわる周辺地盤の変位を，土留め壁の施工からその撤去までの施工過程との関係でみると次のようになる(図-**8.3**参照).
① 土留め壁の施工に伴う地盤変位
② 掘削に伴う土留め壁の変形による地盤変位
③ 掘削に伴う地下水湧出や土砂流出による地盤変位
④ 掘削に伴う地盤の浮上り
⑤ 排水に伴う地下水位の低下による粘性土の圧密沈下
⑥ ヒービングやボイリングによる地盤変位
⑦ 切ばり撤去による土留め壁の変形による地盤変位
⑧ 土留め壁，中間杭，旧基礎杭等の撤去による地盤変位

これらの変位は，①せん断による変位(弾性的な即時変位)，②圧密による変位，③二次圧密による変位，④塑性流動といった形態で現われる．Peck[2]は，周辺地盤の変位がどのような形態で現われるかは，①地盤を構成する土の性状，②掘削の規模，③掘削の方法と土留め架構の施工方法，④施工者の技術的手腕，に依存するとしている．

このように，開削工事にかかわる周辺地盤の変位は，施工過程の各段階で発生する可能性がある．さらに種々の要因が重なって生じるため，事前の予測が大変難しく，確立した予測法がないのが現状である．したがって，施工の各段階で変位を抑制することが大切である．

a. 土留め壁の施工に伴う地盤変位

鋼矢板や杭の打設によって，周辺地盤に変位が生じる．これは，打設中の鋼矢板や杭が周辺の土を押し退けるためである．また，親杭横矢板工法のH形杭建込みや泥水固化壁を設置するために行うアースドリルや高圧噴射による先行掘削，そして連続地中壁を築造するための泥水掘削(第3章 参照)など，土留め壁の設置に伴っても周辺地盤に変位が生じる．これらの施工によって地盤の緩みや移動が生じるためである．これらの変位は一般的には小さいが，既設構造物に近接する場合には，最小限の変位にとどめなければならない．

第8章　土留め工と地盤変状および地下水

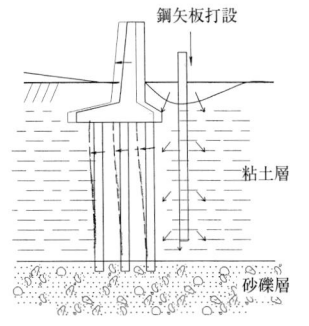

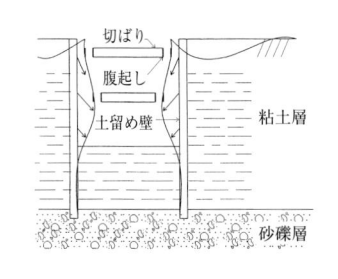

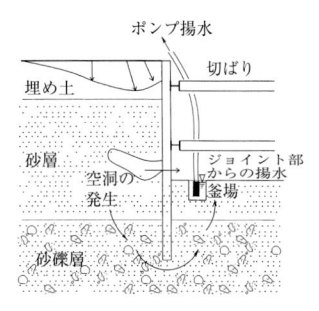

①土留め壁施工に伴う地盤変位　　②土留め壁の変形による地盤変位　　③地下水湧出による地盤変位

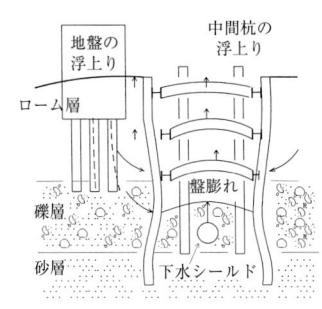

④掘削に伴う地盤の浮上り（盤膨れ）　　⑤地下水位低下による粘性土層の圧密沈下

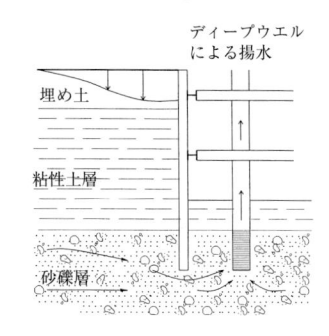

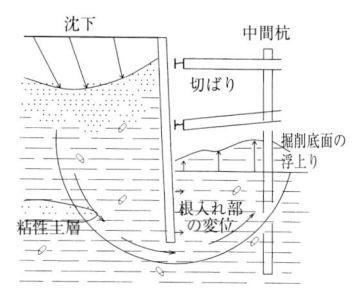

⑥-1 ヒービングによる地盤変位　　⑥-2 ボイリングによる地盤変位　　⑦土留め壁の撤去による地盤変位

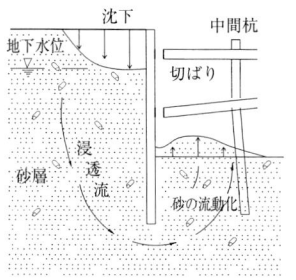

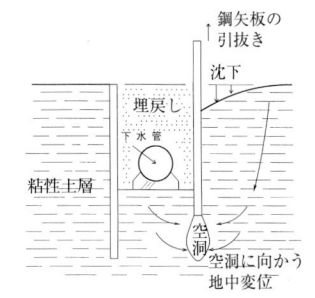

図-8.3　施工過程で見た周辺地盤の変位

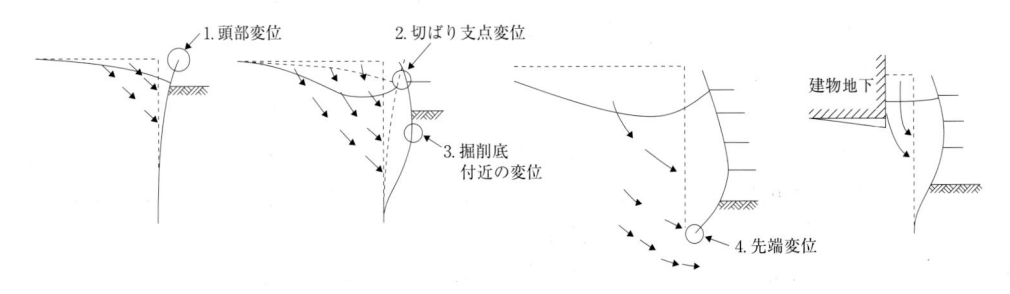

（a）1次掘削　　（b）2次掘削　　（c）最終掘削　　（d）近接して建築地下がある場合

図-8.4　土留め壁の変形と周辺地盤の変位

b. 掘削に伴う土留め壁の変形による地盤変位

土留め壁の変形による地盤変位を，逐次掘削過程を追ってみると，図-8.4[3]のようになる．

一次掘削時には，土留め壁の頭部の変位が最大となる片持ちばり的な変形が起り，背面側地盤の地表面沈下は壁際が最大となる沈下分布となる．二次掘削時には，壁は切ばり位置で水平変位が拘束され，掘削底付近が最大となる弓形の変形となる．地表面沈下の分布は，一次掘削時に生じた沈下分布に二次掘削によって増加した土留め壁の変形分布を地表面方向に90°回転させたものを加えた形に近いものとなり，壁際が小さく，壁から少し離れた位置で最大となる．以後，最終掘削まで，各段階の土留め壁の増分変形分布を地表面方向に90°回転させた形を累加したような地表面沈下分布となる．

土留め壁の最大水平変位は，通常，掘削底付近となるが，掘削底から基盤までの軟弱層厚さが大きく，土留め壁の根入れ先端は基盤に達しているが根入れ長が長い場合は，掘削底より深い根入れ部分で最大値を示すことがある．また，根入れ長が短く先端が軟弱地層中にある場合も，根入れ部分で最大値を示すことがある．これらの場合は，掘削底より浅い部分の壁の変位に比べて根入れ部分の変位が大きくなり，背面側地盤が掘削側に廻り込むように変形する．このため，地表面沈下が大きくなるので注意しなければならない．

c. 掘削に伴う地下水湧出や土砂流出による地盤変位

砂層や砂礫層地盤での掘削工事で，土留め壁のすき間，土留め壁の端部で止水が難しい場所，連続地中壁のジョイント部分，泥水固化壁のラップ不良箇所，親杭横矢板壁の裏込め不良箇所などから地下水が湧出したり，地下水と一緒に細かい砂が流出する場合がある．これらの土砂の流出を長期間放置しておくと，土留め壁の背面側地盤中に空洞ができ，突然地表面が陥没することがある．陥没によって，既設構造物の沈下や埋設管の破損など不測の事態を招いたり，これに伴って公衆災害に至ることは避けなければならない．

d. 掘削に伴う地盤の浮上り

掘削平面積が非常に大きい場合，掘削による掘削底の浮上りとともに周辺地盤が浮上り，地表面の隆起が観測されることがある[4]．どの程度の掘削規模の場合に起るかについて，正確な判定指標は現在ないのが実状である．なお，掘削底面の浮上りに関しては，第5章 掘削底部地盤安定の力学を参照されたい．

e. 排水に伴う地下水位の低下による粘性土の圧密沈下

地下水位より深い掘削を行う場合に，掘削底に集まる地下水を排水する．この排水に伴って，土留め壁背面側地盤中の地下水位が低下する場合，粘性土層や腐食土層といった層があれば，圧密沈下が生じる可能性がある．圧密沈下が生じるかどうかは，それらの層の地下水位が低下する前の有効土被り圧に地下水位低下による有効応力の増加分を加えた値が，地下水位が低下する前(工事前)の圧密降伏応力より大きいか小さいかによる．大きい場合に圧密沈下が生じることになるが，設計段階で圧密沈下量が大きく周辺への影響が懸念される場合には，土留め壁の種類に遮水性のものを選択し，後述する対策工が必要となる．

また，砂礫層などの滞水層を掘削するため，ディープウェル工法などで掘削面内の砂礫層の地下水位を下げることがあるが，掘削場所の周辺地盤に圧密沈下を起しそうな層が見当たらない場合でも，工事場所から遠く離れた場所の腐食土層などで圧密沈下を誘発することがある．このような障害を避けるためには，地下水位低下の影響範囲を井戸理論などで予測し，その範囲内で腐食土層などの圧密しそうな地層の有無を，工事場所付近の既存の地盤地質図などで調べておくことが大切である．

この他に，**8.5**の事例のように遮水性の土留め壁の設置により，地下水の流れが堰止められて，地下水の流れの上流側の水位が上昇し，下流側で低下することがある．下流側に腐食土層などの圧密しそうな地層があれば，圧密沈下が生じる可能性があるので，通水設備を事前に検討しておく必要がある．

f. ヒービングやボイリングによる地盤変位

軟弱地盤でのヒービング現象や砂質地盤での地下水湧出に伴うボイリング現象が起ると，掘削側の地盤の抵抗力が弱まり，土留め壁が大きく変形することがある．掘削側地盤が破壊した場合には，土留め壁の倒壊が起る．こうした場合に，土留め壁の背面側地盤で大きな地表面沈下がみられる．

したがって，地表面沈下は，掘削底の安定問題と密接に絡んでいる可能性があるので，大きな地盤沈下が生じた場合には，土留め架構の安全性確認をしなければならない．

g. 切ばり撤去による土留め壁の変形による地盤変位

切ばり撤去時にも，大きな土留め壁の変位が生じる可能性がある．築造した地下構造物と土留め壁の間を良質土で埋戻したり，捨てばりを設置して切ばりを撤去する．この時，土留め壁の支点は，その上に残されている切ばりおよび捨てばりや根入部地盤に替って支点間距離が増すため，土留め壁の変形が起る．通常，撤去した切ばりの直上段の切ばり反力は増加し，掘削時よりも大きくなる．この時の土留め壁の変形によっても地盤の変位が生じるので，埋戻し土を十分に締め固めたり，捨てばりの設置や本数を適正に決定しなければならない．

h. 土留め壁，中間杭，旧基礎杭等の撤去による地盤変位

軟弱粘性土地盤では，土留め鋼矢板の引抜きに伴い，U型鋼矢板のフランジ間に粘性土が詰った状態でかなりの土が鋼矢板と一緒に抜け上がり，空洞の発生とそれに伴う地表面沈下の生じることがある．砂質土地盤でも，軟弱粘性土地盤の場合ほど多くはないが，鋼矢板の引抜きとともに土が一緒に抜け上がる．親杭横矢板壁の親杭や中間杭のH形杭の場合も，鋼矢板と同様，引抜きとともに土がフランジ間に詰った状態で抜け上がり，かなりの空洞の発生と地表面沈下の生じることがある．また，土留め壁で囲った区域内で，旧構造物の基礎杭などを引抜く際にも同じようなことが起る．

鋼矢板などの引抜きに伴う地表面沈下（第**9**章参照）は，引抜きに伴い地盤中に空隙が生じ，周辺地盤がそこに押し出して空隙が減少することにより，地表面沈下が誘発されるためと考えられる．このような土留め壁，中間杭，旧基礎杭等の引抜きに伴う沈下対策として，引抜き直後に空隙を埋戻したり，引抜きと同時に貧配合のソイルセメントスラリーを注入して，空隙を充填しなければならない．

8.2.3 土留め壁背面地盤の地表面沈下量の推定方法

(1) 地表面沈下に及ぼす影響要因

多くの実測例をもとに，掘削に伴う土留め壁の背面地盤の地表面最大沈下量と沈下範囲（併せて，地表面沈下と呼ぶ）に及ぼす影響要因の寄与順序について，数量化理論Ⅰ類で分析した結果を後述の図-**8.16**[5]に示す．この分析結果から，地表面沈下の主な影響要因は，以下のようになる．

① 地盤の種別
② 土留め壁の種類
③ 掘削深さや掘削幅といった掘削の規模
④ 根入れ部地盤の硬さ

⑤　排水の有無

これらの要因は，土留め架構自体の安全性にかかわる設計上の検討項目と一致していることがわかる．

(2) 背面地盤の変位の予測法の種類

近接程度の判定で影響範囲，要注意範囲と判定された場合は，背面地盤や既設構造物の変形について予測しなければならない．土留め壁背面地盤の沈下に及ぼす主な影響要因として，前述した要因をあげることができるが，これらの要因が複雑に絡み合って背面地盤の沈下が生じていることから，確立した検討方法がないのが現状である．したがって，実務上は，既往の研究成果を参考とし，過去の経験や施工実績に基づいて推定している．背面地盤の沈下のうち，掘削中に生じる変位の予測方法は，次のように大別される．

①　過去の実測データに基づいた方法
②　すべり面を仮定する方法
③　有限要素法による方法

土留め壁背面地盤の沈下量に関する簡易予測法を，**表-8.1**に示す[6]．このうちのいくつかを以下に解説する．

(3) 過去の実測データに基づいた方法

過去の開削工事の背面地盤の沈下に関する実測データをもとに，影響要因との関係をまとめた方法である．いずれの方法も，背面地盤の沈下と影響要因との定性的な関係を示すものであり，絶対値を予測するものではなく，おおまかな目安を与えるものであることに注意する必要がある．また，影響要因との関係を誘導した実測データ群の特徴に留意して，関係図を用いなければならない．

a．Peckの方法

地表面沈下量に着目した代表的な手法として，Peckの方法がある．この方法は，欧米における多くの開削工事での実測データをもとに，地表面沈下の分布を最大掘削深さで無次元化して表わしたもので，地盤の種別により，**図-8.5**[2]のように3つの領域に区分している．この図にまとめられたデータは，土留め壁の種類として鋼矢板や親杭横矢板などの壁剛性の小さいものが用いられ，また，沈下量には圧密沈下も含んだ値となっている．

東京都土木技術研究所が収集したデータについて，図-8.5にならって整理した結果を**図-8.6**[7]に

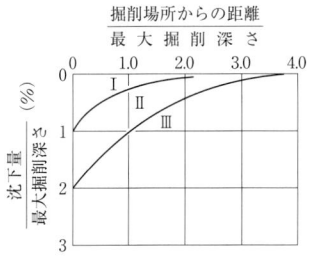

領域Ⅰ
　砂，および軟らかいないし硬い粘性土
　平均的な施工手腕

領域Ⅱ
　a) 非常に軟らかいないし軟らかい粘性土
　　1) 掘削底の下の粘性土層の厚さに限界がある．
　　2) 掘削底の下の粘性土層の厚さが，かなり深いしかし，安定係数の条件は $N_b < N_{cb}$
　b) 沈下量は施工の難しさの影響を受ける．

領域Ⅲ
　非常に軟らかいないし軟らかい粘性土で，掘削底の下の粘性土層の厚さが，かなり深い．

掘削の深さ
　軟らかい，ないし中位の粘性土　　約 6.0～18.9m
　硬い粘性土と粘着性の砂　　　　　約 9.6～10.5m
　粘着性のない砂　　　　　　　　　約 11.7～14.1m

図-8.5　Peckの方法による地表面沈下量の推定図

表-8.1(1) 土留め背面地盤の沈下量に関する簡易予測法

	研究者・適用	予測手法の説明	予測手法の概念図
1	Peck すべての地盤	・土の移動による沈下および圧密による沈下を含む．多くの実測例を基に，沈下量と土留めからの距離を掘削深さで除した無次元化量の関係を示している． Ⅰの領域 　砂および軟らかい〜硬い粘性土 Ⅱの領域 　a) 非常に軟らかい〜軟らかい粘性土 　　(イ) 粘性土層が掘削底より深いが層厚に限りがある 　　(ロ) 粘性土層が掘削底からかなり下まで続く 　　　ただし $N_b < N_{cb}$ 　b) 施工の困難さのためによる沈下 Ⅲの領域　非常に軟らかい〜軟らかい粘性土層が掘削底からかなり下まで続き，$N_b > N_{cb}$	地盤の特性と無次元沈下量
2	阿部・木島 軟弱粘性土	・10例の実測データ （$\phi = 0$ の軟弱粘性土，粘着力＝20〜30 kN/m²） から，沈下量を掘削深さにより無次元化し，壁の曲げ剛性により三つの種類に分類し，整理している． 　連 壁：$EI > 6 \times 10^{12}$ （N・cm²/m） 　柱列杭：$EI = 2 \sim 4 \times 10^{12}$ （N・cm²/m） 　シートパイル：$EI < 1 \times 10^{12}$ （N・cm²/m）	壁の剛性と無次元沈下量
3	Mana & Clough 軟らかいないし中位の粘性土	・実測データを基に，有限要素法を用いた検証による ①Terzaghiが提案したヒービング安全率（F_s）と土留め壁の最大水平変位，地表面最大沈下量との関係を，実測値により整理 ②同様に，FEM（Duncan & Chang，有効応力解析）による検証 ③安全率 $F_s \leq 1.5$ で，急激に沈下量が増大	ヒービング安全率と無次元沈下量（破線）
4	杉本 粘性土＋砂	・実測データを基に，有限要素法により検証 ①実測値の整理 ②最大沈下量に対する要因分析 ③掘削係数と最大沈下量の関係 　　掘削係数：$\alpha_c = \dfrac{BH}{\beta_D D}$　$\beta_D = \sqrt[4]{E_s/EI}$ ④FEM（Duncan & Chang，有効応力解析）での検証 　・根入れ部に締まった砂もしくは硬い粘性土層がある 　　領域区分より小さい沈下量 　・根入れ層に締まった砂もしくは硬い粘性土層がない 　　掘削係数10以下，連続地中壁以外は，大きい沈下量 　・連続地中壁 　　小さい沈下量	掘削係数と地表面最大沈下量

表-8.1(2) 土留め背面地盤の沈下量に関する簡易予測法

	研究者・適用	予測手法の説明	予測手法の概念図
5	杉本・佐々木 粘性土＋砂	・実測を基に，有限要素法により検証 ①実測データから，地表面最大沈下量と土留め壁の最大たわみ量の関係を整理 ②FEM（Duncan＆Changモデル，有効応力解析）により検証 ③両者の傾向が，特別（圧密沈下量が顕著）な場合を除き 　最大沈下量＝0.5〜1.0×（最大たわみ量）の範囲になることを示す	土留め壁最大たわみ量と地表面最大沈下量
6	丸岡・幾田 沖積粘性土，N値＜10の砂，変形5mm以上	・土留めの変形による沈下 ・掘削による地盤の浮上り ・背面地盤の回り込みが主要因のもの ①実測の整理：一次掘削時の沈下量と変形の比 　　　　　　二次以降は，一次掘削からの増分 ②一次掘削：r/D≦5 　　$S_{(1)max}$≦$0.4 \cdot Y_{(1)max}$ ③二次〜：r/D≦2 　rが大きくなると，Sは小さくなる 　r/D＞2　一次と同じ傾向（r/Dに無関係） ④全体として， 　$\dfrac{S_{(1)}}{Y_{(1)max}} \cdot \dfrac{S_{(n)}-S_{(1)}}{(Y_{(n)}-Y_{(1)})_{max}} \leq 1.0$	(a) 一次根切り (b) 二次根切り以降 壁の変位と沈下量
7	松尾・川村 軟らかいないし中位の粘性土	・実測データから， ①土留め壁の最大たわみとたわみ面積 ②たわみ面積と沈下面積 ③最大沈下量と沈下面積の関係をまとめ 　最大たわみ量と最大沈下量の関係を弱い比例関係として示している ①土留め壁最大たわみとたわみ面積の関係 　$\delta_{max}=71.3\,A_d+23.45$ ②土留め壁のたわみ面積と沈下面積の関係 　$A_d=1.138\,A_s-0.5937$	たわみ面積と沈下面積 最大沈下量と最大たわみ量の関係
8	松尾・川村 軟らかいないし中位の粘性土	・円弧すべりの検討より予測する ①円弧すべりの最小安全率を求める ②最大沈下量 　安全率 F_s＜1.15で沈下量が増大 　$S_{max}=\dfrac{1}{0.654\,F_{smin}-0.719}$ 　（F_s≧1.10） ③沈下影響範囲 　$(D/H)=-1.04\,(D/H)+4.65$ 　B：臨界円と地表面交点までの距離 　(D/H)は，2〜4 ④最大沈下量発生位置 　最終的には，掘削深さの1/2前後の位置	最小安全率と最大沈下量

表-8.1(3) 土留め背面地盤の沈下量に関する簡易予測法

研究者・適用	予測手法の説明	予測手法の概念図
丸岡・幾田 9 軟弱粘性土	・粘性土層の圧密を考慮した計算による (1)揚水による沈下量 　多層系の一次元圧密（Abbottの方法） (2)土留め壁の変形による沈下量 　①弾塑性法による変形解析 　②増分変位からゼロひずみ線 　　（対数らせんまたは円弧＋直線） 　③土のせん断時の体積変化を考慮し，背面地盤の変位速度，地表面での変位速度から沈下量を求める ゼロひずみ曲線	ヒービング安定係数と無次元沈下量

示す．砂質土地盤については，2件のデータを除いて範囲Ⅰに入っており，[地表面沈下量/最大掘削深さ]の値は，0.3％以下である．ここで整理されたデータは，壁の剛性の大きい土留め壁が多いこと，砂質土地盤のN値が10〜35と良好な性状を示していることにより，沈下量が小さくなっている．粘性土地盤についても，1件のデータを除いて範囲Ⅰと範囲Ⅱに入っており，そのうち半数以上の事例は範囲Ⅰに入っている．沈下量が小さいのは，剛性の大きい壁を使用し，プレロード工法を採用するなど，壁の変形を極力抑えているためである．

b. 土留め壁の変形量A_dと地表面の沈下土量A_sとの関係を用いる方法

土留め壁の変形に伴う変形土量A_dと地表面の沈下土量A_sとの関係に注目し，$A_s = A_d$として沈下を推定する手法である（図-**8.7**[8]参照）．図-**8.8**[8]に実測データで両者の関係を調べた結果を示す．

図中の▼印で示した事例は掘削の進行に伴う$A_s〜A_d$の関係をプロットしたもので，掘削の初期段階で$A_s = A_d$，6次掘削，8次掘削で$A_s > A_d$となっている．また，他の実測データも併せてプロットした．圧密沈下の影響が大きいと考えられる事例では$A_s > A_d$となり，圧密沈下が小さいと考えられる事例では，$A_s < A_d$となる傾向が認められている．

このことから，地下水位の低下の影響が考えられる場合には，別途，圧密沈下量を計算し，土留め壁の変形による沈下量に加える必要がある．

c. 土留め壁の最大たわみ量$\delta_{H\max}$と地表面最大沈下量$\delta_{v\max}$の関係を用いる方法

22件の実測データおよび有限要素法による解析結果から，土留め壁の最大たわみ量$\delta_{H\max}$と地表面最大沈下量$\delta_{v\max}$の関係を調べた結果を，図-**8.9**[9]に示す．この図は，圧密沈下が大きい場合を除いて，地表面最大沈下量は，土留め壁の最大たわみ量のおおむね0.5〜1.0倍であることを示している．

d. 掘削係数αと地表面最大沈下量$\delta_{v\max}$の関係を用いる方法

開削工事に伴う地表面沈下量に関する多数の実測データをもとに，数量化理論を用いて要因分析を行い，地表面最大沈下量$\delta_{v\max}$に影響を及ぼす要因を抽出すると，後述する図-**8.16**に示すようになる．そのうちの主な要因を組合せて次式で表わされる掘削係数αを定義し，最大沈下量との関係

8.2 土留め工における地盤変状

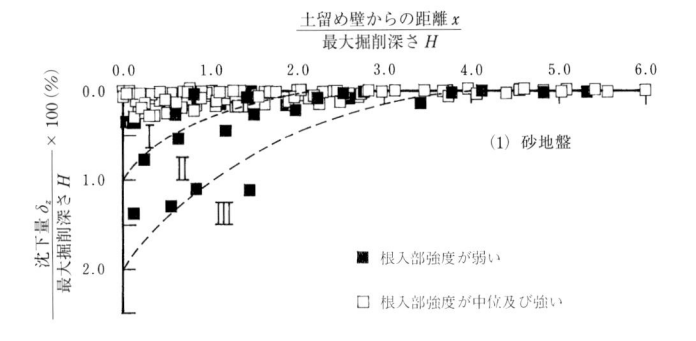

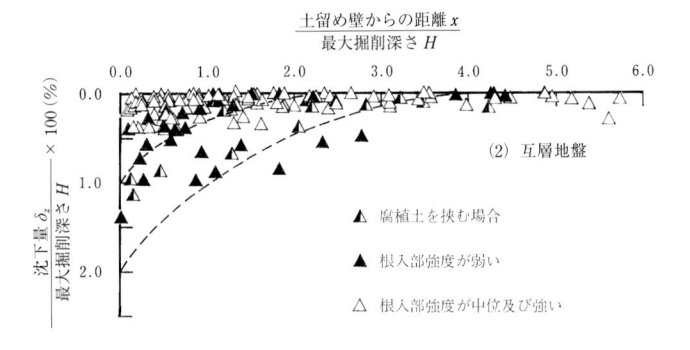

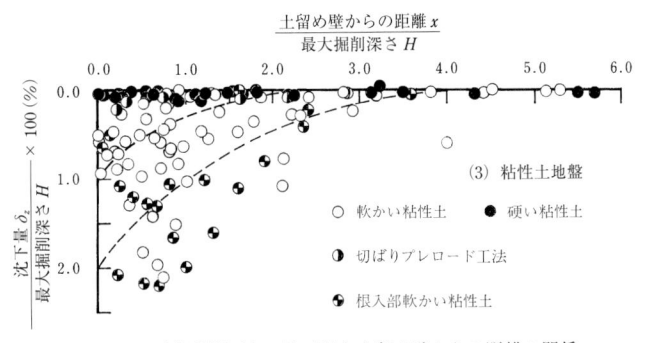

図-8.6 地盤種別ごとの沈下量と土留め壁からの距離の関係

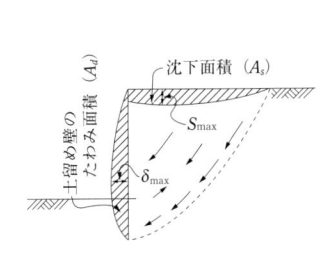

図-8.7 土留め壁のたわみ面積 (A_d) と地表面の沈下面積 (A_s) の概念図

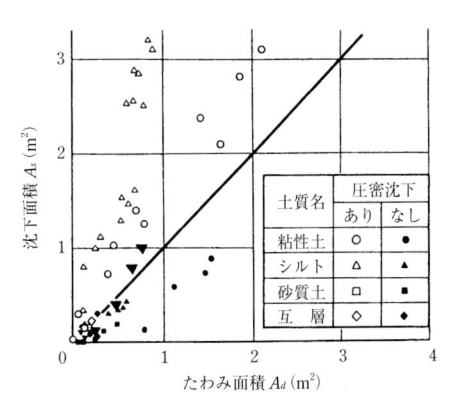

図-8.8 土留め壁のたわみ面積 (A_d) と地表面の沈下面積 (A_s) の関係

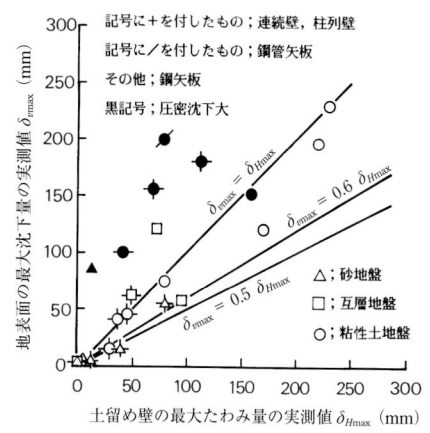

図-8.9　土留め壁の最大たわみ量と地表面最大沈下量の関係

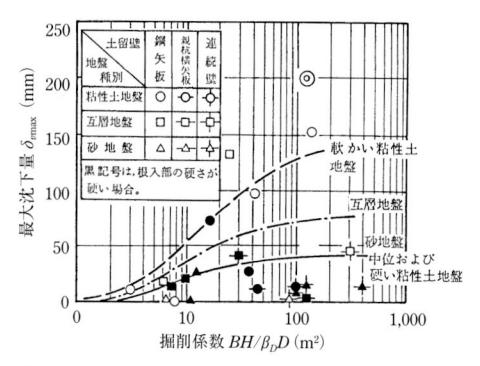

図-8.10　掘削係数 α と地表面最大沈下量 δ_{max} の関係

を求めると，図-8.10[10]のようになる．

$$\alpha = \frac{BH}{\beta_D D}$$

ここで，β_D：根入れ係数 $[\beta_D = (E_S/EI)^{1/4}]$，
　　　　EI：土留め壁の曲げ剛性，
　　　　E_s：根入れ部地盤の土の変形係数の平均値．

なお，図の適用範囲は，掘削深さ H は $H \leqq 20$，掘削幅 B は $B/H \leqq 3$，根入れ長 D は $D \geqq 2/\beta_D$ の条件を基本とする．

図中の3本の曲線は，地盤種別ごとの領域区分線である．根入れ部に締まった砂もしくは硬い粘性土層がある場合 (黒記号) は，いずれの地盤種別の場合も領域区分線より小さい最大沈下量となる．根入れ部に締まった砂もしくは硬い粘性土層がない場合 (白抜き記号) は，領域区分線付近の最大沈下量となる．連続地中壁を採用した場合は，掘削係数が大きいにもかかわらず，砂地盤もしくは中位および硬い粘性土地盤の領域区分線より小さい最大沈下量となる．圧密沈下が大きい場合 (図中の□，◎印) は，軟らかい粘性土地盤の領域区分線を大きくこえる．

(4)　すべり面を仮定する方法

Roscoe[11]は，砂の土槽実験で，土留め壁の変形によって生じる背面地盤内のせん断ひずみと体積ひずみ分布を詳細に分析し，伸びひずみがゼロとなる曲線網 (ゼロひずみ曲線網 S_1 と S_2) が塑性論でいう速度特性曲線網に相当し，すべり面と一致することを確認している．このことから，土留め壁の変形を境界条件とし，速度特性曲線網の交点での変位と自由境界になる地表面の変位を求めている．この考え方を沖積粘性土地盤に応用し，図-8.11[12]に示すように壁の増分変位モードと背面に生じるすべり線を仮定し，その線上でのゼロひずみから背面地盤の変位を推定するものである．

土のせん断変形に伴う体積変化が無視できる場合 (ダイレイタンシー角がゼロ) の具体的な計算手順は，次の通りである．

① 一次掘削時のすべり線は，水平面と45°の傾きをもつ S_2 直線とそれに直行する S_1 直線と仮定する．土留め壁の水平変位 δ_H のすべり線 S_2 に沿う方向のベクトル V_0 ($=\sqrt{2}\delta_H$) が地表面での変位ベクトル $V = V_0$ となる．

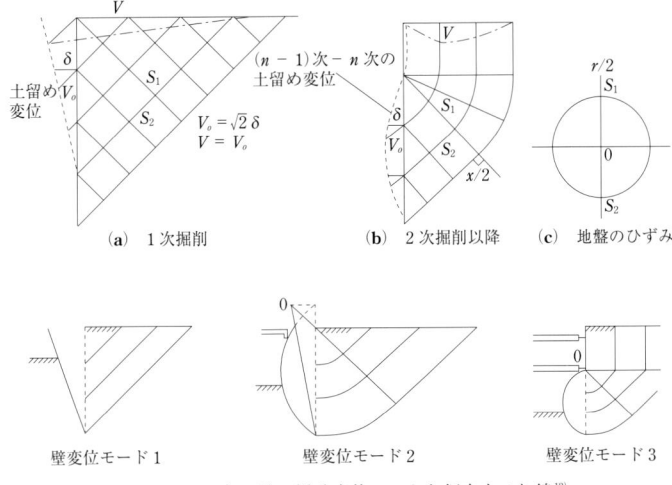

図-8.11 土留め壁の増分変位モードと仮定すべり線[12]

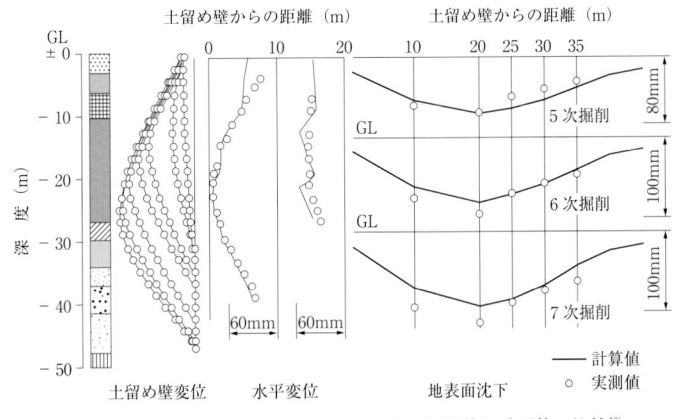

図-8.12 設定すべり線に基づく地盤変位の解析値と計測値の比較[12]

② 二次掘削以降のすべり線は，切ばり位置より深い領域で，水平面に対して45°の傾きの直線すべりと円弧すべりを組合せたすべり線網，浅い部分で鉛直すべり線と仮定し，土留め壁の水平変位δ_Hのすべり線S_2に沿う方向のベクトル$V_0(=\sqrt{2}\delta_H)$が地表面での変位ベクトル$V=V_0$となる．

③ 最終掘削後の地表面沈下量を計算するには，各掘削段階の土留め壁変位増分を用いて②を繰返し累加する．

$$\delta_m = \delta(y_1) + \sum_{i=1}^{m} \delta(y_i - y_{i-1})$$

ここで，$\delta(y)$：各i掘削段階の土留め壁変位増分に応じた設定すべり線による沈下量．

この方法に基づく計算値と実測値の比較を，**図-8.12**[12]に示す．

(5) 有限要素法による方法

背面地盤の変位の数値解析による予測法として，有限要素法がある．掘削解放力を掘削面に与えて，背面地盤の変位を計算する方法が一つである．その他に，土留め壁の設計で計算した壁体変位を強制変位として与えて背面地盤の変位を計算する方法や，土留め壁の実際の計測変位を強制変位

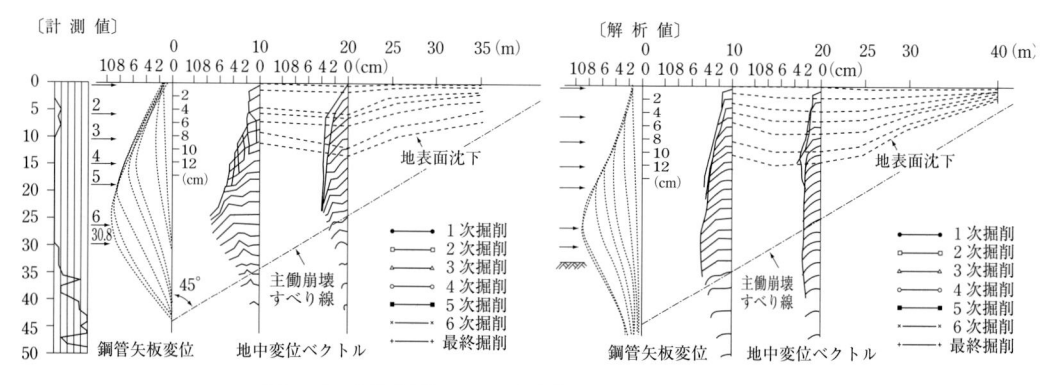

第8章 土留め工と地盤変状および地下水

図-8.13 有限要素法による地盤変位の解析値と計測値の比較[13]

として与える方法などがある．図-8.13[13]に有限要素法による解析値と計測値を比較した例を示す．解析値は，二次元平面ひずみ状態で，地盤を弾性体と仮定したものである．解析値は計測値にかなり近似した結果となっている．なお，有限要素法の適用にあたっては，その手法の長所と短所を十分考慮して，解析結果を評価することが大切である．

8.2.4 既設構造物の変位量の予測

既設構造物の変位量の予測方法には，現在，確立したものはないが，次のような方法が用いられている．
① 既設構造物に地盤の変位を強制変位として与える．
② 既設構造物に荷重を加える．
③ 既設構造物と地盤とを一体として，有限要素法などの方法により解析する．

これらの方法によって予測した変位量が大きい場合は，対策工を施す．対策工法としては，開削工事に伴う地盤の変位を地盤改良工法などの補助工法で抑えて既設構造物への影響を防止する方法と，アンダーピニングなどのように既設構造物を直接補強する方法がある．また，必要に応じて沈下計や傾斜計などで既設構造物の挙動を監視する．

8.2.5 対 策 工

土留め壁の背面側地盤の変位による既設構造物や地下埋設物への影響が大きいと考えられる場合は，次のような対策工が必要となる．

(1) 地下水位の低下を抑える方法
① 遮水性の高い土留め壁を採用する．
② 土留め壁の根入れ先端を難透水層へ根入れする．難透水層が存在しない場合は，根入れを長くし，土留め壁の背面側地盤から掘削底に廻り込む地下水の動水勾配を長くする．
③ 掘削底面の下の地盤の透水係数を下げて，掘削底面からの地下水の湧出を防ぐため，薬液注入工法で改良する．
④ 地下埋設物により土留め壁に不連続部が生じ遮水性が損なわれることがあるので，可能な限り，地下埋設物は事前に切り回しておく．切り回しができない場合は，薬液注入工法や地盤改良工法により，土留め壁相当の性能を確保した改良壁を構築しなければならない．
⑤ 土留め壁背面側を薬液注入工法などで地盤を改良し遮水性を高める．この場合，地盤改良に

より，土留め壁に変形などの影響を与えないように施工しなければならない．
⑥ 掘削底面で処理する地下水を背面側地盤に戻すなどの復水工法を採る．

(2) 土留め壁の変形を抑える方法
① 掘削面側の地盤を改良して受働抵抗を上げる．また，必要に応じて，先行地中ばりを設ける．なお，軟弱粘性土地盤の場合，掘削底面側の地盤改良により，土留め壁が過大に背面側地盤に押し込まれないように注意する必要がある．
② 掘削を小さい区間に分けて行い，掘削の影響を少なくする．掘削幅が大きい場合は，断面の中央部から掘削し，土留め壁の際を切り残すなどの工夫により，土留め壁の変形を少なくできる場合がある．
③ 各段階の掘削終了後，速やかに腹起しや切ばりなどの支保工を設置し，プレロードをかける．また，土留め壁と腹起しの間のすき間をモルタルなどでしっかり埋めるのも効果的である．
④ 切ばり支保工の鉛直間隔を短くする．
⑤ 曲げ剛性の大きい土留め壁を採用する．

8.3 土留め工事における地盤変状の要因と対策

8.3.1 概　　説

土留め工事の主な目的は，
① 掘削周辺の地盤の崩壊を防ぎ，
② 地下水の湧出を抑え，
③ 施工の安全性を確保する，
ことである．

前節で述べたように，土留め・掘削工事における地盤変状は，土留め壁自体の施工から構造物が出来上がって仮設構造物としての土留め壁を引抜くまでの，各施工段階で生じる可能性がある[14]．

ここでは，地盤変状を地表面沈下量と狭義に定義し，土留め壁の背面地盤沈下量を測定した工事例について，数量化Ⅰ類を用いて要因分析を行い，影響度の大きい要因を抽出する．また，有限要素法による各要因のパラメトリックスタディを行い，要因効果を試算した[15]．

8.3.2 既往の研究で検討された要因

土留め工事における地表面沈下量にかかわる既往の研究で取上げられた要因は，次のようである．
① 地盤特性にかかわる要因
　・地盤の硬さの程度 (N値，相対密度等)
　・施工場所の地形
　・地下水
② 土の力学特性にかかわる要因
　・土の粘着力
　・ヒービングの安定係数
　・円弧すべり最小安全率
③ 土留め壁の構造特性にかかわる要因

・土留め壁の剛性
・支持形式
・土留め壁の変形
④ 掘削の規模にかかわる要因
・掘削深さ
・掘削面積
・掘削幅

このように，地表面沈下量に影響する要因は種々あげられるが，どの要因の影響度が大きいかを知ることは対策工を考えるうえで大変重要である．

8.3.3 地表面沈下量の要因分析とその結果

前項であげた地表面沈下の要因の影響度を推定するため，数量化理論Ⅰ類による要因効果の比較を行った．

(1) 数量化理論Ⅰ類による要因効果の比較方法

a. 数量化理論Ⅰ類

地表面最大沈下量や沈下範囲などの目的変数 Y の予測値 $\hat{Y}$ が，地盤の硬さや掘削深さなどの説明変数(要因) X_j の一次多項式で表わされるものと仮定すると，

$$\hat{Y} = X_1 + X_2 + X_3 + \cdots\cdots + X_m = \sum X_j \tag{8.1}$$

ここで，$X_j = \sum \delta_{(jk)} x_{(jk)}$ (8.2)

$x_{(jk)}$：アイテム・カテゴリ数量，$\delta_{(jk)}$：クロネッカーのデルタ．要因 X_j の範疇区分 k に該当する場合に $\delta_{(jk)} = 1$，該当しない場合に $\delta_{(jk)} = 0$ である．

目的変数の実測値 Y_i とその予測値 $\hat{Y}_i$ との平均二乗誤差 e_{YY}^2 を最少にする条件から，次の連立方程式を得る．

$$\sum \sum n_{(jk)(uv)} x_{(uv)} = \sum_{(jk)} Y_i \tag{8.3}$$
$$(j = 1, 2, \cdots, m ; i = 1, 2, \cdots, n)$$

ここで，$n_{(jk)(uv)}$：アイテム・カテゴリ $c_{(jk)}$ かつ $c_{(uv)}$ への該当数
$\sum_{(jk)}$：$c_{(jk)}$ に該当した個体 i だけの和

この連立方程式を解いて得られた要因 j のアイテム・カテゴリ数量 $x_{(uv)}$ の最大値と最小値の差をレンジと呼ぶ．レンジの大きい要因は，目的変数に対して大きな影響を与えるので，レンジで要因効果の比較を行う．

b. 目的変数の選択

地表面沈下の程度を表現する数量として，実務的に問題となる最大沈下量と沈下範囲を選択した．なお，ここでの地表面沈下量には土留め壁撤去による沈下を含まない．また，沈下範囲は，実務上の観点から2 mm以上の沈下量が測定された範囲とした．

c. 要因の選択と要因ごとの範疇区分

要因の選択は，次の点に留意した．第一に，地盤特性，土の力学特性，土留め壁の構造特性，そして掘削の規模を表わす要因をそれぞれ1つ以上選ぶ．第二に，従来の研究でとくに影響度が大きいといわれたものを考慮する．第三に，計画や設計段階で必ず検討され，かつ，収集した工事例に

8.3 土留め工事における地盤変状の要因と対策

表-8.2 要因と要因ごとの範疇　　　（単位：m）

	要因	範疇区分				
①	掘削部の地盤種別	砂地盤		互層地盤	粘土地盤	
②	掘削部の地盤の硬さ	緩い,もしくは軟らかい		中位	締まった,もしくは硬い	
③	根入部の地盤の硬さ	緩い,もしくは軟らかい		中位	締まった,もしくは硬い	
④	掘削深さ H	$H≦5$	$5<H≦10$	$10<H≦15$	$15<H$	
⑤	掘削幅 B	$B≦5$	$5<B≦10$	$10<B≦15$	$15<B$	
⑥	根入長 D	$D≦5$	$5<D≦10$	$10<D$	―	
⑦	排水状況	強制排水		釜場排水	湧水なし	
⑧	土留め壁の種類	親杭横矢板	鋼矢板	連続壁	柱列壁	鋼管矢板

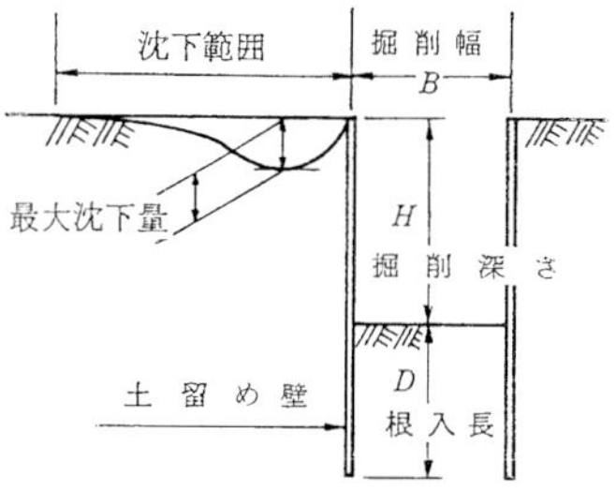

図-8.14 土留めの模式図

表-8.3 地盤種別ごとの地盤の硬さの判定

地盤の硬さ／地盤種別	緩い,もしくは軟らかい	中位	締まった,もしくは硬い
砂地盤	$N≦10$	$10<N≦30$	$30<N$
互層地盤	$N≦8$	$8<N≦20$	$20<N$
粘土地盤	$N≦5$	$5<N≦10$	$10<N$

（Nは標準貫入試験によるN値）

共通した要因であること．この結果，選択した要因は表-8.2に示す8要因で，おのおのの範疇区分は3～5区分とした．なお，土留めの模式図を図-8.14に示す．

d. 要因の範疇区分

1) 地盤種別

ボーリング柱状図で土の種類が不明確な埋土層もしくは盛土層を除き，地表面から最大掘削深さまでの地層を次の判定基準で区分した．

①砂地盤　　：$h_s/H≧0.55$，かつ $h_s/h_c≧1.5$
②粘土地盤：$h_c/H≧0.55$，かつ $h_c/h_s≧1.5$
③互層地盤：①，②以外の地盤

ここで，h_s：砂質土層の合計厚，h_c：粘性土層の合計厚，H：最大掘削深さ．

2) 掘削部と根入部の地盤の硬さ

掘削部と根入部の地盤の硬さは，TerzaghiとPeck[16]のコンシステンシーと標準貫入試験のN値の関係を参考に，式(8.4)で計算した層平均N値で表-8.3のように区分した．

$$N_c = (\sum N_i h_i)/H$$
$$N_s = (\sum N_i h_i)/D \tag{8.4}$$

3) 掘削深さと掘削幅

掘削深さと掘削幅の区分は，基規準類を参考に表-8.2のように5m間隔とした．

4) 根入長と排水状況

根入長は掘削深さの範疇区分に準じて，表-8.2のように5m間隔とした．また，排水状況の区分はウェルポイント工法などにより強制的に地下水位を低下させる場合，掘削底の一部に釜場と称する集水場を設けて排水する場合，そして湧水が無い場合の3区分とした．

5) 土留め壁

土留め壁の剛性やその遮水性は地表面沈下量に影響する重要な要因の一つであり，表-8.2のように土留め壁の種類で範疇区分した．

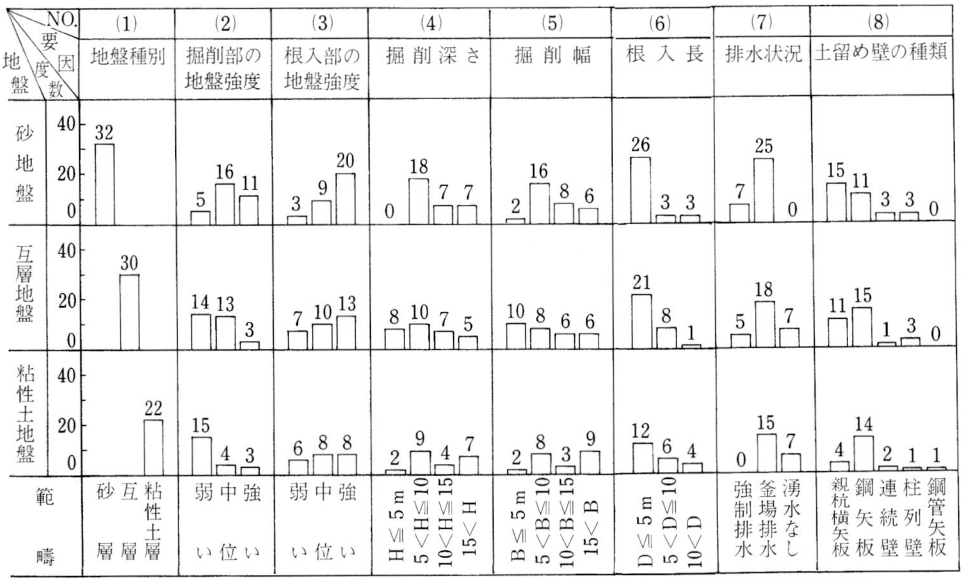

第8章　土留め工と地盤変状および地下水

図-8.15 要因ごとの範疇の度数分布

分析に用いた84件の工事例について，以上の要因とその範疇区分の度数分布を示すと図-**8.15**のようになる．

なお，84件の工事例の最大沈下量の平均値は，砂地盤で20 mm，互層地盤で33 mm，粘性土地盤で105 mmであった．沈下範囲の平均値は，砂地盤で17 m，互層地盤で23 m，粘性土地盤で27 mであった．

(2) 要因分析の結果

84件の工事例をサンプルとした場合 (以後，全工事例の場合という)，地盤種別ごとの工事例をサンプルとした場合について，要因効果の比較を行った結果を図-**8.16**に示す．目的変数が最大沈下量の場合と沈下範囲の場合に分けてある．以下，レンジの大きさが上位3位までの要因を主要因と呼ぶことにする．

a. 全工事例

最大沈下量の主要因は，①土留め壁の種類，②掘削幅，③地盤種別である．沈下範囲の主要因は，①土留め壁の種類，②排水状況，③地盤種別である．最大沈下量と沈下範囲を合わせて地表面沈下の程度ということにすれば，地表面沈下の程度に影響する最も重要な要因は土留め壁の種類であり，地盤種別も重要な要因であることを示している．そして，もう一つの主要因は，最大沈下量の場合が掘削幅で，沈下範囲の場合が排水状況となっている．

b. 砂 地 盤

最大沈下量の主要因は，①掘削幅，②掘削深さ，③土留め壁の種類である．沈下範囲の主要因は，①掘削幅，②排水状況，③掘削深さである．すなわち砂地盤での特徴は，地表面沈下の程度に影響する要因が掘削幅や掘削深さという掘削規模を表わす要因が主要因となっていることである．

c. 互 層 地 盤

最大沈下量の主要因は，①土留め壁の種類，②根入長，③掘削幅である．沈下範囲の主要因は，①根入長，②掘削深さ，③根入部地盤の硬さである．

砂地盤の場合と比較すると，排水状況の代りに根入長や根入部地盤の硬さが主要因の一つとなっ

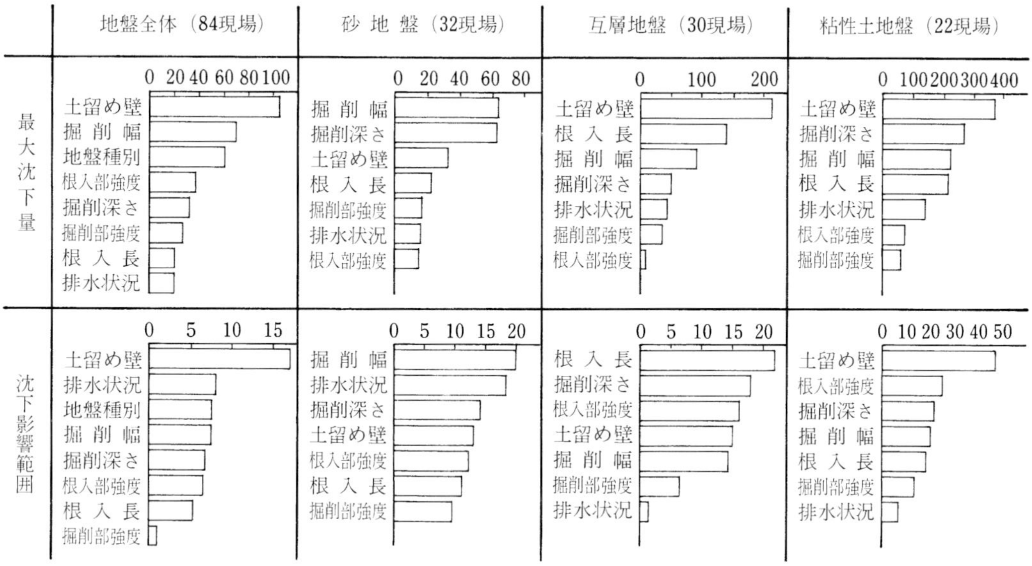

図-8.16 要因の寄与順位

d. 粘性土地盤

最大沈下量の主要因は，①土留め壁の種類，②掘削深さ，③掘削幅であり，根入長の要因効果も掘削幅に近い．沈下範囲の主要因のうち，①土留め壁の種類の要因効果が著しく大きく，②根入部地盤の硬さ，③掘削深さの順である．

粘性土地盤での特徴は，地表面沈下の程度に影響する一番大きな要因が土留め壁の種類であることであり，掘削深さも主要因の一つであることである．もう一つの特徴は，互層地盤の場合と同様に，根入長と根入部地盤の硬さが主要因となっていることである．

このように，要因間の相互関連を考慮した数量化理論Ⅰ類による分析結果から，地表面沈下の程度に影響する主要因を3つあげると，次のようになる．

① Roscoeら[17]や内藤ら[18]が明らかにした土留め壁の変形と密接に関係する土留め壁の種類
② Peck[19]が重視した地盤の硬さ，とくに根入部地盤の硬さ
③ 掘削深さや掘削幅といった掘削の規模

8.3.4 有限要素法によるパラメトリックスタディ

前節の要因分析で主要因に抽出された要因について，有限要素法を使ったパラメトリックスタディから主要因の影響度を検討した．

(1) 地表面沈下量に及ぼす土留め壁の種類の影響[10]

a. 解析条件

東京の軟弱地盤で，延長が長く，掘削深さが24.0 m，掘削幅20.0 mの規模で開削する工事を想定した（図-8.17参照）．解析に用いた地盤，土留め壁，切ばりに関する入力定数を表-8.4に示す．解析に用いたプログラムは排水による圧密沈下の影響も考慮できる，いわゆる土と水の連成有限要素法解析プログラムである．本解析では，土の変形が非排水条件で生じるものとし，土の応力～ひ

第8章 土留め工と地盤変状および地下水

表-8.4 地盤，土留め壁，切ばりの入力定数

深さ	土圧係数	土の単位体積重量	土の粘着力	内部摩擦角	Duncan定数			ジョイント要素の係数	
H	K_0	γ	C'	ϕ'	K_{Pa}	n	R_f	E_{sj}	E_{nj}
(m)	—	(kN/m³)	(kN/m²)	(°)	(kN/m²)	—	—	(kN/m³)	(kN/m³)
0〜4	0.5	8	10	24.0	2,300〜7,800	0.0	0.0	1,000	140,000
4〜8	0.5	8	19	24.0	3,460〜5,050	0.0	0.0	2,000	140,000
8〜10	0.6	8	30	32.0	2,360	0.0	0.0	2,500	140,000
10〜16	0.6	6	30	32.0	1,200	0.0	0.0	5,000〜9,000	140,000
16〜20	0.5	6	30	33.0	1,200〜1,800	0.0	0.0	12,000〜14,000	140,000
20〜24	0.5	6	46	35.0	1,800	0.0	0.0	16,000〜20,000	140,000
24〜30	0.5	6	50	37.0	1,800〜2,400	0.0	0.0	22,000〜25,000	140,000
ポアソン比 ν	$\nu = K_0/(1+K_0)$　ここで，K_0 は静止土圧係数．								
土留め壁剛性 EI	鋼矢板Ⅱ型：1.27×10^4（kN·m²），柱列式連続地中壁：37.8×10^4（kN·m²），連続地中壁：113.4×10^4（kN·m²），土留め壁の剛性効率：$\alpha_{EI} = 70\%$．E：壁材のヤング率，I：断面二次モーメント．								
切ばり	1,2段切ばり：H-300，3,4,5段切ばり：H-350，切ばり間隔 $b = 2.5〜4.5$m．切ばりの剛性効率：$\alpha_k = 50〜100\%$．								

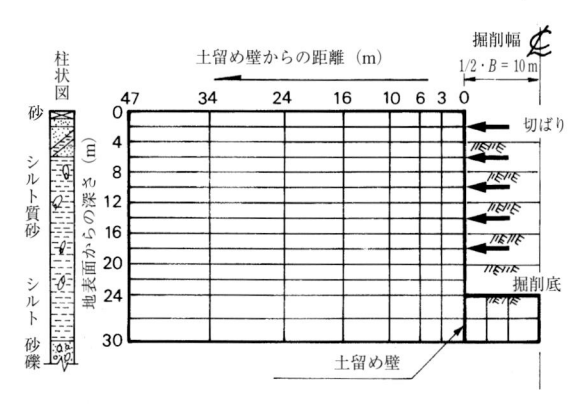

図-8.17 解析モデルの要素分解

ずみ関係はバイリニアなものを用いた．せん断破壊後の土の変形係数は，初期変形係数の1/100とした．

解析は，表-8.5に示す7ケースについて行った．解析上の掘削手順は各段階の掘削深さを4.0mとし，切ばりは各段階の掘削後に架構するものとした．

b. 解析結果

図-8.18は，7ケースの最終掘削後の土留め壁のたわみ分布と地表面沈下量の分布を示したものである．ケース1〜3は土留め壁に鋼矢板，柱列式連続地中壁，連続地中壁を用いた場合の結果である．これらの比較から，土留め壁の種類(壁の剛性)が壁のたわみ量と地表面沈下量に大きく影響することがわかる．

図-8.19は，掘削の進行に伴う地表面最大沈下量の変化を各ケース毎に示したものである．ケース1〜3の変化から掘削深さが深くなるに従って土留め壁の剛性の影響が現われ，連続地中壁の効果が発揮されることがわかる．また，ケース3と4の比較から，計算上は最大沈下量に及ぼす切ば

8.3 土留め工事における地盤変状の要因と対策

表-8.5 ケースの解析条件

ケース	土留め壁の種類と剛性効率	切ばりの水平間隔と剛性効率	地盤改良の有無と改良深さ	軟弱層の厚さ
1	鋼矢板Ⅱ型 $\alpha_{EI}=70\%$	$b=4.5$m $\alpha_k=50.0\%$	なし	G.L.±0.0〜−30.0m
2	柱列式連続地中壁, $\alpha_{EI}=100\%$	同 上	なし	同 上
3	連続地中壁 $\alpha_{EI}=100\%$	同 上	なし	同 上
4	同 上	$b=2.5$m $\alpha_k=100.0\%$	なし	同 上
5	同 上	$b=4.5$m $\alpha_k=50.0\%$	深さG.L.−4.0〜14.0m改良	同 上
6	同 上	$b=2.5$m $\alpha_k=100.0\%$	同 上	同 上
7	同 上	同 上	深さG.L.−4.0〜16.0m改良	G.L.±0.0〜−24.0m

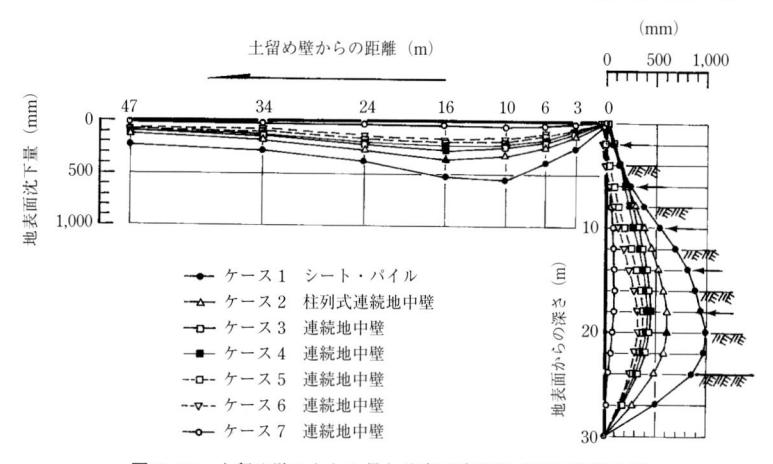

図-8.18 土留め壁のたわみ量と地表面沈下量（FEM解析結果）

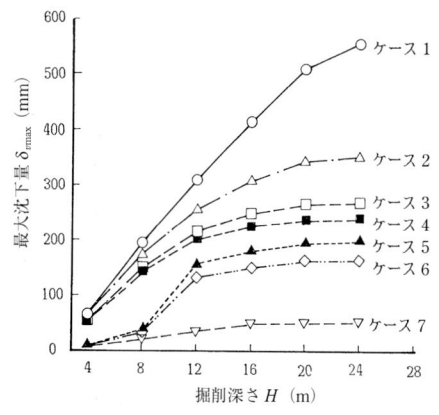

図-8.19 掘削の進行に伴う地表面沈下量の変化（FEM解析結果）

り剛性の影響はあまり顕著でないことがわかる．

なお，ケース4〜6の計算結果から，いわゆる先行地中ばりとしての地盤改良が，土留め壁と地表面沈下量を低減するうえで有効であることがわかる．

さらに，軟弱層の厚さが24.0 mで，連続地中壁の根入れ先端3.0 mが硬い層に根入れされている場合には（ケース7），土留め壁と地表面沈下量が著しく小さくなることがわかる．

(2) 最大沈下量に及ぼす根入部地盤の硬さの影響

a. 解析条件

解析モデルは，層厚24.0 mの飽和した軟弱粘性土地盤での開削工事を想定した．土留め壁は鋼矢板III型とし，掘削手順は1次掘削深さは2.0 m，2次掘削深さは4.5 m，3次掘削深さは7.0 m，そして4次掘削深さは10.0 mとした．

切ばりは各次掘削後に掘削底の上1.0 mの位置に架構されるものとした．掘削幅は，12.0 mとした．また，最大掘削深さから土留め壁の根入先端までの地盤の変形係数を，基準値の1.5, 2.0, 3.0, 4.0倍に変えて根入部地盤の硬さの影響を検討した．

b. 解析結果

解析結果を図-8.20に示す．h/Hは最大掘削深さHに対する各次掘削深さhの比である．変形係数の倍率が大きくなるに従い，最大沈下量は急激に小さくなる．これは，壁のたわみ分布に示したように，根入部のたわみ量の差に起因したものであることがわかる．

(3) 最大沈下量に及ぼす掘削幅の影響

a. 解析条件

掘削幅の影響を検討する第一段階の解析では，地盤条件として根入れ部地盤の硬さの影響を検討したケースの変形係数倍率を1.0とした場合と同じである．また，掘削手順，土留め壁の種類と切ばりも上記と同じであるが，根入長は5.0 mとした．掘削幅をB = 4.0, 12.0, 18.0, 24.0 mに変えて検討した．

次に，第二段階の地盤条件として，下記の条件で掘削幅の影響を検討した．

① 掘削底以深の軟弱層の厚さを一定 (D_s = 7.0 m) とし，掘削幅Bを変えた場合
② 掘削幅Bを一定 (B = 24.0 m) とし，掘削底以深の軟弱層の厚さD_sを変えた場合

なお，土留め壁の種類と切ばりは第一段階と同じであるが，根入長は14.0 mである．

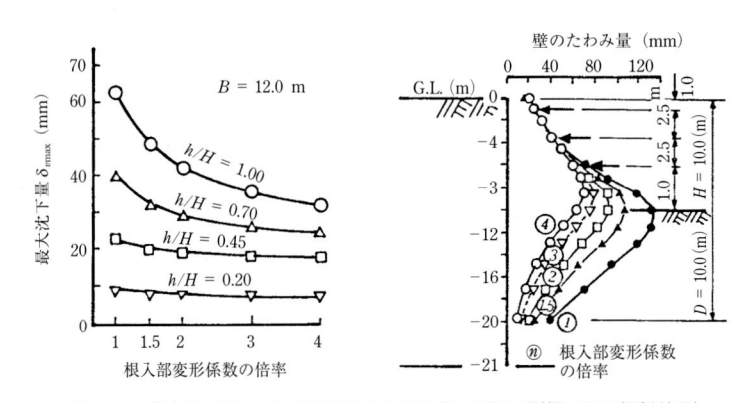

図-8.20 最大沈下量 δ_{max} に及ぼす根入れ部地盤の硬さの影響 (FEM解析結果)

b. 解析結果

第一段階の解析結果を図-**8.21**に示す．この図から，同じ掘削深さにもかかわらず，掘削幅が大きいほど最大沈下量に及ぼす影響が著しくなることがわかる．

第二段階の解析結果を図-**8.22**に示す．この図から，掘削底以深の軟弱層の厚さD_sで正規化すると，解析条件の①と②の場合のいずれも，掘削幅と最大沈下量の関係は一様な関係となり，掘削幅の影響が顕著なのは，掘削幅が掘削底以深の軟弱層の厚さの約4倍までであり，それをこえると掘削幅の影響はあまり大きくないことがわかる．

(4) 有限要素法を適用する場合の課題

掘削に伴って生じる土留め壁と周辺地盤の変形問題を有限要素法を使って解析したのは，わが国では，今から約30年前に，石原・垂水 (1970)[20]によって先駆的に行われたことに始まる．時を同じくして，Duncan[21]らは，この問題を検討するうえで有限要素法が強力な解析手段の一つであることを，現場の実測値との比較で立証した．当時は，非線形もしくは弾塑性の土の応力～ひずみ関係を使った全応力解析であった．1980年前後から，土の圧密現象を取り入れた土と水との連成解析による有効応力解析へと移行していく．Simpson[22]らは，掘削底の直下で計測した間隙水圧変化から，膨潤による負の間隙水圧の発生を確認した．彼らは，土の構成方程式にCam-Clayモデルを適用し，この現象を有限要素法による解析で説明した．その後も，土の構成方程式の改良や解析法の改良が進み，最近では，掘削底を含めた周辺地盤や近接構造物への影響度を事前に予測する方法として，設計段階で使われるようになっている．

このように，有限要素法は設計実務で使われるようになったが，解析上設定するモデルの条件によって，解はいろいろと変わることに留意することが大切である．解析上設定するモデル条件には，次のようなものがある．

① 適用する土の構成方程式の種類 (弾性，弾塑性，粘弾塑性など)
② 解析する地盤の領域 (主要な解析範囲から境界までの離隔) や領域境界条件 (固定，活動など)
③ 適用する要素の種類 (三角形要素，四辺形要素，高次の要素など)
④ 要素分割の粗密と組合せる要素の種類 (分割の粗密の程度，三角形要素と高次要素の組合せ

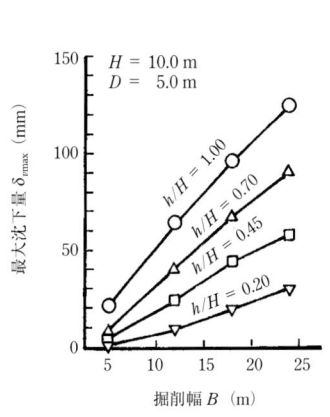

図-**8.21** 最大沈下量δ_{max}に及ぼす掘削幅Bの影響(その1，FEM解析結果)

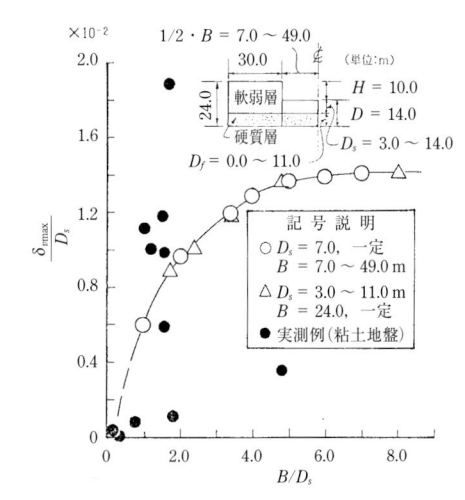

図-**8.22** 最大沈下量δ_{max}に及ぼす掘削幅Bの影響(その2，FEM解析結果)

など)
⑤　土留め架構の構造部材のモデル化 (剛体要素，はり要素，棒要素，ばねなど)
⑥　土留め壁と地盤の接合部分の取扱い (ジョイント要素など接合要素導入の有無)
⑦　浸透水や間隙水などの土中水の取扱い (土と水の連成解析 (有効応力解析) か全応力解析か)
⑧　浸透境界の設定方法
⑨　施工手順のモデル化方法

　日下部 (1997)[23]は，実現象 (ここでは地盤変状や近接構造物挙動など) の予測技術の高精度化のために，一つは解析技術の高精度化要求に属するものと，地盤工学的な要求事項に区分し，解説している．上述の①から⑨は，前者に属するものである．後者として，次のような事項をあげている．
①　土の力学的性質を定量的に記述する土の構成方程式の再現性能と，力学定数の高精度の確定
②　複雑な地層構成の定量的把握・記述と，高精度の確定
③　地盤に関する過去の応力履歴と現在の応力状態の情報の把握と特定
④　施工時の定量的情報の把握

　このように，有限要素法を地盤変状問題に適用する場合の課題として，予測精度に影響するモデル化要件と地盤工学的要件に関する多くの課題があることに注意する必要がある．とくに，土留め掘削工事に伴う地盤変状問題は，除荷の力学に基づく応力～ひずみ問題であり，施工手順の影響を大きく受ける現象であることに留意することが大切である．

　この他に注意すべき事柄に，補助工法として使われる地盤改良効果を有限要素法で比較検討する場合がある．例えば，地盤改良範囲の改良体物性値 (例えば，土の粘着力などの強度定数) を変えただけで入力しているにもかかわらず，モデル化仮定で設定していない効果 (例えば，地盤のはり効果など) として，解析値を読み取るなどの錯誤があることである．

　いずれにせよ，有限要素法を土留め架構とその周辺地盤の変状問題の解析に用いる場合，次の2つの要求事項に留意することが大切である．
①　適用した有限要素法そのものの解析法原理と，地盤と土留め架構に関する様々なモデル化の仮定
②　地盤に関する入力値の精度と施工手順の定量化

　有限要素法を用いた解析結果は数値として表わされるため，設計段階でこれを絶対視してしまう傾向がある．しかし，解析結果を評価する場合に最も重要なことは，例えば解析で1～2mmと予測された変位の値を，多くの現場実測値に裏打ちされた地盤工学的判断に照らして評価することである．

　地盤変状に影響する要因は複雑で多岐にわたるため，地盤変状の予測精度をあげることは容易なことではない．これを補完する技術としての現場計測技術の役割は大変大きい．解析技術，地盤調査技術，そして計測技術が有機的に連関しあって，初めて，高精度の予測が可能となる．地盤変状に関する調査研究課題は，まだまだ多く残されている．

8.3.5　地表面沈下量を少なくする対策工

　ここで検討した結果とこれまでの施工実績をもとに，土留め・掘削工事に伴う地表面沈下量を少なくする対策工をあげれば，次のようになる．
①　土留め壁のたわみを小さくするため，壁の剛性を大きくする．また，施工的には支保工の緩みやあそびを解消するため，適切なプレロードを切ばりに導入する．

② 土留め壁の根入部の地盤の硬さが影響するので，軟弱地盤の場合には根入部地盤を地盤改良する．また，掘削深さが深い場合は，掘削する地盤内に先行地中ばりを施工することも有効である．

③ 軟弱地盤の層厚にもよるが，土留め壁の根入先端を硬質層に根入れさせる．

④ 掘削幅の影響は大きいので，①～③などの対策を組合せ，総合的な対策を講じる．

以上の有限要素法によるパラメトリックスタディから，数量化理論Ⅰ類で統計的に影響度が大きいと判定された要因は，数値解析的にも影響度が大きいといえる．しかし，ここでの検討結果は多くの仮定を含んでいるので，実際の土留め工事における地盤変状の対策工検討にあたっては，土留め工事毎に地盤条件と施工条件を十分把握したうえで，地盤変状を引き起しそうな要因を抽出し，効果的に対策を講じる必要があることはいうまでもない．

8.4 大深度地下工事に際しての地下水状態調査

8.4.1 概説

大深度地下工事に際しては，地下水の状態調査 (例えば，被圧地下水圧の測定や揚水試験など) により信頼性のある情報を得て，設計・施工に反映することが重要となる．地下水状態を適切かつ精度よく把握するには，調査内容，計測方法・精度，解析などにおいて検討すべき種々の問題がある[25]．大深度地下工事では，一事例毎に異なる点が多く，個々の適切な地下水状態の調査が望まれる．その中には，日常的に用いている計測方法や計測値を注意深く考察することで解決できるような，実務的問題も多くあると思われる．こうした観点より，ここでは地下水状態の把握の重要性に関連する3つの調査事例について述べ，考察する．

8.4.2 滞水層の水理的連続性からみた地盤堆積状態

平地と山地の地形遷移部では，しばしば断層等の存在がみられ地盤の堆積状態が複雑となり，ボーリング柱状図だけでは地層の連続性を判定することが困難となる．ここでは，滞水層を鍵層として，揚水試験による滞水砂層の水理的な連続性を把握することによって，地盤堆積状態を明らかにできた調査事例を示す．

(1) 揚水試験結果

図-8.23に揚水試験地点の地層断面図を示す．図-8.24に揚水井P-1で揚水した時の各観測井における地下水位経時変化を示す．表-8.6にP-1，P-2での揚水試験によって得られた地下水位変化の状況を示す．○印は揚水に対して水位低下地層断面図，揚水井，観測井地点と初期水圧を説明している地点であり，×印は水位変化のみられない地点である．表より，測点①，④，⑦，⑨と測点③，⑥，⑧が各々1つのグループを形成し，それに対し測点②，④の間では地下水の連続性がみられないことが読み取れる．

表-8.6 揚水試験から求まる地下水の連続性の整理結果表

観測井水圧計	A		B		C			D	
No. 揚水井	1	2	3	4	5	6	7	8	9
P-1	○	×	×	○	×	×	○	×	○
P-2	-	-	○	-	×	○	○	○	×

注) －印は測定値なしを示す．

(2) 地盤堆積状態の判定

当初のボーリングによって得られた土質調査結果に基づいて描いた地層断面を図-8.23の破線で示す．この時

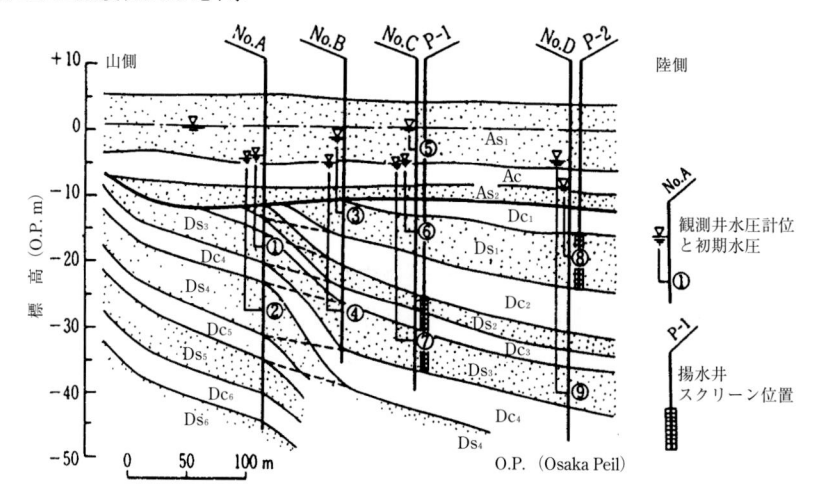

第8章 土留め工と地盤変状および地下水

図-8.23 地層断面図，揚水位，観測井地点と初期水圧の説明図

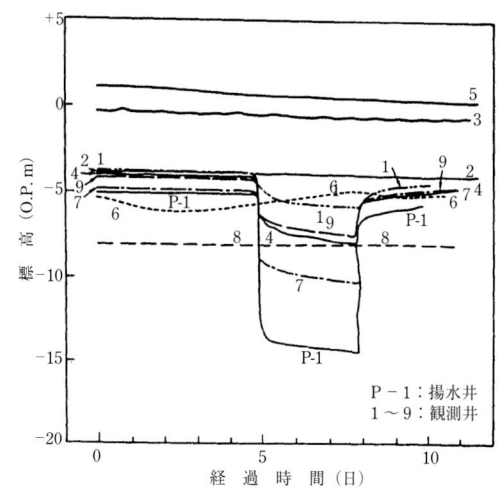

図-8.24 揚水試験時の揚水井および観測井での水位経時変化（P-1揚水時の場合）

点では，堆積環境などの地質学的情報もなく，単純な土質の連続性だけから断面図を作成している．各層ともほぼ水平に続くものと考えていたが，揚水試験の結果より次のようなことが判断できた．

① ボーリングNo.B付近のDs_1層は，撓曲の右側翼部に相当し，沖積層下底の不整合によって，No.Bよりも左側（山側）の地域ではなくなっている．

② その下位に堆積するDs_2層は右側（陸側）ではほぼ水平に続いていたが，No.B付近より撓曲構造を示し，No.A付近の沖積層直下の砂層につながる．

③ Ds_3層も同様に，No.B付近より山側では撓曲により，No.Aの上位の砂層へとつながる．

帯水砂層の連続性から判断された地層断面を図-8.23の実線で示しており，平地から山地へ移行する付近の，とくに撓曲軸（断層）近傍での複雑な地層の堆積状態を明らかにすることができた．

8.4.3 掘削底部地盤の盤膨れ検討時の被圧地下水圧測定

土留め掘削底部地盤に粘性土層があり，その下位に砂層がある場合，砂層中の被圧地下水により

盤膨れ現象が生じる．このような土留め掘削底部地盤の安定検討を行う際には，被圧地下水圧の測定精度が重要となる．地下水圧測定は，通常ボーリング孔を利用した現場透水試験後の孔内水位の回復状態により行うことが多い．ここでは，孔内水位低下時のボイリング現象に起因する水位の回復遅れ現象についての調査事例を示す．

(1) 被圧地下水位測定結果

図-8.25に被圧地下水位測定地点の地層断面と測定深度・孔内水位を示す．図-8.26に各測点での被圧地下水位測定時の回復曲線を示しており，回復状態はそれぞれ次の通りである．

No.1測点では，最初の30分はほとんど水位回復がみられず，その後緩やかに回復し24時間時点でも漸進状態である．No.2測点は，No.1測点と同様に緩やかに水位回復が進んでいた．No.3測点では，24時間までは急激に回復したが，その後は緩やかになった．これらの被圧地下水位測定値の間には最大20mもの水位差が生じた．

また，A測点では，初期水位O.P.−10mから瞬時にO.P.±0mまで孔内水位が回復した．B測点は，24時間で1mしか回復せず，最終的な水位回復に3,000時間を要した．C測点では，水位回復

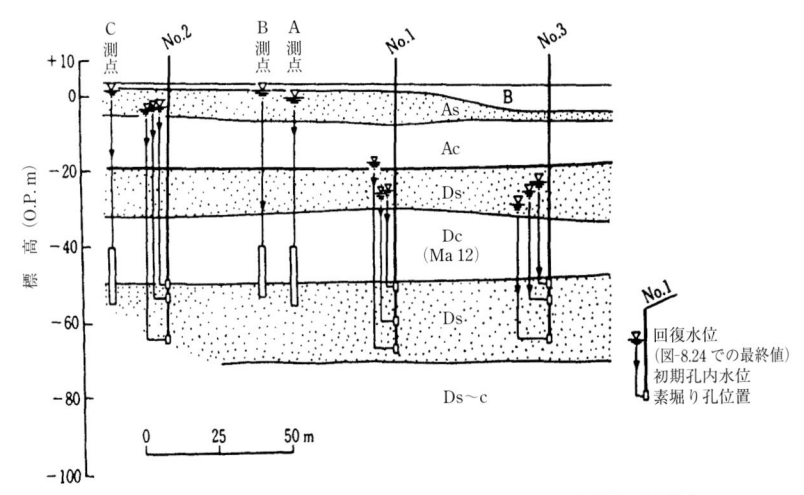

図-8.25 地層断面図，被圧地下水測点と初期および回復水位の説明図

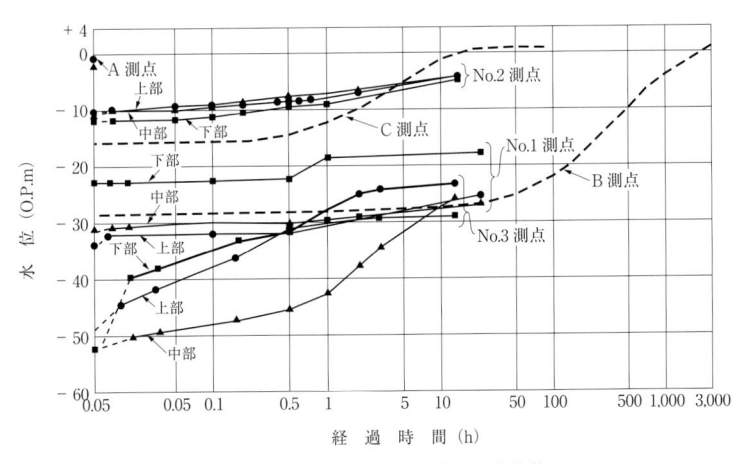

図-8.26 ボーリング孔内の水位回復状態

に30時間を要した．このように，A測点，B測点，C測点で各々異なった結果が得られた．

No.2測点では，初期孔内水位はO.P.－10m程度とA測点の場合と変わらないが，試験に先立ち孔内水位をいったんO.P.－20mに低下させている．そのため，C測点の場合に近いボイリング現象が生じ，水位回復が緩やかになったと推定できる．もし，O.P.－20mまで水位低下させていなければ，O.P.－10mより瞬時に水位回復したことになる．

(2) ボーリング孔内でのボイリング現象

実際の孔内水位の回復状態は，現場透水試験に関連して一般的に指摘されているのと同様に，
① 水位低下によるボイリング現象に起因する孔壁面近傍での土粒子構造の乱れの影響，
② 孔内水の清水置換の不十分による孔壁面でのベントナイト付着の影響，

などを受ける可能性が考えられる[26]．このうち，前項で述べたように，ボーリング孔内の回復状態をみると，試験時の初期孔内水位との関連性がとくに大きいと考えられる．

そこで，ボーリング孔を利用して，被圧滞水洪積砂層で3回の孔内水位低下実験を連続して行った．図-**8.27**に，各孔内水位低下実験による水位回復曲線を示す．各回の10分後の回復水位で比較してみると，1回目96cm・2回目41cm，3回目36cmと順次回復水位が小さくなった．各実験終了後にボーリング孔内状態を，ロッドを挿入して調べたところ，孔内にボイリング現象が生じたと確認できる土砂の上昇があった．その上昇量は1回目で2m，2回目で5m（増分3m），3回目で7m（増分2m）である．この実験結果より判断して，前項の被圧地下水位測定時でも同様のボイリング現象があり，土粒子構造が乱されて間隙が小さくなり，透水性が低下して回復速度が遅れたものと考えられる．

現場透水試験や被圧地下水位測定時に，ボーリング孔内水位低下によるボイリング現象が生じる可能性があり，その結果が水位の回復速度に大きく影響することになる．そこで，平衡水位になったことを確認できるまでの長期計測や，ボイリングが生じない孔内水位低下範囲を試験に先立って検討しておくことが必要である．

8.4.4 地下水位低下後の掘削底部地下水圧の長期回復状態

大深度地下構造物を設計する際，一般に経済性と設計上の合理性より浮力を考慮することが多い．掘削工事において低下させた地下水圧を，構造物設計時に浮力としてどの程度見込めるかを，判断することが重要となる．ここでは，大深度地下掘削時に地下水位低下させた後の掘削底部地盤での，

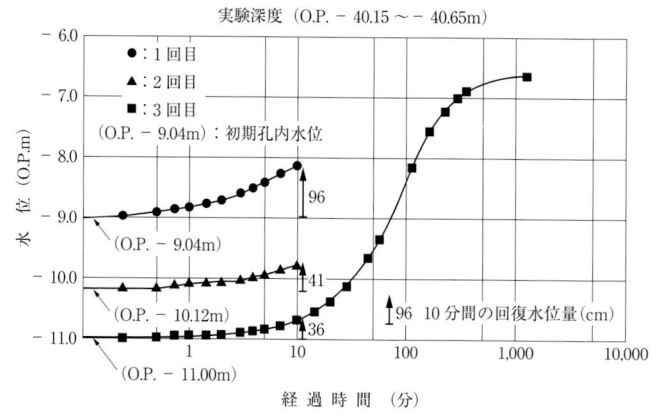

図-**8.27** 孔内水位の回復状態

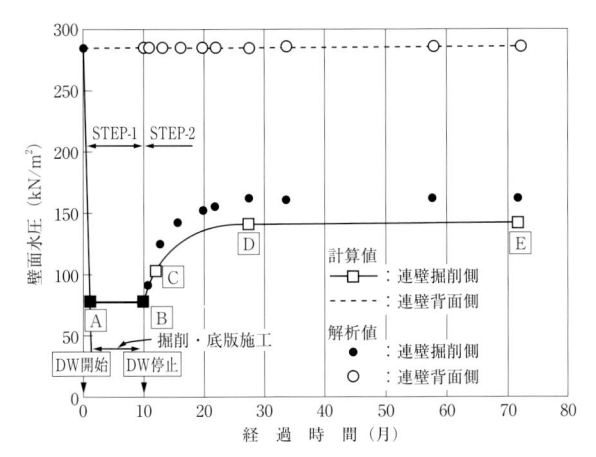

図-8.28 工事プロセスおよび壁面水圧経時変化の計測値と解析値の比較

水圧回復の長期計測事例を示す．

(1) 地盤・施工状態

図-8.28に概略の地盤状況と施工状況をあわせて示す．土留め工は，内径23.6 m，掘削深さ27.35 m (O.P. - 23.85 mまで) で，土留め壁は厚さ0.6 m，深さ35.6 mの連続地中壁であり，Dc層まで根入れしている．自由地下水位はO.P.±0 mである．

掘削に際しては，連続地中壁で囲まれたO.P. - 19.5 m以深のDs$_1$層とDs$_2$層中に密閉された被圧地下水圧の減圧と掘削作業の効率化を目的として，土留め壁内にディープウェルを1本打設し，O.P. - 28.5 mまで地下水圧を低下させた．また，地下水圧は連続地中壁の前面および背面のO.P. - 28.5 mの位置に設置した壁面水圧計により計測した．

(2) 実測・解析結果と考察

図-8.29に工事のプロセスと計測結果を示す．掘削背面側地下水圧は掘削工事前から286 kN/m^{2}程度でほとんど変化がない．一方，掘削内面側の地下水圧はディープウェルによってA時点まで低下し，掘削終了時には78 kN/m^{2}となっている．底版施工終了後ディープウェル停止後の経時変化としてC時点 (ディープウェル停止後2ヵ月後) で100 kN/m^2，D時点 (ディープウェル停止後18ヵ月後) で141 kN/m^2，E時点 (ディープウェル停止後62ヵ月後) で144 kN/m^{2}となっている．連続地中壁の背面側のE時点での壁面水圧が286 kN/m^{2}であることより，内面側の地下水圧は50%程度まで回復していると判断できる．

地下水圧状態の解析は西垣による飽和・不飽和浸透解析プログラムを用い，土留め工が円形であることから軸対称浸透流解析として行った[27]．

解析では，掘削前からディープウェルを停止するまでをSTEP-1，躯体底版施工後でディープウェル停止後の地下水圧の回復期間をSTEP-2とした．図-8.28に浸透流解析の諸条件を示した．また図-8.29に，地下水圧計測値と解析値の経時変化を比較して示した．Ds$_2$層の透水係数を鉛直方向$k_V = 1 \times 10^{-4}$ cm/sとし，水平方向$k_H = 1 \times 10^{-5}$ cm/sとすることにより，解析値を計測値の経時変化にほぼ一致した傾向として示すことができた．

以上の考察より，土留め壁を大深度で不透水層まで貫入させた場合，掘削時に低下させた躯体底

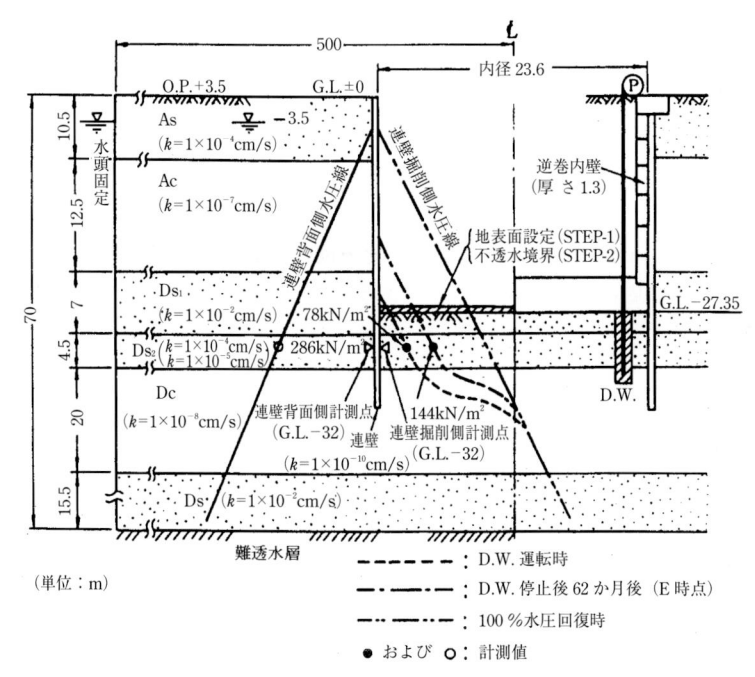

図-8.29 地盤・施工状況と解析条件・地下水圧状態説明図

版下地盤の地下水圧の回復にきわめて長期間を要することがあり，このことを設計時に留意する必要があることがわかる．

8.5 延長の長い土留め工事と地下水流動阻害およびその対策

8.5.1 概　説

この事例は，**5.2**で述べた武蔵野台地面を通過する道路トンネル工事で，地下水流動保全工法にかかわるものである．延長が1,263mの開削トンネルを構築する工事で，遮水性の土留め掘削工事に伴う周辺の地下水への影響を極力少なくするため，様々な具体的対策を施してきた事例である[28]～[32]．

周辺の地下水が豊富なため，掘削による湧水を抑えるための遮水性土留め壁 (現道幅員が十分ない区間は連続地中壁，十分ある区間はソイルミキシング工法による土留め壁) を採用している．周辺の地下水の流れは延長の長い土留め壁によって遮断されたり，流向の変化を受けるなどの影響が懸念されたため，その対策工を実施し，この効果を原位置で調査した結果を紹介する．

事業全体の概要，地質縦断図と土留め壁やトンネルの関係，および代表的な仮設断面は，**5.2**の図-5.24，図-5.25，図-5.26に示す．

8.5.2　工事場所地域の地下水状況

(1)　地形区分と地下水位分布

図-**8.30**に工事場所地域の地形区分と地下水位分布を示す[33]．工事区間の中央部は，この付近で地盤高が低い河川の上流部 (暗渠化され緑道となっている) を横切る．川に沿う底地部は台地河谷底とよび沖積の腐植土層が分布している．

工事場所周辺の地下水 ((1)A地区) は，地下水位分布の等高線から，鉄道線Aの南側で北東方向，北側で南東方向に向かい，付近の河川に沿って東の方向へ流れていることがわかる．鉄道線Aの南側の台地は，この地域の主要道路を尾根とし，二つの河川に囲まれ，台地下の地下水帯は井荻・天沼地下水帯と呼ばれている．

台地の地下水は2つの河川方向に分流し，河川水の涵養源の一つとなっていると考えられる．また，同地区北側における地形区分と地下水位分布を図 ((2)B地区) に示す[34]．この地区においても，改修する道路は，2つの河川で囲まれた台地を南北方向に横切る．この台地の地下水も両河川方向に分流し，河川水の涵養源の一つとなっていると考えられる．工事場所付近の地下水調査の結果では，当該現場を横切る河川方向への供給量は，鉄道線Aの南側からよりも北側からの方が多い傾向が認められた．

(2) 滞水層区分と分布

水理地質調査結果より判明した難透水層 (粘性土層) の分布状況から，滞水層は3つの滞水層に区分できる．その滞水層区分図を図-8.31に示す．
① 武蔵野礫層と東京礫層の一部からなる第一滞水層
② 東京礫層の一部と東京層群砂礫層の第二滞水層
③ 沖積層と関東ローム層内の宙水層

第一，第二滞水層はトンネルの主要区間では厚さ数mの粘性土層 (Toc) で隔てられているが，南端と北端区域では明瞭な難透水層が認められない．また，表層部を覆う関東ローム層内の宙水層と第一滞水層の武蔵野礫層の間に，南部で透水係数の小さいローム質粘性土層，北部で粘性土質ローム層を挟み，遮水度が高い．河川の沖積層部分では，この粘性土層が欠けて腐植土が堆積している．

3つの滞水層のうち最も透水度が大きく有能な流動の場と考えられるのは，第一滞水層の武蔵野礫層である．武蔵野礫層の厚さは，おおむね10m前後 (9～12m) であり，全体に数100分の1程度の緩い勾配で東側に傾斜している．工事区間中央部の武蔵野礫層中に，厚さ約1m前後の粘性土層が挟在しており，この層より上の部分が主要な地下水の流動の場のようである．この粘性土層はトンネル躯体底版の上面付近に位置している．図中に，工事場所を拡大した地形区分と地下水観測井の測線番号 (②～⑨) を併記してある．

トンネルは，浅層地下水を賦存する武蔵野礫層中に位置する．土留め壁の根入れ先端は，透水係数が小さい層まで入れた．すなわち，北側では東京礫層中に薄く挟在するシルト層，南側では東京層のシルト層に根入れした．

8.5.3 復水対策工

(1) 躯体底版中への通水管設置 (第一期，第二期工事)

周辺地下水位は止水性の土留め壁によって上流側で堰き上げられ，下流側で低下した．そこで，下流側地下水位の回復を図る目的で，トンネル躯体底版コンクリート内に通水管を設置し，その効果を調べた．

復水対策工の施工は，左右の土留め壁をくり抜いて止水弁を取付けた後，底版配筋と一緒に設置した通水管に繋いだ．第1期工事区間 ($L = 454$ m) は内径ϕ300 mmの鋳鉄管を約15, 20, 30 m間隔にそれぞれ独立して14本設置した．この区間は現道幅が25 mで，土留め壁と民有地との距離が

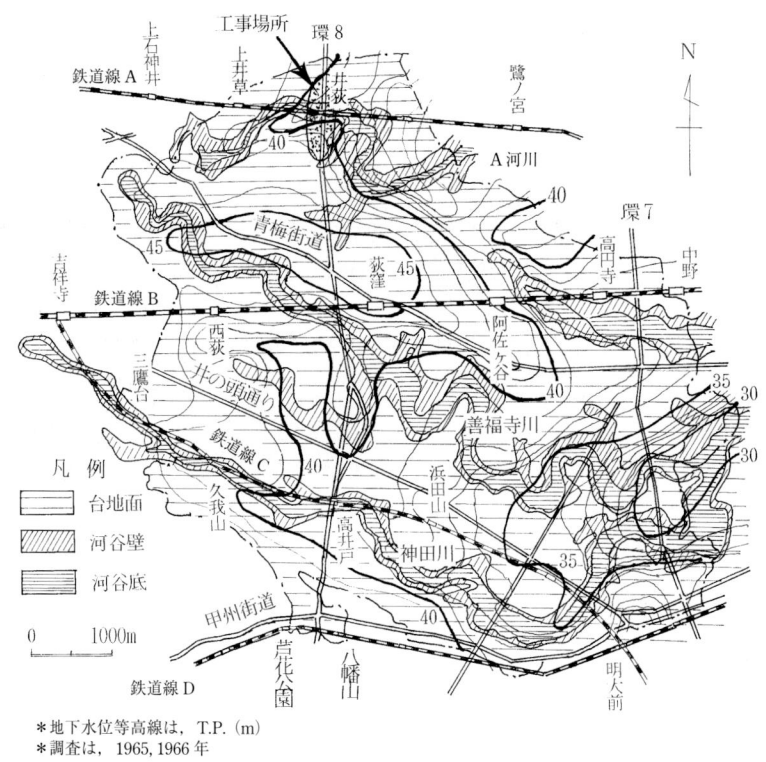

第8章　土留め工と地盤変状および地下水

（1）A地区

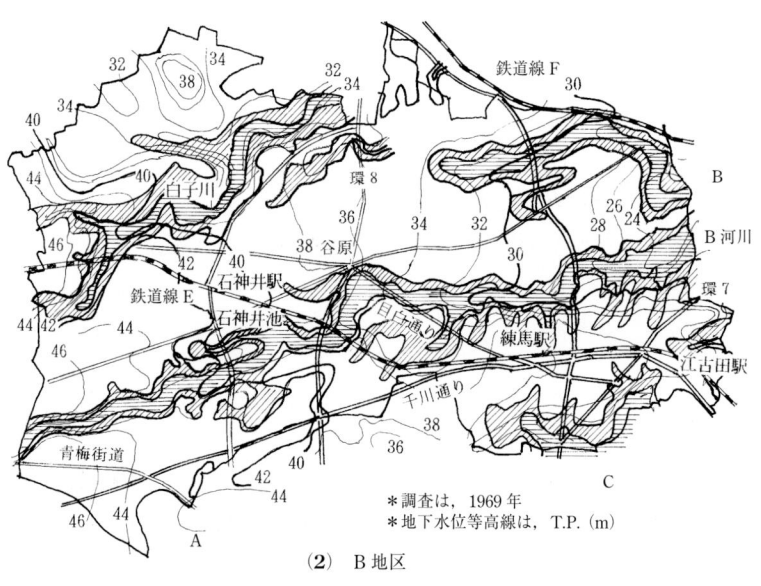

（2）B地区

図-8.30　地形区分と地下水位分布

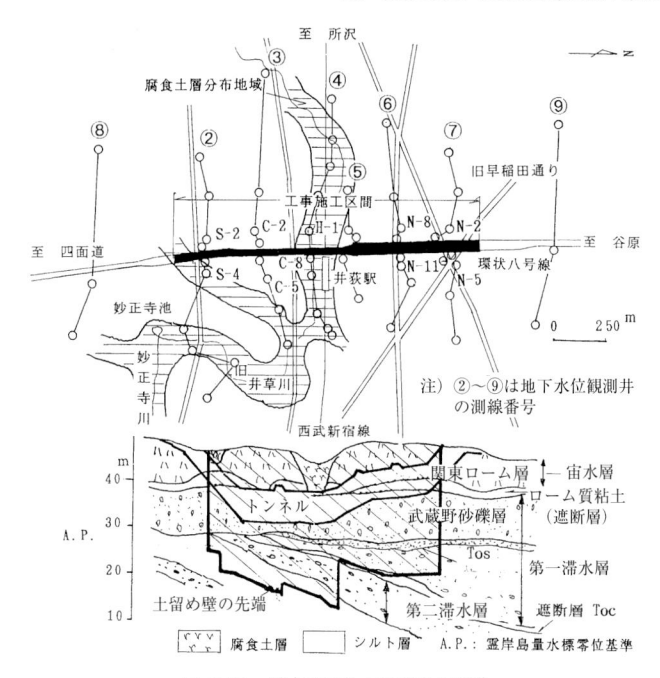

8.5 延長の長い土留め工事と地下水流動阻害およびその対策

図-8.31 滞水層区分と観測井の測線

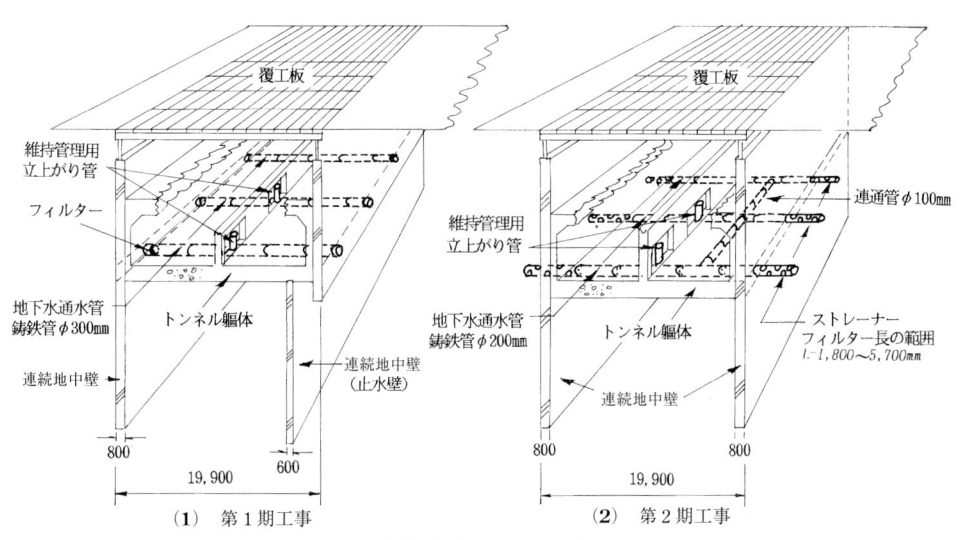

図-8.32 躯体底版中の通水管配置イメージ

1m余りのため背面地盤側に集排水用の水平ストレーナー管を設置できないため，集排水は土留め壁に開けたϕ300mmの孔だけである(図-8.32(1))．

一方，第2期工事区間は道路幅が33mあり，民有地との間に余裕がある．そこで，ϕ200mmの鋳鉄管を5〜12m間隔に配置するとともに3〜4本を連通管(ϕ100mm)で互いに繋ぎ，さらに，背面地盤側にストレーナー管(長さ1.8〜5.7m)を水平に設置し，効果的な集排水を期待できる工夫をした(図-8.32(2))．通水管本数は北側23本，南側9本，鉄道横断区間6本の計38本，1期の14本合わせて総計52本である．

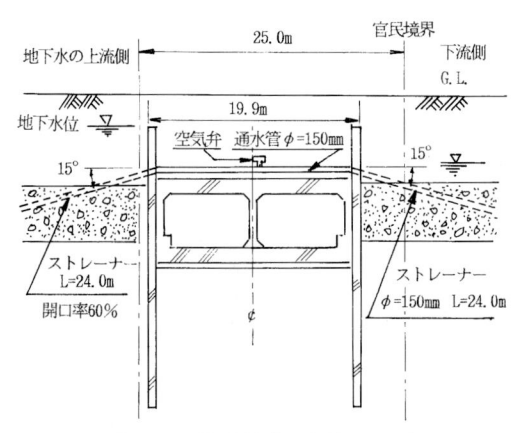

第8章　土留め工と地盤変状および地下水

図-8.33　斜め通水管の配置イメージ

(2) 躯体上床版上部からの斜め通水管設置

第一期, 第二期工事の期間中に設置した躯体底版中の通水管の効果は, 後述するように, 期待したほど十分ではなかった. そこで, 図-8.30の周辺地下水位分布と図-8.31の滞水層区分から予想していた「水みち」の位置, すなわち, 構築したトンネル躯体を横断する河川 (暗渠化されている) に沿った位置に, 新たな通水管を設置することとした. 設置した平面位置は, 第一期工事区間南側のトンネルを横断する河川沿いに1本 (排水側ストレーナー管は2本とした), トンネルと交差する道路沿いに2本, 合計3本設置した (モニターする観測井は図-8.31の測線番号④). この時点での工事状況は, トンネル躯体の構築が終り埋戻しを実施する段階まで進行しており, 躯体の上床版上での施工となった.

図-8.33に示したように, 構築したトンネル躯体上床版の上にダイヤモンドボーリング機械を設置して土留め壁の連続地中壁を穿った後, オーガ排土ケーシング直押し推進工法で, 斜め15度下方に長さ24 m, 内径150 mmの集排水管を設置した. 武蔵野礫層内の管長は約17.5 m, 水平距離約16 mである.

横断する道路沿いの斜め削孔は, 渇水期の3月に施工を始めたが, 地下水の上流側の土留め壁を穿孔中に多量の湧水があり, 周辺の観測井水位の低下が確認された. また, 下流側は, 地下水位が土留め壁の穿孔深さより低いため, 穿孔中の湧水はなかった.

また, 河川沿いは, 施工工程の関係から同年9月豊水期に土留め壁の穿孔を始めた. 河川に沿う低地には軟弱な沖積層が分布する. このため, 穿孔とストレーナー管設置を手際よく行って施工時間の短縮に努めた. 削孔中の湧水による地盤沈下が懸念されたが, これよる沈下は確認されなかった.

(3) 柱列式ソイル壁の切削除去 (柱列式ソイル壁切削・砂置換工法)

土留め壁で遮断された第一滞水層の通水効果を高めるため, 北側の柱列式ソイル壁を施工した区間 (5章の図-5.25参照) で, 柱列式ソイル壁の固結土を切削削除を試みた. 図-8.34に示したように, 超高圧噴流水で土留め壁根入れ部の柱列式ソイル壁芯材 (H形鋼, H-400) 間のソイルモルタルを切削除去した後, 単一粒径の砂で置換し, 土留め壁の根入れ部に透水面を設けた. 施工範囲は, 壁延長で5 m, 2箇所計10 mである. なお, 超高圧噴流水による柱列式ソイルモルタルの切削状況を確認するため, 超音波による孔壁形状の測定を行った. その結果, 確実に施工されていることを確認

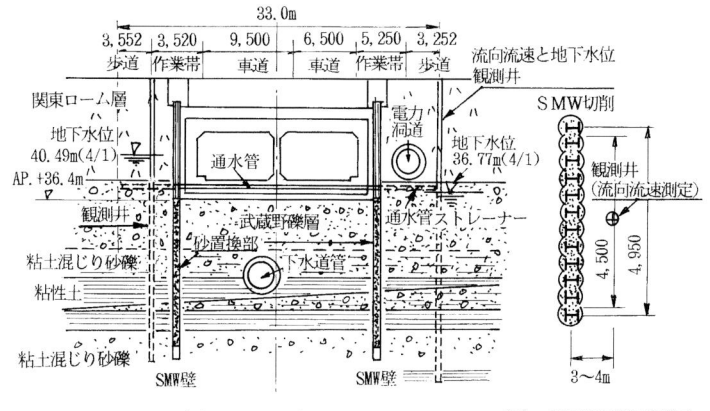

8.5 延長の長い土留め工事と地下水流動阻害およびその対策

(1) SMW切削断面図　　　　**(2)** SMW切削平面図

図-8.34 柱列式ソイル壁の切削と砂置換のイメージ

(1) 土留め工事開始前　　　(2) 第2期土留め工事終了後　　(3) 第1期，第2期通水管設置後
　　平成元年2月1日　　　　　平成5年6月2日

(4) 通水管設置による地下水位変化量　(5) 土留め工事開始前の地下水位と
　　＋は回復量，−は低下量　　　　　　　通水管設置後の地下水位との差

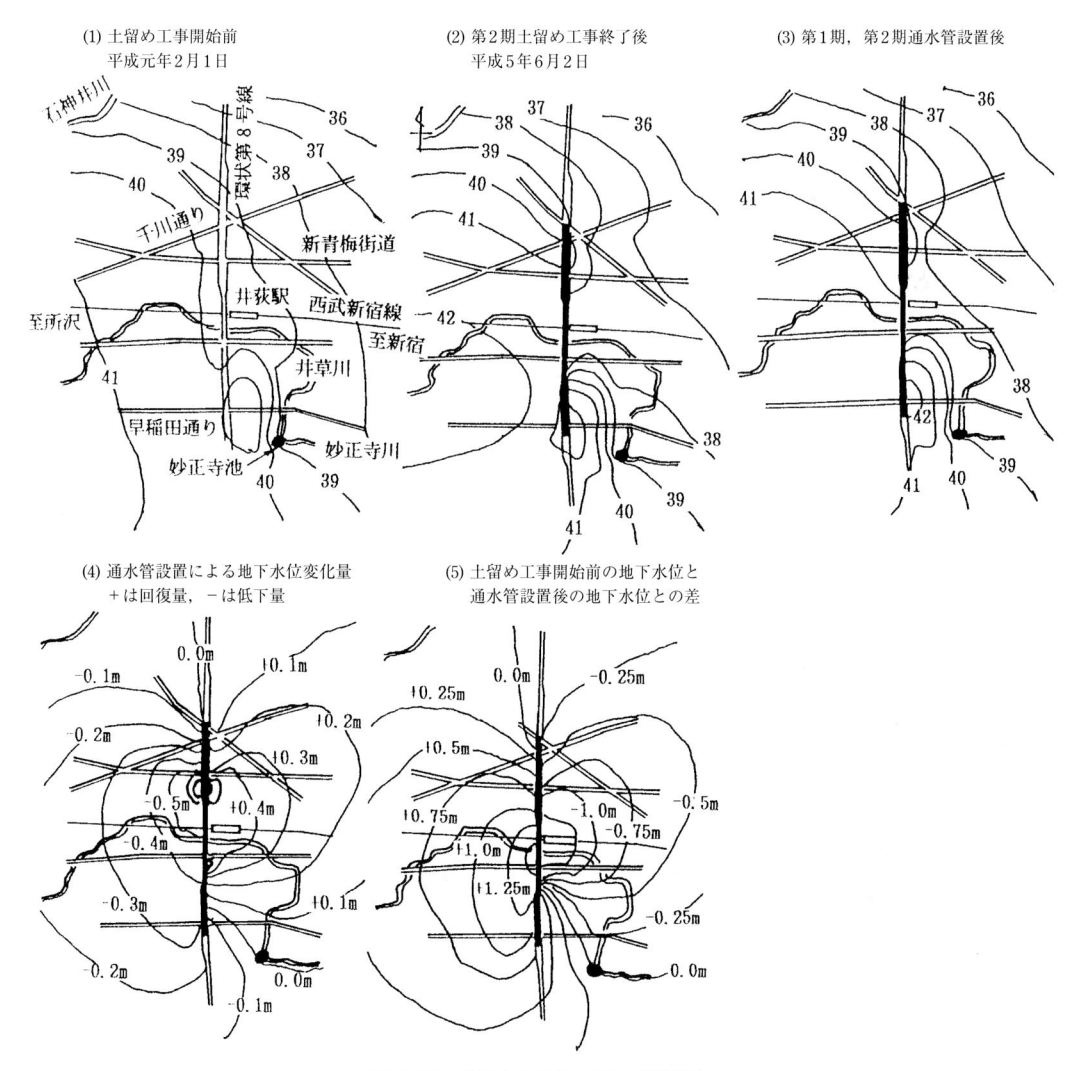

図-8.35 地下水位分布の変化（解析値）

した．

8.5.4 浸透流解析による地下水位回復の予測

準三次元有限要素法による浸透流解析で，躯体底版中への通水管設置（第一期，第二期工事）による効果の予測解析を行った．

(1) 解 析 結 果

第二期通水管設置の効果を解析した結果を図-8.35に示す．工事前，土留め工事終了後（通水管設置前），そして第二期通水管設置後については地下水位分布図で表わした．

工事前の地下水位分布（図-8.35(1)）は，後述する図-8.37(1)の実測した分布に近い結果が得られていることがわかる．

土留め工事終了後（図-8.35(2)）は，工事前の地下水位分布が壁で不連続となり，地下水流の下流側となる土留め壁東側の河川に沿う低地部の水位低下が現われている．しかし，通水管設置（図-8.36(3)）により不連続となっていた地下水位の等高線がふたたび連続してT.P.＋38mの線を形成し，地下水位の回復が計算されている．

土留め工事終了後（通水管設置前）と第二期通水管設置後の差を図-8.35(4)に示した．トンネル区間の東側で通水管効果として，0.4〜0.5mの地下水位上昇が計算された．また，工事前と第二期通水管設置後の差を図-8.35(5)に示した．第二期通水管の設置にもかかわらず，工事前と比べて，なお最大で2.75mの水位差があり，回復が十分でないという計算結果となった．

ところで，より精度の高い解析結果を得るための条件，すなわち，
① 解析領域をどうモデル化するか
② 解析境界の設定と水理条件をどのようにするか
③ 広い広がりをもち，必ずしも一様とはいえない地層の透水性能を，適切に表現できる水理定数をどのように決定するか
④ 対策工のモデル化をどうするか

など解析結果を左右する条件の決定が非常に難しい．また，予測解析結果の評価には長年月にわたる実際の地下水の流動状況の観測結果が必要となる．こうした理由から，地下水流動状況の調査を継続するとともに，工事周辺からさらに拡大して行うこととした．

8.5.5 各種復水対策工の効果検証

(1) 躯体底版中へ設置した通水管の効果［第一期，第二期工事］

通水管設置による水位回復状況を判断するには，地下水位に及ぼす降水量の影響が1年を通して少ない渇水期（東京の場合は冬期）の水位（基底水位とも呼ばれる）で比較するのがよい．そこで，代表的な地下水位観測線（図-8.31の④側線）上の観測井戸で測定した地下水位について，土留め工事開始前（1989年2月）からトンネル開通1年10ヵ月後（1999年2月）までの約11年間の経日変化を図-8.36に示した．

図から，施工区間の中央部の第1期通水管の効果に期待したが，十分な効果が現われず4.5〜5mに達していた．

一方，第2期通水管の効果は，とくに施工区間の北側工区で顕著な効果が現われている．通水管を設置した時期の降雨量が多いにもかかわらず，施工直後であるが，1994年10月時点の水位観測

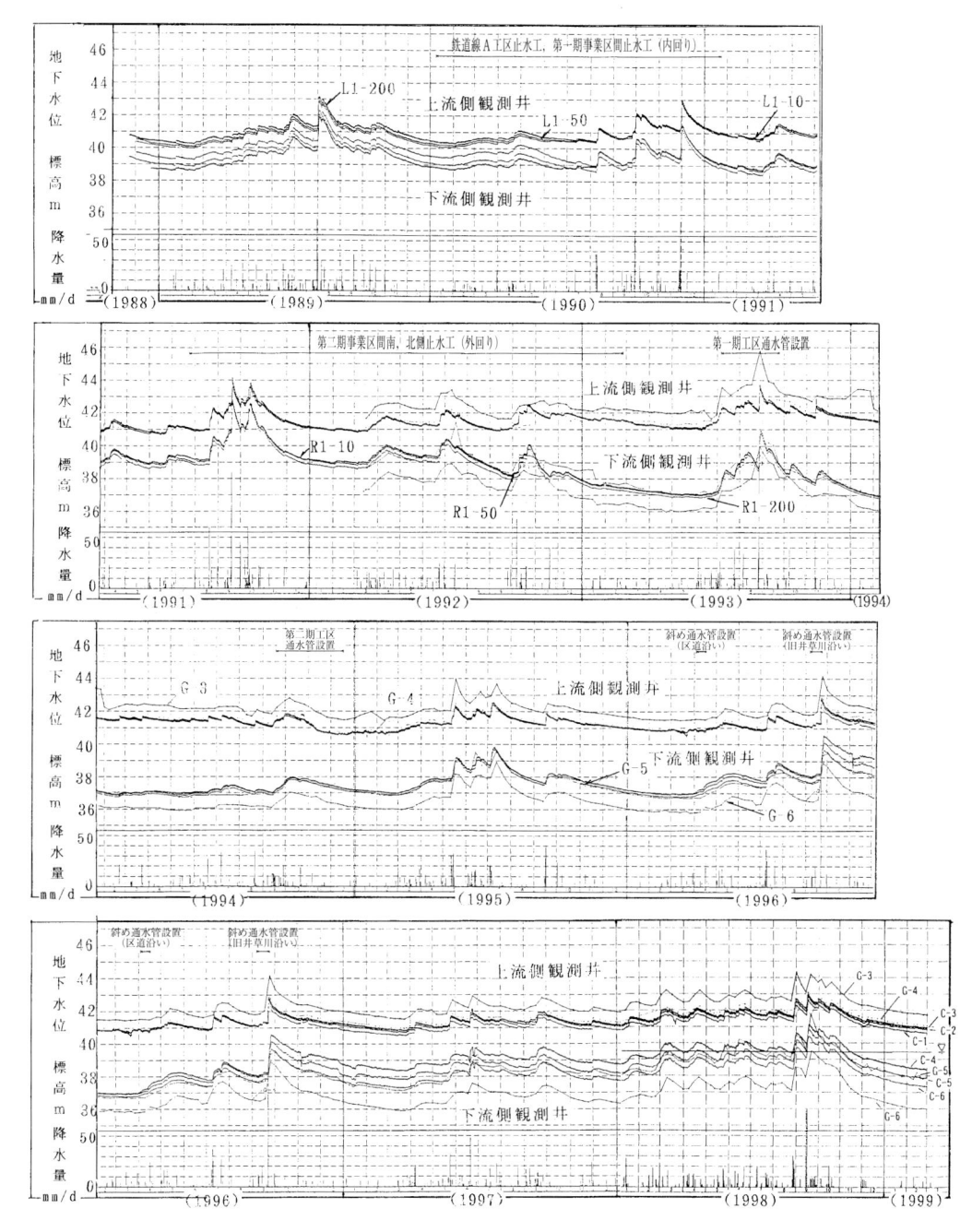

8.5 延長の長い土留め工事と地下水流動阻害およびその対策

図-8.36 地下水位の経日変化（④測線での実測値）

値から，地下水位は上流側 (西側) で降下し，下流側 (東側) で回復する傾向が認められた．

また，多くの地下水位観測井戸のデータを基に，土留め工事開始前 (1989年2月) からトンネル開通10ヵ月後 (1998年2月) までの地下水位分布の変化を描いたのが，図-8.37である．

第一期と第二期通水管施工後の地下水位分布図 (図-8.37(4)と(5)) の比較から，第二期通水管効果を読み取ることができる．すなわち，地下水位分布の等高線から，施工区間を挟んだ西側で地下水位が低下しており，東側では，第一期通水管施工後のT.P.＋37ｍの形状が北と南が繋がっていな

第8章 土留め工と地盤変状および地下水

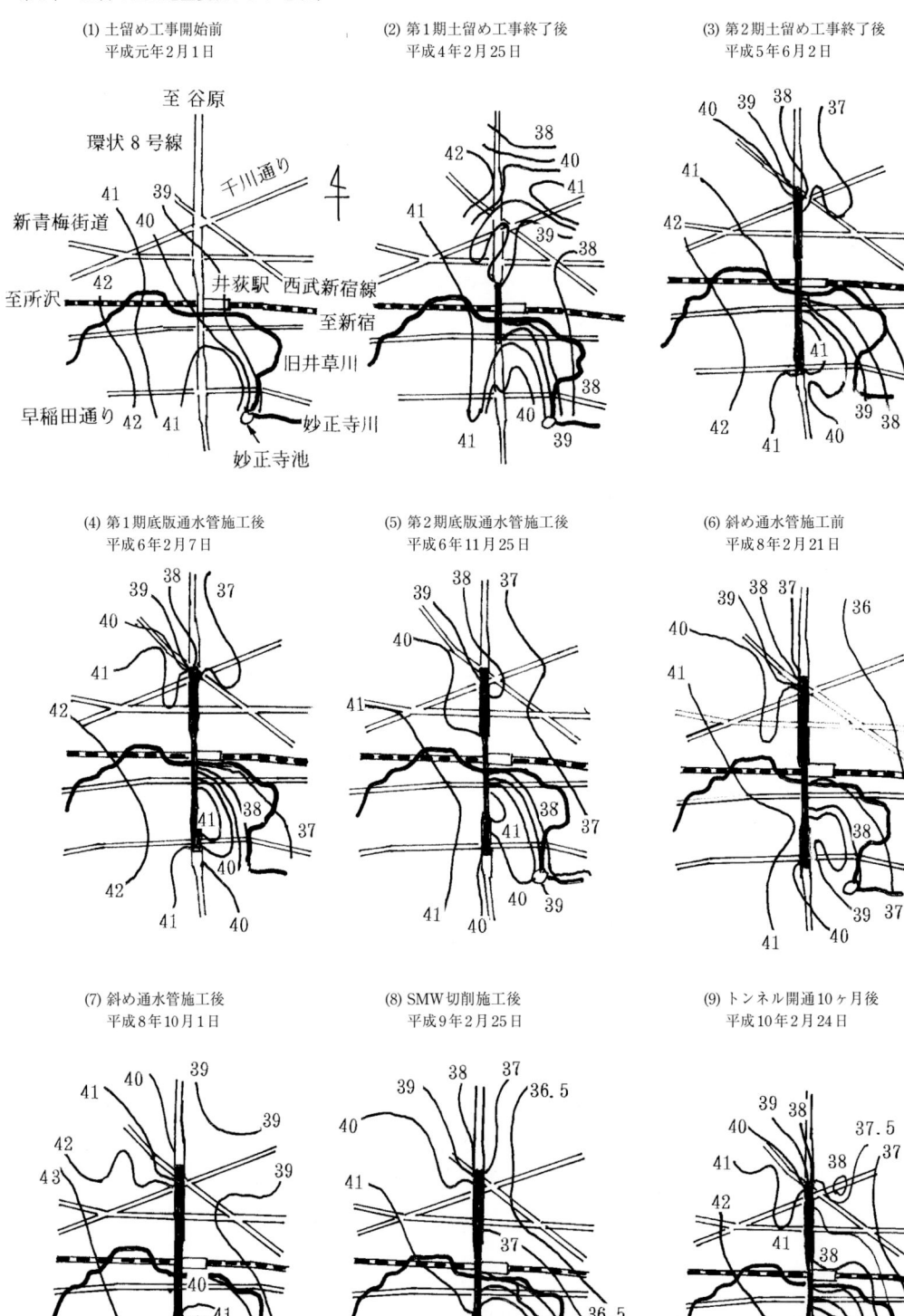

(1) 土留め工事開始前
平成元年2月1日

(2) 第1期土留め工事終了後
平成4年2月25日

(3) 第2期土留め工事終了後
平成5年6月2日

(4) 第1期底版通水管施工後
平成6年2月7日

(5) 第2期底版通水管施工後
平成6年11月25日

(6) 斜め通水管施工前
平成8年2月21日

(7) 斜め通水管施工後
平成8年10月1日

(8) SMW切削施工後
平成9年2月25日

(9) トンネル開通10ヶ月後
平成10年2月24日

図-8.37 地下水位分布の変化（実測値）

かったが (同図(4)),第二期通水管施工後 (同図(5)) は連続した等高線となり,土留め工事開始前の等高線T.P. + 39 m の形状 (同図(1)) に近似していることである.

このように,実測した地下水の状況から,躯体底版への通水管設置 (図-8.32参照) による地下水位分布変化の予測解析結果 (図-8.35参照) は定量的には改善の余地を残す結果となったが,定性的には面積的に広がりのある地下水位の回復傾向を示してることがわかる.

(2) 斜め通水管の効果

躯体底版中へ設置した通水管の場合と同様に,通水性能試験を現地で直接行った.その結果,地下水の流れの上流側と下流側の土留め壁の間を通水管で連結した状態での,上下流土留め壁背面地下水位差 $\Delta h = 1$ m 当りの通水量 (ℓ) は,次のようであった.

  区道沿い1:斜め通水管1本の値 63 ℓ/min/m
  区道沿い2: 〃   43 ℓ/min/m
  河川沿い: 〃   131 ℓ/min/m

図-8.36から,上下流土留め壁の背面地下水位差 Δh は,斜め通水管施工後1年6ヵ月を経過した1998年2月の時点で約2 m である.この時点での斜め通水管による全通水量は,1日当り 682 m³ [= (63 + 43 + 131) × 60 × 24 × 2/1,000] と計算された.この値は,躯体底版通水管の全通水能力の実に26%に相当し,「水みち」を狙った3本の斜め通水管の通水効果が著しいことがわかる.

土留め壁に最も近い観測井で測定した水位は,斜め通水管施工前の1996年3月末時点と比べると,上流側 (L1-10) での基底水位は標高T.P.約 41 m と変わらない.一方,下流側観測井 (R1-10) での基底水位は,標高T.P. 37 m が約1.7 m 上昇してT.P. 38.7 m となり,工事前 (1989年2月) の地下水面高T.P. 38.7 m まで回復していることがわかる.

土留め壁から最も離れた下流側観測井 (R1-200) で測定した水位も約0.7 m 上昇してT.P. 37.7 m となり,工事前 (1989年2月) の地下水面高のT.P. 38.9 m に近づいている.

以上のように,斜め通水管の設置により,地下水位の回復は顕著であった.

(3) 柱列式ソイル壁の切削除去の効果

柱列式ソイル壁の切削除去の効果を調べるため施工場所の近傍に観測井を設け,地下水の水位,流向,流速を測定した.

図-8.38に流向・流速図と地下水位の経日変化を示す.切削前の地下水の流向は,西側土留め壁と東側土留め壁ともに西側に向いており,その流速は非常に遅い.切削後,西側土留め壁付近の観測井での流向・流速の変化はあまり認められないが,東側土留め壁付近の観測井での流向は東に向かっており,流速も毎秒3 cm と速くなっている.しかし,図中に示した地下水位の経日変化図からは地下水位の上昇が認められず,地下水位の回復を確認するには至らなかった.

しかし,長い延長にわたって根入れ部の切削削除を行えば,より効果が期待できるものと考えられる.

8.5.6 地下水流動保全対策の経年的な機能変化の検証

対策工の効果を検証するうえで,もう一つの重要な検討事項は,集排水機能の経年的変化であり,その機能低下が小さいことが求められる.

機能低下の要因として,
① ストレーナー管の開孔率の減少 (目詰りの進行など)

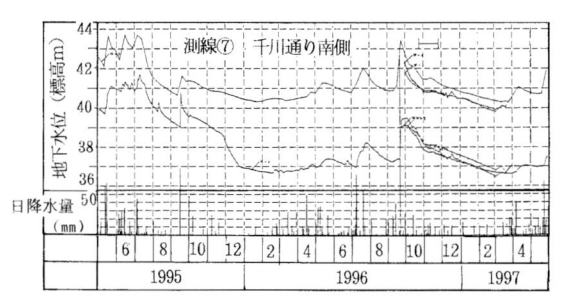

第8章 土留め工と地盤変状および地下水

(1) SMW切削前後の流向流速観測井および付近の観測井の地下水位変化

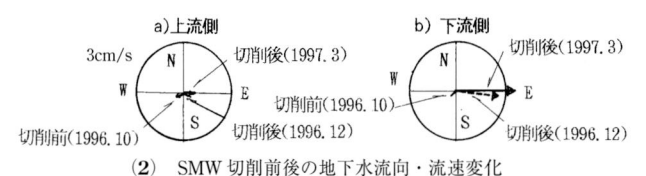

(2) SMW切削前後の地下水流向・流速変化

図-8.38 柱列式ソイル壁切削後の流向・流速と地下水位の経日変化図

② ストレーナー管の周りの地盤に土の細粒分が集まることによる透水係数が低下

などがあげられる．これらを防ぐには，集排水管周りの動水勾配を小さくし，地盤内の土の細粒分の移動を抑えることが大切になる．

しかし，現場でこれらを確認することは難しい．そこで，ここでは，西側と東側土留め壁近傍の観測井水位差が最も大きくなった1994年5月の地下水位分布を基準として，①工事竣工後，約2年経過した渇水期(1999年2月)における地下水位分布との差により得られた地下水位変動量の分布図と，②総ての対策工が完了した時点(1996年)直後の渇水期(1997年3月)の地下水位分布との差により得られた地下水位変動量の分布図を図-8.39に示す．

同図(1)からわかるように，1999年2月の水位は1994年5月の水位より，工事区間の東側区域において，斜め通水管を設置した④測線付近を中心とした北東区域の約500 mの範囲で，1.4～0.2 mの水位上昇が確認される．同図(2)に示す通水管設置直後の渇水期の地下水位変動量の分布図にお

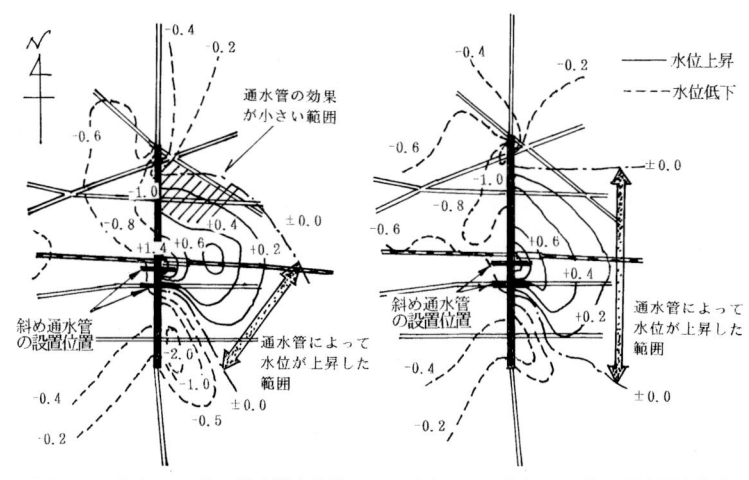

(1) 1994年と1999年の渇水期水位差　　(2) 1994年と1997年の渇水期水位差

図-8.39 地下水流動保全対策工の経年的機能変化

ける水位上昇量が0.2〜0.4 mの等高線を比較すると，東側に上昇範囲が拡大し，北側で通水管効果が小さい領域が認められるものの，その差は小さい．このことから，基本的には，通水管の機能は，この2年間で減退することなく機能していると判断できる．

8.5.7 集排水性能に影響する要因と対策

この事例で得た知見をもとに，効果的な地下水流動保全の対策工を計画するうえでの参考とするため，実施した対策工毎に集排水性能に影響すると考えられる《要因》と《対応策》を検討した結果を以下に示す．

(1) 躯体底版中へ設置した通水管効果が十分発揮されなかった要因の考察

① 第一期施工の通水管の集排水設備は土留め壁にあけた300 mmの孔だけで，効率が不十分である．
《対応策》土留め壁に沿わせて集排水井戸を掘り，これに通水管をつなぐ．

② 連続地中壁の施工は，地盤掘削時の孔壁崩壊を防ぎ掘削土の運搬のため，泥水安定液を循環して使う．この時に，安定液は礫層中にいくらか侵入すると同時に孔壁にマッドケーキが形成される．このため，礫層の透水性を阻害する．
《対応策》高圧水による洗浄を十分に行い，マッドケーキを洗い出す．

③ 滞水層となっている礫層は均一ではなく，透水性も一様とは限らない．このため，土留め壁を削孔した深さと位置によって，透水性にバラツキがある．
《対応策》第二期工事で実施したように数本の通水管を連結管で繋ぎ，性能の良い集水ストレーナーと排水ストレーナーが機能するようにする．

④ 第二期の施工では礫層中に水平ストレーナー管を設置したが，長さが1.8〜5.7 mであり，集排水性能が十分でなかった．
《対応策》1箇所1ストレーナーではなく，1箇所2〜3ストレーナーとする．

(2) 斜め通水管の効果が十分発揮されるために必要な条件の検討

① 工事地域の地下水面図から地下水の流れを把握し，「水みち」を狙って集排水設備を設置する．
《対応策》工事区域周辺の地形分布と地下水状況の事前調査結果を基に地下水面図を描くことによって，「水みち」の存在を推定しやすい．したがって，十分な地下水状況の事前調査を行う．また，土留め掘削段階から仮通水管を施工して，周辺地下水への影響を最小限にする．

(3) 柱列式ソイル壁の切削除去の効果が地下水位回復に現われなかった要因の考察

① 超高圧噴流水による柱列式ソイルモルタルの切削と砂置換の施工は予定通りであった．しかし，土留め壁施工中に礫層中に浸入したSMW固化材の洗浄が不十分であった．
《対応策》SMW固化材洗浄除去技術に今後の開発余地を残している可能性がある．

② 今回の施工場所が図-8.30に示したA河川とB河川に挟まれた台地の尾根筋に近く，地下水の流向把握が難しい．
《対応策》透水係数の大きい滞水層に接する遮水壁を切削することは 地下水の流動を再生するうえで有効と考えられ，効果的な場所を地下水面図から選択する．

(4) 通水管の経年的な機能低下問題の考察

① 通水管の機能低下の要因として，a)ストレーナー管の開孔率の減少 (目詰りの進行など) や，b)ストレーナー管の周りの地盤に土の細粒分が集まり透水係数が低下することなどがあげられる．全通水管設置から2年経過した1999年3月時点では，機能低下を示すまで至っていないことが判明した．しかし，経年的にはこの問題が起る可能性を否定できない．

《対応策》地下水位観測を継続して行い，今後の地下水対策技術開発にデータを提供する．なお，集排水機能の経年的な低下を防ぐには，集排水管周りの動水勾配を小さくして，地盤内の土の細粒分移動を抑えることが大切になる．また，定期的にストレーナーを含めた通水管洗浄 (逆洗) を行うことも必要である．

この事例のように，延長の長い地下構造物は，周辺の地下水の流れを遮断したり，流向変化により地下水環境に影響を与える可能性があり，地下水流動保全のための対策工を施す必要が高まっている．最近，この問題解決のため，解析法の提案や対策工法の開発が進められている[35]．

参考文献

1) 土質工学会 (1995)：根切り・山留めのトラブルと対策，トラブルと対策シリーズ，223-226.
2) Peck, R. B., (1969)：Deep Excavations and Tunneling in Soft Ground, *Proc. 7th ICSMFE, State of the Art Report* 1, 225-290.
3) 日本建築学会 (1988)：山留め設計施工指針，54.
4) 杉本隆男，青木雅路，田中洋行 (1995)：山留め掘削と周辺地盤の変状，土と基礎，講座，**43** (4), 67-73.
5) 杉本隆男 (1994)：山留め工事における地盤変状の要因と対策，基礎工，**22** (2), 61-66.
6) 地盤工学会 (1998)：山留め架構の設計・施工に関する研究報告書，委員会報告Ⅱ地盤変状，76-79.
7) 杉本隆男 (1983)：土留め掘削工事に伴う地盤変形の要因分析，東京都土木技術研究所年報 (昭和58年)，221-235.
8) 土木学会 (1993)：トンネル標準示方書 (開削編) に基づいた仮設構造物の設計計算例，トンネル・ライブラリー，**4**，107.
9) 杉本隆男，佐々木俊平 (1987)：土留め壁の変形と地表面沈下量の関係，第22回土質工学研究発表会，1261-1262.
10) 杉本隆男 (1986)：開削工事に伴う地表面最大沈下量の予測に関する研究，土木学会論文集，**373**，113-120.
11) Roscoe, K. H., (1970)：The Influence of Strains in Soil Mechanics, *Géotechnique*, **20** (2), 129-170.
12) 青木雅路，佐藤英二，丸岡正夫，甲野裕之 (1990)：根切りに伴う周辺地盤の挙動，第25回土質工学研究発表会，1509-1512.
13) 梶ケ谷勝，尾崎純一，坂本佳一，深田和志 (1989)：軟弱地盤における大規模土留め掘削の挙動と解析，土と基礎，**37** (5), 23-28.
14) 杉本隆男，佐々木俊平 (1992)：開削工事に伴う地盤変位に関する評価手法と問題点，基礎工，**20** (11), 46-50.
15) 杉本隆男 (1990)：開削工事による周辺地盤の沈下の予測と実際，基礎工，**18** (8), 18-25.
16) 星埜 和ほか共訳 (1970)：新版テルツァギ・ペック土質力学，応用編，丸善.
17) Roscoe, K. H., (1970)：The Influence of Strains in Soil Mechanics, *Géotechnique*, **20** (2), 129-170.
18) 内藤多仲ほか (1958)：施工に伴う地盤沈下による公害とその防止に関する研究，日本建築学会.
19) 上掲2)
20) 石原研而，垂水尚志 (1970)：たわみ性壁体で支持された地盤の掘削に伴う挙動，第5回地盤工学研究発表会，153-156.
21) Dunlop, P., and Duncan, J. M., (1970)：Analysis of Soil Movement around A Deep Excavation, *Jour. of S.M.F. Div.*, ASCE, **96** (SM2), 471-493.

22) Simpson, B., O' Riordan, N. J., and Croft, D. D., (1972)：A Conputer Model for the Analysis of Ground Movements in London Clay, *Géotechnique*, **29** (2), 149-175.
23) 日下部 治 (1997)：開削に伴う地盤変状解析技術の現状と将来，基礎工，**25** (4)，4-9.
24) 地盤工学会 (1999)：山留めの挙動予測と実際，地盤工学・実務シリーズ，33-65.
25) 玉野富雄，小野 聡，福井 聡，鈴木宏昌 (1995)：大深度地下工事に際しての地下水状態調査，土と基礎，**43** (9)，33-35.
26) 玉野富雄，鈴木宏昌，後藤直幸，飛田治雄 (1995)：被圧地下水位測定値評価時の問題点について，下水道協会誌，(32)，33-35.
27) 西垣 誠 (1994)：大深度地下開発に伴う地下水挙動，地質と調査，(3)，31-37.
28) 杉本隆男，三木 健，上之原一有，中沢 明，林 喜久英，田村真一，張替 徹 (1995)：環8・井荻トンネル工事での地下水対策工，東京都土木技術研究所年報 (平成7年)，211-218.
29) 杉本隆男 (1999)：都市の地下工事，土と基礎，**47** (7)，総説1-4.
30) 杉本隆男 (1999)：地下流動保全対策事例Ⅰ－環八・井荻立体化工事－，地盤工学会・講習会.
31) Sugimoto, T., Yamamura, H., Sasaki, S., and Hiroshima, M. (2001)：Monitoring Groundwater during/after Construction of Cut-and-Cover Tunnel, *Proc. of Int. Symp. on Geotechnical Aspects of Underground Construction in Soft Ground*, 522-527.
32) 地下水流動保全工法に関する研究委員会 設計ワーキンググループ (1998)：地下水流動保全工法の設計の考え方，地下水地盤環境に関するシンポジューム'98，発表論文集，地下水地盤環境に関する研究協議会.
33) 青木 滋，遠藤 毅，石井 求 (1970)：杉並区の浅層地下水について－東京の地下水系の研究(3)－，東京都土木技術研究所報告，第46号，75-94.
34) 練馬区役所 (1969)：練馬区地下水調査報告書.
35) 地下水流動保全工法に関する研究委員会 (2001)：地下水流動保全工法，地下水流動保全工法に関する講習会テキスト.

第9章　土留め工にかかわる基礎的力学問題の模型実験

9.1　粘性土の受働破壊に関する土槽実験

9.1.1　概　　　説

　粘性土地盤の受働破壊に関する模型実験には，土槽を使った静的模型実験[1～4]と，最近の遠心載荷装置を使った実験がある[5,6]．ここでは，前者の方法で受働破壊の実験を行ったものを述べる．

　軟弱粘性土地盤の深い掘削では，土留め壁に剛性の大きな連続地中壁，柱列式地中壁，鋼管矢板壁を採用する．多くの工事では，根入れ先端を硬質地盤に貫入させる．こうした剛性の大きな土留め壁の水平方向変位の推移は，各掘削段階ごとの掘削底付近が大きいため，最終的には，最終掘削底付近が最も大きくなる．したがって，土留め壁の根入れ部の変位は，近似的に，根入れ先端部を固定端とし掘削底付近を最大変位とする分布となる．

　掘削底下部地盤の最大主応力の向きは，上述した土留め壁根入れ部変形の影響と掘削による応力解放の影響で，掘削前に鉛直方向であったものが掘削の進行とともに回転し，最終的には，水平に近い方向へ回転すると推定される．掘削底の下の地盤の主応力回転は，有限要素法を使った簡単な弾性解析でも視覚的に確認できる．

　掘削底の下の地盤の受働側の壁面土圧や地中土圧がこの主応力回転の影響をどの程度受けているのかは，興味ある地盤工学問題の一つである．そこで，東京の下町低地の粘性土を使って受働破壊に関する土槽実験を行った．上述した土留め壁根入れ部の変位分布を前提に，壁の下端部を回転軸とする可動壁に回転変位を与えている．

　実験は，次の点に注目して進めた．
① 粘性土層がどのような変形プロセスを経て受働破壊に至るか
② その破壊領域の規模は
③ 壁面土圧や土中土圧と回転角との関係は
④ 土層の応力～ひずみ関係と一軸圧縮試験などの要素試験の応力～ひずみ関係との相関はあるのか
⑤ 受働側の壁面土圧や地中土圧は主応力回転の影響をどの程度受けているのか

9.1.2　実験装置と土層作成

(1)　実験土槽と可動壁

　実験土槽の側面図を，図-9.1(1)に示す．土槽の内寸法は長さ1,200 mm，幅500 mm，深さ700 mmである．可動壁は高さ495 mm，幅498 mm，厚さ12 mmの一枚板の鋼板で，剛性を高めるため四縁と中央部にフランジとして厚さ12 mmと16 mmの鋼板を溶接してある．可動壁下端から土槽の底までは，高さ200 mmの固定壁となっている．可動壁の回転軸は，可動壁上端から400 mmの深

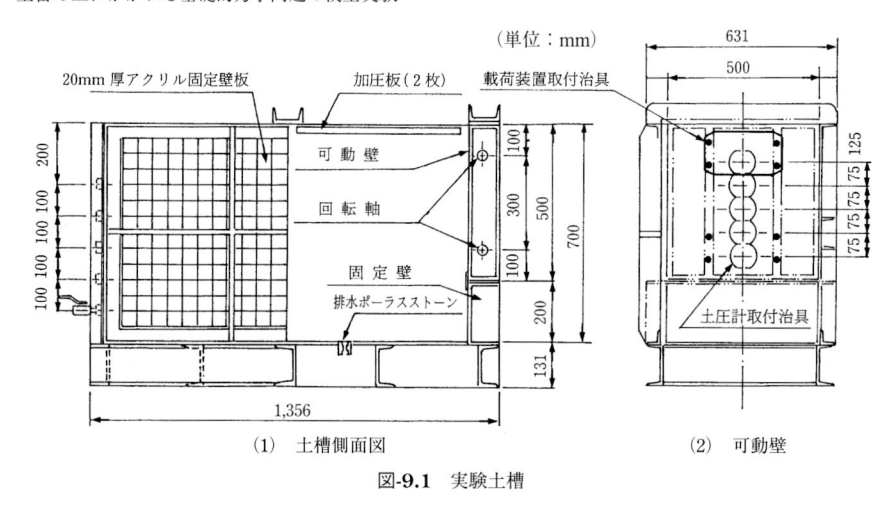

第9章　土留め工にかかわる基礎的力学問題の模型実験

図-9.1　実験土槽

(1) 土槽側面図　　　(2) 可動壁

さに取付けてある．側壁の一部は土の動きを観察するため 50 mm 格子目を刻んだ厚さ 20 mm，長さ 1,200 mm，高さ 700 mm の透明アクリル板で観察窓をつくり，試験時に平面ひずみ条件を保つように鋼製枠で強化してある．

可動壁を取付けた側からみた側面図を，図-9.1(2)に示す．可動壁上端から 125，200，275，350，425 mm の深さに土圧計を取付けてある．また，可動壁上端から 100 mm の深さ位置に，載荷台座を取付けてある．回転変位はこの台座を介して，荷重計を取付けた手動載荷スクリューロッドで与えるようになっている．

(2) 実験方法
a. 土層の作成

実験に用いた粘性土は，東京の沖積低地で行った護岸建設工事の鋼管杭施工時 (中掘り圧入工法による深さ A.P. − 8.0 〜 − 10.0 m の施工時) に採取したものである．この粘性土に川砂と水を加えてソイルミキサーで練返し，流動状態にした土を土槽内に流し込んだ．圧密前の粘性土層の厚さは 490 mm，含水比 74.0 % であった．なお，この粘性土層を挟んで底面と表面には，ろ紙を介して厚さ 150 mm と 20 mm の排水砂層を敷いてある．

粘性土と土槽側壁との側面摩擦を軽減する目的で，可動壁面と底面を除く土槽側壁全面に，潤滑油 (シリコングリースをシリコンオイルで溶いたもの) を薄く塗布したテフロンシートを 2 層に貼り付けた．土槽側のシートの厚さは 0.3 mm であり，粘性土側のシートは，厚さ 0.1 mm，一辺の長さが 50 mm の正方形に切ったものである．粘性土を詰める直前にテフロンシートの土に接する側に，白色ペイントで格子模様を描いた．

b. 土槽内での圧密

土を詰めてから 3 日間自重沈下をさせ，粘性土層の均一化を図った．圧密の方法は，2 枚の鋼板を砂層上面に敷き並べ，その上にコンクリートブロックを載せて行った．圧密荷重は第 1 段階が 4 kN/m²，第 2 段階がさらに 8 kN/m² 増加させ 12 kN/m² である．沈下量の変化を測定し圧密がほぼ終了した時点で除荷し，吸水膨張させた．圧密と除荷過程の沈下量の変化は，図-9.2 に示した通りである．

第 1 段階載荷による圧密日数は 14 日間，第 2 段階の載荷による圧密日数は 15 日間であり，最終沈下量は 68 mm であった．除荷後，7 日間吸水膨張させた．リバウンドは 8 mm であった．したがって，

実験に供した粘性土層の厚さは430 mmであった．

c. 稼働壁の操作と測定

可動壁に回転角速度0.19°/min (回転変位速度1 mm/min) を与え，可動壁面に垂直な方向の壁面土圧，土中土圧，粘性土層の表面変位，および載荷重を測定した．測定位置は図-9.3に示した通りである．

可動壁の最大回転角は15.47°(載荷ロッド位置での押込み量80 mmに相当する) である．押込み量が1 mm増加する毎に，透明アクリル板側から白色ペイントで描いた格子の変形を写真撮影した．

d. 粘性土の基本的性質

土槽内で圧密した粘性土の基本的性質は，受働破壊の実験終了直後にブロック状にサンプリングした試料で調べた．粒径加積曲線と土の基本的性質を図-9.4と表-9.1に示す．砂分30.2％，シルト分56.6％，粘土分13.2％である．また，含水比Wは53.8～61.2％で平均値は57.6％であり，液性限界W_Lが57.2％の軟弱な粘性土である．

可動壁から670～940 mm離れた位置で試料を切り出した．この位置における受働破壊実験後の地中変位は，生じていない．この試料から，土槽底面に対して鉛直な方向の軸をもつ供試体 (V供試体) と水平な軸の供試体 (H供試体) で一軸圧縮試験を行った．

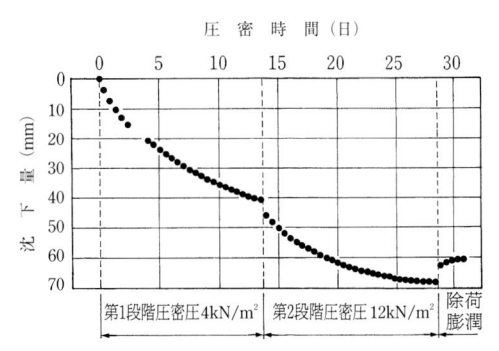

圧縮応力σと圧縮ひずみεの関係を図-9.5に示す．圧縮ひずみが15％まで圧縮応力が漸増する曲線で，明らかなピーク値を示さない．V供試体の一軸圧縮強さq_uは，10.0～10.5 kN/m^2，平均値10.2 kN/m^{2}であり，変形係数E_{50}は100～112 kN/m^2，平均値113 kN/m^{2}である．また，H供試体ではq_uは6.5～7.6 kN/m^2，平均値7.1 kN/m^{2}であり，E_{50}は65～107 kN/m^{2}で，平均値65 kN/m^{2}であ

図-9.2 粘性土層作成時の圧密・膨潤過程における時間～沈下量曲線

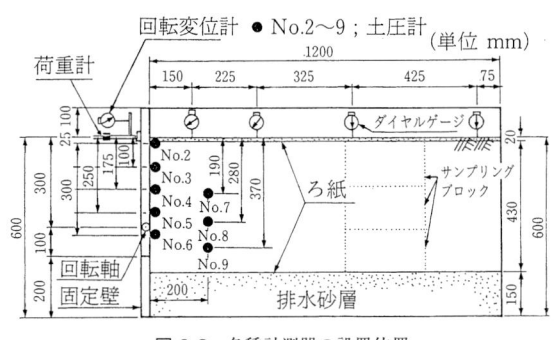

図-9.3 各種計測器の設置位置

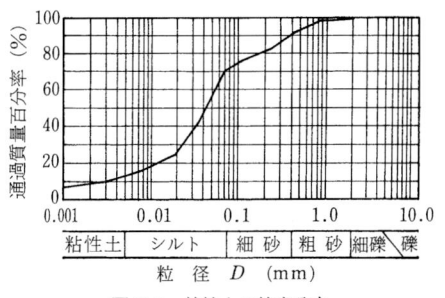

図-9.4 粘性土の粒度分布

第9章　土留め工にかかわる基礎的力学問題の模型実験

表-9.1　土の基本的性質と力学的性質

粒度粗成	砂　分		30.2%
	シルト分		56.6%
	粘土分		13.2%
液性限界	LL		57.2%
塑性限界	PL		30.0%
比　重	G_s		2.718
含水比	W		53.8〜61.2%，平均57.6%
単位体積重量	γ_t		16.04kN/m³
間隙比	e		1.675
一軸圧縮強さ	鉛直	q_{uv}	10.0〜10.5kN/m³，平均10.2kN/m³
	水平	q_{uh}	6.5〜7.6kN/m³，平均7.1kN/m³
変形係数	鉛直	E_{50v}	100〜122kN/m³，平均113kN/m³
	水平	E_{50h}	65〜107kN/m³，平均93kN/m³

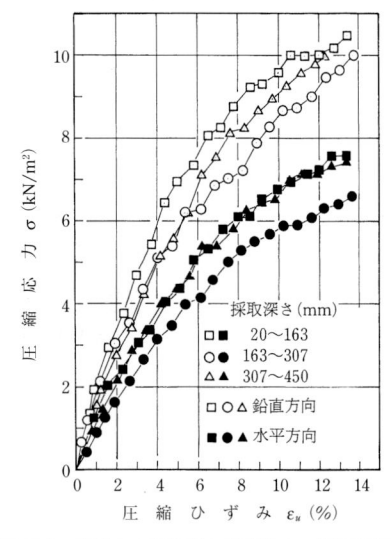

図-9.5　鉛直と水平切出し供試体の一軸圧縮試験による圧縮ひずみ〜圧縮応力の関係

る．平均値で比較すれば，H供試体の一軸圧縮強さq_uと変形係数E_{50}は，V供試体の79％と80％である．この強度異方性は，練返し再圧密試料の粒子配列構造の異方性に起因するものと考えられる．

また，せん断面を規定できる直接せん断試験により強度異方性を調べた結果を図-9.6と図-9.7に示す．両図中のθは供試体のせん断面の方向を表わしており，土槽底面からの傾きを意味している．また，せん断方向は，三笠・高田・大島(1984)[7]の提案した受働せん断の方向とした．図-9.6はせん断応力と変位の関係であり，曲線形状がなだらかで明確なピークを示さない．せん断時の体積変化は総て負のダイレイタンシーを示している．

図-9.7はせん断面の角度βとせん断強度τ_fの関係を示したものである．三笠らの実験結果と同様に$\theta=45°$の場合のせん断強さが最も小さい傾向を示している．

このように，土槽内で再圧密した粘性土は強度異方性をもっている．

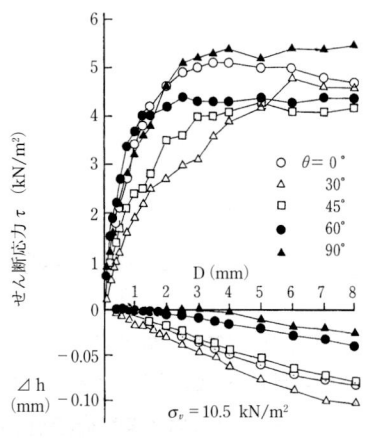

図-9.6　切出し方向を変えた供試体の直接せん断試験によるせん断変位D〜せん断応力τの関係

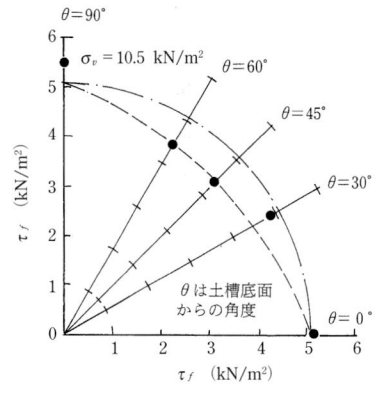

図-9.7　直接せん断試験で求めたすべり面の角度θとせん断強さτの関係

9.1.3 実験結果

(1) 壁の回転角増加に伴う壁面土圧の変化

壁面変位を与えない初期段階の壁面土圧は静止壁面土圧に相当するが，ここではこの時の壁面土圧計の指示値を基準として，壁面土圧増分について考える．

また各計器の設置深さは，粘性土層上面に排水層として敷いた厚さ20 mmの砂層上面からの深さとする．以後，壁面土圧増分のことを特別な記述がない限り，壁面土圧と呼ぶことにする．

可動壁の回転角と壁面土圧増分の関係を，図-9.8に示す．回転軸より浅い深さの壁面土圧は，回転角0.8°ぐらいまで直線的に増加するが，それ以上の回転角に対し非線形的となり，勾配が緩くなる．図中の矢印は，最初に認められた壁面土圧のピーク値である．このピーク値の回転角は，深さ25 mmの位置で4.78°，深さ100 mmで5.36°，深さ175 mmで7.18°，深さ250 mmで10.08°である．すなわち，壁面土圧のピーク値の出現は，浅いほど小さな回転角で起ることがわかる．また，ピーク時の壁面土圧の大きさは，深さにあまり依存しておらず，6.7〜8.9 kN/m^{2}の範囲にあり一軸圧縮強さに近い．このピーク時をこえる回転変位に対する壁面土圧の増加はほとんどなく，一定とみなせる．

また，回転軸より深い位置（深さ325 mm）の壁面土圧は，回転角0.38°という小さな値から9.59°まで壁が外側に動くため，主働状態の壁面土圧変化を示している．

(2) 壁の回転角増加に伴う土中土圧の変化

可動壁面の法線方向に200 mm離れた鉛直面上の深さ190，280，370 mmの位置における土中土圧の変化を，図-9.9に示す．

回転軸より浅い，深さが190 mmの土中土圧は，回転角0.76°まで急激に増加する．その後，回転角9.59°まで緩やかに増加して約7 kN/m^{2}に達したあと，最大回転角まで一定となる．この値は，

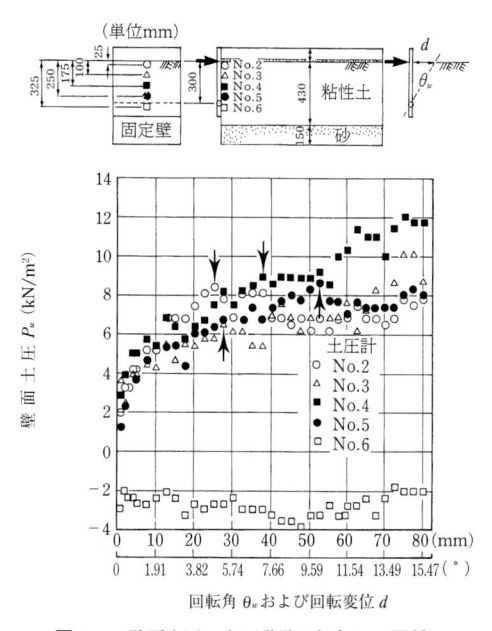

図-9.8 壁面土圧P_wと可動壁回転角θ_wの関係 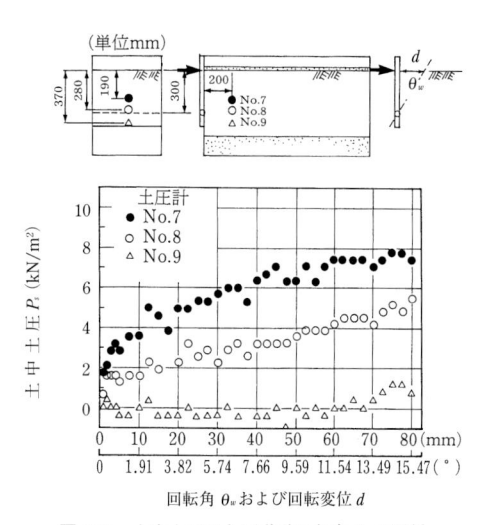   図-9.9 土中土圧P_sと可動壁回転角θ_wの関係

ほぼ同じ深さ（深さ175 mmと250 mm）の壁面土圧で最初に測定されたピーク値と同程度の大きさである．しかし，ピーク時の回転角は壁面土圧の場合に比べて大きく，土の破壊が壁面付近に比べて遅れている．

深さ280 mmの土中土圧も回転角0.38°まで急増したあと，最大回転角まで緩やかに増加する．しかし，同程度の深さの壁面土圧に比べてかなり小さい．

一方，回転軸より深い370 mm位置における土中土圧は，回転角が13.49°までほとんど0であり，壁の回転変位の影響をほとんど受けない．13.49°以上の回転角に対して受働側の土中土圧変化を示している．

このように，回転角の変化に伴う土中土圧の増加は壁面土圧に比べて小さく，降伏するのが遅れることがわかり，土の破壊の進行性破壊を裏づける結果となっている．

(3) 壁面土圧の深さ分布

壁面土圧と土中土圧の深さ分布を図-9.10に示した．回転軸から浅い位置の壁面土圧は，回転角が0.19°(押込み量で1 mmに相当)で分布形がほぼ決っている．回転角〜壁面土圧の関係(図-9.8)に示したように，表面から25 mmの深さの壁面土圧は回転角が3.82°をこすと壁面土圧が増加しない．深さ100 mmと250 mmの壁面土圧は回転角7.66°までは増加するが，この回転角をこすと壁面土圧の増加は小さくなる．一方，深さ175 mmの壁面土圧は，最大回転角15.47°まで増加傾向を示している．

このことから，回転軸より浅い位置の壁面土圧分布はあまり深さに依存しない放物線型となっている．とくに地表面に近い壁面土圧の大きさは，一軸圧縮試験で求めたH供試体の一軸圧縮強さの7 kN/m^{2}に近く，非排水せん断強さS_uの2倍程度である．図-9.11は，予備実験として行った緩い砂層の土圧実験結果である．粘性土の場合と異なり深さ200 mmまで，深さに依存する三角形の壁面土圧分布となっている．回転軸付近での壁面土圧は小さく，回転軸の下ではほとんど0となっている．

(4) 粘性土層の地中変位

粘性土層の地中変位は，土槽側壁の観察窓に貼付けた50 mm角のテフロンシートに描いた格子模様の変化を撮影した写真から，デジタイザーで測定した．回転角を0°→5.74°→9.59°→15.47°と変えた場合の地中変位ベクトルを図-9.12に示す．

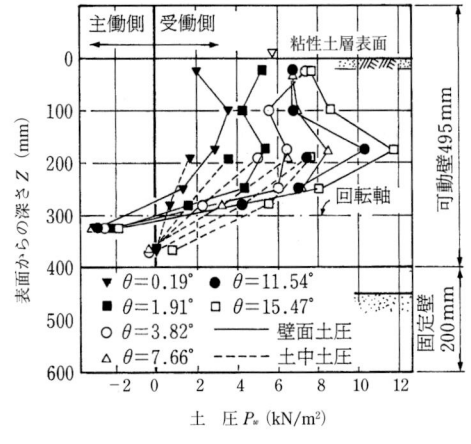

図-9.10 粘性土層での受働土圧分布

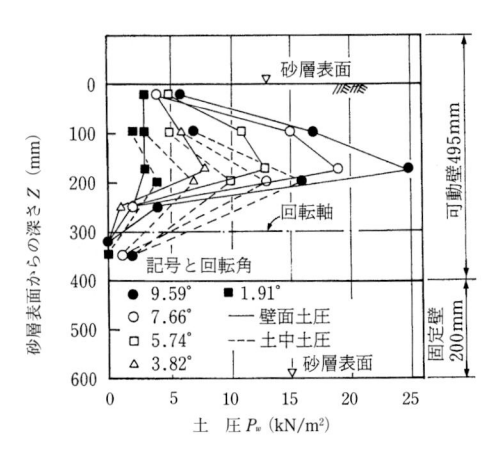

図-9.11 砂層での受働土圧分布

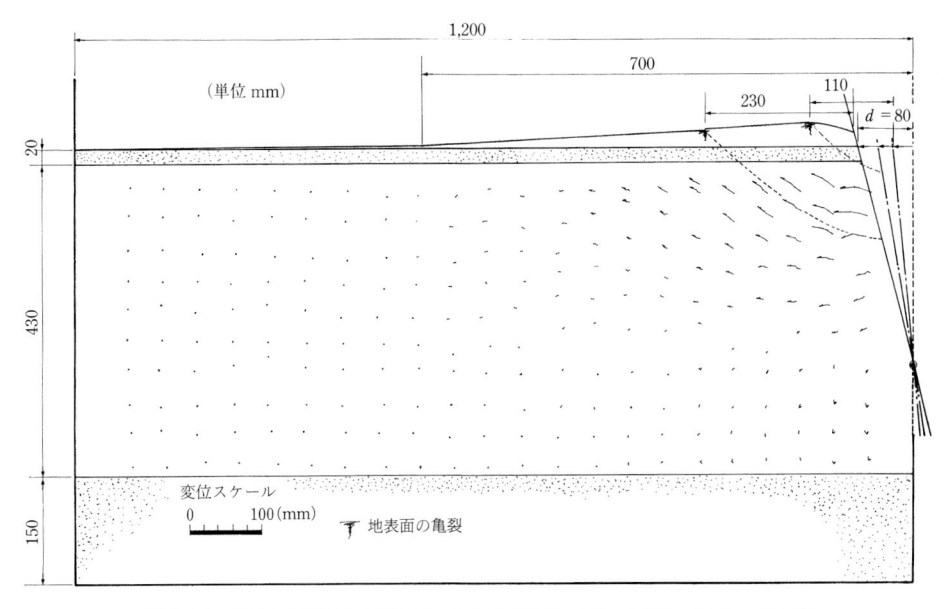

図-9.12 粘性土層中の地中変位ベクトルの実測値 (0°→5.74°→9.59°→15.47°)

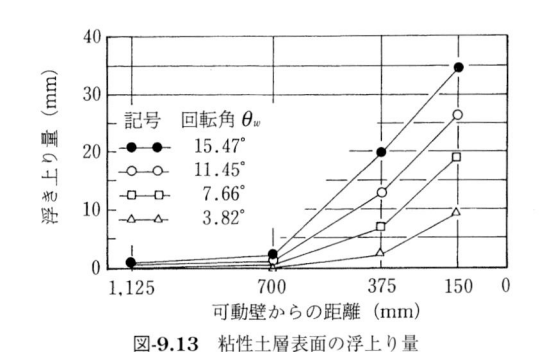

図-9.13 粘性土層表面の浮上り量

地表面から回転軸までの深さ (300 mm) の地中変位をみると，地表面から深さ140 mmまでの可動壁付近では水平変位が卓越するが，可動壁から離れると地表面へ向う上向きの地中変位となる．可動壁直近では変位ベクトルが大きく，可動壁から離れるに従って小さくなる．深さ140 mmから回転軸深さ280 mmまでの変位をみると，深さ200 mmの可動壁直近では水平変位が卓越し地表面に対し下向きのベクトルとなるが，可動壁から離れるに従い地表面へ向う上向きのベクトルに転じる．回転軸以深では可動壁が主働側へ回転するため，地中変位は水平変位よりも鉛直下向きの変位が卓越し，回転角が大きくなるに従って可動壁方向へと廻り込む変位が生じる．

このような可動壁付近の地中変位の結果として，地表面の浮上り現象が観察された．この浮上り現象は，可動壁から約700 mm離れた位置まで確認された．図-9.13に示したように，回転角の増加とともに浮上り量は増加し，可動壁に近いほど浮上り量が大きい．可動壁面では，可動壁と粘性土との摩擦のため浮上りが拘束された状態が観察された．また，可動壁の回転角が5.74°のとき，可動壁から約110 mm離れた地表面に亀裂が観察された．さらに回転角が増加して9.59°となったとき，可動壁から約230 cm離れた地表面にも亀裂が観察された．この亀裂位置を通って，図示した放物線形のすべり線らしき変形が観察された．

(5) 体積ひずみ分布

格子点の変位をもとに50 mm×50 mmの四辺形要素の体積ひずみ，最大せん断ひずみを計算した[8]．可動壁の回転角を0°→3.82°，0°→5.74°，0°→9.59°，0°→9.59°，0°→15.43°とした場合の体積ひずみ分布を図-**9.14**に示す．

可動壁付近に，体積ひずみ－0.02以上の圧縮領域が分布している．この圧縮領域面積について同じ回転角増分を与えた0°→3.82°と5.74°→9.59°の場合を比較すると，後者の方が圧縮領域が広がっている．また，回転角増分が0°→9.63°と0°→15.43°の場合を比較すると，可動壁付近の圧縮領域の面積はほとんど同じで，圧縮ひずみが増加する．すなわち，可動壁付近にみられる圧縮領域は可動壁に回転角0°→3.82°を与えた初期の段階にすでに形成され，回転角がさらに増加するに従って圧縮領域は少し拡大する．回転角が9.59°以上になると，ひずみ量は初期の0°→3.82°段階より増えるが，領域の拡大はほとんどないことがわかる．

また，圧縮ひずみ－0.02のコンター形状は回転角0°→3.82°の初期段階で形成され，地表面と回転軸に近い2箇所の深さで突出した形状となっている．浅い部分の突出形状は斜め左上方向に向いており，深い突出部は斜め左下方に向いている．このことは，可動壁に接する2つの三角形状のくさび土塊が，壁の回転角が増えるに従って圧縮ひずみを伴いながら粘性土層に押し込まれ，同時に図-**9.15**に示すようなせん断ひずみを起し，進行性の受働破壊を起したものと考えられる．

なお，回転角0°→9.59°と0°→15.43°との体積ひずみ分布図の比較から，回転角が9.59°→15.43°へと増加するにつれ可動壁から離れた粘性土層の広い範囲に圧縮ひずみが生じている．

(1) $\theta_w = 0° \to 3.82°$ (0 mm → 20 mm)

(3) $\theta_w = 0° \to 9.59°$ (0 mm → 50 mm)

(2) $\theta_w = 5.74° \to 9.59°$ (30 mm → 50 mm)

(4) $\theta_w = 0° \to 15.47°$ (0 mm → 80 mm)

実線が圧縮，点線が膨張

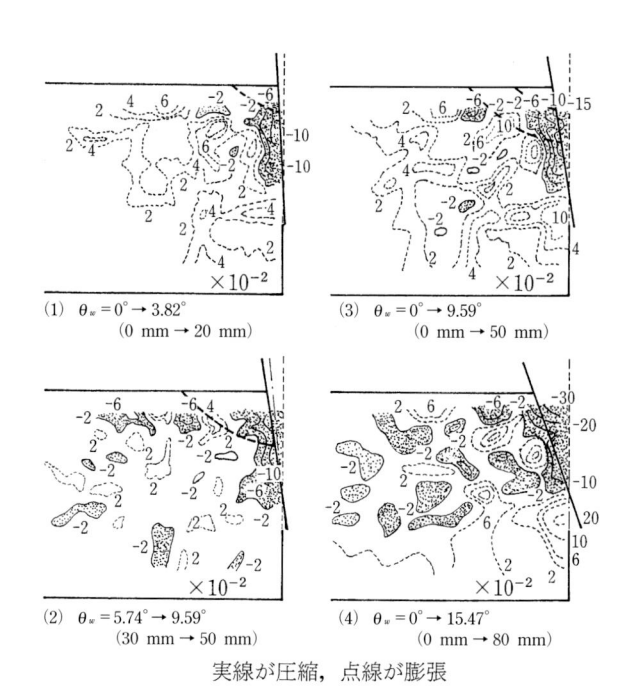

図-**9.14** 体積ひずみ ε_v のコンター(実線が圧縮，点線が引張)

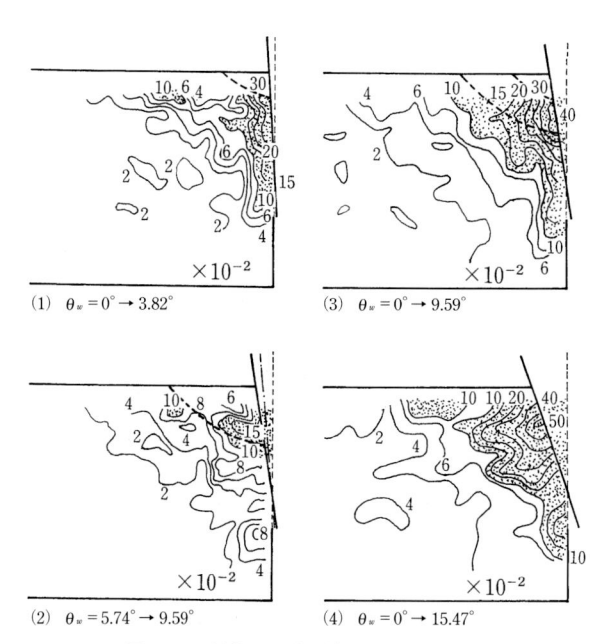

(1) $\theta_w = 0° \to 3.82°$

(3) $\theta_w = 0° \to 9.59°$

(2) $\theta_w = 5.74° \to 9.59°$

(4) $\theta_w = 0° \to 15.47°$

図-**9.15** 最大せん断ひずみ γ_{max} のコンター

9.1 粘性土の受働破壊に関する土槽実験

(6) 最大せん断ひずみの分布

可動壁の回転角を $0°\rightarrow 3.82°$，$5.74°\rightarrow 9.59°$，$0°\rightarrow 9.59°$，そして $0°\rightarrow 15.47°$ とした場合の最大せん断ひずみ γ_{max} の分布を図-9.15に示す．

可動壁の頭部の粘性土は大きなせん断ひずみを受け，可動壁頭部からの距離が増すに従ってせん断ひずみの大きさは徐々に減少している．この最大せん断ひずみ分布のパターンは，R. G. James と P. L. Bransby (1970)[3]が行った緩い砂の実験結果に近似している．

回転角 $0°\rightarrow 3.82°$ の初期段階で可動壁頭部付近の最大せん断ひずみは0.30と大きく，破壊している．最大せん断ひずみ0.10以上の領域は，回転軸付近の深さまで達する．そして，地表面から回転軸までの深さの1/2の範囲では，最大せん断ひずみ0.10のコンターは斜め上方に伸びている．初期段階と同じ回転角増分を与えた $5.74°\rightarrow 9.59°$ の場合，最大せん断ひずみ0.10以上の領域は初期段階で認められた斜め上方に向うコンター部に主に発生している．これは，回転角が $9.59°$ に達したとき観察された地表面上の亀裂位置を通って，図上に示した放物線形のすべり変形の観察結果とよく対応している．

回転角を $0°\rightarrow 9.59°$，$0°\rightarrow 15.47°$ に変えた場合の最大せん断ひずみは，可動壁回転軸の下端の主働変形領域まで達している．回転軸付近を境にして，受働せん断によるひずみ領域と主働せん断によるひずみ領域に分けられる．

壁面土圧と壁面に直近する土塊の最大せん断ひずみの関係を，図-9.16に示す．また，土中土圧と土中土圧計設置位置の最大せん断ひずみの関係を，図-9.17に示す．図中には，一軸圧縮試験の圧縮応力と最大せん断ひずみの関係も示してある．

壁面土圧と最大せん断ひずみの関係は滑らかな曲線でないが，最大せん断ひずみが0.15付近を境に壁面土圧の増加率が減少する傾向が認められる．その中で，深さ15.7 cmの土圧 (No.4) は最大せん断ひずみが0.3をこえて急増している．これは，図-9.18の体積ひずみと最大せん断ひずみの関係で示すように，No.4土圧計付近の土塊の体積ひずみが壁の回転変位が30 mmをこえると急増しており，体積ひずみの項で述べた可動壁付近のくさび土塊の影響と考えられる．また，降伏が始まった最大せん断ひずみは0.15である．この値は，粘性土層底面に対して平行に切り出したH供試体の圧縮応力～最大せん断ひずみ曲線における降伏開始点と同じ最大せん断ひずみである．

一方，可動壁から20.0 cm離れた土中土圧と最大せん断ひずみの関係の図-9.17では，深さ

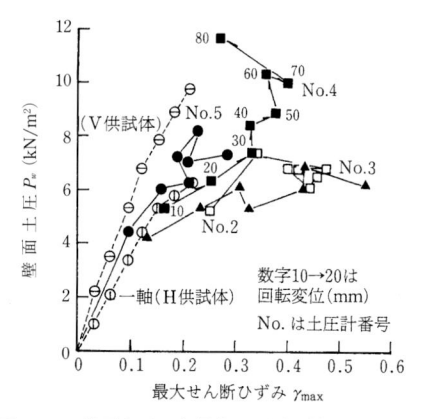

図-9.16　壁面土圧 P_w と最大せん断ひずみ γ_{max} の関係

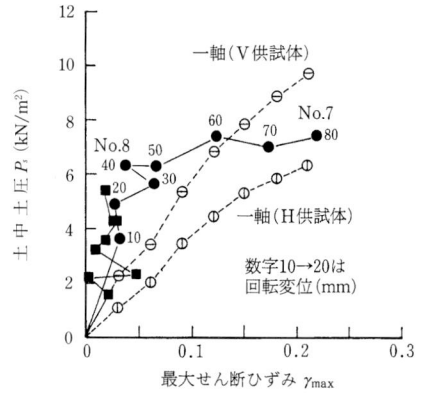

図-9.17　土中土圧 P_s と最大せん断ひずみ γ_{max} の関係

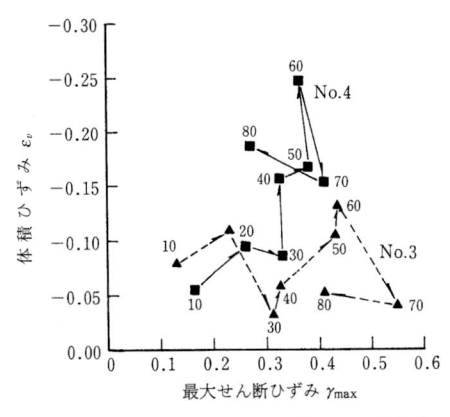

図-9.18　壁面土圧計No.3とNo.4付近の土塊体積ひずみε_vと最大せん断ひずみγ_{max}の関係

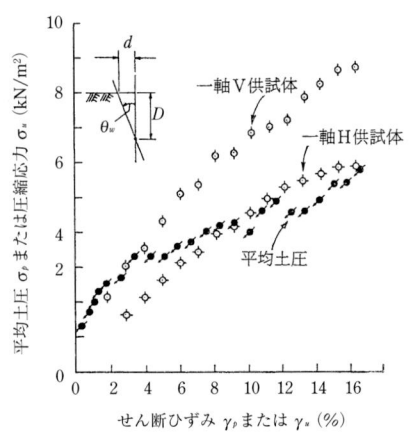

図-9.19　平均土圧σとせん断ひずみγの関係

19.0 cmの土圧 (No.7) は最大せん断ひずみ約0.05で降伏が始まっている．このときの土中土圧は約6 kN/m^{2}である．その後，回転角が増えて最大せん断ひずみが0.22まで増加する間に，土中土圧は約7.5 kN/m^{2}までしか増加しない．この関係は，一軸圧縮試験で求めた圧縮応力と最大せん断ひずみの関係 (H供試体) に比べて降伏ひずみが著しく小さく，土中土圧の最大値はH供試体とV供試体の一軸圧縮強さの平均値程度であるという特徴がみられる．

(7)　荷重計による平均土圧と回転変位の関係

可動壁の押込み荷重を回転軸以浅の壁面土圧分担面積で除した平均壁面土圧σ_pと，回転によるせん断ひずみγ_pとの関係を，図-9.19に示す．ここで，回転によるせん断ひずみγ_pは図中に示したように，地表面から回転軸までの深さDに対する地表面位置の可動壁水平変位量dの割合で定義した．また，一軸圧縮試験で求めたV供試体とH供試体の圧縮応力σ_uとせん断ひずみγ_uとの関係を併記した．一軸圧縮試験でのせん断ひずみγ_uは，ポアソン比を0.5と仮定して軸ひずみε_uを1.5倍した値である．

平均土圧σ_pとせん断ひずみγ_pの関係をみると，せん断ひずみγ_pが3.3％まではV供試体の応力～ひずみ曲線に沿って変化している．せん断ひずみγ_pが3.3％をこえるとH供試体の応力～ひずみ曲線への移行過程を経て，せん断ひずみが9％以上では，近似的にH供試体の曲線に沿って変化している．この平均土圧σ_pとせん断ひずみγ_pの関係の変化を一面せん断試験と一軸圧縮試験結果から考察すると，次のようになる．

図-9.6に示したように，一面せん断試験における$\theta = 30°$と$\theta = 60°$の供試体を比較すると，せん断水平変位の初期段階では，同じせん断応力レベルで$\theta = 30°$の供試体の方がせん断水平変位と収縮量がともに大きい．$\theta = 30°$は一軸圧縮試験におけるH供試体と，$\theta = 60°$はV供試体とせん断面が対応する[7]．図-9.5に示した一軸圧縮試験のV供試体とH供試体の圧縮応力～圧縮ひずみ関係は，一面せん断試験と同じようにH供試体の圧縮ひずみの増加が大きい．一次元圧密粘性土の有効内部摩擦角は切出し方向に依存せず一定である[9]ことから，応力～ひずみ関係の異方性は一面せん断試験時の収縮量の相異，すなわち，ダイレイタンシー特性の相異に依存していると考えられる．

そこで，体積ひずみ分布を示した図-9.14をみると，可動壁付近で動員 (mobilize) される体積ひずみの大きさは，回転角の小さい段階で小さい．回転角が大きくなるに従い，動員される体積ひず

みは大きくなっている．

すなわち，回転角の変化に伴い動員される体積ひずみが大きくなり，ダイレイタンシー特性への依存度が高まることによって，平均土圧 σ_p〜せん断ひずみ γ_p 関係が影響を受け，一軸圧縮試験におけるV供試体の応力〜ひずみ関係からH供試体の応力〜ひずみ関係へと移行したものと考えられる．

このように，粘性土層の受働破壊は壁がある回転角に達すると，粘性土層内に連続した破壊領域が同時に発生する全搬破壊の形態ではなく，回転角の小さい初期段階に壁の近くから部分破壊が生じ，回転角の増加とともに破壊域が拡大していく進行性破壊であることが明らかになった．そして，平均土圧とせん断ひずみの関係は非線型的であるが，その非線型性は粘性土層の強度異方性に強く依存する．この強度異方性は，粘性土自体の固有な特性であるダイレイタンシー特性への依存度が高いことが明らかになった．

9.1.4 受働破壊のメカニズム

(1) 粘性土層がどのような変形プロセスを経て受働破壊に至るか

粘性土層の受働破壊は，壁がある回転角に達すると粘性土層内に連続した破壊領域が同時に発生する全搬破壊の形態ではなく，回転角の小さい初期段階に壁の近くから部分破壊が生じ，回転角の増加とともに，破壊域が拡大していく進行性破壊である．

(2) その破壊領域の規模は

土槽側壁の観察窓で測定した地中変位から，回転軸深さの2/3以浅の深さでは水平変位が卓越して粘性土層表面へ向うベクトルとなる．地中変位ベクトルの大きさは可動壁直近が最大で，可動壁から離れるに従って小さくなる．回転軸深さの2/3の深さでは，可動壁付近で水平変位が卓越し地表面に対し下向きのベクトルとなるが，可動壁から離れるに従い地表面に向う上向きのベクトルに転じる．

この地中変位の結果，粘性土層表面で浮上り現象が観察された．浮上り範囲は可動壁から粘性土層厚さの2倍程度離れた位置までである．

また，大きな回転角を与えた段階で，地表面に亀裂が認められた．この亀裂位置を通って放物線形のすべり線を思わせる変位が観察された．

(3) 壁面土圧や土中土圧と回転角との関係

壁面土圧と回転角の関係は非線型的であり，壁面土圧の最初のピーク値の出現は，粘性土層表面に近いほど小さな回転角で生じた．そのピーク時の壁面土圧の大きさは，粘性土層底面に対して水平に切出した供試体の一軸圧縮強さに相当する．また，土中土圧と回転角の関係は非線型的であり，壁面土圧の場合に比べて土圧増加は小さく，ピークに達するまでの回転角は大きい．

(4) 土層の応力〜ひずみ関係と一軸圧縮試験等の要素試験の応力〜ひずみ関係との相関はあるのか

回転角の変化に伴い，動員される体積ひずみが大きくなりダイレイタンシー特性への依存度が高まることによって，壁面で測定した平均土圧 σ_p〜せん断ひずみ γ_p 関係が影響を受け，回転角の小さい初期段階では一軸圧縮試験におけるV供試体の応力〜ひずみ関係に近いものから，回転角が大

きくなるに従いH供試体の応力〜ひずみ関係の挙動へと移行する．

(5) 受働壁面土圧は主応力回転の影響をどの程度受けているのか

壁面土圧分布の形は回転の初期段階で決り，あまり深さに依存しない放物線形である．粘性土層表面付近の土圧は，水平方向切出し供試体の非排水せん断強さS_uの2倍程度であり，受働壁面土圧は主応力回転の影響を強く受けていることがわかった．

以上の結果を実務設計段階に活用することを考えると，ボーリング調査で地盤中からサンプリングした試料を使ったせん断強度試験結果 (最大主応力軸が土被り圧の方向と一致する鉛直方向) から受働土圧を推定する場合，強度定数を20％程度低減する必要がある．東京の江東地区の軟弱地盤から乱さないで採取した粘性土では，水平方向切出し供試体の非排水せん断強度は，鉛直供試体の50％というデータもある[10]．

9.2 矢板壁の引抜きに伴う地盤変形の模型実験

9.2.1 概説

埋設管や人孔 (マンホール) 設置後の土留め鋼矢板引抜きに伴い，埋設管や人孔の沈下，埋設管と人孔との取付け部の破損，地表面の沈下等が生じる場合がある．鋼矢板引抜き時に地表部の状況を観察すると，軟弱粘性土地盤では，U型鋼矢板のフランジ間に粘性土が挟まった状態で大量の土が鋼矢板と一緒に抜上がり，かなりの空隙の発生とそれに伴う地表面沈下が生じ，トラブルが発生する場合が少なくない．また，砂質土地盤でも，軟弱粘性土地盤の場合ほど多くないが，鋼矢板の引抜きとともに土が一緒に抜上がる場合がある[11]〜[13]．

このような鋼矢板引抜きに伴う沈下対策として，引抜き直後に地表部から砂を落し込んで水締めするのが一般的である．しかしながら，鋼矢板引抜きに伴う地表面沈下が大きい場合には，引抜きと同時に，鋼矢板根入れ先端部から薬液やセメントスラリーを同時注入して，空隙を充填する対策を施している[14]〜[16]．

鋼矢板引抜きに伴う埋設構造物や地表面の沈下は，引抜きに伴い地盤中に空隙が生じ，周辺地盤がそこに押出して空隙が減少することにより，地表面沈下が誘発されるものと考えられる．

この問題に関連した研究例として，砂質土を使った模型実験で，鋼矢板引抜きに伴い埋設管に作用する土圧の増加を検討した例がある[17],[18]．

本実験の目的は，軟弱な粘性土地盤での矢板壁引抜きに伴う地表面沈下について，1つは地表面沈下の推定法を提案することである．2つ目は，埋設管を設置した後の鋼矢板引抜きにより地表面沈下が大きくなる理由を調べることである．

ここでは，この問題を室内模型実験により検討している．実験は，試験土層にあらかじめ設置した板状の矢板壁を引抜き，発生した空隙が塞がる過程での周辺地盤の地中変位，空隙の閉塞状況，そして，地表面沈下量を測定し，空隙の閉塞メカニズムと地表面沈下について検討した．

9.2.2 模型実験の方法と試料

(1) 実験土槽と引抜き装置

実験土槽の概要を図-**9.20**に示す．土槽の内のり寸法は高さ800 mm，幅600 mm，奥行300 mmである．底板と側壁は厚さ25 mmのアルミ製で，正面は透明アクリル板 (厚さ25 mm) となってい

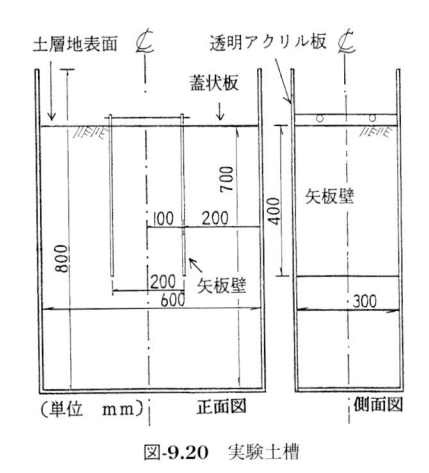

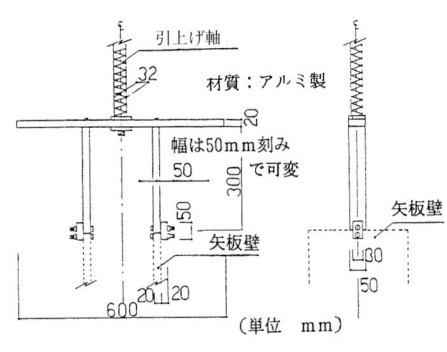

図-9.20　実験土槽　　　　図-9.21　矢板の引抜き装置

る．模型地盤の地表面となる部分には，底板から測って700 mmの位置に取り外し可能な蓋状の側壁が組み立てられるようにしてある．

また，矢板壁の引抜き装置は，図-9.21に示すように，電動スクリュー式の上下運動軸の先端に矢板壁取付治具を装着したものである．

(2) 模型地盤の作成と矢板壁の設置方法

実験土槽の透明アクリル板を取外し，その面を上向きに寝かせて，所定の強度に調合した練返し土を詰める．表面（あとで透明アクリル板面に接する）を整正したあと，その表面から垂直に板状矢板壁（奥行300 mm）を圧入する．その後，表面に1辺の長さが20×20 mmとなる地中変位測定メッシュを墨書きする．墨書きの方法は，緊張した糸に墨を塗り，糸を弾いて直線を描いた．透明アクリル板を取付けて土槽を起し，模型地盤の地表面となる側の蓋状側壁を取外し，模型地盤（深さ700 mm）を作成した．

なお，透明アクリル板面を含めた土槽内全面と矢板壁には，流動パラフィンを塗布し，模型地盤との摩擦の低減を図った．また，矢板壁の引抜き時に空隙内の圧力が負圧となるのを防ぐため，矢板壁には空気抜きパイプ（口径2 mm）をつけた．

(3) 地表面沈下量の測定方法

図-9.22に示すように，模型地盤の地表面には，沈下量測定用の鋲を設置した．地表面沈下量は，矢板壁引抜き前後のレベル測量結果の差から算定した．また，地表面沈下の分布形状は，地上面での墨書きメッシュ交点が不鮮明となるため，地表面の20 mm下の地中変位測定値およびレベル測量結果をもとに求めた．

(4) 地中変位の測定方法

透明アクリル板方向から矢板壁引抜き前後で写真撮影し，正方形メッシュ交点座標をデジタイザー（分解能0.1 mm）で読取り，引抜き前後の座標値の差から変位量を求めた．

なお，引抜き後の写真撮影は，矢板壁を引抜いてから1時間経過した時点で行った．矢板壁の引抜き速度は，10 mm/minである．

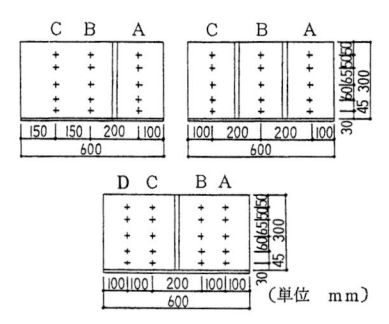

図-9.22 地表面沈下の測定位置

(5) 測定した地中変位の補正

透明アクリル板面で測定した地中変位の方向が土層内部でも変わらないものと仮定し，土層奥行方向の矢板壁中央部断面での地表面最大沈下量 δ_{zmax} と透明アクリル板面で測った最大沈下量 δ_{zacl} との比を補正係数とし，透明アクリル板面の測定値に，上述の補正係数を乗じて地中変位とした．なお，補正係数の値は各実験毎に異なり，1.1～1.7である (表-9.2 参照)．

表-9.2 実験の種類

実験番号	矢板壁の種類			模型地盤			地中変位の補正係数
	深さH mm	厚さt mm	枚数 枚	土の強さ S_u kN/m²	土の重量 γ kN/m³	安定係数 N_s	
1	400	20	1	0.8	13.5	6.8	1.1
2	400	10	1	0.8	13.4	6.7	1.4
3	400	10	2	0.8	13.5	6.8	1.2
4	200	20	1	0.9	13.4	3.0	1.7
5	200	10	1	0.7	13.3	3.8	1.5
6	200	10	2	0.9	13.4	3.0	1.3
7	200	10	中1	0.5	13.5	4.0	1.6

注) 中1は，矢板の設置位置を土層の中心位置とした場合．

(6) 引抜き中の空隙閉塞過程の観察

矢板壁引抜き中の空隙の発生とその閉塞過程は，ビデオによる撮影と目視による観察で行った．

また，矢板壁を引抜いたあと1時間経過した時点の空隙の閉塞状態は，空隙側壁での墨書きメッシュ交点が不鮮明なため，それより2cm離れた地中変位測定点の変位を，空隙側壁の変位に置き換えて求めた．

(7) 試 料

実験に用いる土試料の非排水せん断強さ S_u は，以下に示す Peck (1969)[19] が提案した安定係数 N_s (stability number) をもとに決定した．

$$N_s = \gamma h / S_u \tag{9.1}$$

ここで，γ：土の湿潤単位体積重量 (kN/m³)，
　　　　h：掘削深さ (m)，
　　　　S_u：地表面から掘削底面に至るまでの全般破壊に関連する範囲の地盤の土の非排水せん断強さ (kN/m²)．

ちなみに，Peckによれば，$N_s = 6～7$ になると塑性域が掘削底面に達して塑性平衡状態となり，地表面の沈下量が大きくなるとしている．

東京の沖積地盤での小規模な開削工事を想定し，$\gamma = 16.0$ kN/m³，$h = 4.00$ m，$S_u = 13.0$ kN/m² とすれば $N_s = 4.92$ となる．模型地盤中に設置した矢板壁の長さを掘削深さに置き換え，$h = 0.4$ m，$\gamma_t = 13.5$ kN/m³ とすれば，$N_s = 4.92$ に相当する S_u は 1.1 kN/m² となる．そこで，ベントナイトとカ

オリン粘土を混合した白色粘土に水を加えて練返し，$\gamma_t = 13.5 \text{ kN/m}^3$, $S_u = 1.1 \text{ kN/m}^2$を目標値とする配合試験から，実験に用いる土試料の配合比を**表-9.3**のように決めた．

以上述べた実験のフローは，**図-9.23**の通りである．

表-9.3 土試料の配合比

材　料	ベントナイト	カオリン	含水比の範囲（％）
重量比	1.0	2.3	130～136

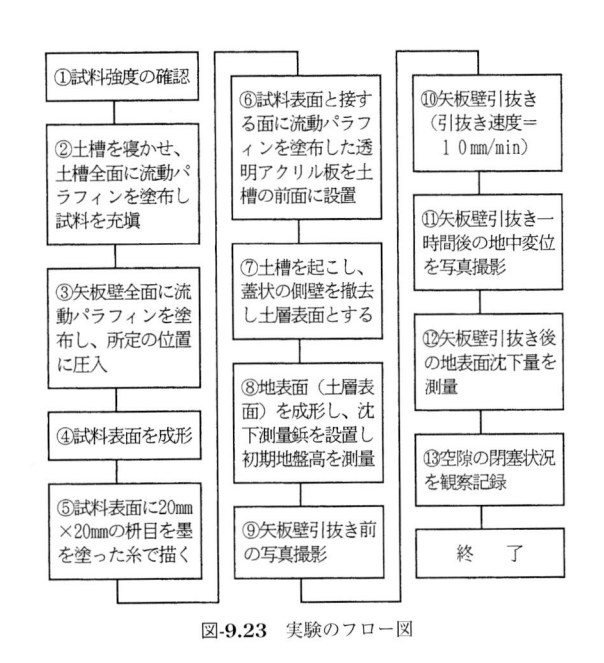

図-9.23 実験のフロー図

(8) 実験の種類

実験は，矢板壁の長さH，厚さt，枚数，設置位置を変えて同一条件の実験を3回行い，表-9.2に示すように7種類の実験を行った．

模型地盤の非排水せん断強さS_uと湿潤単位体積重量γ_tは，模型土槽に詰めた練返し土のベーンせん断試験と単位体積重量試験により求めた．これらの値と，掘削深さhの代りに矢板壁の引抜き長さHを式(9.1)に代入し，安定係数N_sを計算した．

9.2.3 矢板壁の引抜きに伴う周辺地盤の変形

(1) 地中変位

矢板壁引抜きに伴う周辺地盤の地中変位の測定例として，矢板壁長さが400 mm，厚さ20 mmの場合(実験番号1)を**図-9.24**に，長さ400 mm，厚さ10 mmの矢板壁を2枚同時に引抜いた場合(実験番号3)を**図-9.25**に示す．

a. 矢板壁が1枚の場合

引抜き位置の左側地盤では，矢板壁から土槽側壁までの距離が矢板壁長さ相当であり，土槽側壁

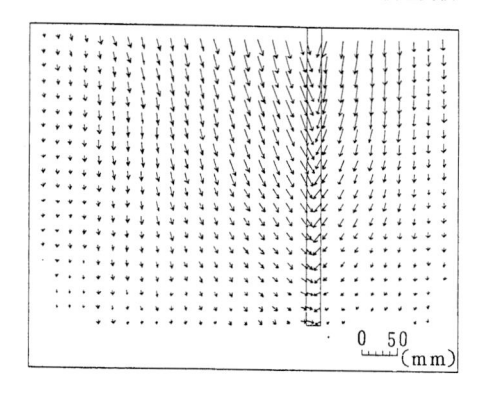

第9章　土留め工にかかわる基礎的力学問題の模型実験

図-9.24　地中変位（実験番号-1） 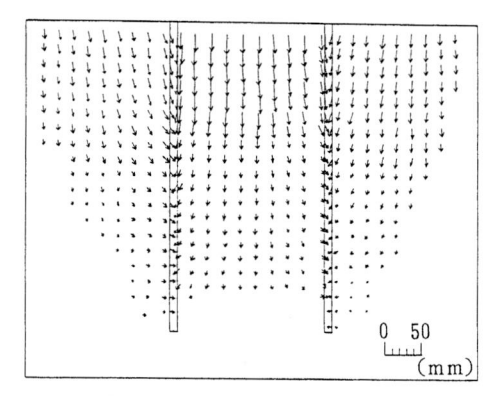　　　　　図-9.25　地中変位（実験番号-3）

部の境界の影響を少し受け，円弧状のすべり面が想定される地中変位となっている．

右側地盤の地中変位は，土槽側壁部で境界の影響を強く受け，鉛直方向変位が誘導されて，右側地盤全体として，鉛直変位が卓越している．これは，土槽側壁に流動パラフィンを塗布し地盤との摩擦を低減した影響によるためである．水平変位が卓越するのは，一番深い空隙部周辺であった．

b. 矢板壁が平行2枚の場合

矢板壁を2枚同時に引抜いた場合 (実験番号3) の地中変位ベクトルを，図-9.25に示した．矢板壁の厚さ $t = 10$ mmである．

2つの空隙の外側地盤の地中変位パターンは，空隙の発生深さが深いため横方向への影響が土槽側壁部まで及び，地表面沈下は空隙位置から側壁まで大きな沈下が生じている．

2つの空隙で挟まれた領域の地中変位は，地表に近い領域ではほぼ鉛直に一様に沈下している．空隙深さの約1/2の深さより深い地盤では，柱が座屈したような変形状態となっており，左右の空隙へ向かって広がる変形形状となっている．

(2) 空隙の閉塞状況

実験番号1, 2, 3における空隙の閉塞状況のスケッチを図-9.26に示す．

実験番号1では，引抜きと同時に最深部では空隙が閉塞する．そして，引抜きに伴い矢板壁の先端下に1cm程度の空隙が発生するが，短い時間で空隙に向かって周辺地盤が変形する．最終的には閉塞後のスケッチに示すように地表面に近い部分には，V形の空隙が残る．矢板壁を挟んだ左右の地盤からの移動量を比較すると，左側地盤からの移動量が大きい．閉塞状況を比べると，実験番号2は実験番号1の約1/2である．

実験番号3では，2枚の平行矢板壁で挟まれていた領域に注目すると，左側の空隙の右側側壁は深さが深くなるほど大きな側方変位となり，右側の空隙の左側側壁では深さ140 mmで，最大7 mmの側方変位となる．

(3) 地表面沈下量

実験番号1, 2と実験番号3, 6の地表面沈下量の分布を図-9.27に示す．折線は地表面下2 cmの地中変位ベクトル測定点による沈下量で，プロットは地表面の沈下測量点の沈下量である．

a. 矢板壁の長さが400 mmの場合の厚さの違いによる沈下量の比較 (実験番号1, 2)

地表面沈下量は，図-9.27(1)に示すように，厚さ10 mmの場合 (実験番号2) が厚さ20 mmの場合

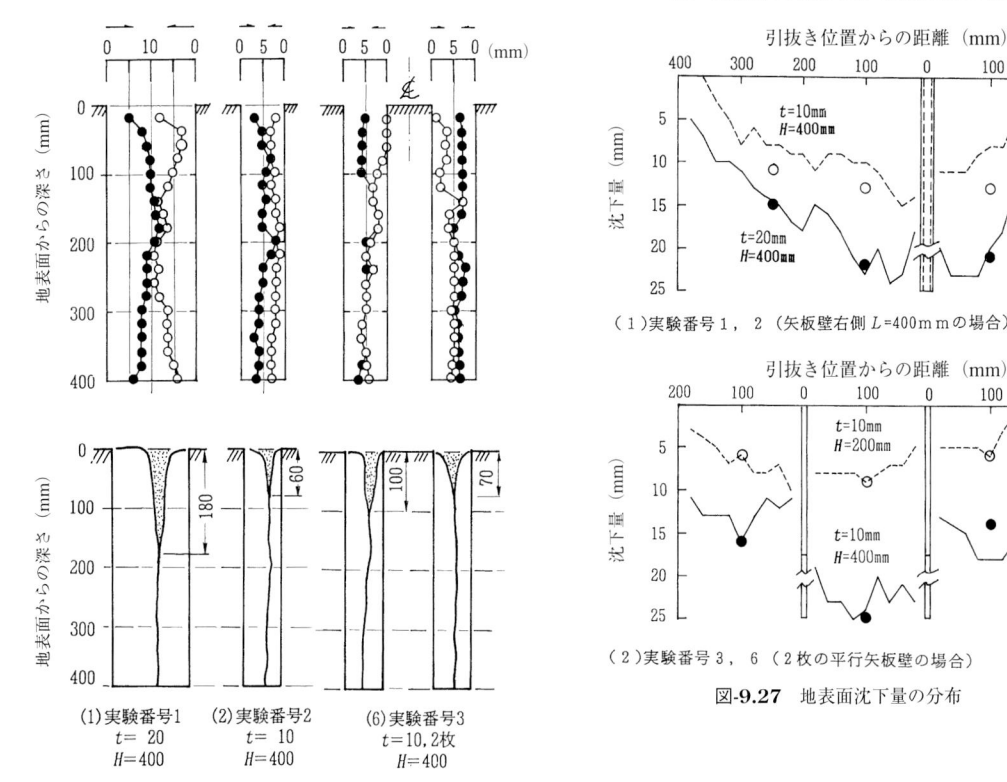

図-9.26　空隙側壁近傍の水平変位分布と閉塞状況のスケッチ

図-9.27　地表面沈下量の分布

の約1/2の沈下量となっている．また，実験が非排水条件で行われているにもかかわらず，最大沈下量が矢板壁厚さt以上となるのは，矢板壁に土が付着して抜上がるためと考えられる．

地表面沈下の分布形状は，矢板壁引抜き付近で引抜き時に矢板壁との摩擦の影響を受けるため，最大沈下量の発生位置は矢板壁から少し離れた位置で生じるが，おおむね三角形分布と見なせる．沈下分布形状は厚さの違いの差がなく，ほぼ同じである．

b.　矢板壁が平行2枚の場合 (実験番号3，6)

矢板壁が平行2枚の場合の地表面沈下量分布を図-9.27(2)に示す．矢板壁長さが400 mmの場合に空隙の外側の地表面沈下量分布は，土槽側壁部まで及んでいる．外側の沈下量の大きさは，矢板壁長さが400 mmの場合が，200 mmの場合のおおむね2倍近いことがわかる．

2枚の矢板壁で挟まれていた地盤の地表面沈下量は，一様な沈下量となっており，長さ400 mmの場合で25 mmであり，200 mmの場合の8 mmの約3倍である．空隙で挟まれた地盤が一様で大きな沈下量となったのは，矢板壁引抜き後，左右の矢板壁の拘束が除かれ自立状態となるため，自重による沈下と土被り重量により下層地盤の支持力不足による沈下が重なったためと推察される．

このような現象は，実際の工事でも観察され，人孔や埋設管の沈下となって現われる[11]．

9.2.4　空隙閉塞周辺地盤のすべり面の推定

いずれの実験ケースでもすべり面を観察できなかったが，図-9.24の地中変位ベクトルから，矢板壁背面地盤中に潜在的なすべりが発生していることが推定される．また，矢板壁が平行2枚の場合の矢板壁で挟まれた地盤の地中変位ベクトルは，図-9.25に示したようにほぼ鉛直方向で，地表面沈下量が外側より大きくなった．このことから，矢板壁で挟まれた地盤の支持力不足によると考

えられた．そこで，解析的にすべり面を推定し，これらを検討した．

(1) 模型実験でのひずみ解析による推定

James & Bransby (1970)[20]は，密詰め砂と緩詰め砂の土槽実験を行って受働土圧状態にある土中ひずみを分析し，後述するゼロひずみ軌跡 α，β 曲線が砂層中のすべり面形状と密接に関係することを見出した．

そこで，本模型実験で得られた節点変位データを使って，空隙閉塞後の周辺地盤のひずみを分析し，ゼロひずみ軌跡 α，β 曲線を求めた．

各要素の節点変位から算定したひずみ増分をそれぞれ $\delta\varepsilon_x$，$\delta\varepsilon_y$，$\delta\varepsilon_{xy}$ とすると，最大せん断ひずみ増分 $\delta\gamma_{max}$ と体積ひずみ増分 δv は次式で計算される．

$$\delta\gamma_{max} = \pm\{(\delta\varepsilon_x + \delta\varepsilon_y)^2 + 4\delta\varepsilon_{xy}^2\}^{1/2}$$
$$= |\delta\varepsilon_1 - \delta\varepsilon_3| \tag{9.2}$$
$$\delta v = \delta\varepsilon_x + \delta\varepsilon_y \tag{9.3}$$

主圧縮ひずみ増分の x 軸に対する傾き ξ は，次式で計算される．

$$\xi = 1/2 \cdot \tan^{-1}\{2\delta\varepsilon_{xy}/(\delta\varepsilon_x - \delta\varepsilon_y)\} \tag{9.4}$$

図-**9.28**には，ゼロひずみの方向 α，β および主圧縮ひずみ増分の方向 ξ の概念図と関連するひずみ増分のモール円を示す．

同図(1)のOAとOBに示す2つの方向傾角面上では，線ひずみ増分 $\delta\varepsilon_{ii}$ が0（ゼロ）であり（同図(2)参照），これらの方向傾角をゼロひずみ方向 α，β とよび，ダイレイタンシー角 ν_d を使って次のように表わせる．

$$\alpha = \xi + (\pi/4 - \nu_d/2)$$
$$\beta = \xi - (\pi/4 - \nu_d/2) \tag{9.5}$$

ここで，

$$\nu_d = \sin^{-1}(-\delta v/\delta\gamma_{max}) \tag{9.6}$$

であり，ν_d は土が膨張する場合にプラスである．

(2) 有限要素法による推定

実験で得られた空隙側壁と先端部の変位を強制変位として与え，周辺地盤のひずみを計算し，ゼロひずみ軌跡網を求めた．ここでは，地盤を弾性体と仮定した．解析上の諸入力値は，逆解析手法により，模型実験結果の地表面沈下量に近似する条件を求め，これを入力値とした．実験番号1と3に対応する逆解析値は，以下の通りである．

① 地盤の変形係数　　　　　$E_s = 168\,\text{kN/m}^2$

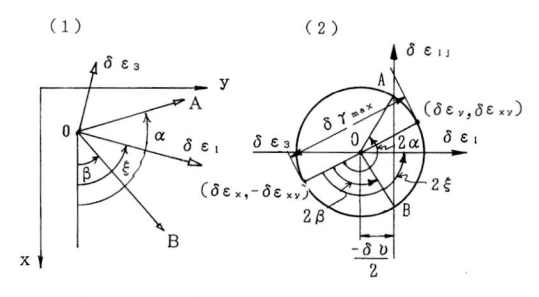

図-**9.28** ひずみ増分概念図とひずみモール円

② 地盤のポアソン比　　　　　$\nu = 0.49$
③ 地盤の非排水せん断強さ　　$S_u = 0.7 \text{ kN/m}^2$
④ 湿潤単位体積重量　　　　　$\gamma_t = 13.5 \text{ kN/m}^3$

(3) ゼロひずみ軌跡網
a. 矢板壁1枚の場合

実験番号1と5のゼロひずみ軌跡網を，図-**9.29**に示す．図中の実線が模型実験によるもので，点線がFEM解析によるものである．

実験番号1では，模型実験結果がFEM解析によるものに比べると狭い領域で軌跡網が形成され，図-9.24に示した地中変位ベクトル，および図-9.26(1)に示した閉塞状況から推定されたすべり面形状に近い．

実験番号5の場合 (図-9.29(2)) も，模型実験結果がFEM解析によるものに比べ狭い領域でα，β曲線網が形成され，引抜き矢板の地表面部を円弧の中心とする円弧すべり面形状となっている．

このことから，矢板壁引抜きに伴って発生した空隙に向かって，周辺地盤は円弧状のすべり面網を形成し，空隙側壁が図-9.26(1)のように変形して，地表面沈下を誘発したことがわかる．

b. 矢板壁が平行2枚の場合

矢板壁が平行2枚の場合 (実験番号3と6) のゼロひずみ軌跡曲線を，図-**9.30**に示す．

矢板壁で挟まれた領域のゼロひずみ軌跡α，β曲線形状は，支持力機構のクサビ状領域とその外側に生じる放射遷移領域のすべり線網に近い[21]．

しかし，遷移領域外側に期待される受働領域が空洞の発生で不連続となり，支持力が期待できない．このため，平行2枚の矢板壁で挟まれた領域の上層部地盤の自重が下層部地盤に荷重として作用し，矢板壁で挟まれていた領域の下層地盤では支持力不足となって沈下が大きくなり，外側地盤

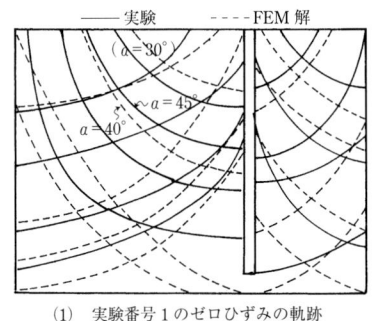

(1) 実験番号1のゼロひずみの軌跡

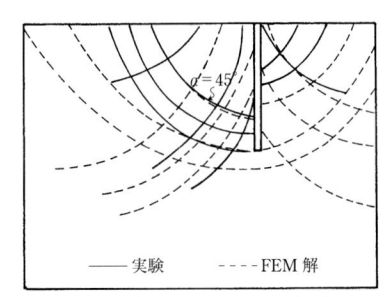

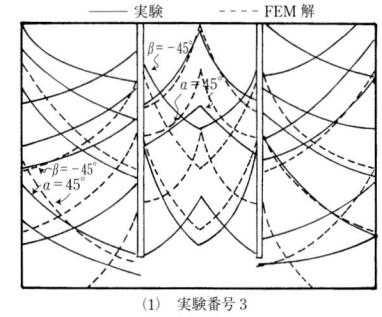

(1) 実験番号3

(2) 実験番号5のゼロひずみの軌跡

(2) 実験番号6

図-**9.29** 矢板壁1枚の場合のゼロひずみ曲線網

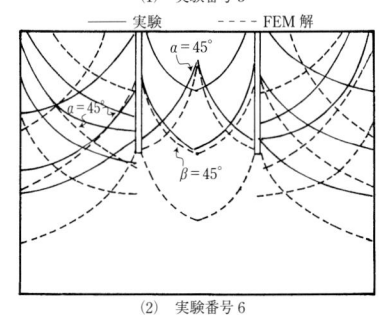

図-**9.30** 矢板壁2枚の場合のゼロひずみ曲線網

より大きな沈下量になったものと考えられる．

ちなみに，東田・三笠 (1984)[18]によれば，開削工法で設置された埋設管では，鋼矢板引抜き時において埋設管に働く鉛直土圧の総量は管上の土塊重量より大きく，1.18倍程度となることを報告している．

9.2.5 矢板壁引抜きによる地表面沈下量の推定

(1) 空隙閉塞体積と地表面沈下体積の関係

模型実験の結果から，空隙の閉塞体積V_dと地表面沈下体積V_gの関係を求めると，図-9.31のようになる．

ここで，空隙閉塞体積V_dは，図-9.26に示した空隙の左右側壁に直近する水平変位をもとに算出したもので，矢板壁自身の引抜き体積V_0に対する比$n = V_d/V_0$を空隙の閉塞率nと呼ぶことにする．また，地表面沈下体積V_gは，図-9.27に示した地表面沈下分布をもとに，沈下土積量として計算した．

実験は，矢板壁の長さ，厚さ，枚数，設置位置，および空隙閉塞率にもかかわらず，図-9.31に示したように空隙閉塞体積V_dと地表面沈下体積V_gの間に，直線関係が成立している．

ところで，実験は非排水条件で行っているので，理論的には矢板壁自身の引抜き体積V_0と地表面沈下体積V_{g0}は等しいので，原点を通る45°の傾きをもつ1点鎖線となる．実験では，地表面沈下体積V_gは空隙閉塞体積V_dより大きい．この差は，矢板壁に付着して排出された土量に相当する．

(2) 地表面最大沈下量と沈下範囲の推定

空隙の閉塞状況，それに伴う潜在的円弧すべり面の発生などから，地表面の最大沈下量δ_{zmax}に及ぼす影響因子として，空隙の閉塞率n，安定係数N_s，空隙厚さtが考えられる．

空隙の閉塞率nは，ヒービング安定係数N_sと密接に関係するように考えられたので，両者の関係を実験結果で調べた．その結果，図-9.32のように安定係数N_sが3～7の範囲で，ほぼ直線関係が成立することがわかった．このことから，閉塞率nと安定係数N_sはともに，地表面の最大沈下量δ_{zmax}の影響因子と考えてよいであろう．

また，空隙厚さtは，9.2.3の(2)空隙の閉塞状況，および(3)地表面沈下量で述べたように，重要な影響因子の一つである．

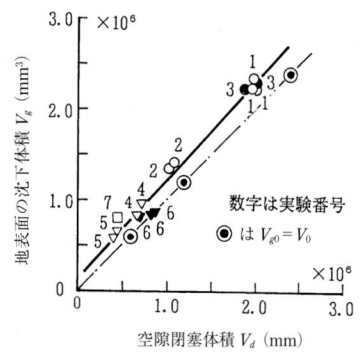

図-9.31 矢板引抜き後の空隙閉塞体積V_dと地表面沈下体積V_gの関係

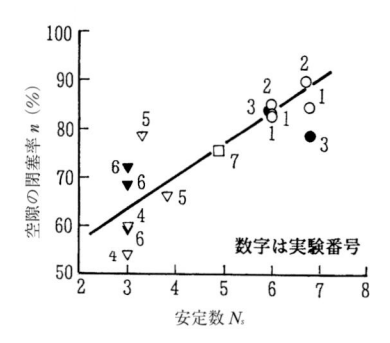

図-9.32 安定係数N_sと空隙閉塞率nの関係

9.3 基礎支持力の模型実験

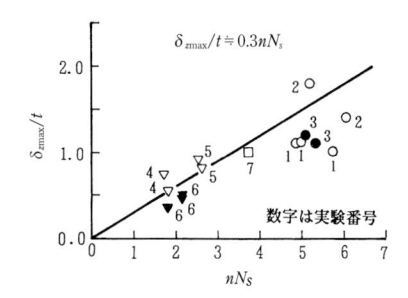

図-**9.33** $n \cdot N_s$ と地表面最大沈下量 δ_{zmax}/t の関係

そこで，閉塞率 n と安定係数 N_s を乗じた値 $n \cdot N_s$ を横軸にとり，最大沈下量 δ_{zmax} を空隙厚さ t で除した無次元化量 δ_{zmax}/t との関係を総ての実験についてプロットすると，図-**9.33** のように直線関係となり，次式が得られた．なお，矢板壁が平行2枚の場合の t は，矢板1枚の厚さの2倍の値とした．

$$\delta_{zmax}/t = 0.3 \times nN_s \tag{9.7}$$

ところで，図-9.27から，沈下量分布は三角形分布とみなせることから，矢板壁を挟む両側地盤からの地盤変形量が同じだとすれば，片側地盤の地表面沈下範囲を L，矢板壁の奥行を b とすれば，

$$V_g = 2\delta_{zmax} Lb/2 \tag{9.8}$$

が成立する．したがって，

$$L = V_g/\delta_{zmax} b \tag{9.9}$$

が得られる．また，矢板壁に付着して抜上がる土砂量を無視すれば，$V_g \fallingdotseq V_d = nV_0 = nHtb$ ゆえ，

$$L = nHt/\delta_{zmax} \tag{9.10}$$

(3) 鋼矢板土留め壁の場合の土留め壁厚さ t の取り方

現場の鋼矢板は平板ではなくU型である．本田ら[15]の現場計測結果によれば，鋼矢板フランジ間の凹部面積の全体に土が詰った状態を100％とすると，粘性土の場合はその70〜100％の断面に土が詰った状態で抜上がる．そこで，この現場測定結果を参考とすれば，式(9.7)と式(9.10)を実際の工事に適用する場合の土留め壁厚さ t のとり方は，以下のようになる．

$$t = \alpha A/b_t \tag{9.11}$$

ここで，A：鋼矢板のフランジ間の凹部面積

b_t：凹部の平均幅

α：本田らの実験から 0.7〜1.0

また，式(9.7)と式(9.10)の閉塞率 n は，図-9.32により求められる．

以上のことから，軟弱粘性土層の安定係数 N_s の範囲が3〜7の場合，その現場の安定係数 N_s を求めれば，鋼矢板引抜きによる地表面沈下の最大値と沈下範囲は，式(9.7)，(9.10)，(9.11)を用いて求めることができる．

9.3 基礎支持力の模型実験

9.3.1 概　　説

Prandtl系の基礎支持力理論においては，基礎の底面地盤に剛体としての三角形の土塊くさび（以

下，単にコアと呼ぶ) が形成されるとして理論展開が行われている．すなわち，基礎が沈下すると，まず基礎底面地盤で三角形のコアが形成され，その後，基礎とコアが一体となっての沈下が進み，側方地盤がすべり，全般せん断破壊状態が生じるとしている．一方，種々の支持力実験から，支持力発生時には，地盤条件，埋設深さ，施工状態などが関連して，全般せん断破壊，局所せん断破壊，およびパンチングせん断破壊の各形態が生じることが確かめられている[22),23)]．それに対応して，Plandtl系の支持力理論，球空洞押し広げ理論を組込んだVesićの支持力理論などの支持力理論が提案されている[24)~29)]．

また，近年の実験手法や計測手法の進歩に伴い，支持力発生力学挙動を地盤変形における局所変形や進行性破壊としてより詳細に捉えようとする研究が進められている[30),31)]．以下に，こうした観点から基礎の地盤中への沈下時の地盤進行性破壊現象としての支持力発生挙動について，アルミ棒積層体地盤実験装置を用い，各種の条件下での実験結果を示すとともに，支持力発生時の地盤挙動を，地盤変位ベクトルと最大せん断ひずみの発生状態から進行性破壊力学現象として考察する．

次に，上述の実験・解析結果をベースに，同様な実験・解析手法を用い，緩い層と密層の互層からなる薄い支持層地盤[32)]および傾斜地盤[33)~35)]での支持力の発生挙動を考える．

9.3.2 模型実験

(1) 実験計画と地盤定数

a. 実験計画

基礎支持力，アンカー引抜き抵抗力などを調べる模型実験手法として，二次元砂地盤模型 (遠心力装置あるいは大型の装置)，加圧砂地盤タンク模型，アルミ棒積層体地盤模型が用いられている．そのうちアルミ棒積層体地盤模型は，地盤状態が砂地盤のような粒径分布にはならない，あるいは低応力下における実験となるといった実験上の限界があるものの，自立が可能，壁面摩擦がない，地盤変状の可視化が容易などの実験上の大きな利点があり，複雑な地盤力学現象を単純化し，繰返し基礎的に研究できる実験手法としてきわめて有効なものである．

アルミ棒積層体地盤を用いた研究は，粒状体の基礎的力学問題にアルミ棒積層体を用いた村山・松岡の研究に始まる[36)]．その後，粒状体のせん断特性，トンネル，土圧，支持力などの多くの基礎的力学挙動に関する研究が行われ，模型実験手法としての有効性が示されている[37)~44)]．

また，基礎支持力の模型実験に際しては，三次元的な取扱いが重要であるが，三次元での場合，地中での地盤変状の計測・可視化が難しいという実験上の限界がある．また，二次元であっても，詳細な実験による調査は，実際現象を力学的に単純化したものとして，そこから得られた力学原理は，三次元で生じる実際の力学挙動を考える手がかりとなることから，二次元平面ひずみ条件での実験は有効なものである．

実験計画として，砂地盤を模擬したアルミ棒積層体による二次元模型実験装置を用い，地盤条件，基礎の底面形状，基礎の埋設深さ，および基礎の幅を種々変化させた実験を行い，荷重－沈下量曲線と逐次的な地盤変形を追跡する．すなわち，画像計測手法を用い基礎の沈下に伴う連続的な地盤変状を地盤変位ベクトルとして可視化する．次に，地盤変位ベクトルからひずみ解析を実施する．これらの実験から得られる荷重－沈下量曲線，地盤変位ベクトル，およびひずみ解析結果から支持力発生時の地盤挙動を考察する．実際の基礎支持力は，高応力・高密度の砂 (あるいは砂礫) 地盤条件下で生じるものであり，土粒子粉砕などを含め多くの要因が関係する．それに対し，本実験は，低応力下でのアルミ棒材料に対するものであり，実際の支持力発生時の地盤挙動を直接的に議論で

表-9.4 実験条件

地盤密度	密, 緩い
底面形状	三角形, 半円形, 四角形, 逆三角形
埋設深さ	10cm, 20cm
幅	4cm, 8cm

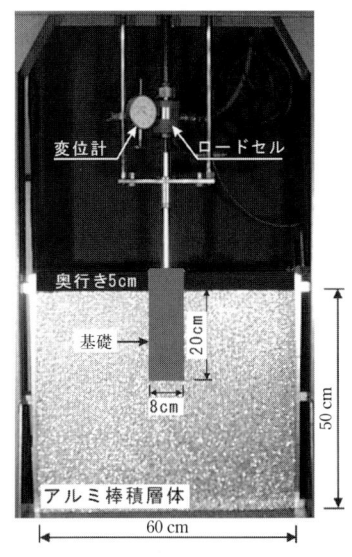

図-9.34 アルミ棒積層体モデル実験装置

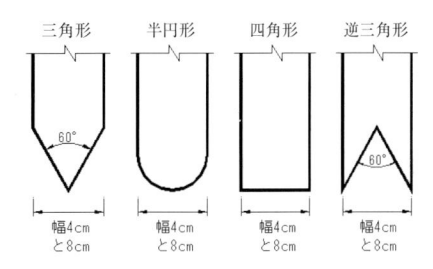

図-9.35 基礎の底面形状説明図

きるものではないが，力学挙動を理解するうえで有効な手法である．

製作したアルミ棒積層体模型実験装置を図-9.34に示す．表-9.4に実験条件を示す．実験条件は地盤密度 (密，緩い)，底面形状 (三角形，半円形，四角形，逆三角形)，埋設深さ (10 cm，20 cm)，および幅 (4 cm，8 cm) であり，それぞれを組合せ，1ケース毎に3回づつ実験を行った．実験の再現性はきわめて良好であった．

図-9.35に底面形状の説明図を示す．三角形の形状はあらかじめ三角形のコアを与えた場合，半円は三角形と四角形の中間を想定した場合，逆三角形は四角形の極端な場合 (粗い底面摩擦状態) として考えた．四角形は一般的な底面形状に対応する．なお，三角形の底面角度は，内部摩擦角 ϕ が密地盤で33°，緩い地盤で26.5°であることから，$(45° + \phi/2)$ の式より近似的に60° (正三角形) とした．また，基礎の埋設深さは側方よりの地盤拘束を受けている長さとし，総てのケースの埋設深さは同じであると考える．

b. アルミ棒材料

アルミ棒積層体は，長さ5 cmで径1.6 mmと3 mmのアルミ棒塊を重量比3：2で混合したアルミ棒材料を用いて積上げる．このアルミ棒材料は，村山・松岡が研究で用いたものと同じ径と配合である[32]．彼らの研究以来，多くのアルミ棒積層体を用いた研究で，同様のアルミ棒材料が用いられている．本研究においても，今日までの他の研究成果との比較検討が可能なように，このアルミ棒材料を用いた．

c. 地盤作製法

密地盤と緩い地盤の2種類の実験条件を作製することは，模型実験を行ううえできわめて重要である．本研究を進めるに際し，地盤の作製方法として，多く方法について試行錯誤を繰返し，次のような地盤作製方法を確立した．

縦 (深さ) 50 cm・横60 cm・奥行5 cmのフレーム内に深さ5 cmを1層としてアルミ材料の移動用金具でアルミ棒材料を積上げる．密地盤では1層積上げる毎に，厚さ0.5 mmの突固め用銅板を使用して鉛直に5 cmの深さで3回突き刺す．この作業を1 cm間隔で横幅60 cm間を往復2回行う．それに対し，緩い地盤は，5 cmを1層とし，1層積上げる毎に層の表面をならし整形し，順次積上

げを行う．図-**9.36**に密地盤の作製状況を示す．また，作製地盤状態の均一さは，直径10 cmの円形内での径が1.6 mmと3 mmのアルミ棒の本数を写真撮影画面から数え，あらゆる場所でほぼ同じ本数であることから確認した．

d. 地盤定数

地盤定数を表-**9.5**に示す．単位体積重量は，縦60 cm・横60 cm・奥行5 cmのアルミ棒積層体全体を一括して計量し算定した．密地盤で21.97 kN/m³，緩い地盤で21.29 kN/m³である．内部摩擦角は，一面せん断試験用として図-**9.37**のような縦40 cm・横30 cm・奥行5 cmの一面せん断試験機を製作し，求めた．せん断速度は，後述する杭の沈下速度と合わせ1.2 mm/sとした．一面せん断試験結果を図-**9.38**に示す．内部摩擦角は密地盤で33.0°，緩い地盤で26.5°である．アルミ棒とアルミ板との間の摩擦角は密地盤で11.0°，緩い地盤で9.0°である．なお，せん断速度

表-9.5　地盤定数

地盤条件	単位体積重量 γ (kN/m³)	摩擦角			土圧係数
		全アルミ棒 ϕ (°)	摩擦小 δ (°)	摩擦大 δ (°)	静止 K_0
密地盤	21.97	33.0	11.0	32.5	0.88
緩い地盤	21.29	26.5	9.0	26.9	0.51

図-9.36　密地盤作製方法

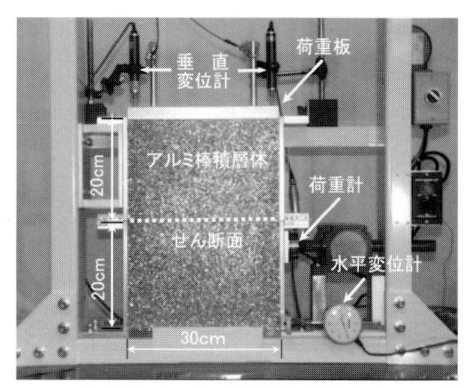

図-9.37　一面せん断試験装置

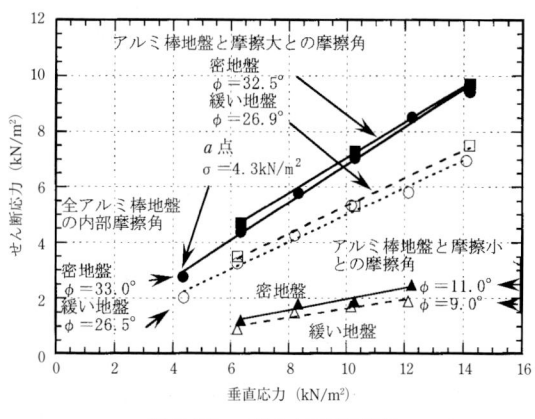

図-9.38　一面せん断試験結果

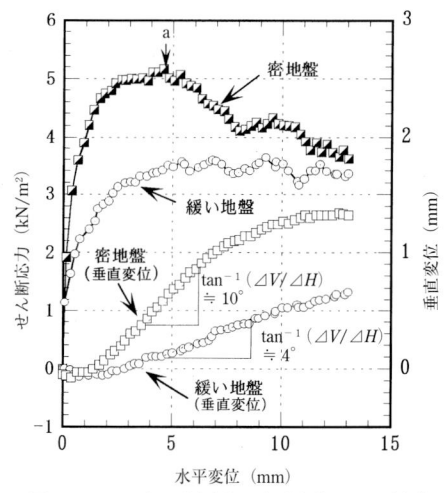

図-9.39　一面せん断試験の水平変位とせん断応力（図-9.38中のa点）

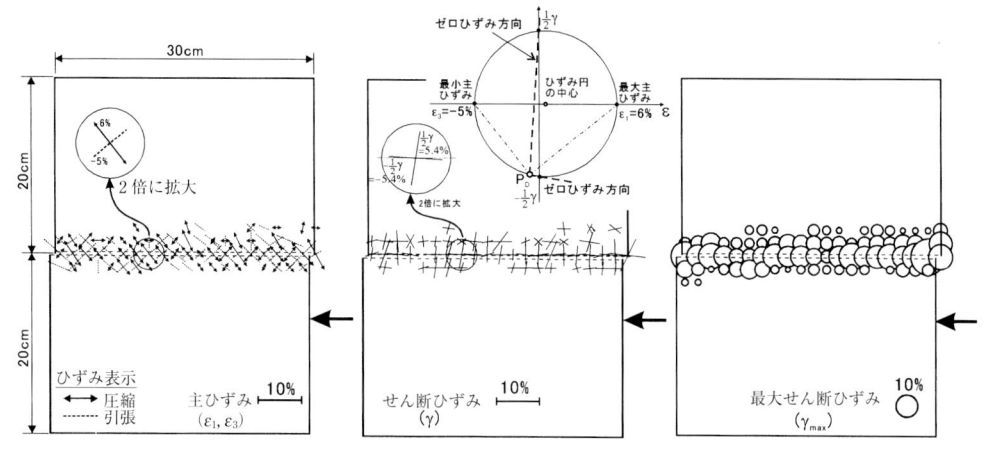

図-9.40　主ひずみ・最大せん断ひずみ分布（図-9.39中のb点）

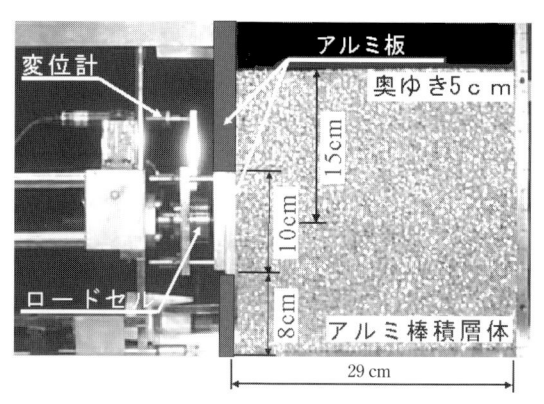

図-9.41　受働抵抗実験装置

を0.8 mm/sおよび0.1 mm/sと遅くしても得られる値に変化が認められず，せん断速度の影響はアルミ棒積層体地盤では少ないと判断できた．

図-9.39に図-9.38中の垂直応力a点の試験条件でのせん断試験結果を例示する．また，図-9.40に，密地盤でせん断応力のピーク時b点における主ひずみ分布，最大せん断ひずみ分布，およびゼロひずみ方向とその方向のせん断ひずみ分布を示す．また，図中にモールのひずみ円を説明図として示す．せん断面では，最大主ひずみは圧縮で5～6％，最小主ひずみは引張で−3～−6％，最大せん断ひずみは9～11％生じた．また，ゼロひずみ方向はせん断面にほぼ平行となっている．同様に緩い地盤の場合は，ピーク時とみなしたc点で14～15％の最大せん断ひずみ（最大主ひずみ：8～9％，最小主ひずみ：−5～−7％）が生じている[31]．

また，本実験装置の基礎中心から側方フレームまでの側方範囲が30 cmであり，それが支持力の発生挙動に影響を与えないことの確認と，支持力を考えるうえで重要な側方からの地盤拘束状態を示す静止土圧係数K_0，深さ方向での局所地盤面における受働土圧係数K_pを明確にする目的で，図-9.41に示すような実験装置を製作し，深さ15 cmと25 cmの2種類の条件下で実験した．K_0の値は，アルミ棒材料を積上げ，その時の水平方向計測荷重と計算で求められる鉛直方向荷重との比から算出した．また，K_0計測後，計測板を地盤中に水平に載荷しK_pを求めた．水平載荷試験での受働側

第9章　土留め工にかかわる基礎的力学問題の模型実験

表-9.6　受働土圧係数

地盤条件	受働土圧係数 K_p			
	実験	上界法	Coulomb	Rankine
密地盤	5.04	4.84	4.98	3.39
緩い地盤	3.32	3.18	3.41	2.61

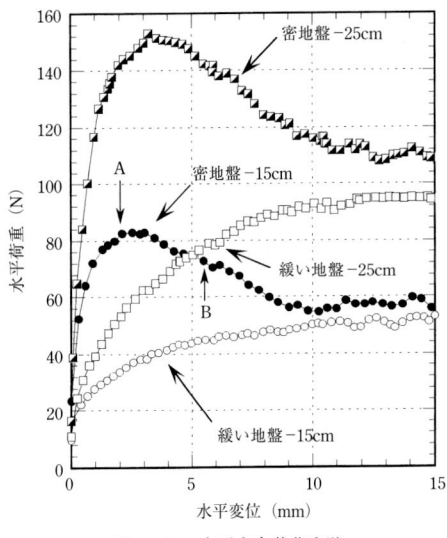

図-9.42　水平方向載荷実験

への水平変位と受働抵抗力の関係を図-9.42に示す．K_0は，密地盤で0.88，緩い地盤で0.51である．また，密地盤での受働土圧係数K_pは5.04，緩い地盤では3.32である．密地盤の受働抵抗力は緩い地盤の約1.5倍である．表-9.6に受働土圧係数の実験値，上界法による解析値，Coulomb値，Rankine値との比較を示す．実験値は上界法による解析値[45]，Coulomb値と同程度の値を示した．

密地盤－15 cmの受働抵抗力発生時（図-9.42中のA点および残留受働抵抗力発生時B点）のひずみ解析結果を図-9.43に示す．同図の結果を含めた図-9.42での4ケースの実験結果とひずみ解析結果より，受働抵抗の発生挙動は次のように考察できる．

板が変位する水平方向の地盤中にまずコアが形成され，その後，コアから斜め上方に2つのすべり面（2つのすべり面内は剛体として挙動）が生じ，極限受働抵抗の状態となる．すべり面でのひずみ発生状態は，一面せん断試験で得られたひずみ発生状態にほぼ一致する．一方，緩い地盤では，水平載荷時のすべり面の形成形状は密地盤の場合と変わらないが，すべり面に囲まれる地盤内全体において変形が生じ剛体としての地盤挙動を示さない．

これらの実験から埋設深さ15 cmの実験であれば，実験装置で基礎中心から側方フレームまでの側方距離30 cmであることの実験結果への力学的影響は，受働抵抗力発生時において地盤表面までのすべり面が側方距離30 cmの地盤内に収まっていることから，ないと判断できる．それに対し，密地盤－25 cmの実験では，すべり面は側方フレームに突き当たる．すなわち，この実験装置ではおおむね埋設深さ20 cmが実験上の限界と判断できる．また，全般せん断破壊が生じる実験では側方距離30cmの範囲内ですべり面の生じることの確認が必要となる．

e. 基礎底面での摩擦条件

底面が滑らかであれば，底面直下の土が基礎底を中心にして容易に側方に動きうることから，支持力は底面が粗な場合に比べて小さくなる．木村らは，砂地盤における表面載荷基礎の遠心力模型支持力実験により，基礎底面が完全に滑らかであればHill型のコアが形成され支持力が低下することを示している[27]．また，アルミ棒を底面に接着させた基礎を用いた実験との比較を，密地盤・四角形・埋設深さ20 cm・幅8 cmの条件で予備実験として行ったが，荷重－沈下量曲線にはほとんど影響が認められなかった．これらのことから，本研究では，アルミ板そのままの底面摩擦状態を用いた．

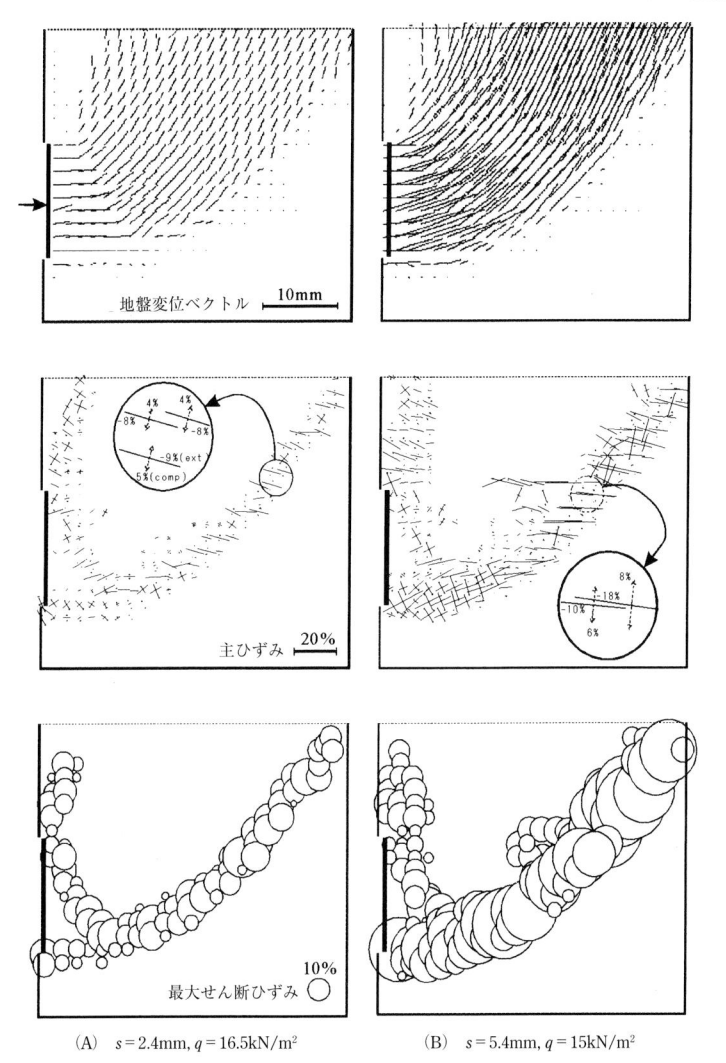

(A)　$s = 2.4$ mm, $q = 16.5$ kN/m^2　　　(B)　$s = 5.4$ mm, $q = 15$ kN/m^2

図-9.43　地盤変位ベクトル・主ひずみ・最大せん断ひずみ分布 (図-9.42中のA点およびB点)

(2) 実験方法と地盤変形の可視化
a. 実験方法

実験方法は，基礎の埋設深さまでアルミ棒積層体を積上げ，その上に基礎を設置し，その後，同様の方法でアルミ棒積層体を積上げた．底面部近傍におけるアルミ棒の積上げには慎重を期した．とくに，逆三角形底面形状の場合の基礎据え付けには，あらかじめ三角形内部にアルミ棒を詰めておき，所定の高さのアルミ棒積層体面上に注意して設置した．また，アルミ棒積上げ時に基礎に応力が生じないように，フレームと基礎を固定し，積上げ後に固定を外した．

基礎の載荷は沈下制御方式を採用した．沈下速度は，1.2 mm/sとし，20 mmまでの沈下量を実験範囲とした．画像計測は，高速度ビデオカメラの撮影能力である7秒間 (沈下量8.4 mm) 行った．1.2 mm/sの沈下速度は，予備実験により沈下量8.4 mmの範囲で極限支持力が得られることの確認と，用いたビデオカメラの撮影可能時間が7秒，であることから決定した．また，実験終了時である20 mm沈下時の地盤変形挙動の把握を，多重写真撮影で行った．1.2 mm/sの沈下速度について

は，0.8 mm/s および 0.1 mm/s の沈下速度での予備実験と，後述する 1.2 mm/s での実験がほぼ同じ結果となること，および前述した一面せん断速度の検討結果と合わせ，支持力に与える沈下速度の影響はアルミ棒積層体地盤では少ないと考えた．

b. 画像計測手法およびひずみ解析法

地盤変形の発達過程を可視化する実験技術として，X線による方法，散乱光弾性皮膜実験法，多重写真撮影による方法，標点写真撮影とデジタイザーによる読取り方法などが工夫され実験に適用されている．

本実験で用いた相関法による画像計測手法は，水理学分野で流れを可視化するために開発されたシステムを援用したものである[46]．本システムでは，アルミ棒積層体の動きを濃淡パターンとして相関法で追跡し，地盤変位ベクトルとして可視化する．本実験での画像計測仕様は，画素数：640×240 ドット，濃淡表現：8 ビット，撮数：120 pps (picture per second)，記録時間：7 秒である．

実験に先立ち，画像計測精度を繰り返し検定した．すなわち，実験に使用したアルミ棒を詰めた縦 20 cm・横 10 cm・奥行 5 cm の検定塊を高精度変位計で計測しながら正確に鉛直方向上下に移動させ，それを画像解析システムで追跡した．画像計測から得られた地盤変位のデジタル数値とダイヤルゲージ計測値とを比較した結果，0.01 mm 程度の精度を有すると判断できた．

載荷前からの増分ひずみの算定法は，次のようである．まず，アルミ棒積層体側面フレーム内に設定できる格子状の各点における実験前からの変化としての変位ベクトルを数値として取り出す．次に，4 点の格子点から構成される四角形内にある 4 つの三角形ひずみの平均値として，四角形内の水平ひずみ ε_x，および鉛直ひずみ ε_y を算出する．両ひずみより最大主ひずみ ε_1 および最小主ひずみ ε_3，最大せん断ひずみ γ_{max}，体積ひずみ ε_v，ゼロひずみ方向とせん断ひずみ γ を計算する[47,48]．

(3) 実験結果と考察
a. 荷重-沈下量曲線

荷重-沈下量曲線を密地盤と緩い地盤・四角形・幅 8 cm・埋設深さ 10 cm と 20 cm の各実験条件について図-9.44 に示す．他の実験条件の場合も同じ傾向の荷重－沈下量曲線が得られた．同図での荷重-沈下量曲線から，Vesić により示された 2 つのグループに正確に区分でき，密地盤では全般せん断破壊，緩い地盤では局所せん断破壊あるいはパンチングせん断破壊状態であると判断できた．これらの実験結果は，緩い地盤および密地盤条件での砂地盤における Vesić による大規模模型実験の支持力実験結果とよく対応している[24]．

極限支持力の算定は次のように行った．図-9.45 に示すように，密地盤での実験ではピーク荷重が明確に得られておりそれを極限支持力とし，一方，緩い地盤では，ピーク荷重が得られないので，荷重－沈下量曲線が変化し始める最初の点を初期破壊点，直線的に大きく変化し始める点を極限支持力点とした．なお，基礎の両側面で生じる摩擦力は，側面の摩擦力だけが作用する，すなわち，図-9.34 の実験装置を改良して，底面での支持力が発生しないように底面部より総てのアルミ棒を除いた摩擦力測定実験装置を製作し実験を行った．その結果，最大摩擦力は 1～2 mm の押込みで生じ，密地盤では 3 kN/m^2，緩い地盤では 1.6 kN/m^2 であった．

図-9.46 に，底面形状と極限支持力の関係を示す．図-9.47 には埋設深さと極限支持力の関係，図-9.48 には地盤の種類と極限支持力の関係を示す．図-9.44 および後述の図-9.49 は摩擦力未補正の荷重－沈下量曲線であり，また図-9.46～9.48 は最大摩擦力を差引いた荷重で整理し作成した図である．

これらの実験結果より，実験要因の極限支持力に与える種々の力学的影響を整理すると次のよう

9.3 基礎支持力の模型実験

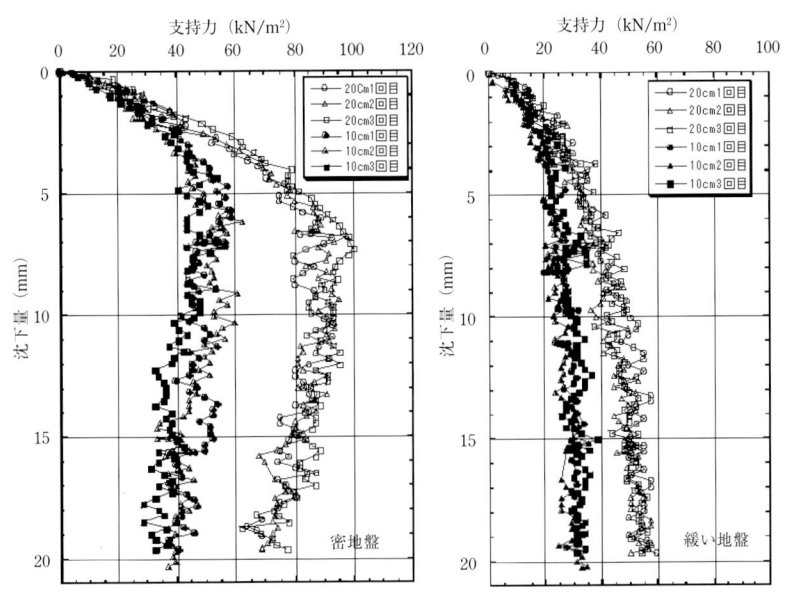

図-9.44 荷重-沈下量曲線 （四角形・埋設深さ10cmと20cm・幅8cm）

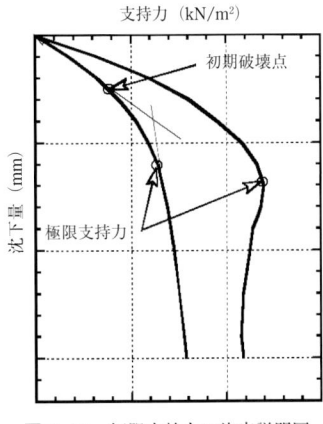

図-9.45 極限支持力の決定説明図

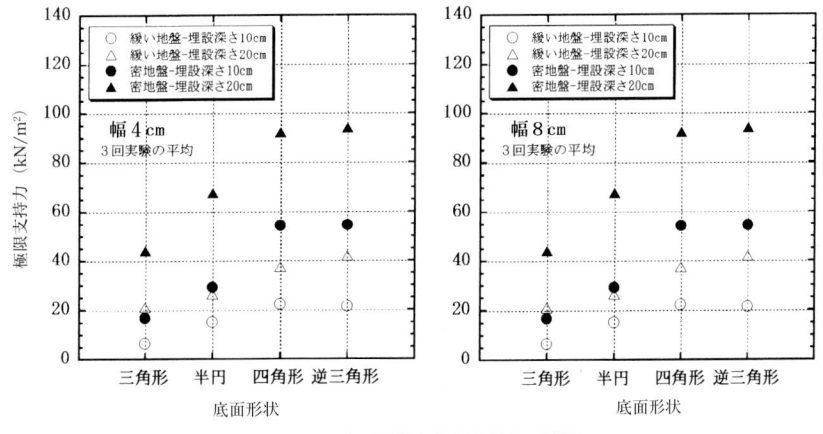

図-9.46 底面形状と極限支持力の関係

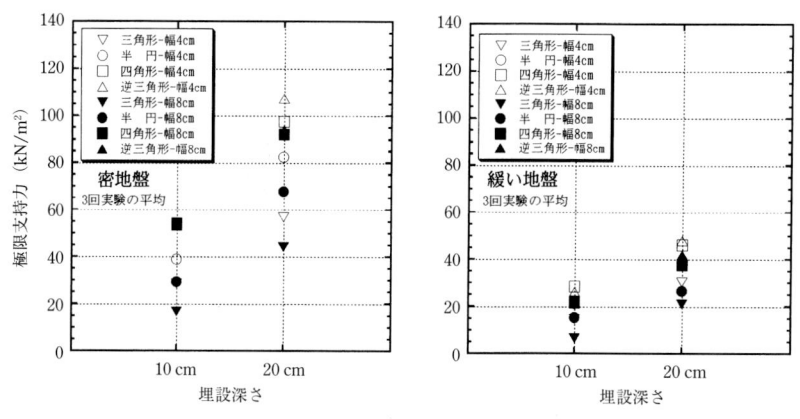

第9章　土留め工にかかわる基礎的力学問題の模型実験

図-9.47　埋設深さと極限支持力の関係

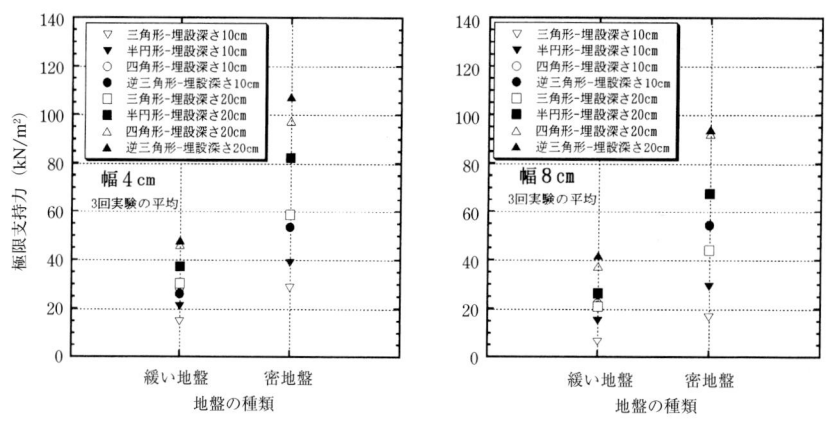

図-9.48　地盤の種類と極限支持力の関係

である．
① 総ての実験条件で，逆三角形，四角形，半円形，三角形の底面形状の順で極限支持力は大きい．逆三角と四角形ではほとんど差がない．
② 総ての条件で，側方よりの地盤拘束圧にほぼ比例して増大し，埋設深さ20cmの場合が10cmの場合の約2倍になる．
③ 総ての条件で，密地盤の場合の方が，緩い地盤の場合の約2倍になる．

b.　実験値と各種支持力式との比較

現在提案されている基礎の支持力算定法の代表的なものとして，全般せん断破壊に対応するReissner式，局所せん断破壊に対応するVesic式および全般せん断破壊に対応する上界法による支持力算定法[49]を用い実験結果との比較検討をしてみた．

実験事例は，密地盤および緩い地盤で，四角形・埋設深さ20cm・幅8cmとした．なお，計算に用いたVesićの支持力式[24]を次式に示す．

$$P_0 = qN_q + 1/2 B\gamma N_\gamma$$
$$= \gamma H e^{3.8\phi\tan\phi}\tan^2(45°+\phi/2) + 1/2 B\gamma \times 2[e^{\pi\tan\phi}\tan^2(45°+\phi/2)+1]\tan\phi \quad (9.12)$$

ここで，γ：土の単位体積重量，H：埋設深さ，ϕ：内部摩擦角，B：基礎幅．

9.3 基礎支持力の模型実験

表-9.7に計算結果を示す．実験値は，密地盤および緩い地盤とも，全般せん断破壊に対応する極限支持力よりずいぶんと小さく，Reissner式と上界定理は，総ての実験に対し，1.5倍程度大きめの極限支持力

表-9.7 実験値と各種支持式による計算値との比較

基礎条件		地盤条件	支持力（kN/m^2）			
埋設深さ（cm）	幅（cm）		実験結果	Reissner式	Vesić式	上界法
10	4	密	53	107	46	74
		緩い	28	31	19	33
	8	密	54	123	61	91
		緩い	22	37	25	40
20	4	密	97	199	76	131
		緩い	46	57	32	60
	8	密	92	215	91	148
		緩い	37	63	38	67

を与え，局所せん断破壊に対応するVesićの支持力式に近いものであった．この全般せん断破壊式に基づく過大な算定結果は，実際は進行性破壊現象であるのに対し，地盤を剛塑性体と見なしていることが原因している．

c. 底面形状と極限支持力

底面形状により生じた極限支持力の違いは，底面部に形成されるコアの影響が大きい．画像計測は総ての実験ケースに対して行ったが，ここでは，地盤条件：密および緩い・埋設深さ10 cmおよび20 cm・幅8 cmの場合を事例に，極限支持力発生時の地盤挙動について考察を行う．以下に述べる画像計測に用いた実験での荷重－沈下量曲線を図-9.49に示す．図中に極限支持力点を示す．

極限支持力発生時での地盤変位ベクトル分布を，密地盤・埋設深さ10 cm・幅8 cmの場合，密地盤・埋設深さ20 cm・幅8 cmの場合を図-9.50に示す．図中の基礎形状は地盤変位ベクトルの分布をわかりやすくするため単に画面上に貼り付けたものである．また，多重写真撮影から，密地盤では，総ての底面形状において，実験終了時の20 mm沈下時点で全般せん断破壊現象が確認できた．また，そのすべりは，側方のフレーム内で生じていた．一方，緩い地盤では，三角形でのみ全

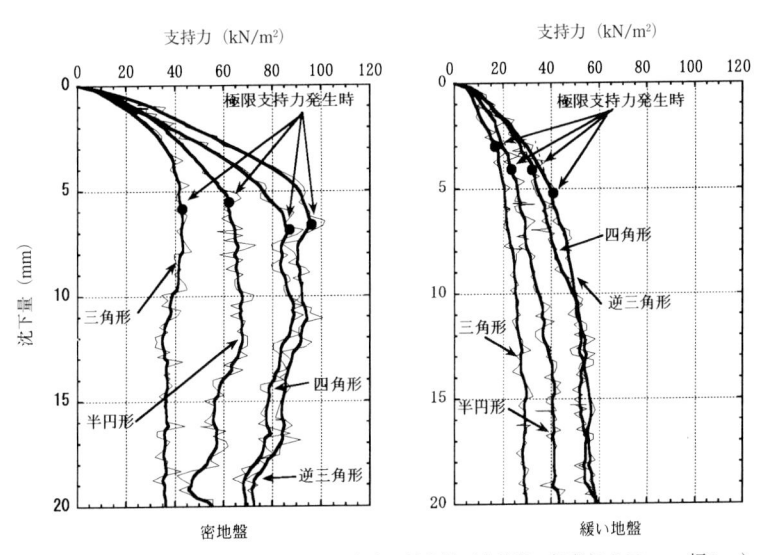

図-9.49 画像計測に用いた実験での荷重-沈下量曲線（密地盤・埋設深さ20cm・幅8cm）

第9章 土留め工にかかわる基礎的力学問題の模型実験

般せん断破壊現象がみられ，他では全般せん断破壊現象が生じず，局所せん断破壊あるいはパンチングせん断破壊現象が確認できた．

図-9.50をもとに密地盤における地盤変位ベクトルについて考察する．底面形状が三角形では，埋設深さ10cmおよび20cmで先端からすべりが生じ，底面部にコアの形成がないことがわかる．それに対し，四角形および逆三角形では，底面部に明瞭なコアの形成がみられる．また，コアの側方部には微小な地盤変位が生じているが，側方へのすべり面の発生はみられない．半円では，埋設深さ10cmで三角形と同様にすべりが生じ，埋設深さ20cmで四角形に近い樽状のコアの形成があり，すべり面は生じていない．支持力は底面下地盤での圧縮性と側方よりの地盤拘束による影響で生じるが，埋設深さが深くなることによる地盤拘束の影響が大きく現れている．

d. 極限支持力の発生挙動の考察

図-9.44に示した四角形・埋設深さ10cmの場合を例に，ひずみ解析より，極限支持力発生前，極限支持力発生時，極限支持力発生後の地盤挙動について考察する．

図-9.51(A)には，緩い地盤・四角形・埋設深さ10cm・幅8cmの実験条件で，沈下量3.5mm

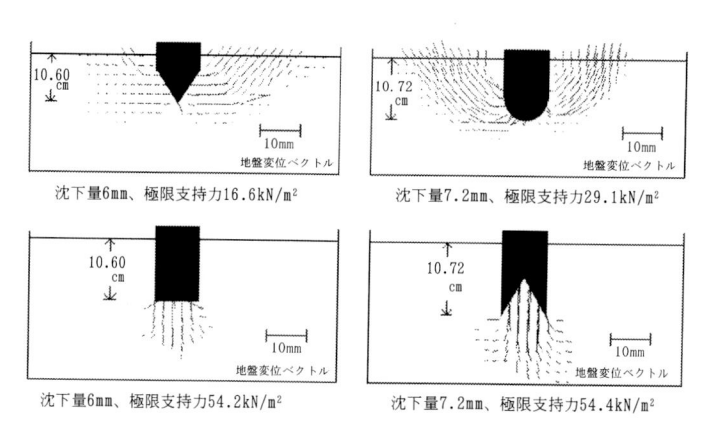

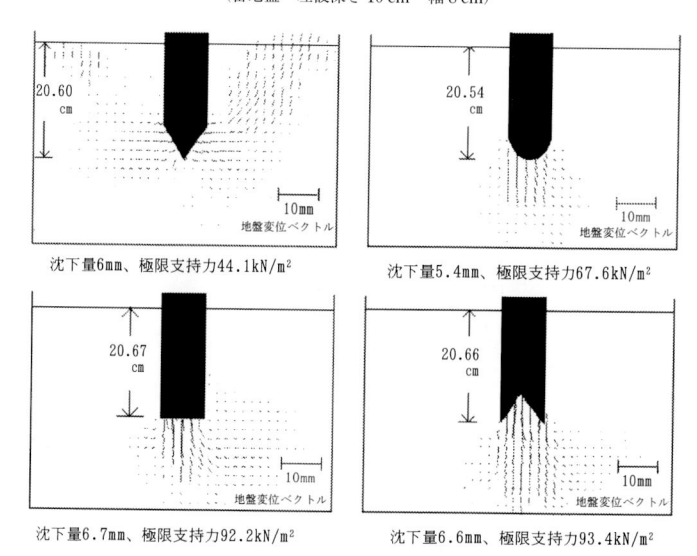

沈下量6mm、極限支持力16.6kN/m² 　　沈下量7.2mm、極限支持力29.1kN/m²

沈下量6mm、極限支持力54.2kN/m² 　　沈下量7.2mm、極限支持力54.4kN/m²

（密地盤・埋設深さ10cm・幅8cm）

沈下量6mm、極限支持力44.1kN/m² 　　沈下量5.4mm、極限支持力67.6kN/m²

沈下量6.7mm、極限支持力92.2kN/m² 　　沈下量6.6mm、極限支持力93.4kN/m²

（密地盤・埋設深さ20cm・幅8cm）

図-9.50 極限支持力発生時での地盤変位ベクトル分布

9.3 基礎支持力の模型実験

変位ベクトル 10mm

主ひずみ 15%

最大せん断ひずみ ○ 15%

(1) $s=3.5$mm, $q=19$kN/m^2　　(2) $s=5.8$mm, $q=26$kN/m^2　　(3) $s=8.2$mm, $q=27$kN/m^2

(A) 緩い地盤

変位ベクトル 10mm

主ひずみ 15%

最大せん断ひずみ ○ 15%

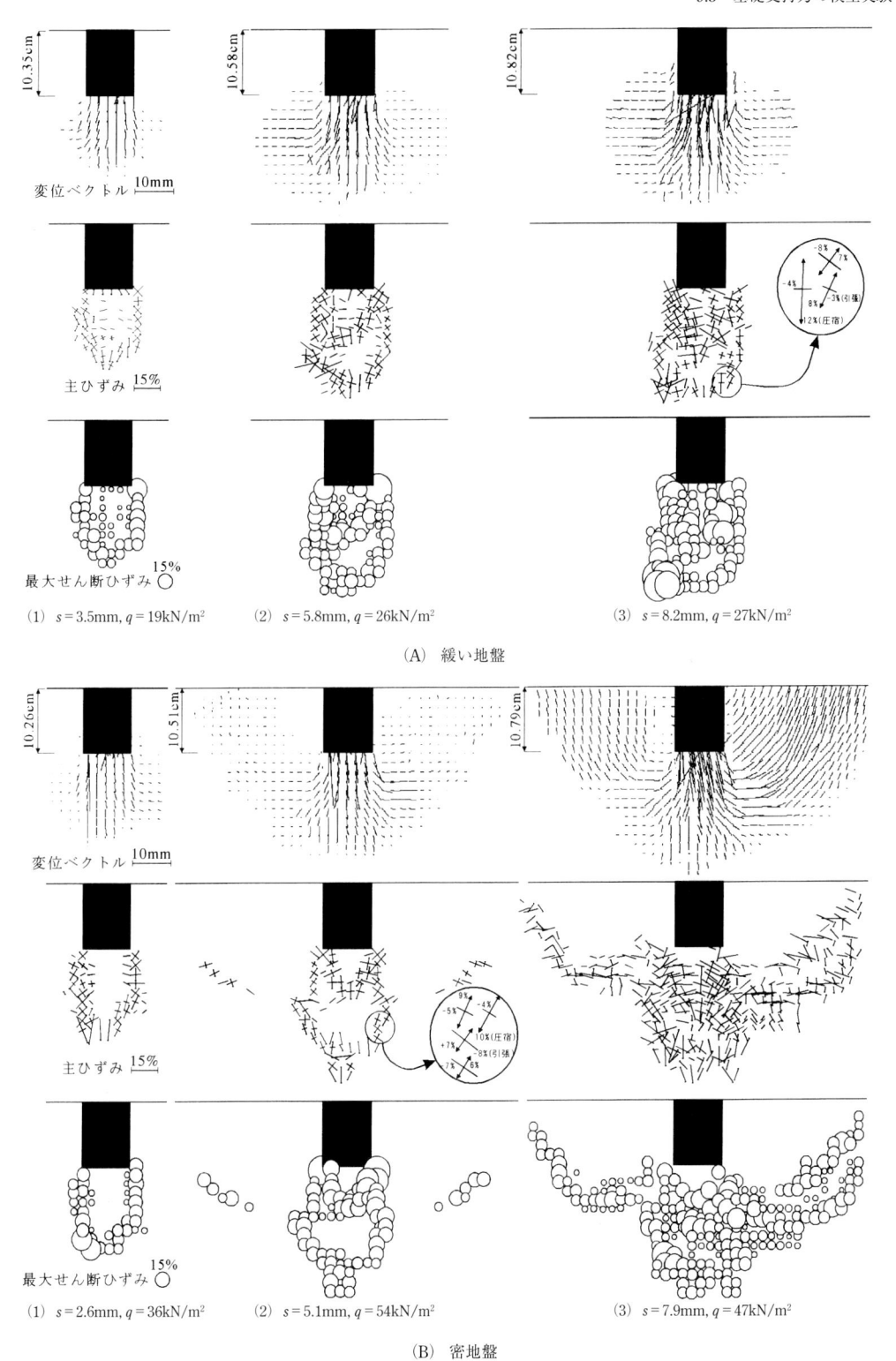

(1) $s=2.6$mm, $q=36$kN/m^2　　(2) $s=5.1$mm, $q=54$kN/m^2　　(3) $s=7.9$mm, $q=47$kN/m^2

(B) 密地盤

図-9.51 極限支持力発生時での地盤変位ベクトル分布

(支持力 19 kN/m²) の点と極限支持力発生時で沈下量 5.8 mm (支持力 26 kN/m²) の点，沈下量 8.2 mm (支持力 27 kN/m²) の点での，同図(B)には密地盤における沈下量 2.6 mm (支持力 36 kN/m²) の点と極限支持力発生時で沈下量 5.1 mm (支持力 54 kN/m²) の点，沈下量 7.9 mm (支持力 47 kN/m²) の点での増分としての地盤変位ベクトル分布，最大・最小主ひずみ分布，最大せん断ひずみ分布を示す．

支持力発生挙動では，次のような傾向が読取れる．

① 密地盤：まず基礎の沈下とともに底面部のコアの形成が進み支持力が増大していく．以後，下部地盤の圧縮性が極端に小さくなり，その結果，コアを下方に成長させるよりも側方へ地盤を滑動させる方が力学的に容易となり，コアより横方向に地盤を変形させる遷移せん断領域が形成される．その直前の段階で極限支持力が生じ，地盤中には，すべり面の一部が形成し始める．その後，側方へ明瞭なすべり面の発生が生じ側方よりの地盤拘束が急激に小さくなり支持力が減少する．また，側方へのすべり面の形成はコア先端部ではなく，地盤拘束の小さい上部より生じ，複数のすべり面の形成が生じる．

コアの内部はひずみが生じていない剛体であり，三角形よりむしろ樽状形状で大きくなっていく形態で形成されていく．また，コア外周部では，最大主ひずみ (圧縮で 6〜10%) は鉛直方向に生じ，最小主ひずみ (引張で -5〜-7%) は水平方向に生じている．その結果として，最大せん断ひずみは 12〜15% であり，塑性平衡状態に地盤が移行する程度のせん断ひずみであった．これらのひずみ状態は，前述した一面せん断試験でのせん断面におけるひずみ状態とほぼ一致している．

② 緩い地盤：支持力の発生初期段階ではコアの形成がみられる．その後の基礎の沈下とともに，底面下方地盤の圧縮性が大きいため，下部地盤方向に順次地盤を圧縮かつ若干側方に地盤を膨張させながら基礎は沈下し，支持力を漸増させていくという局所せん断破壊の現象が生じ，極限支持力の発生状態となる．その後，コア内部が圧縮されつつ基礎が沈下し，支持力を多少増大させる．実験終了時の沈下量 20 mm における多重写真撮影においても，全般せん断破壊は生じず，すべり面の形成はなく，局所せん断破壊からパンチングせん断破壊の状況が確認できた．

これらの実験結果は，支持力発生時の地盤の進行性破壊現象としての基本的な地盤挙動を示している．すなわち，底面下部地盤の圧縮性と側方よりの地盤拘束との比較において，地盤拘束の影響が大きい場合は，局所せん断破壊が生じ，その逆の場合は全般せん断破壊が生じる．このことは，基礎の深さ係数 (D/B) と砂の相対密度に基づくVesićによる破壊形態の区分けと力学傾向が一致する．

9.3.3 薄い支持層地盤での模型実験

(1) 実験・地盤概要

実験装置を図-9.52に示す．実験条件を表-9.8に示す．実験条件は，幅，埋設深さ，密層厚である．なお，基礎の底面は密層の上端面とした．緩い-密-緩いの層状地盤の作製方法は前述と同様である．基礎の支持力発生に大きく影響する，緩い-密-緩いの層状地盤での側方よりの地盤拘束状態を示す静止土圧係数 K_0 および受働土圧係数 K_p 算定の実験結果を図-9.53に，地盤定数を表-9.9に示す．全層密層 (密地盤) と全層緩い層 (緩い地盤) で受働抵抗の発生力学状態は大きく異なり，上部が緩い層 (緩い-密)

表-9.8 実験条件

密層厚，H (cm)	5, 10, 15, 20, 30, 40
幅，B (cm)	4, 8
埋設深さ，D (cm)	10, 20

9.3 基礎支持力の模型実験

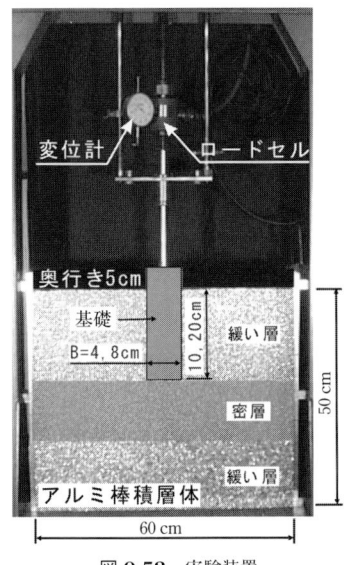

図-9.52 実験装置

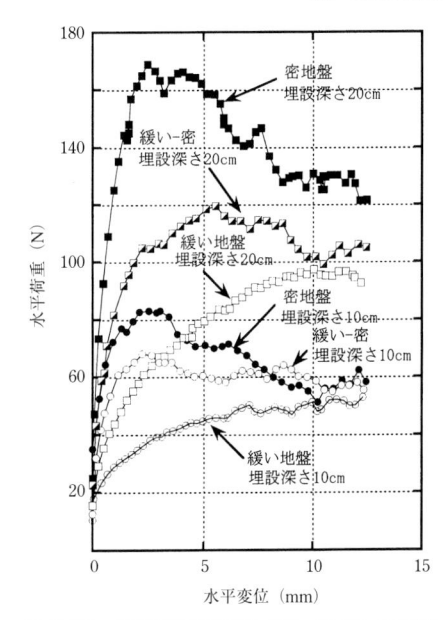

図-9.53 水平方向載荷実験（緩い-密-緩い層地盤）

では，その中間的な力学挙動となっている．

(2) 実験結果と考察

幅8 cmの場合の支持力-沈下量の関係を図-9.54に例示する．前述の図-9.45に極限支持力決定の説明図を示すように，全層密地盤でのようにピークが生じた場合はピーク時，全層緩い地盤でのように直線的に支持力-沈下量が直線的に変化する点を極限支持力とする．**表-9.10**に示す極限支持力は，3回の実験の平均値であり，実験値から基礎周面で発生する最大摩擦力 (密層では最大摩擦 3 kN/m^2，緩い層では 1.6 kN/m^2 である) を差引いている．同表でのBCR (bearing capacity ratio) は，極限支持力と全層緩い地盤 (密層0 cmに相当する) での極限支持力に対する比を示す[33]．

図-9.54の実験結果から，全層緩い地盤では局所せん断破壊からパンチングせん断破壊状態，全層密地盤では全般せん断破壊状態にあることが判断できる．また，密層厚が5 cmから40 cmに移行するにつれて，支持力-沈下量関係は全層緩い地盤から全層密地盤での実

表-9.9 地盤定数

地盤条件		密	緩い-密	緩い
単位体積重量 γ (kN/m³)		21.97	–	21.29
内部摩擦角 ϕ (°)		33.0	–	26.5
静止土圧係数 K_0	埋設深さ10cm	0.88	0.87	0.51
	埋設深さ20cm	0.88	0.80	0.51
受働土圧係数 K_p	埋設深さ10cm	4.72	4.21	2.80
	埋設深さ20cm	6.23	4.36	3.36

表-9.10 極限支持力 q_u (kN/m²) と支持力比 (BCR) の関係 (3回の実験の平均値)

埋設深さ (D)	幅 (B)		全層緩い	密層厚 (H)						全層密
				5cm	10cm	15cm	20cm	30cm	40cm	
10 cm	4 cm	q_u	22	40	45	46	47			53
		BCR	1.00	1.82	2.05	2.09	2.11			2.41
	8 cm	q_u	25	36	44	47	48	49	49	54
		BCR	1.00	1.44	1.76	1.88	1.93	1.96	1.97	2.16
20 cm	4 cm	q_u	42	73	80	81	82			92
		BCR	1.00	1.74	1.90	1.93	1.94			2.19
	8 cm	q_u	44	62	74	78	80	82		93
		BCR	1.00	1.41	1.68	1.77	1.82	1.86		2.11

第9章 土留め工にかかわる基礎的力学問題の模型実験

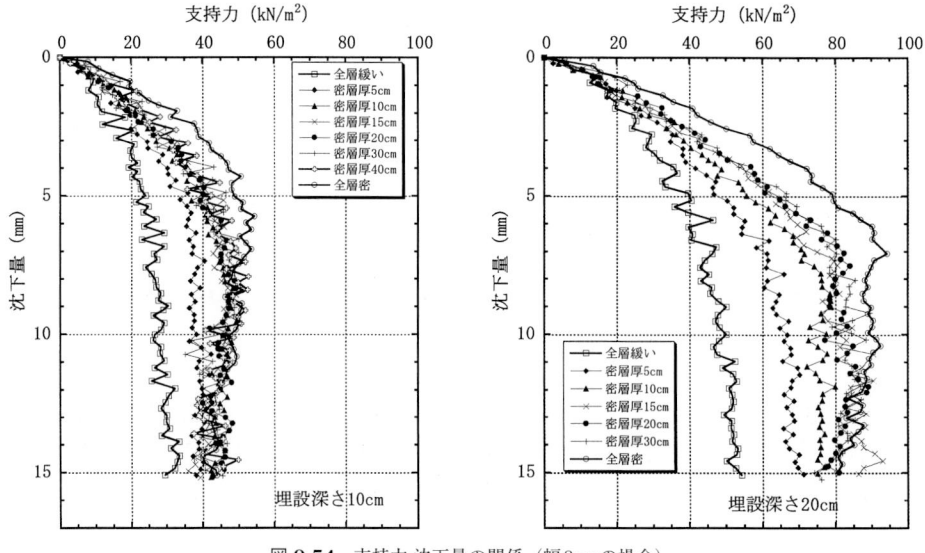

図-9.54 支持力-沈下量の関係（幅8cmの場合）

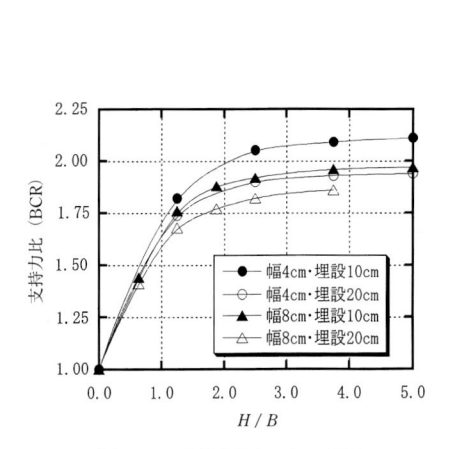

図-9.55 支持力比とH/Bの関係

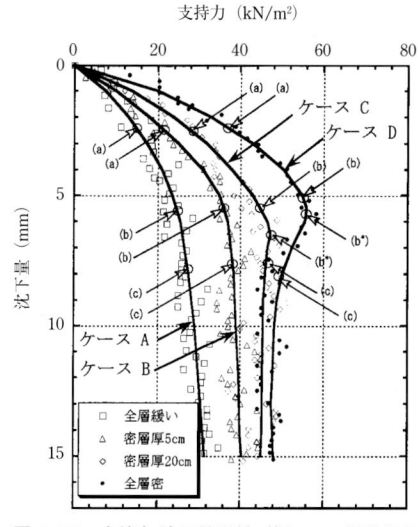

図-9.56 支持力-沈下量関係（幅8cm，埋設深さ10cm）

験結果に近づいている．

　図-9.55は，表-9.10のBCRとH/B (密層厚さ/幅) の関係を示している．表-9.10と図-9.55での結果より，H/Bが2.5をこえるとそれ以後の極限支持力の増大はわずかであり，幅に対し2.5倍以上の密層厚があれば，支持層と見なせることが判断できる．このことは，松井らの現場実験や弾塑性有限要素法解析結果[32]と力学傾向は一致している．また，底面より上部にある層が緩い層の場合は，全層密層の場合に比べ，極限支持力は87～90％程度である．また，上部層が緩い層の場合は，明確なピークが支持力-沈下量曲線上で生じていない．底面より上部の地盤状態は，支持力発生に力学的に影響を与えることがわかる．すなわち，側方地盤拘束の大きさと層内地盤でのせん断抵抗力の大きさの違いが原因すると考察できる．

9.3 基礎支持力の模型実験

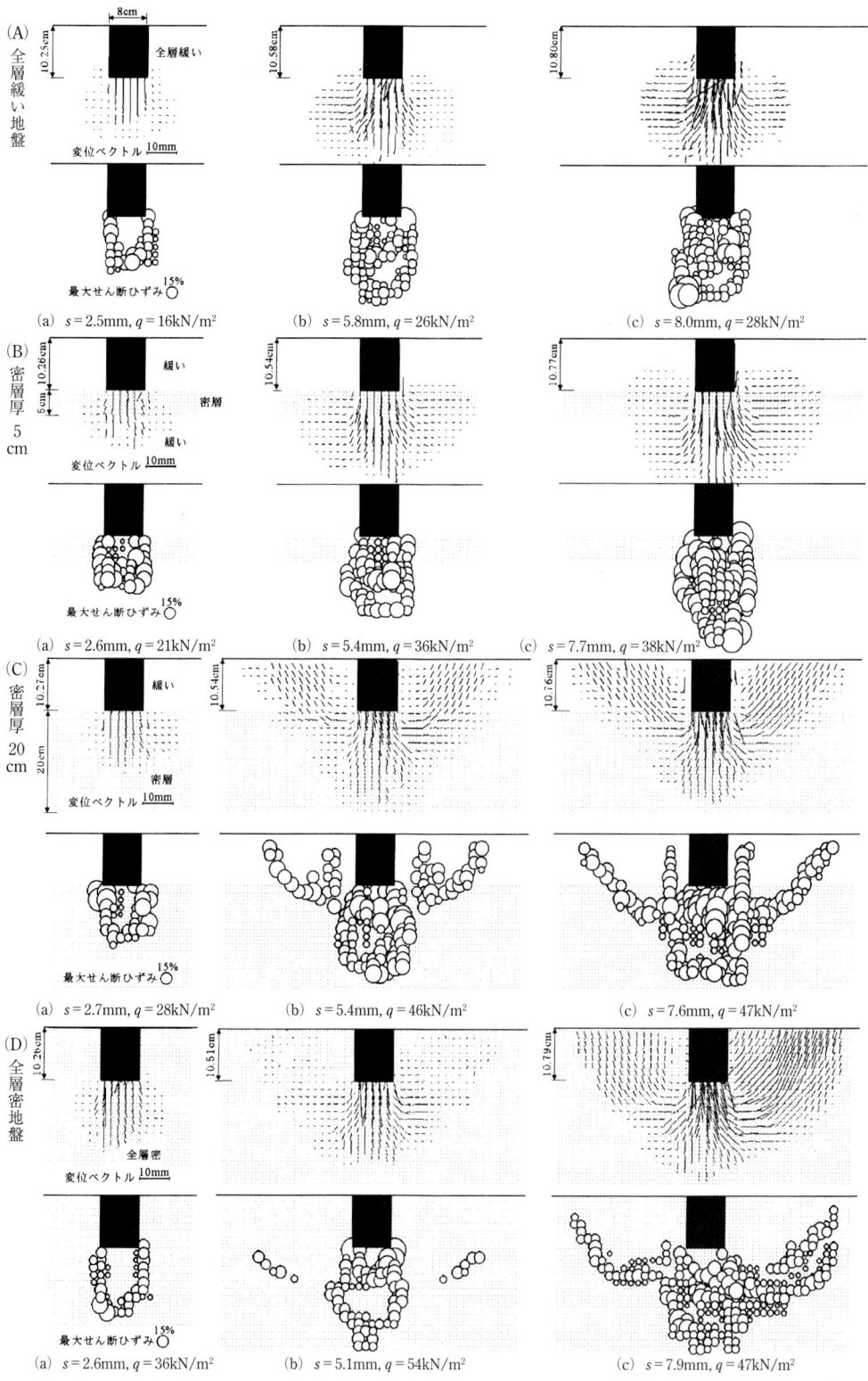

(A) 全層緩い地盤

(a) $s = 2.5$mm, $q = 16$kN/m^2
(b) $s = 5.8$mm, $q = 26$kN/m^2
(c) $s = 8.0$mm, $q = 28$kN/m^2

(B) 密層厚 5 cm

(a) $s = 2.6$mm, $q = 21$kN/m^2
(b) $s = 5.4$mm, $q = 36$kN/m^2
(c) $s = 7.7$mm, $q = 38$kN/m^2

(C) 密層厚 20 cm

(a) $s = 2.7$mm, $q = 28$kN/m^2
(b) $s = 5.4$mm, $q = 46$kN/m^2
(c) $s = 7.6$mm, $q = 47$kN/m^2

(D) 全層密地盤

(a) $s = 2.6$mm, $q = 36$kN/m^2
(b) $s = 5.1$mm, $q = 54$kN/m^2
(c) $s = 7.9$mm, $q = 47$kN/m^2

図-9.57 地盤変位ベクトルおよび最大せん断ひずみ分布（$B = 8$cm, $D = 10$cm）

次に，ひずみ解析結果を示す．図-9.56に幅8cm，埋設深さ10cmで密層厚0cm（全層緩い地盤），5cm，20cm，全層密地盤の支持力-沈下量関係を事例として示す．図-9.57には，地盤変位ベクトルと最大せん断ひずみの発生状態を示す．それぞれをケースA・B・C・Dと呼ぶ．また，図-9.56中の(a)点は初期破壊支持力点，(b)点はケースAとBでは支持力-沈下量関係が直線的に変化する極限支持力点をケースCとDでは極限支持力を示すピーク(b')点の直前の支持力点，(c)点は極限支持力発生後の点である．

各ケースでの支持力発生時の地盤挙動は次のようである．

① ケース：(a)点はコアがおよそ幅1.5倍の深さにまでに成長した時に生じる．基礎がさらに沈下して，コアが下方にさらに進展し(b)点に至る．(a)点から(b)点でコア内部にせん断ひずみが生じ始める．(c)点では，塑性ひずみ状態の土塊が形成されるが，側方へのすべり面の形成はなく，局所せん断からパンチングせん断破壊現象が生じる．

② ケースB：ケースAとほぼ同様の支持力発生時の地盤挙動を示すが，ケースAと比べ薄い密層内でのせん断抵抗力が大きいこと，およびより深くまで塑性ひずみ状態の塊が生じることから，極限支持力の発生が大きくなる．

③ ケースC：(b)点から(c)点では，底面より上の緩い層で，すべり土塊が上方に押上げられ，すべり面が表面まで形成される全般せん断破壊現象がみられる．その際，底面部でのコアおよび塑性ひずみ状態の塊は密層内に含まれる．ケースCの場合，ケースDの場合と比べ，底面より上に緩い層があるため側方からの地盤拘束圧が小さく，側方へのすべりが生じやすくなり，結果として極限支持力は減少すると考察できる．

9.3.4 傾斜地盤での模型実験

(1) 実験・地盤概要

実験装置を図-9.58に，実験条件を表-9.11に示す．地盤定数は表-9.5に示した通りである．実験条件は，幅，地盤

表-9.11 実験条件

傾斜角度（°）	0, 10, 15, 20
幅（cm）	4, 8
地盤条件	密地盤，緩い地盤

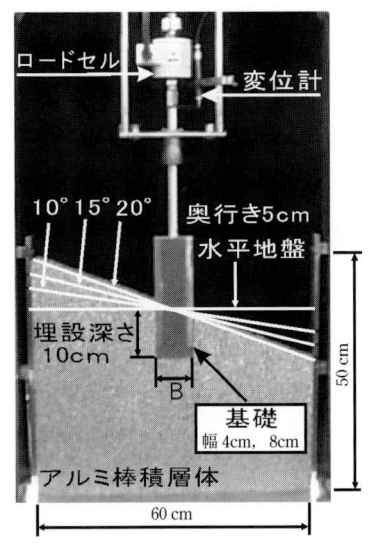

図-9.58 実験装置

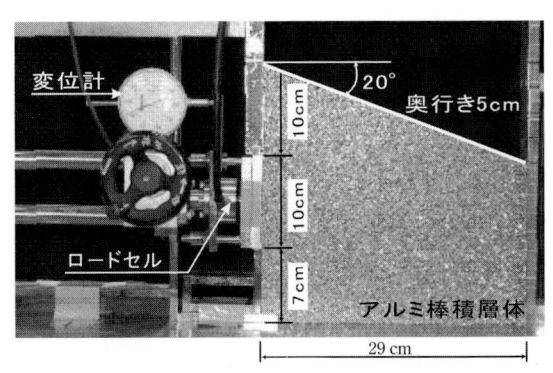

図-9.59 水平載荷実験装置

9.3 基礎支持力の模型実験

傾斜角度，地盤状態（密および緩い）である．すべての実験ケースでの埋設深さは基礎中心で同じである．傾斜地盤面の作成は，水平地盤を作成後，所定の角度になるようにカットした．基礎への載荷は沈下制御方式とし，沈下速度は1.2 mm/秒である．

また，傾斜地盤における支持力を考えるうえで重要な力学値である側方よりの地盤拘束状態を示す静止および受働土圧係数算定のための実験を行った．地盤が下側に20°傾斜した場合の実験を図-**9.59**に示す．埋設深さは基礎深さと同じ10 cmとし，載荷板の深さを10 cmとした．載荷板の変位と載荷重の関係を図-**9.60**に，地盤傾斜角度・地盤条件と静止・受働土圧係数との関係を図-**9.61**に示す．これらの実験結果より，受働土圧係数K_pは，傾斜地盤では上方側と下方側で大きく異なり，例えば10°の傾斜地盤では2.5もの差が生じている．

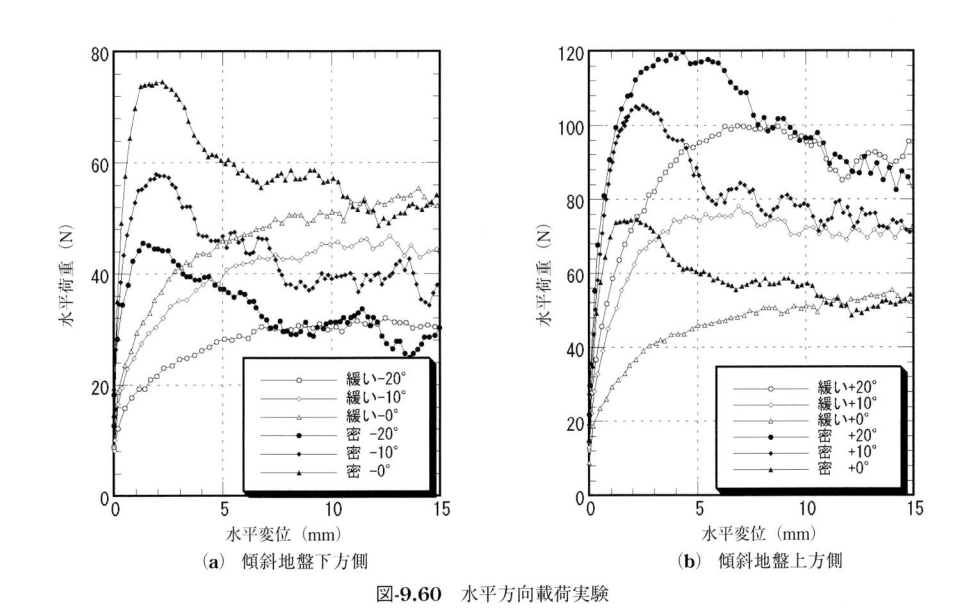

図-**9.60** 水平方向載荷実験

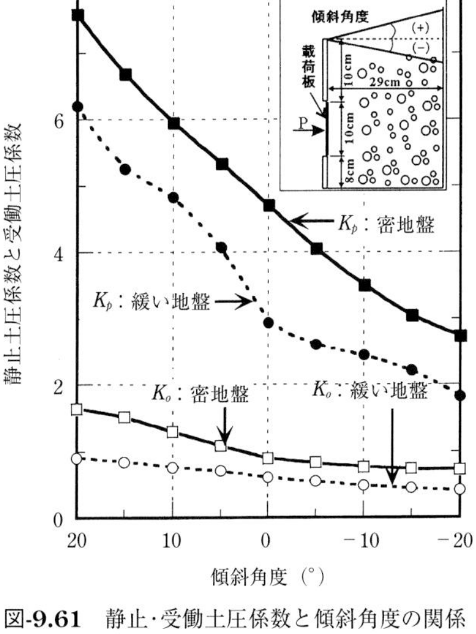

(a) 傾斜地盤下方側

(b) 傾斜地盤上方側

図-**9.61** 静止・受働土圧係数と傾斜角度の関係

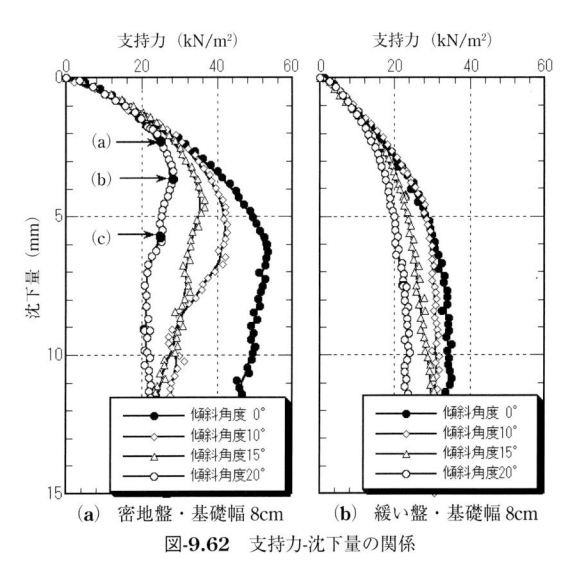

図-**9.62** 支持力-沈下量の関係

(a) 密地盤・基礎幅8cm

(b) 緩い盤・基礎幅8cm

第9章　土留め工にかかわる基礎的力学問題の模型実験

(2) 実験結果と考察

図-9.62に密地盤・基礎幅8cm，緩い地盤・基礎幅8cmでの支持力-沈下量関係を例示する．なお，実験値は，実験値から基礎周面で発生する最大摩擦力（密層では3kN/m^2，緩い層では1.6kN/m^{2}である）を差引いている．全体的な傾向として，密地盤では全般破壊，緩い地盤では局所破壊からパンチング破壊の状況が読取れる．図-9.63には，水平地盤（傾斜角度0°）の極限支持力に対する極限支持力比を，各ケース3回の実験結果より示す．図より，傾斜角度が大きくなると極限支持力の減少が大きいこと，また，基礎幅8cmの場合では密・緩い地盤とも4cmの場合より極限支持力の減少が大きいことがわかる．

傾斜地盤下方にすべりが生じると考えた上界法による解析結果を，図-9.64に示す．上界法による解析結果は実験値とよく一致している[50]．

図-9.65に地盤変位ベクトルとそれを用いたひずみ解析結果としての最大せん断ひずみ分布を，密地盤・傾斜角度20°の場合で例示する．極限支持力発生前 (図-9.62中の(a)点)，極限支持力発生時 (同(b)点)，残留支持力発生時 (同(c)点)で例示する．極限支持力発生時では，基礎底面部にコアが形成され傾斜地盤下方に全般すべりが生じ始めていることがわかる．また，残留支持力状態では

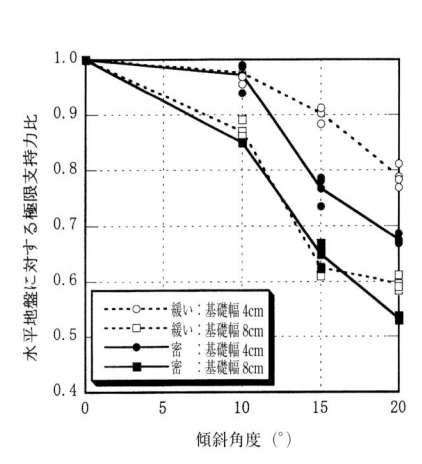

図-9.63　傾斜角度と極限支持力比

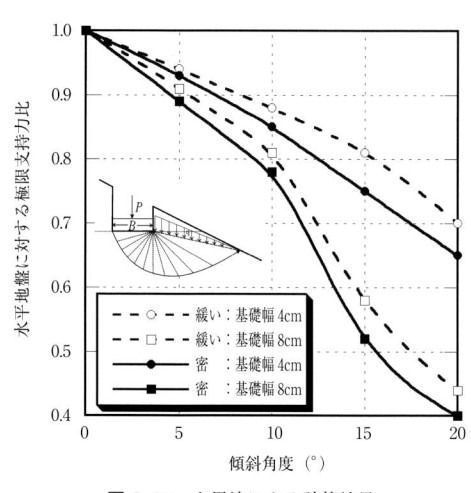

図-9.64　上界法による計算結果

(a) 極限支持力発生前　　(b) 極限支持力発生時　　(c) 残留支持力発生時

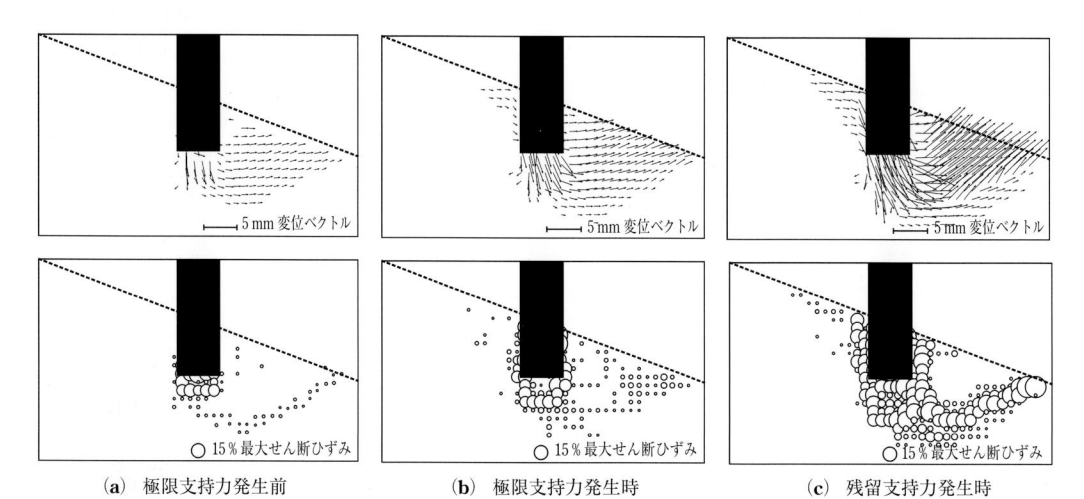

図-9.65　地盤変位ベクトルおよび最大せん断ひずみ分布（密地盤・傾斜角度20°の場合）

全般せん断破壊の状態が生じている．

9.4 摩擦形式アンカーにおける引抜き抵抗力の模型実験

9.4.1 概　　説

　摩擦形式アンカーでは，セメントスラリーを削孔した地盤中に注入・加圧し円筒状の細長いアンカー体を作製する．以下，この形式のアンカーで加圧のない場合を無加圧アンカー，加圧のある場合を加圧アンカーと呼ぶ．

　今日まで，無加圧・加圧アンカーの引抜き抵抗力の発生挙動に関し多くの研究が行われてきている．例えば，Wernick[51]やOstermayer[52]らは，引抜き抵抗力に影響する因子として，上載荷重，削孔方法，アンカー体径と傾き，定着長さ，土の粒度分布と密度，などをあげ，中でも砂の密度の重要性を指摘している．それに関連して玉野ら[53]は，加圧アンカーの引抜き抵抗力に影響する要因を施工上の立場から，定着地盤での被圧水状態などに関係した削孔時の孔壁周辺地盤の緩み，およびセメントスラリー加圧注入時の孔壁周辺地盤に対する力学的な影響を調査している．

　また，加圧アンカーに関する模型実験による研究は加圧状態の設定に難しさがあり，無加圧アンカーの研究[54]〜[59]に比べて少ないのが現状である．しかしながら，加圧の効果は，現場施工事例からもきわめて大きいものであることがわかっている[60]．こうしたことから，無加圧アンカーに対する実験からの研究成果を加圧アンカーに適用して考察するには限界があり，加圧状態での研究が重要といえる．こうした観点から，アルミ棒積層体地盤を用い，アンカー設置間隔を種々変化させた引抜き実験を行い，加圧アンカーにおける引抜き抵抗力の発生状態の基礎的挙動を調べる．その中で，地盤変位ベクトルの可視化とそれを用いたひずみ解析を行い，引抜き抵抗力発生時の地盤挙動について考察する．

9.4.2 実験計画と地盤定数

　実験には，**9.3**で用いたのと同じアルミ棒積層体二次元実験装置を用いた．緩い地盤・密地盤作製方法，および地盤定数は**9.3.2**に示した方法と同じである．アンカー体には，奥行5cmのアルミ板下部15cm部分に5：1の本数割合で1.6mmと3mmのアルミ棒を接着させた場合を摩擦大，アルミ板のままの状態を摩擦小とした．5：1の本数割合は，アルミ棒が直径1.6mmと3mmで混合重量比が3：2であることから，これを本数換算して求めた．アルミ棒と摩擦板との間の摩擦角は**9.3**の表-9.5，図-9.38に示した．

9.4.3 画像計測法およびひずみ解析法

　画像計測法およびひずみ解析法は前節の**9.3.2**と同様である．

9.4.4 実験方法および実験条件

(1) 実験方法

　図-**9.66**にアンカー間隔60cmに相当する1本の加圧アンカー引抜き実験装置を，図-**9.67**には2本の加圧アンカー引抜き実験装置を示す．

　実験上でとくに重要な要因となるアンカー体への加圧作業は，"セメントスラリーを削孔した密な砂地盤中に注入・加圧した場合，セメントスラリーの周面地盤中への浸透はなく，加圧時の孔壁

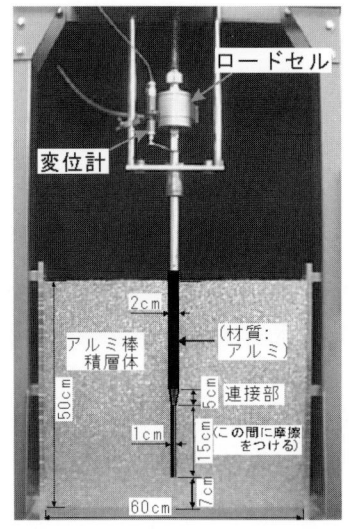

第9章 土留め工にかかわる基礎的力学問題の模型実験

図-9.66 1本のアンカー引抜き実験装置

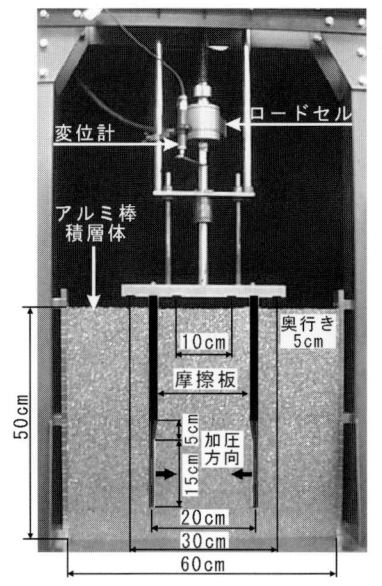

図-9.67 2本のアンカー引抜き実験装置

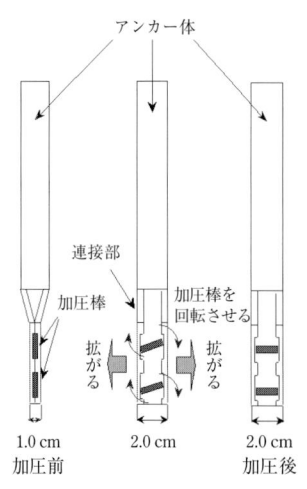

図-9.68 1本のアンカー体の加圧方法

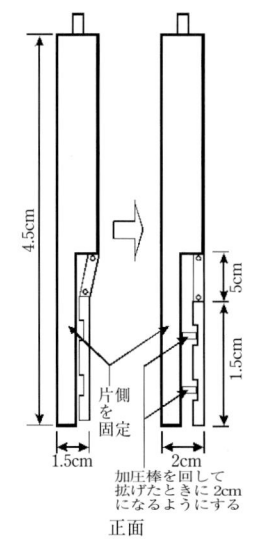

図-9.69 2本のアンカー体の加圧方法

周面地盤への作用はボーリング孔内横方向載荷試験での加圧時と同じである"という玉野ら[53]の現場実験結果をもとに，図-9.68および図-9.69の説明図に示すようなアンカー体部を模した15 cmの摩擦板の両面あるいは片面を水平方向に押し広げることで行った．このことは，加圧注入時には，セメントスラリーの地盤内への浸透現象は生じない，すなわち，加圧アンカーの引抜き抵抗力の発生挙動を研究するに際し，加圧の効果は地盤を水平方向に拡幅することで同じ挙動を再現できることを示している．

加圧に際しては，無加圧部と長さ15 cmの加圧部の間に5 cmの連接部分を設け，加圧作業をスムーズにした．拡幅作業が完了した時点では，無加圧部と加圧部のアンカー幅は深さ方向に均一の

2 cmの摩擦形式アンカーとなる．一方，無加圧アンカー幅は深さ方向に均一の2cmのアンカーとなるように製作した．2本の加圧アンカー引抜き実験では，アンカー体の内側部は加圧・摩擦大条件，外側部は無加圧・摩擦小条件となるように2本のアンカー体の内側摩擦板のみを押広げ，地盤を圧縮した．その際，外側面がまったく動かないように固定板で2本のアンカーを固定した．

アンカーの引抜きには，変位制御方式を採用した．引抜き速度は1.2 mm/sとし，15 mmまでの引抜き変位を実験範囲とした．1.2 mm/sの引抜き速度は，予備実験により引抜き変位8.4 mmの範囲で極限引抜き抵抗力が得られることの確認と，本研究で用いた高速ビデオカメラの撮影可能時間が7秒であることから決定した．また，実験終了時である15 mm引抜き時の地盤変形挙動の把握を，多重写真撮影法で行った．1.2 mm/sの引抜き速度については，0.8mm/sおよび0.1mm/sの引抜き速度での予備実験と，後述する1.2 mm/sでの実験がほぼ同じ結果となることから，引抜き抵抗力に与える引抜き速度の影響はアルミ棒積層体地盤では少ないと考えた．

(2) 加圧および実験条件

実験条件を表-9.12に示す．模型実験では，地盤，加圧，摩擦，アンカー間隔の各条件を変化させた．極限状態の側方よりの地盤拘束圧が得られる条件として，密地盤・緩い地盤とも，15 cmの摩擦板を1本の加圧アンカーでは両側，2本の加圧アンカーでは片側へ，それぞれ加圧大条件では5 mm拡幅する力学状態を"加圧大"とし，"加圧小"はその半分の2.5 mmの拡幅量とした．加圧大は，アンカー体近傍地盤に塑性化の生じた地盤状態であり，加圧小は，弾性限界に近い地盤状態として設定したものである．

表-9.12 実験条件

実験条件	アンカー間隔 (cm)	地盤条件	摩擦長 (cm)	摩擦形式		加圧形式		
				摩擦大	摩擦小	加圧大	加圧小	無加圧
1本のアンカー引抜き実験	60に相当	密地盤と緩い地盤	15	アルミ棒接着	アルミ板そのまま	拡幅 5mm	拡幅 2.5mm	拡幅なし
2本のアンカー引抜き実験	30・20・10							

本実験装置で1本のアンカーを中央部に設置した場合，アンカー体中心から側方フレームまでの側方範囲が30 cmである．側方フレームが引抜き抵抗力の発生挙動に与える影響と，引抜き抵抗力を考えるうえで重要な側方からの地盤拘束の力学状態を示す静止土圧係数K_0や深さ方向での局所地盤面における受働土圧係数K_pを算定するため，および加圧条件(拡幅量)の決定のために行った水平載荷実験装置を図-9.70に，その実験結果を図-9.71に示す．水平載荷の方法は，実験アンカー体と同じ連接部をもった形式である．

密地盤では，水平荷重はアルミ棒積層体の積上げ完了時に51.6 Nであり，水平変位5 mmで極限状態の側方よりの地盤拘束圧を示した．それに対し，緩い地盤では積上げ完了時に29.7 Nであり，最終水平変位である10 mmの状態まで水平荷重は増大しピークは生じていない．水平変位5 mm以降，直線的に荷重-変位関係が変化していることから，基礎の支持力における局所せん破壊に対応する力学現象であり，水平変位5 mmの載荷重を極限状態の側方拘束圧と考えた．これらの実験結果より，K_0は，密地盤で0.8，緩い地盤で0.5である．また，密地盤での受働土圧係数K_pは5.2，緩い地盤では3.5である．

第9章　土留め工にかかわる基礎的力学問題の模型実験

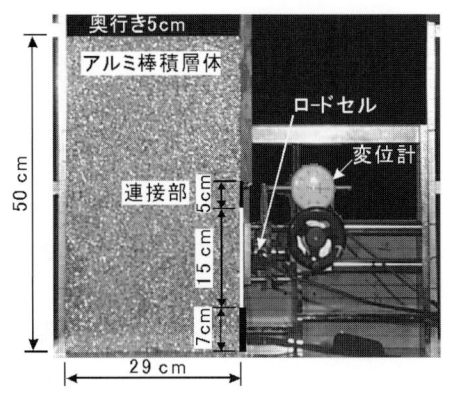

図-9.70　拡幅量決定のための水平載荷実験装置

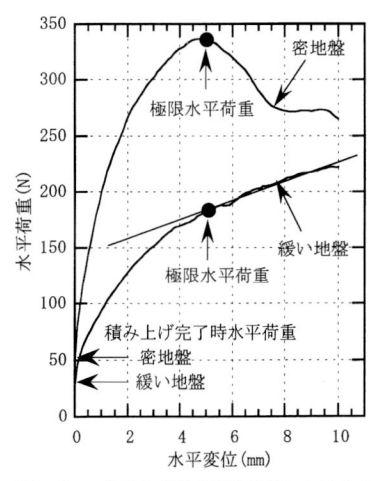

図-9.71　水平方向載荷実験結果における水平変位と水平荷重の関係

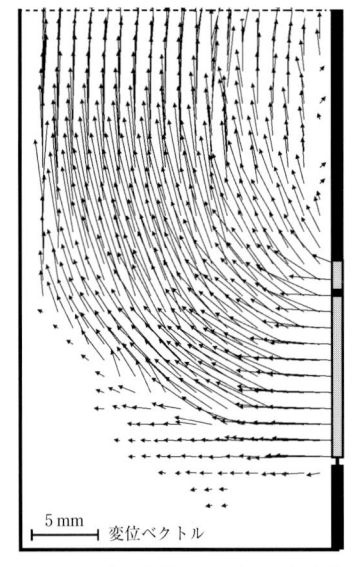

図-9.72　水平変位5mm時の地盤変位ベクトル

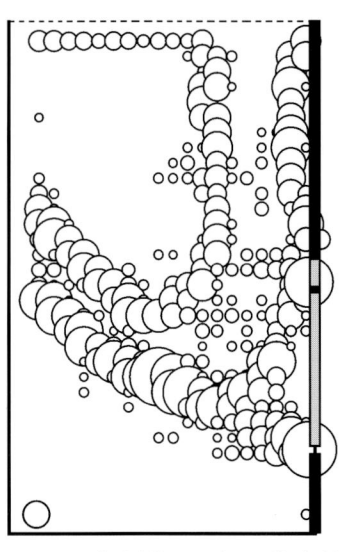

図-9.73　水平変位5mm時のひずみ解析結果

　なお，密地盤での極限状態の受働抵抗力発生時 (加圧大の水平変位5mm時) の地盤変位ベクトルおよびひずみ解析結果を図-9.72および図-9.73に示す．両図での結果を含めたひずみ解析結果から，密地盤・加圧大条件の実験では，アンカー設置深さに比べて側方フレームまでの距離が短いことから，加圧大の拡幅時にはその影響を受け，アンカー体近傍地盤では塑性化が進んでいる力学状態と考えられた．それに対し，密地盤・加圧小条件および緩い地盤での加圧大・加圧小条件では，塑性化の影響は少ないと判断できた．

　上述の考察から，アンカー体の埋設深さが深いことより，密地盤での加圧大には側方フレーム拘束の影響がでる．すなわち，密地盤・加圧大条件での1本のアンカーの引抜きを，2本のアンカー実験でのアンカー間隔60 cmに相当する地盤状態での実験として捉える必要がある．

9.4.5 実験結果と考察

(1) 1本の加圧アンカー引抜き実験結果

図-**9.74**に，摩擦大および摩擦小の各々について，密地盤での加圧大・加圧小・無加圧条件，および緩い地盤での加圧大・加圧小・無加圧条件での引抜き変位と引抜き荷重の実験結果を示す．図-9.71に示した密・緩い地盤における加圧による水平載荷重の増大挙動からも，これらの力学挙動の差が，地盤の密・緩い条件および側方よりの地盤拘束圧の大小の影響によるものであると考察できる．これらの力学挙動を整理すると次のようである．

① 加圧では無加圧の場合より最大引抜き抵抗力が密地盤・加圧大で1.3倍，密地盤・加圧小で1.5倍に，緩い地盤・加圧大で1.6倍に，緩い地盤・加圧小で1.3倍に増大した．おおむね，加圧により無加圧の場合より1.3～1.6倍程度に最大引抜き抵抗力が増大した．

② 密地盤では緩い地盤の場合より最大引抜き抵抗力が1.5倍程度に増大した．

③ 2～5mmの小さい引抜き変位で最大引抜き抵抗力が生じた．

④ 密地盤では加圧小は加圧大より最大引抜き抵抗力が大きい．その原因として，加圧大条件のアンカーの拡幅によるアンカー体近傍地盤の塑性化の影響が考えられた．

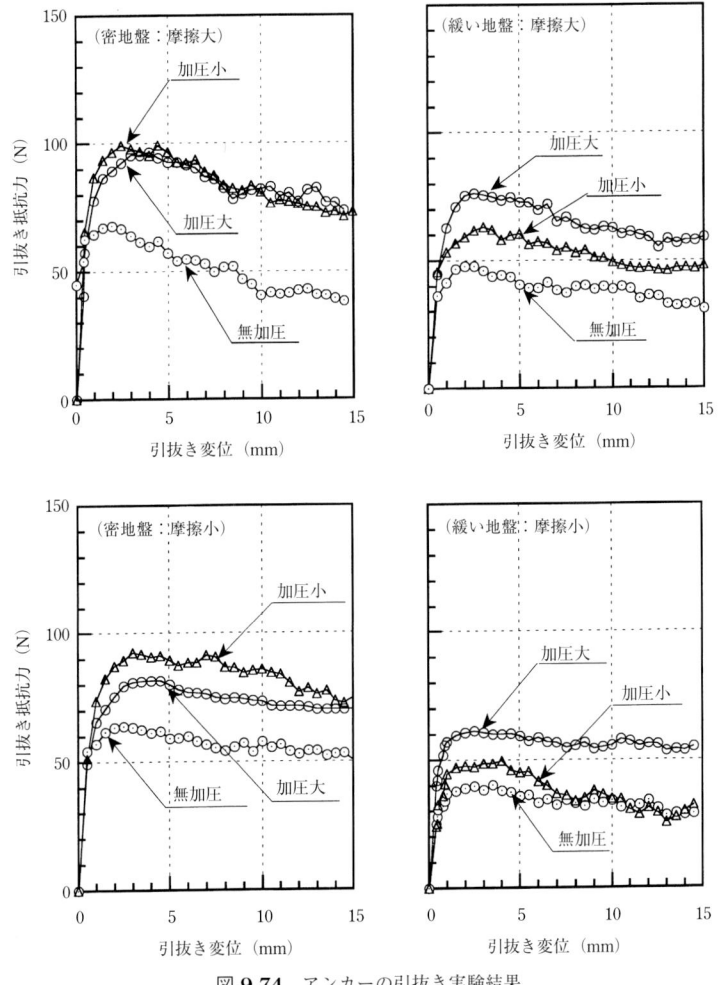

図-9.74 アンカーの引抜き実験結果

第9章　土留め工にかかわる基礎的力学問題の模型実験

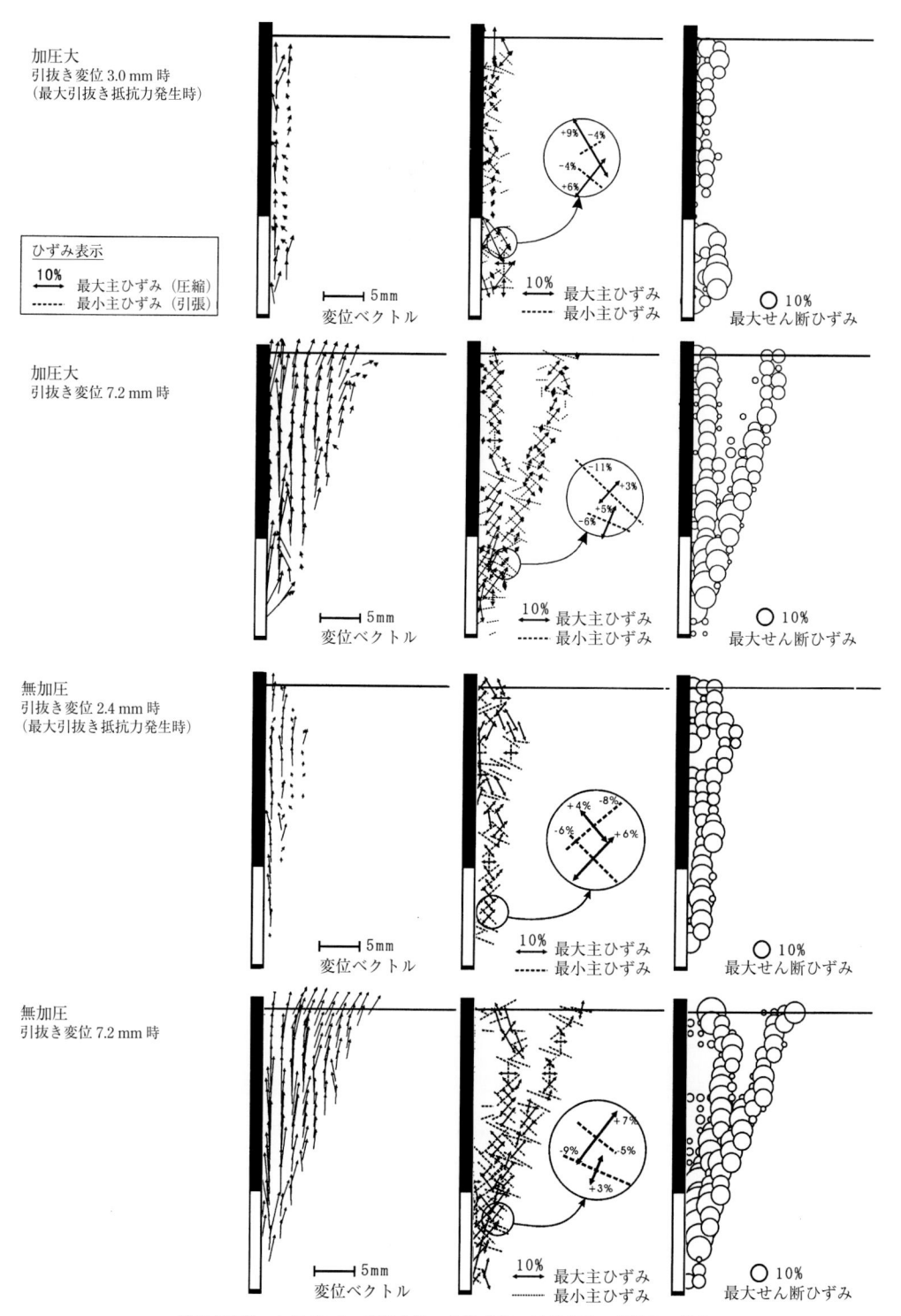

図-9.75(1)　1本アンカー引抜き時の地盤変状　(1)密地盤・摩擦大の場合

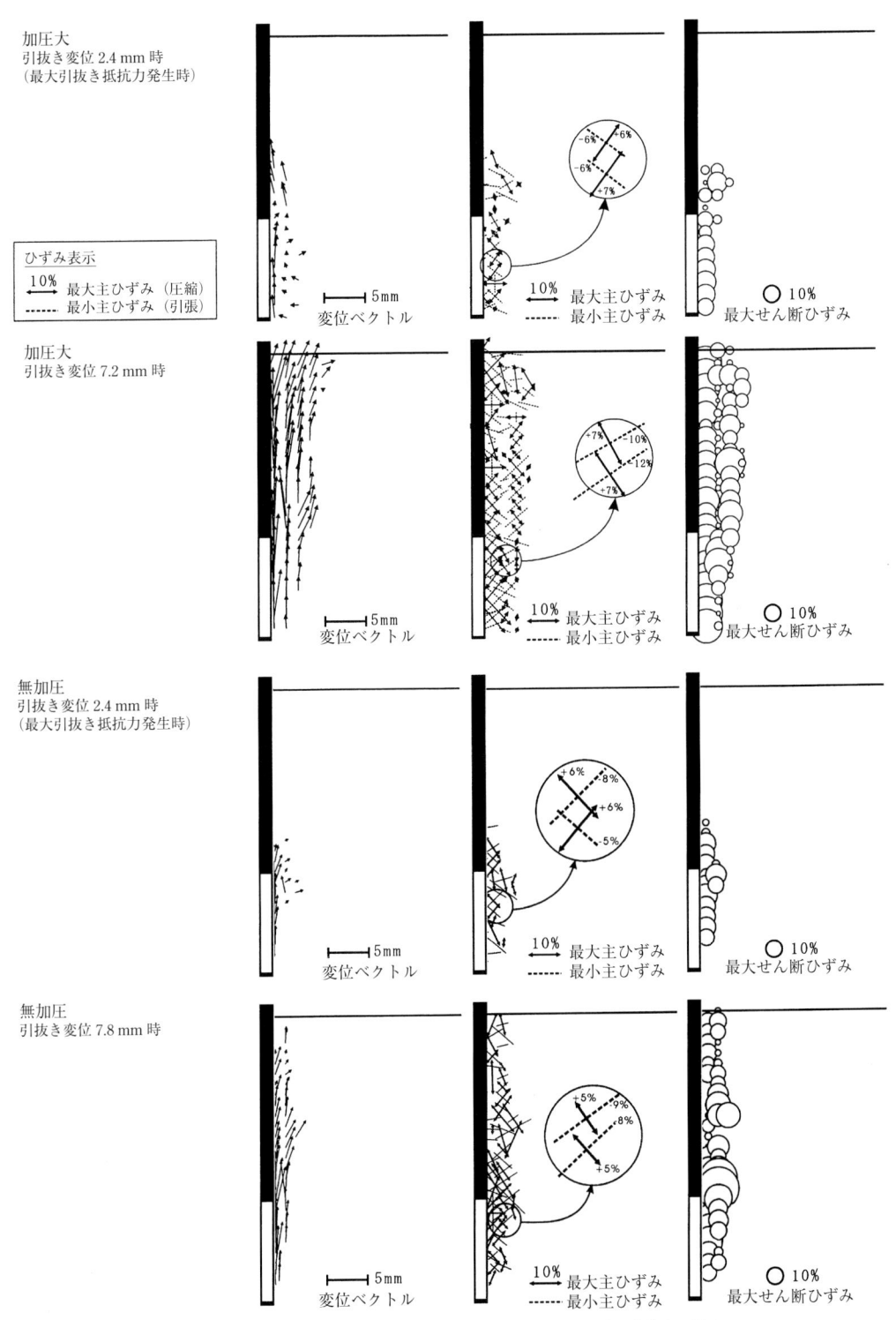

図-9.75(2)　1本アンカー引抜き時の地盤変状　(2)緩い地盤・摩擦大の場合

第9章　土留め工にかかわる基礎的力学問題の模型実験

⑤　緩い地盤では，加圧大，加圧小，無加圧の順で最大引抜き抵抗力が生じ，密地盤でのような塑性化の影響は小さいと考えられた．

次に，摩擦大の加圧大・無加圧条件における最大引抜き抵抗力および残留引抜き抵抗力発生時の地盤変位ベクトル分布・主ひずみ分布・最大せん断ひずみ分布を図-9.75(1)に示す．加圧大および無加圧の場合とも，最大引抜き抵抗力の発生時にすべりはアンカー体近傍地盤で生じている．最大引抜き抵抗力の発生後の引抜き変位7.2 mm時においては，加圧大ではいくぶん2次曲線形状の上方へのすべり，無加圧では，ほぼ三角形形状の上方へのすべりが生じている[59]．

一方，緩い地盤・摩擦大での同様の関係を図-9.75(2)に示す．最大引抜き抵抗力の発生時では，加圧および無加圧の場合ともアンカー体表面のごく近傍地盤で，その後は若干水平方向に拡大した形態で上方へのすべりが生じている[60],[61]．

従来，最大引抜き抵抗力が発生する時点においてすべり領域が最大になると検討することが多いのに対し，これらの一連の引抜き抵抗力発生状況と変位ベクトルの関係から，比較的小さい地盤変状で最大引抜き抵抗力が発生すると考察できる．

参考として，上記の地盤変状の最終時点である引抜き変位15 mmでの密地盤・摩擦大での加圧・無加圧条件における地盤変状の多重写真撮影を図-9.76に示す．これらの地盤変状の観測より加圧大・無加圧のいずれの場合でも，水平方向への地盤変状領域の拡大とともに残留引抜き抵抗力の状態となっている．また，アンカー引抜き時の地盤変状は，総ての実験ケースで側方フレーム内の地盤で生じており，引抜き時では側方フレームの影響のないことがわかる．

次に，すべり面上でのひずみ発生状態を前述の一面せん断試験でのひずみ状態と比較検討する．図-9.75に示したすべり面でのひずみ発生状態は，密地盤で最大せん断ひずみ12〜14％（最大主ひずみは圧縮で4〜6％，最小主ひずみは引張で－6〜－8％），緩い地盤で最大せん断ひずみ11〜18％（最大主ひずみは6％程度，最小主ひずみは－5〜－8％）と一面せん断試験でのせん断面でのひずみ発生の状況と同様の力学傾向を示している．

(2)　2本の加圧アンカー引抜き実験

図-9.77に密地盤および緩い地盤のそれぞれについて，アンカー間隔10 cm・20 cm・30 cmの引抜き変位と引抜き抵抗力の関係を示す．図中には1本のアンカー引抜きでの無加圧・摩擦小（2本のアンカーの外面に相当：①），加圧大・摩擦大（2本のアンカーの内面に相当：②），およびそれらの合算引抜き抵抗力（①＋②）の関係を示す．（①＋②）の引抜き抵抗力は，前述したようにア

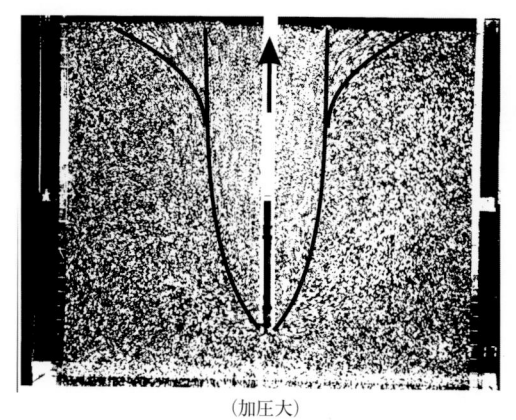

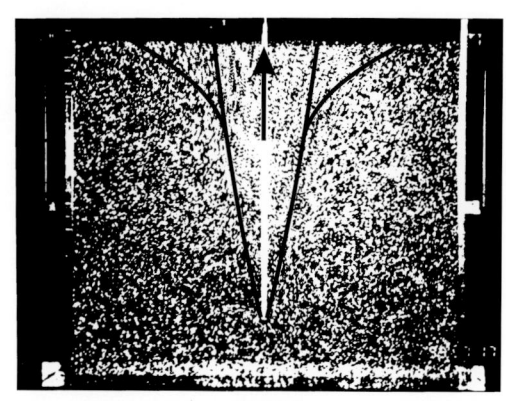

　　　　　　　　（加圧大）　　　　　　　　　　　　　　　　（無加圧）

図-9.76　多重写真撮影結果による地盤変形の形態（密地盤・摩擦大・摩擦長15 cm）

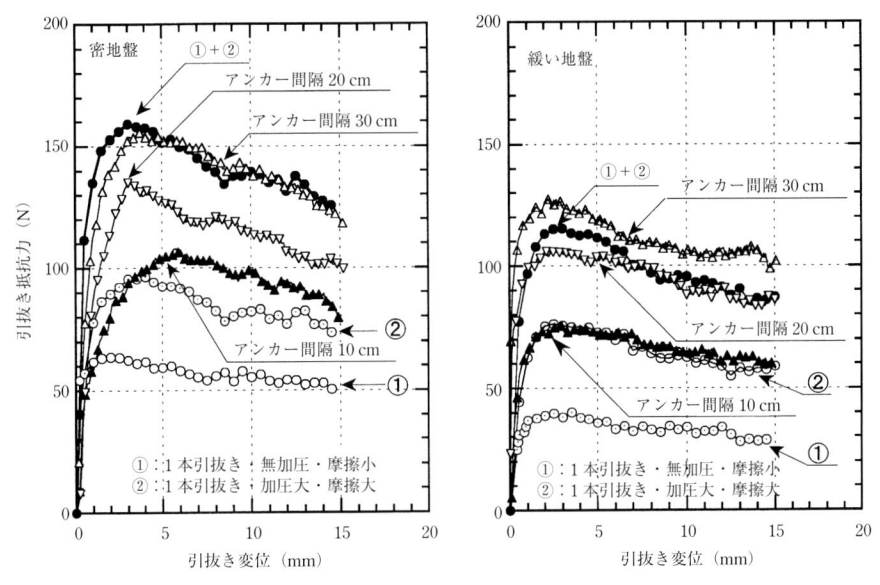

図-9.77 2本のアンカー引抜き時の引抜き変位と引抜き抵抗力の関係

ンカー間隔60 cmに相当する．この合算の引抜き抵抗力とアンカー間隔10 cm・20 cm・30 cmとの差が，2本の加圧アンカーの内側で生じた引抜き抵抗力の減少分である．

密地盤のアンカー間隔20 cmの場合を例に，引抜き抵抗力の発生時の地盤挙動を説明する．最大引抜き抵抗力136.0 Nに対し，2本のアンカー外面（1本のアンカーでの摩擦小・無加圧実験に相当）での最大引抜き抵抗力63.8 Nとの差分72.2 Nが内側で発生した引抜き抵抗力となる．アンカー間隔60 cmに相当する1本のアンカー引抜き時の密地盤・加圧大・摩擦大での最大引抜き抵抗力が96.2Nであるから，その差の24.0 Nが，アンカー間隔が20 cmになったことによる減少分の引抜き抵抗力となる．

アンカー埋設深さ(D)とアンカー間隔(B)の比(D/B)と最大引抜き抵抗力の関係を図-9.78に示す．密地盤では，アンカー間隔60 cm（1本のアンカー実験：$D/B = 0.72$）と間隔30 cm（$D/B = $

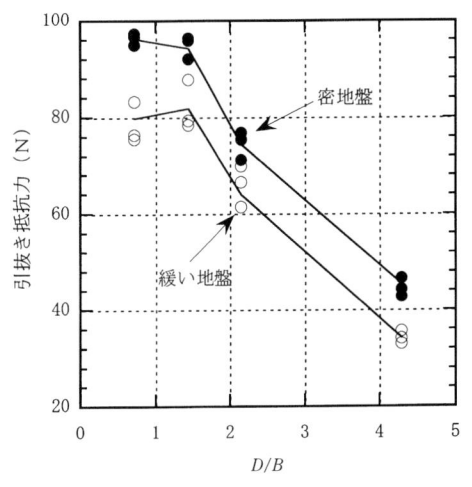

図-9.78 アンカー埋設深さDとアンカー間隔Bの関係比D/Bと最大引抜き抵抗力の関係

第9章 土留め工にかかわる基礎的力学問題の模型実験

アンカー間隔20cm・引抜き変位3.0mm時(最大引抜き抵抗力発生時)

├─┤5mm 変位ベクトル　　　10% ─ 最大主ひずみ　　　○10% 最大せん断ひずみ
　　　　　　　　　　　　　　　┄┄ 最小主ひずみ

アンカー間隔20cm・引抜き変位7.2mm時

アンカー間隔30cm・引抜き変位3.6mm時(最大引抜き抵抗力発生時)

├─┤5mm 変位ベクトル　　　10% ─ 最大主ひずみ　　　○10% 最大せん断ひずみ
　　　　　　　　　　　　　　　┄┄ 最小主ひずみ

アンカー間隔30cm・引抜き変位7.2mm時

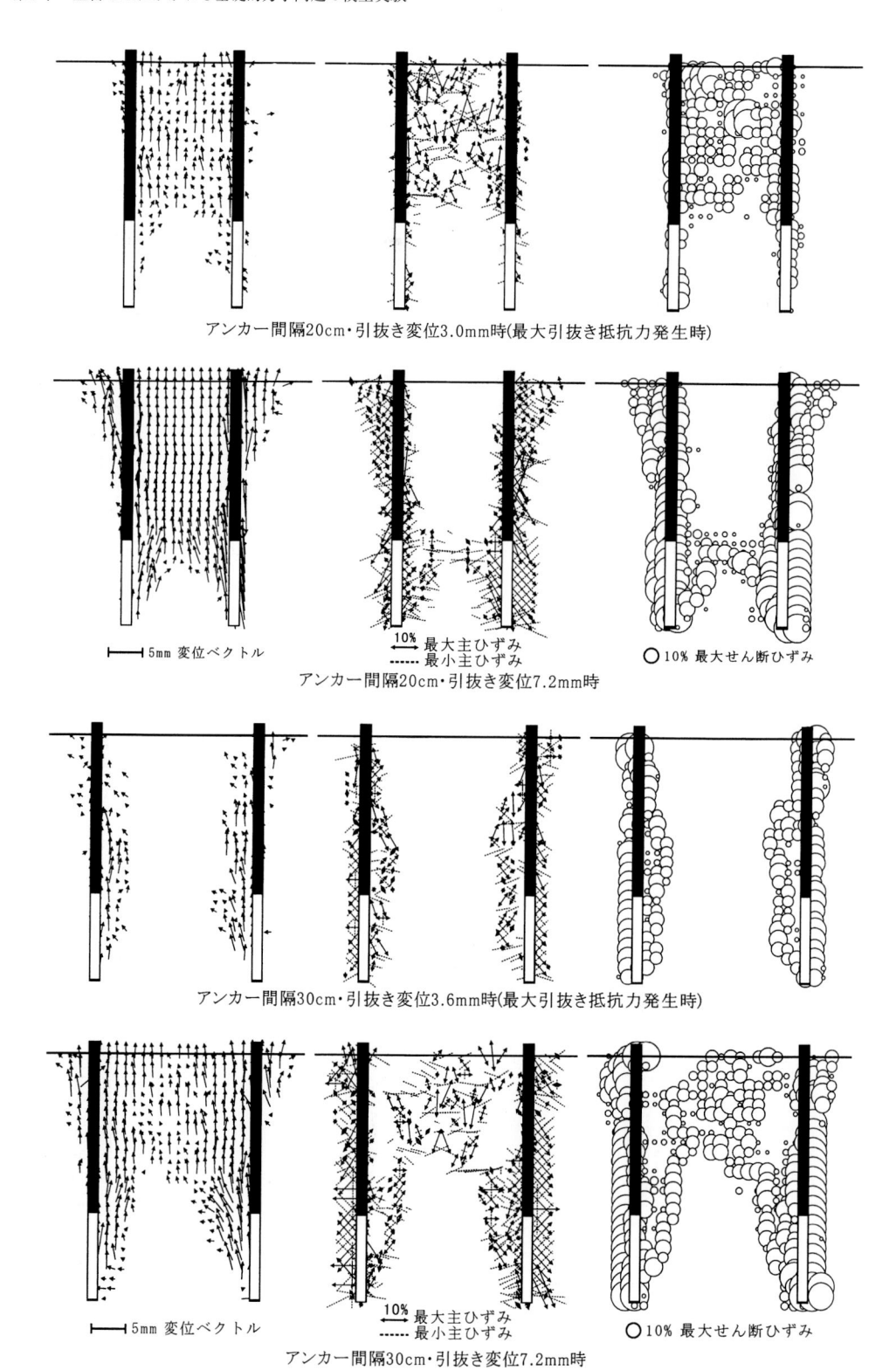

図-9.79(1)　2本のアンカー引抜き時の地盤変状　　(1)密地盤・摩擦大・加圧大の場合

9.4 摩擦形式アンカーにおける引抜き抵抗力の模型実験

アンカー間隔20cm・引抜き変位2.4mm時(最大引抜き抵抗力発生時)

├─┤5mm 変位ベクトル　　10% 最大主ひずみ　　○10% 最大せん断ひずみ
　　　　　　　　　　　　　----- 最小主ひずみ

アンカー間隔20cm・引抜き変位7.2mm時

アンカー間隔30cm・引抜き変位3.6mm時(最大引抜き抵抗力発生時)

├─┤5mm 変位ベクトル　　10% 最大主ひずみ　　○10% 最大せん断ひずみ
　　　　　　　　　　　　　----- 最小主ひずみ

アンカー間隔30cm・引抜き変位7.2mm時

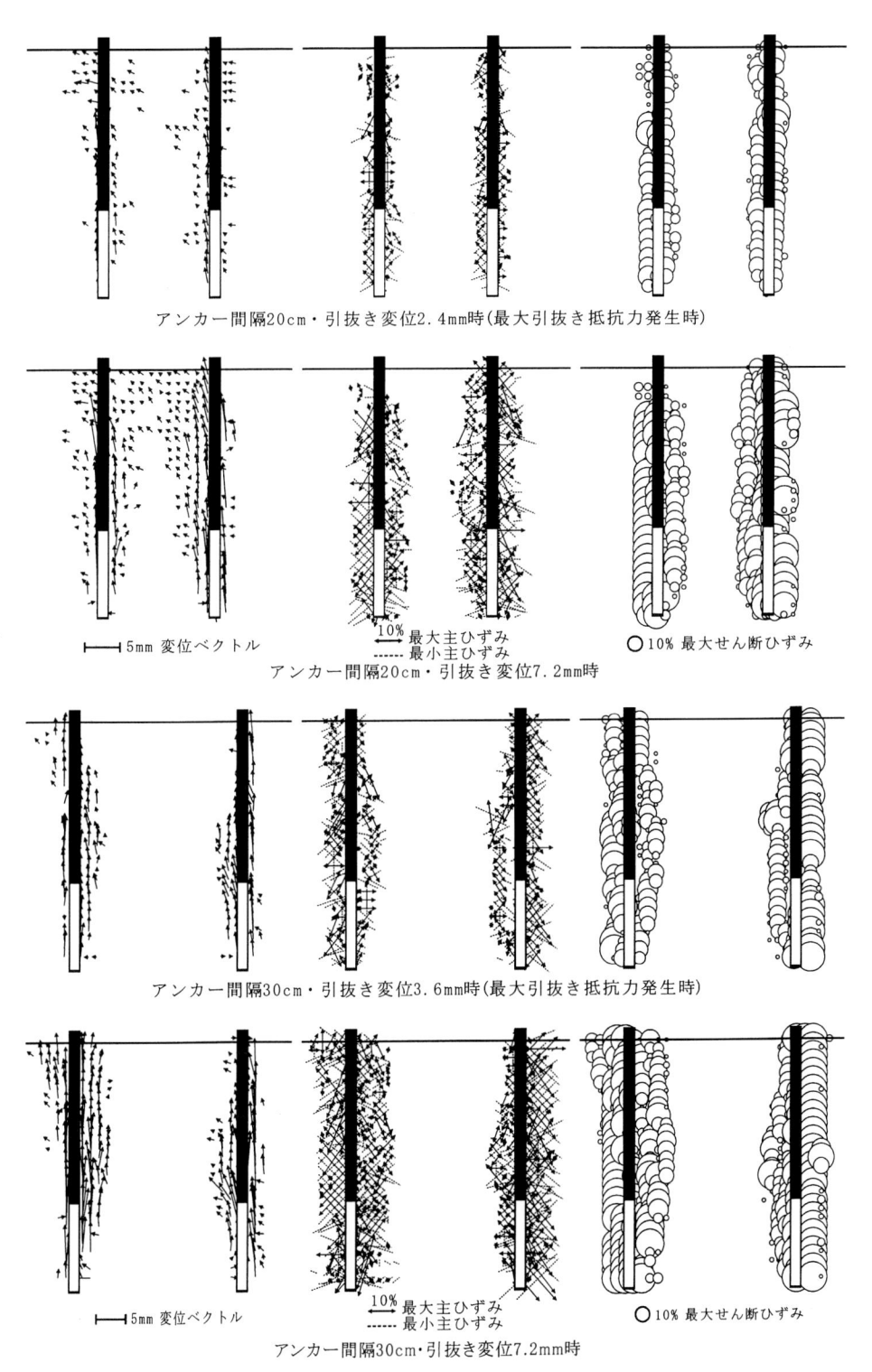

図-9.79(2)　2本のアンカー引抜き時の地盤変状　　(2)緩い地盤・摩擦大・加圧大の場合

1.43) で，同じ程度の最大引抜き抵抗力が生じる．緩い地盤では，アンカー間隔60 cm (D/B = 0.72) に対し，アンカー間隔30 cm (D/B = 1.43) では多少増大している．それに対し，密地盤・緩い地盤ともアンカー間隔が，20 cm (D/B = 2.15)，10 cm (D/B = 4.3) と短くなるほど，最大引抜き抵抗力が小さくなる．

図-9.79(1)に，密地盤・摩擦大・加圧大の条件でアンカー間隔20 cm (D/B = 2.15)，30 cm (D/B = 1.43) の場合における，最大引抜き抵抗力発生時および残留引抜き抵抗力の発生時の地盤変位ベクトル分布，主ひずみ分布，および最大せん断ひずみ分布を示す．また，図-9.79(2)には，緩い地盤・摩擦大・加圧大の条件の場合のそれぞれの分布を示す．以下，図-9.78の実験結果を図-9.79より考察する．

アンカー間隔30 cm (D/B = 1.43) では，最大引抜き抵抗力の発生時の引抜き変位3.6 mmでは，両側のアンカーはそれぞれ独立して機能し，すべり面は上部で交差していない．その後，上部で交差部が生じ，残留引抜き抵抗力の発生状態となる．アンカー間隔20 cm (D/B = 2.15) の場合では，引抜きとともに両側のアンカーとその間のアルミ塊が一体となって挙動していく．引抜き変位が増大するにつれて，一体となるアルミ塊が大きくなり，残留引抜き抵抗力の発生時には，その大きさはアルミ塊の重量にほぼ等しい状態となる．

すなわち，図-9.77のアンカー間隔20 cmのアンカー変位7.2 mm時では，2本のアンカー内部のアンカーと一体となってもち上っている領域のアルミ塊の重量は76.9 N，2本のアンカーの外側の引抜き抵抗力は図-9.74の7.2 mm引抜き時の無加圧状態で52.0N，合計で128.9 Nとなり，実験時の118.9 Nと同程度になる．アンカー間隔10 cm (D/B = 4.3) では，アンカー間隔20 cm (D/B = 2.15) の場合とほぼ同様の力学挙動を示す．

これらの考察から，アンカー間隔が30 cm (D/B = 1.43) より短くなると両側からのすべり塊が一体となることで，最大引抜き抵抗力は，アンカー間隔60 cm (D/B = 0.72) の場合より減少している．

一方，緩い地盤の場合 (図-9.72(2))，アンカー間隔30 cm (D/B = 1.43) では，加圧の効果により引抜き抵抗力がアンカー間隔60 cm (D/B = 0.72) の場合より若干の増大がみられ (図-9.78)，アンカー間隔20 cm (D/B = 2.15)，アンカー間隔10 cm (D/B = 4.3) では，密地盤での場合と同様の地盤変状がみられ，最大引抜き抵抗力は，アンカー間隔60 cm (D/B = 0.72) の場合より大きく減少している．

9.5 局所地盤掘削の模型実験

9.5.1 概　　説

トンネル掘削，場所打ち杭削孔，トレンチ掘削，土留め工の掘削などの施工時に，局所的に地盤を掘削することが多くある．例えば，局所沈下現象は，降下床の実験として地盤工学の基礎的研究として古くから取組まれている．

ここでは，①地盤中の限られた部分の水平地盤面を鉛直方向に変位させる場合，②鉛直地盤面を水平方向に変位させる場合，③その中間的な傾斜地盤面を回転させる場合の地盤挙動を，模型実験により基礎的研究を行う[62]．より議論に具体性をもたせるために，拡底場所打ち杭削孔時の地盤力学挙動を取上げる．

拡底場所打ち杭は，深さ方向に杭径が均一な場所打ち杭と比べると，支持力発生部である先端部の杭径を大きくする (拡底) ことにより，先端支持力を大きく得ることができるという有効性があ

り，近年，大規模な構造物の基礎杭として使用例が増大してきている．日本では，現在のところ，拡底場所打ち杭の杭径 (拡底径) を 900(1,200)～3,000(4,100) mm，拡底角度を 12°以下として適用されている．

拡底場所打ち杭は，泥水を用いたリバースサーキュレション工法により施工するものであり，拡底部削孔時の孔壁面安定の確保が，工法の信頼性にとって重要である．孔壁面安定に関する従来の研究の多くは，均一な杭径の削孔に対する研究であり，拡底場所打ち杭削孔のように，底部を拡幅するため逆に傾斜した孔壁面を取扱った孔壁安定の力学機構については，ほとんど研究事例が見当たらず，不明な力学現象として残されている．そのため，施工経験から拡底削孔の可否を判断しているのが現状である．

こうした観点から，ここでは，拡底部における孔壁面安定の基礎的力学挙動の研究を目的としたモデル実験を行う．すなわち，二次元アルミ棒積層体モデル実験装置を用い，実験要因として主として拡底形状および拡底角度を取上げ，拡底孔壁面における壁面変位と壁面土圧との相互力学作用，および孔壁面近傍地盤での地盤の変形やひずみなどの地盤挙動について考察する．

9.5.2 実験方法と実験地盤

拡底形状には，図-9.80に示すような2種類の拡底形状があり，本研究ではBell形とDome形と呼ぶ．

本実験では，拡底削孔壁面を模擬し二次元に単純化したBell形直面 (以下，Bellと呼ぶ) およびDome形曲面 (半径6.5 cm，以下，Domeと呼ぶ) の2つのタイプの板による実験を行う．また，各々の拡底形状に対し，拡底角度は，15°・30°・45°・60°とする．

拡底角度15°以外の角度は，実際に使用される拡底角度とはかけ離れた大きなものであるが，拡底角度の力学的影響をより明確にするため，種々の拡底形状と拡底角度に対する実験を行う．実験は板を回転させて行う回転板実験 (rotary plate test, 以下RPTと呼ぶ) として行う．また，板に回転を与えずに鉛直方向に板を落下させる降下床実験 (lowering plate test, 以下LPTと呼ぶ)，および水平方向に板を移動させる水平板実験 (face plate test, 以下FPTと呼ぶ) を併せて行い，RPTでの力学的傾向を両実験より確認する．

総ての実験における板の長さは10 cmで，滑らかな表面をもつアルミ製である．本研究における実験条件を整理して表-9.13に示す．実験名称については，例えば，回転板-Bell-拡底角度15°であれば，RTP-Bell-15°と名付ける．なお，板の中心点までのアルミ棒積層体深さは，RPT，LPT，RPTとも同じ30 cmとした．

実験は，砂地盤を模擬したアルミ棒積層体地盤を用いて行う．実験装置の概要を，RPT-Bell-15°の場合を例に図-9.81に示す．また，LPT-Domeの場合を図-9.82，FPT-Bellの場合を図-9.83に示

表-9.13　実験条件

実験方法	拡底形状	拡底角度
Rotary Plate Test (RPT)	Bell	15°, 30°, 45°, 60°
	Dome	15°, 30°, 45°, 60°
Lowering Plate Test (LPT)	Bell	
	Dome	
Face Plate Test (FPT)	Bell	
	Dome	

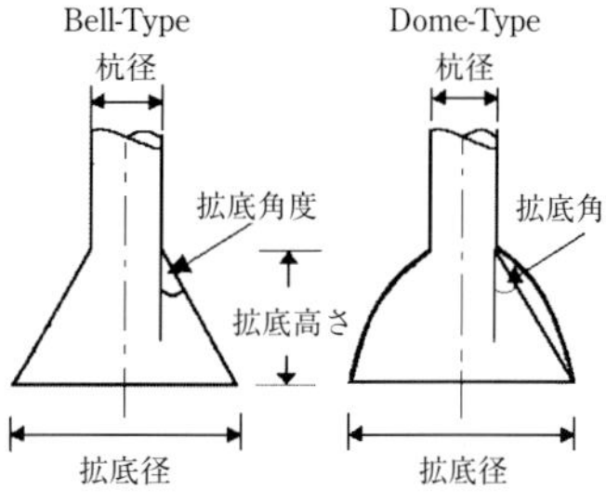

図-9.80　拡底形状の説明図

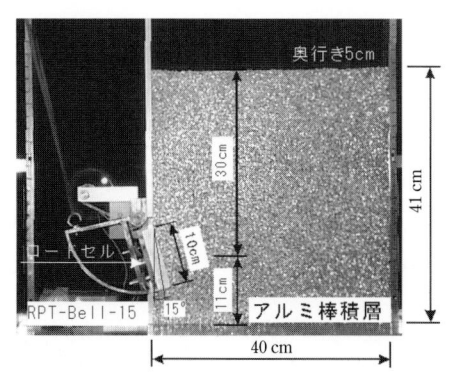

第9章　土留め工にかかわる基礎的力学問題の模型実験

図-9.81　実験装置の概要 (RPT-Bell-15°の場合)

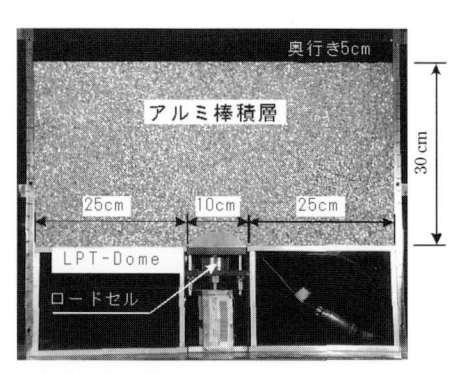

図-9.82　実験装置の概要 (LPT-Domeの場合)

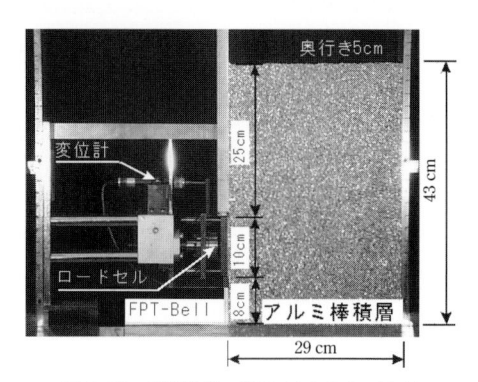

図-9.83　実験装置の概要 (FPT-Bellの場合)

す．RPT実験装置は，図-9.81に示すように，アルミ棒積層体地盤寸法は横40 cm・高さ41 cm・奥行5 cmの二次元モデルである．使用したアルミ棒積層体地盤は，前節で示した密地盤である．

RPT実験は，図-9.81中に示すように，長さ10 cm・奥行5 cmの板を，あらかじめ所定の角度に設置し，図中に示す回転軸を中心として板を円周方向時計回りに回転させる．回転板の円周方向の回転速度は，3°/sである．LPTでは，板を1 mm/sで降下，FPTでは，板を1 mm/sで地盤と反対方向に水平移動させた．板に垂直に作用する荷重の計測はロードセルで行った．

9.5.3　画像計測法およびひずみ解析法

画像計測法およびひずみ解析法は **9.3.2** と同様である．

9.5.4　実験結果と考察

図-9.84に，LPT，FPT，およびRPT-15°における板に垂直に作用する荷重と板変位との関係を示す．最小荷重が生じた板変位は，DomeとBellの条件でほぼ同じであり，LPTでは板の鉛直変位3.4 mm，FPTでは板の水平変位4 mm，RPTでは板中心での回転変位5.2 mmである．図-9.85に，LPT-Bell，FTP-Bell，およびRPT-Bell-15°での板の変位に伴う地盤進行性破壊の状況を示す．各板の変位段階でのすべり塊形状は，地盤変位ベクトル図における境界より描いた．

図-9.86には，最小荷重時における地盤変位ベクトル分布，最大・最小主ひずみ分布，および最大せん断ひずみ分布を示す．最小荷重時には，アーチング効果が最大に生じた力学状態にあると考えられる．図中に数値を例示しているが，滑動した領域と動いていない領域との間では，最大主ひ

9.5 局所地盤掘削の模型実験

図-9.84 板の変位と板に作用する垂直荷重の関係

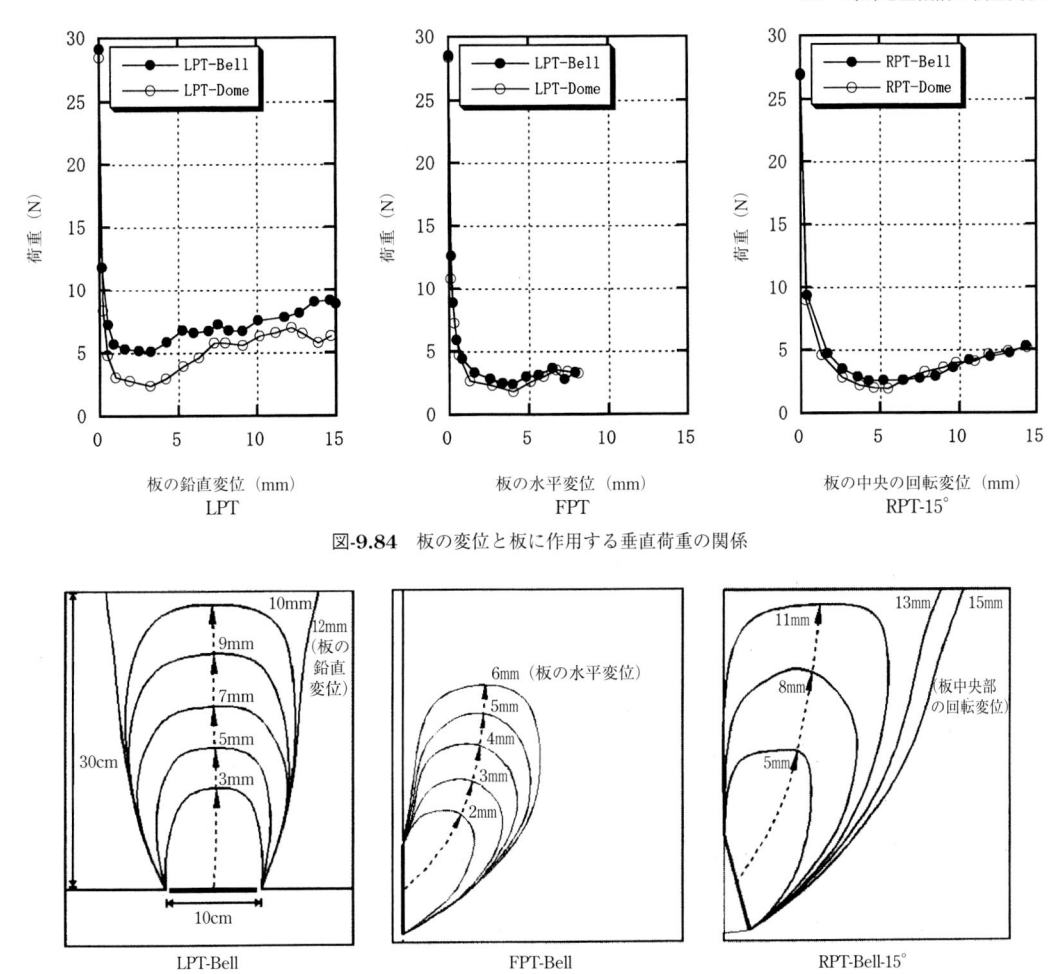

図-9.85 地盤変形挙動（LPT-Bell，FPT-Bell，RPT-Bell-15°の場合）

ずみは圧縮で5～10％，最小主ひずみは引張で9～14％，最大せん断ひずみは10～19％が生じている．

次に，すべり面上でのひずみ発生状態を，一面せん断試験での状態と比較検討する．9.3の図-9.38～40に示したように，一面せん断面では，最大せん断ひずみは9～11％(最大主ひずみは圧縮で5～6％，最小主ひずみは引張で-3～-6％)生じた．また，ゼロひずみ方向はせん断面にほぼ平行であった．同様に，緩い地盤の場合ではピーク時とみなした(c)点で，最大せん断ひずみ14～15％(最大主ひずみ：8～9％，最小主ひずみ：-5～-7％)が生じている．一面せん断試験におけるせん断面でのひずみ発生の状況と図-9.86に示したすべり線上でのひずみ発生状態は，よく一致している．

表-9.14に，各ケースにおける板に作用する鉛直荷重（計算値でLPT・FPT・RPTの場合で同じである）に対する計測値としての板に作用する垂直最小荷重，および初期計測荷重との荷重比を示す．荷重比はLPT：0.07～0.16，RPT：0.06～0.08，FPT：0.06～0.07であり，LPT，RPT，FPTの順に大きい．内部摩擦角33°として計算できるRankineの主働土圧係数が0.295であり，表-9.15での荷重比はそれに比べて小さい．

LPT，RPT，およびFPTの実験で，全体としてみた場合，板の変位と板に作用する垂直荷重は3

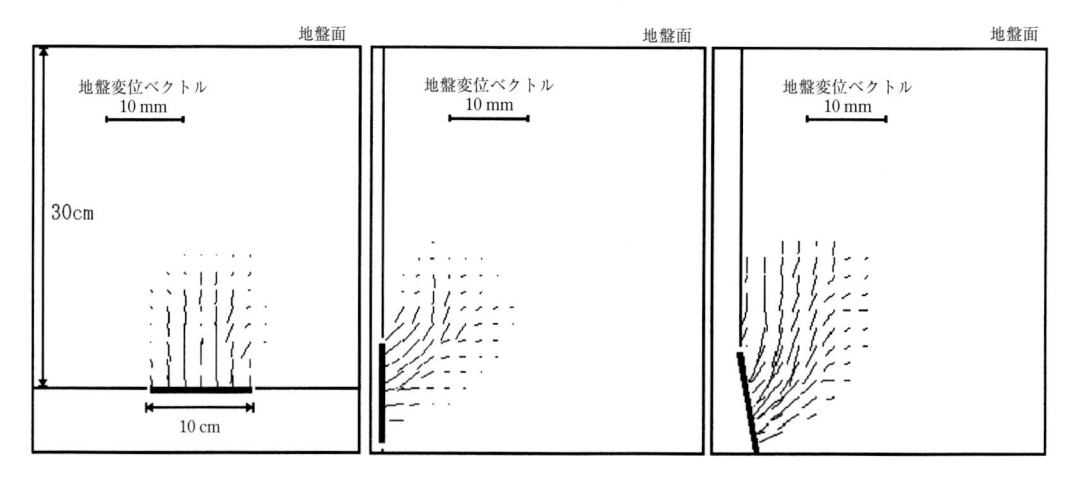

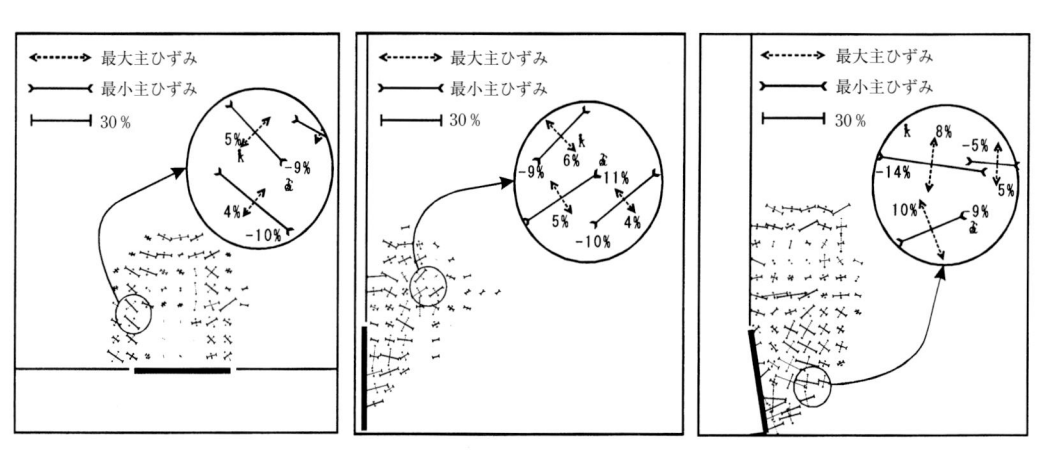

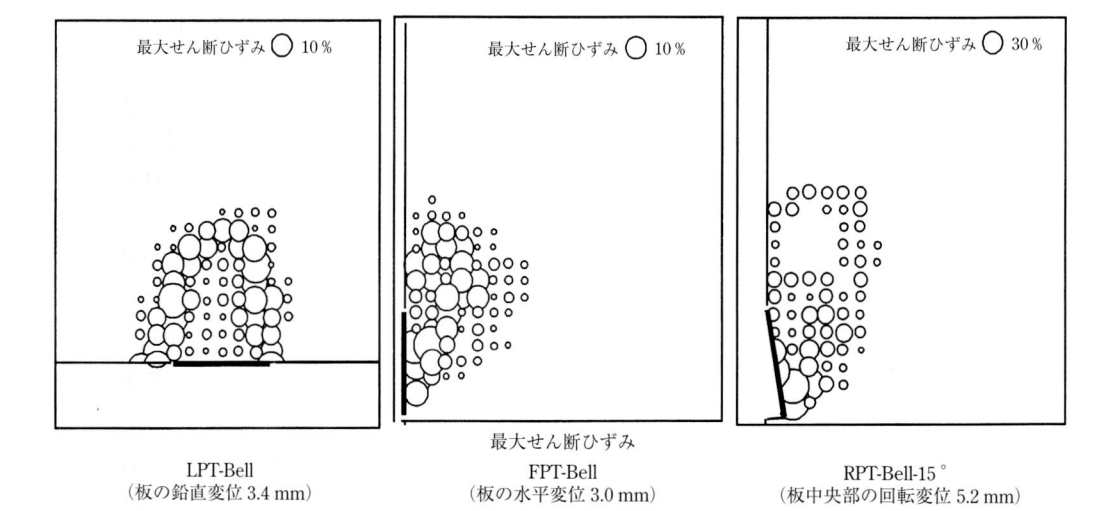

第9章　土留め工にかかわる基礎的力学問題の模型実験

図-9.86 最小荷重時の地盤変位ベクトル，最大・最小主ひずみ分布および最大せん断ひずみ分布

LPT-Bell
（板の鉛直変位 3.4 mm）

FPT-Bell
（板の水平変位 3.0 mm）

RPT-Bell-15°
（板中央部の回転変位 5.2 mm）

282

9.5 局所地盤掘削の模型実験

表-9.14 荷重比

	鉛直計算荷重 (N) (1)	初期計測荷重 (N) (2)	最小計測荷重 (N) (3)	荷重比	
				(2)/(1)	(3)/(1)
LPT-Bell	32.50	29.14	5.09	0.90	0.16
LPT-Dome	32.50	28.47	2.40	0.88	0.07
RPT-Bell-15°	32.50	27.01	2.58	0.83	0.08
RPT-Dome-15°	32.50	26.90	1.93	0.83	0.06
FPT-Bell	32.50	28.53	2.40	0.88	0.07
FPT-Dome	32.50	28.40	1.80	0.87	0.06

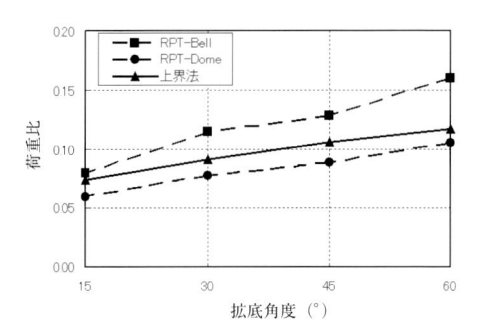

図-9.87 RPTにおける拡底角度と荷重比の関係

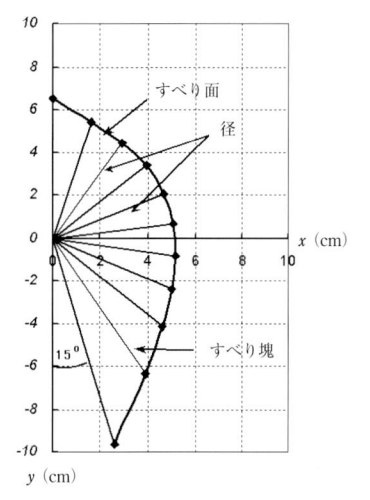

図-9.88 上界法による解析（RPT-Bell-15°の場合）

～5 mm（壁変位と壁高さの比は0.001～0.0017）程度の板の変位で最小値となり，その後の板変位とともに増大するという基本的な力学的傾向がRPTにおいて成立することが，LTPおよびFPT実験条件での結果からも確認できる．以下，RPTについて拡底角度に対する検討を行う．

図-9.87は，RPTにおける拡底角度と，板に作用する最小計測垂直荷重と計算による鉛直荷重との荷重比および上界法による解析値との関係を示す．上界法はRPT-Bellに対するものであり，Chenの方法を用い解析した[63]．図より，RPT-BellおよびRPT-Domeで荷重比は拡底角度が小さいほど小さくなり，より大きなアーチング効果が生じていると判断できる．

図-9.88に，図-9.87に示したRPT-15°の場合の上界法における限界すべり面を自動的に検索する最適化手法を用いて決定したすべり面を示す．すべり面は図-9.86での地盤変位ベクトルに近いものである．上界法による極限最小荷重は実験値よりやや小さい値となっている．以上述べた実験結果から，拡底孔壁の安定において，Domeの拡底形状で拡底角度が小さいほど，安定上で有利であることが考察できる．

図-9.89に，RPT-Dome-15°およびRPT-Bell-15°における板変位5 mm，8 mm，および11 mmでの地盤変位ベクトル分布を，図-9.90に最大せん断ひずみ分布を示す．板変位が5～8 mmでは，すべり塊は地盤面まで達していないが，11mmでは地表面まですべり面が地表面まで達している．また，最大せん断ひずみ分布からは，すべり塊は2つに分かれていることが観察できる．一つは板

第9章 土留め工にかかわる基礎的力学問題の模型実験

(RPT-Bell-15°)   (RPT-Dome-15°)

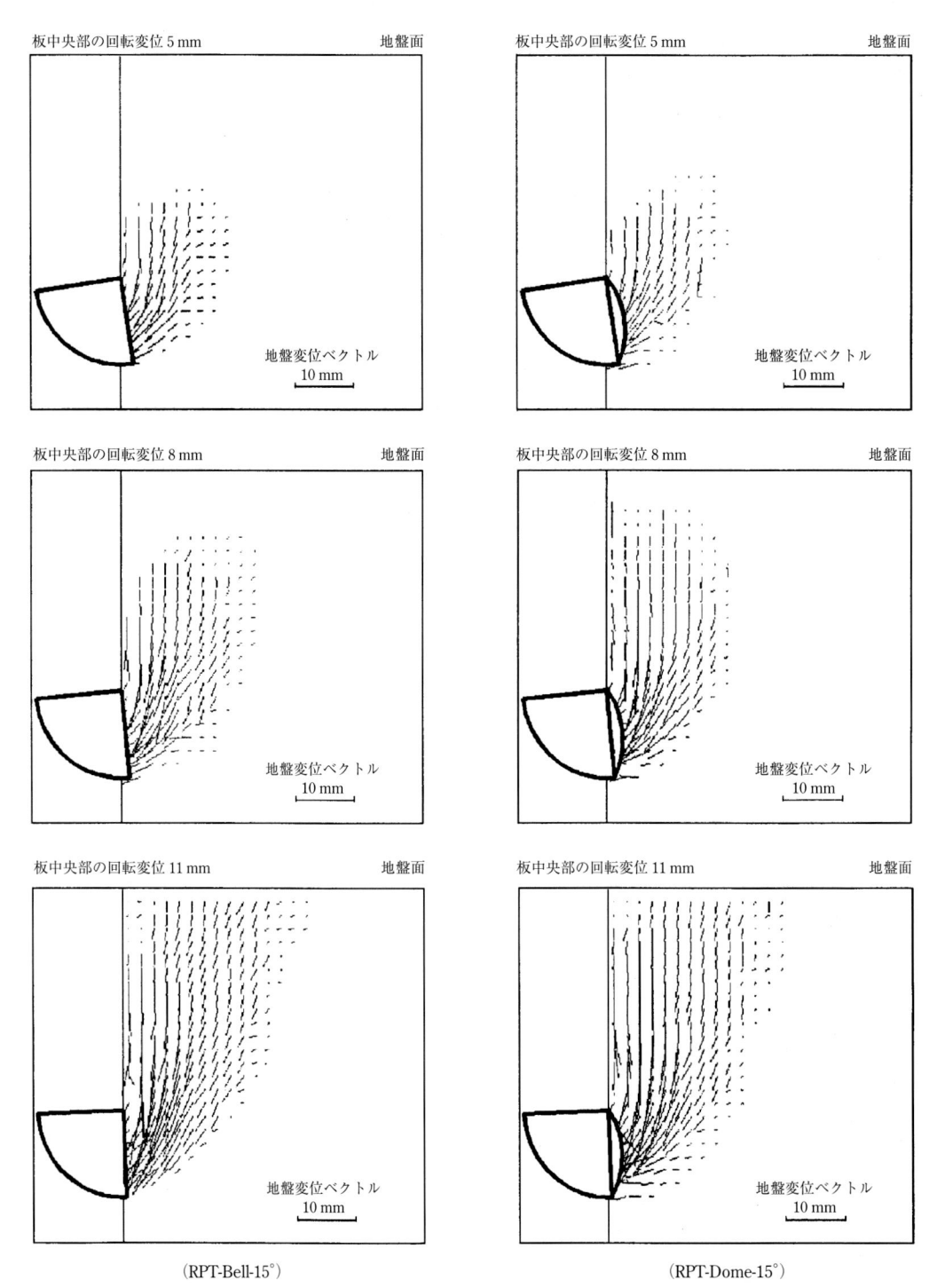

図-9.89 地盤変位ベクトルの変化（RPT-Bell-15°，RPT-Dome-15°の場合）

9.5 局所地盤掘削の模型実験

板中央部の回転変位 5 mm

最大せん断ひずみ ◯ 30 %

板中央部の回転変位 5 mm

最大せん断ひずみ ◯ 30 %

板中央部の回転変位 8 mm

最大せん断ひずみ ◯ 30 %

板中央部の回転変位 8 mm

最大せん断ひずみ ◯ 30 %

板中央部の回転変位 11 mm

最大せん断ひずみ ◯ 30 %

板中央部の回転変位 11 mm

最大せん断ひずみ ◯ 30 %

(RPT-Bell-15°)　　　　　　　　　　　(RPT-Dome-15°)

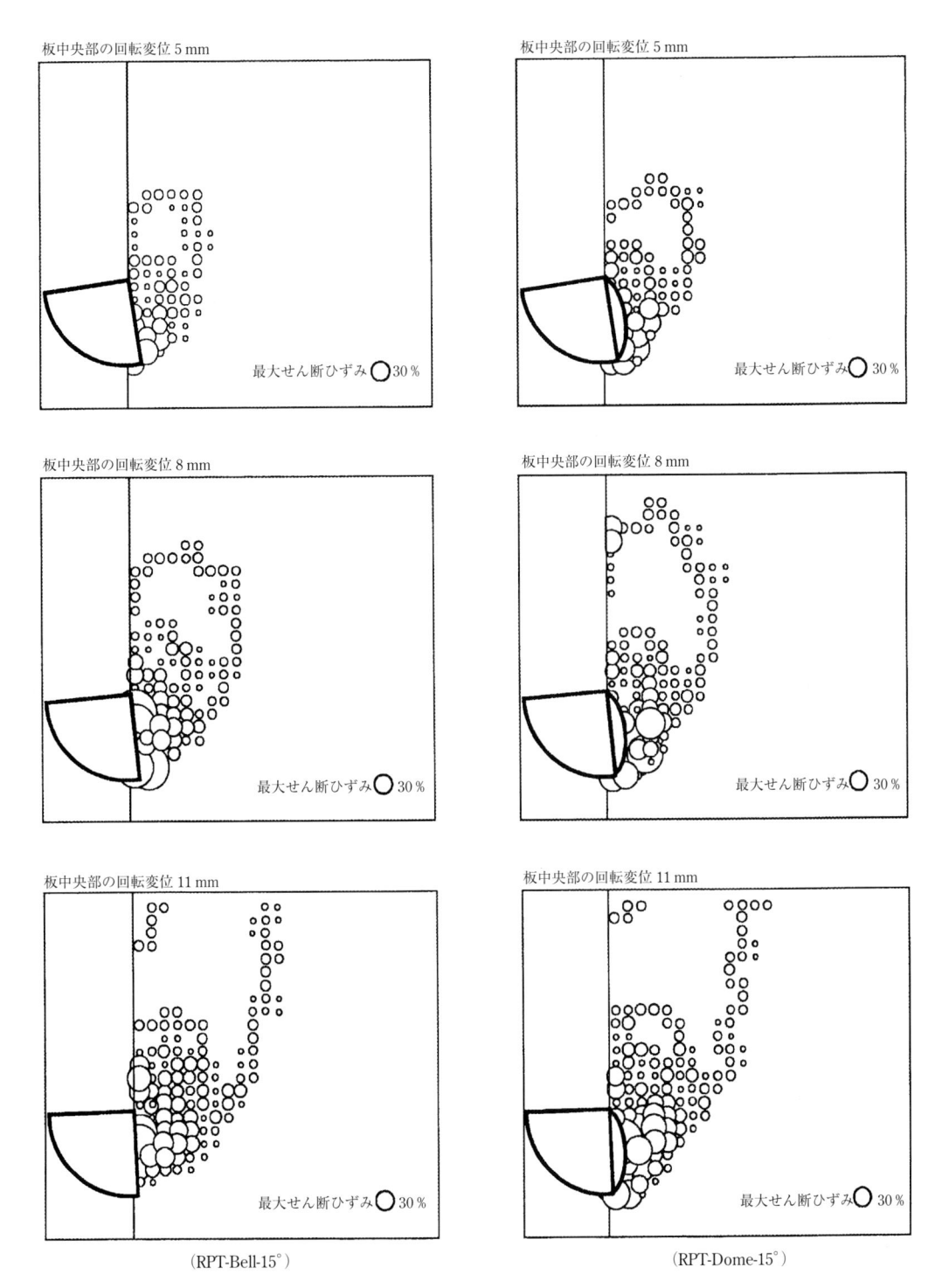

図-9.90　最大せん断ひずみ分布の変化（RPT-Bell-15°，RPT-Dome-15°の場合）

の近くで，もう一つはその上方である．上部すべり塊は，剛体的な移動を示している[66]．

　以上，拡底杭削孔時の拡底孔壁安定の力学機構を考察する基礎的研究として，拡底形状および拡底角度と地盤挙動の関係についてアルミ棒積層体を用いたモデル実験より考察した．本実験は，低応力下でのアルミ棒積層体に対するものであり，実験結果から直接的に実際事例を検討できるものではないが，実験結果は，拡底孔壁安定における拡底形状および角度と地盤挙動の関係について考える基礎的な挙動を示している．

参考文献

1) Arthur, J. R. F., James, R. G., and Roscoe, K. H., (1964)：The Detemination of Stress Feilds during Plane Strain of a Sand Mass, *Géotechnique*, **14**, 4, 283-308.
2) Rowe, P. W., and Peaker, K., (1965)：Passive Earth Pressure Measurements, *Geotechnique* **15**, 1, 57-78.
3) James, R. G., and Bransby, P. L., (1970)：Experimental Investigations of a Passive Earth Pressure Problem, *Géotechnique*, **20**, 1, 17-37.
4) Ichihara, M., Matsuzawa, H. and Umebayashi, S., (1977)：Passive Earth Pressure and Deformation on Soft Clay, *International Symposium on Soft Clay*, Bangkok, Thailand, 647-662.
5) Nakai, T., Kawano, H., Murata, K., Banno, M., and Hashimoto, T., (1999)：Model Tests and Numerical Simulation of Braced Excavation in Soft Ground；Influences of Construction, Wall Stiffness, Suport Position and Strut Stiffness, *Soil and Foundations*, **39**, 3, 1-12.
6) Hagiwara, T., Grant, R. J., and Taylor, R. N., (1997)：Centrifuge Modelling of Ground Movements due to Tunnlling in Layered Ground, 第32回地盤工学研究発表会, 2151-2152.
7) 三笠正人・高田直俊・大島昭彦 (1984)：一次元圧密粘土と自然堆積粘土の非排水強度の異方性, 土と基礎, **32**, 11, 25-30.
8) 杉本隆男 (1974)：軟弱地盤地域の掘削工事に伴う背面地盤沈下量の解析－有限要素法による非線型解析－, 東京都土木技術研究所年報 (昭和48年度), 205-246.
9) 雑賀徹・杉本隆男・佐々木俊平 (1977)：沖積シルトの圧密非排水三軸圧縮試験, 東京都土木技術研究所年報 (昭和52年度), 327-341.
10) 杉本隆男・佐々木俊平 (1986)：土留め・掘削工事に伴うヒービング現象に及ぼす浸透の影響, 東京都土木技術研究所年報 (昭和61年), 225-237.
11) 安井和夫・田中孝二 (1985)：矢板引き抜き時の立孔部における現場計測, 第20回土質工学研究発表会, 1543-1544.
12) 吉田保・大槻康雄・山本英二 (1988)：開削工事に伴う周辺地盤挙動の解析結果, 第23回土質工学研究発表会, 1613-1614.
13) 田代郁夫・田中禎 (1991)：山留め壁の引き抜きに伴う周辺地盤の変形, 現場計測例, 第26回土質工学研究発表会, 1561-1562.
14) 三代隆義・岩崎明夫 (1982)：鋼矢板の抜跡注入について, 下水道研究発表会講演集, **19**, 140-142.
15) 本田健一・山本博・阿江治 (1984)：土留め杭引き抜きに伴う地盤沈下予測方法に関する一考察, 土木学会年次学術講演会概要集, Ⅲ, 397-398.
16) 伊藤雅夫・滝口健一・勝又正二・野田和正 (1988)：シートパイル引き抜き時の土砂埋戻し方法について, 第25回土質工学研究発表会, 1613-1614.
17) 加藤矯 (1982)：遠心力鉄筋コンクリート管に作用する矢板引き抜き時の付加土圧, 下水道協会誌, 40-51.
18) 東田淳・三笠正人 (1984)：開削工法で埋設された剛性管に働く土圧－矢板引抜き時の土圧集中－, 土と基礎, **32**, 12, 15-22.
19) Peck, R. B., (1969)：Deep Excavations and Tunneling in Soft Ground , *Proc. of 7th ICSMFE*, State of the Art Report, 225-290.
20) James, R. G., and Bransby, P. L., (1970)：Experimental and Theoretical Investigations of A Passive

Pressure Problem, *Géotechnique*, **20**, 1, 17-37.
21) Terzaghi, K., and Peck, R. B., (1948)：Soil Mechanics in Engineering Practice, 167-175.
22) 玉野富雄，金岡正信，Quan, N. H.，井上啓司，松川尚史 (2000)：杭先端支持力発生時の地盤挙動，第4回地盤改良シンポジウム発表論文集，日本材料学会，47-54.
23) Tamano, T., Kanaoka, M., Quan, N. H., Inoue, K., and Mastukawa, M., (2001)：Progress failure mechanism of axial loaded non-displacement pile, *Journal of Material Science Research International, JSMS*, Special Technical Publication-2, 37-40.
24) Vesić, A. S., (1963)：Bearing capacity of deep foundations, *Highway Research Rec.*, 39, 122-153.
25) 高野昭信，岸田英明 (1979)：砂地盤中のNon-displacement Pile先端地盤の破壊機構，建築学会論文報告集，285，51-62.
26) 土質工学会 (1982)：第16章杭基礎，土質工学ハンドブック，549-562.
27) 木村孟，藤井斉昭，藤井邦夫，日下部治 (1982)：砂中の浅基礎の支持力に関する研究，土木学会論文報告集，319，97-104.
28) 谷和夫，龍岡文夫，山口 順 (1986)：砂地盤上の浅い基礎の支持力問題における進行性破壊について，土木学会第41回年次学術講演会，Ⅲ-66，131-132.
29) Yasufuku, N., Ochiai, H., and Ono, S., (2001)：Pile end-capacity of sand related to soil compressibility, *Soils and Foundations*, **41**, 4, 59-71.
30) 龍岡文夫，田中忠治，谷 和夫，Mohammed S. A. Siddiquee，岡原美智夫，森本 励 (1996)：土質力学の境界値問題における歪みの局所化の意味，地盤工学会，地盤の破壊と歪み局所に関する研究委員会発表論文集，50-63.
31) 澁谷啓，三池田利之，高田増男，岩橋輔，玉手聡 (1995)：一面せん断試験による砂のせん断帯の変形特性の評価，土質工学会・地盤の破壊と歪みの局所化に関する研究委員会発表論文集，57-64.
32) 松井 保，中林正司，松井謙二 (1994)：薄層における場所打ち杭の鉛直支持力特性とその設計法，橋梁と基礎，**28** (9)，33-38.
33) Radoslaw L. Michalowski and Lei Shi (1995)：Bearing capacity of footings over two-layer foundation soils, *Jour. of Geotechnical Eng. ASCE*, **121** (5), 421-427.
34) 傾斜地盤における基礎の耐荷評価WG (1997)：傾斜地盤における基礎の耐力評価に関する研究の現状－その1；直接基礎の文献調査と鉛直支持力－，日本建築学会技術論文集，第5号，74-79.
35) 玉野富雄，金岡正信，Nguyen Hoang Quan，井上啓司，松川尚史 (2001)：薄層地盤における杭支持力 (その1)・(その2)，第36回地盤工学研究発表会，1607-1610.
36) 村山朔朗，松岡 元 (1964)：粒状土地盤の局所沈下現象について，土木学会論文報告集，**172**，31-41.
37) 松岡元，山本修一 (1994)：個別要素法による粒状体のせん断機構の微視的考察，土木学会論文報告集，第487号/Ⅲ-26，167-175.
38) 足立紀尚，木村 亮，多田 智 (1985)：室内模型実験による地すべり抑止杭の抑止機構に関する研究，土木学会論文集，第400号/Ⅲ-10，243-252.
39) 足立紀尚，田村 武，八嶋 洋 (1985)：砂質地山トンネルの挙動と解析に関する研究，土木学会論文集，第358号/Ⅲ-3，129-136.
40) 小島啓介，足立紀尚，荒井克彦 (1992)：地下水面下に掘削される土被りの浅い砂質地山トンネルのモデル実験と逆解析，土木学会論文集，第448号/Ⅲ-19，91-99.
41) 櫻井春輔，川島幾夫，川端康祝，皿海章雄 (1994)：土被りの浅いトンネルの力学挙動に関するモデル実験，土木学会論文集，第487号/Ⅲ-26，271-274.
42) 鵜飼恵三 (1992)：アルミ棒積層体の主働土圧実験と簡便な構成式に基づく解析，土質工学会論文報告集，**32**，3，197-205.
43) 鵜飼恵三 (1992)：アルミ棒積層体の受働土圧実験と2重硬化モデルに基づく解析，土質工学会論文報告集，**33**，3，180-186.
44) Yamamoto, K., and Otani, J., (2001)：Microscopic observation on progressive failure of reinforced foundations, *Soils and Foundations*, **41**, 1, 25-37.

45) Chen, W. F., (1993)：Limit Analysis in Soil Mechanics, Elesevier, 341-398.

46) 藤田一郎，河村三郎，和田　賢 (1990)：画像計測による開水路直角合流部の表面流況解析，水工学論文集，**4**，683-688.

47) 堀井宣幸，玉手　聡，豊澤康男 (1993)：遠心載荷装置を用いた飽和粘性土模型地盤の崩壊時の変形挙動，労働省産業安全研究所報告，RIIS-RR-92，63-74.

48) Shibuya, S., Mitachi, T., and Tamate, S., (1997)：Interpretation of direct shear box test of sand as quasi-simple shear, *Géotechnique*, **47**, 4, 769-790.

49) Braja, M. Das, (1994)：Principals of geotechnical engineering, PWS Publishing Co., 391-392.

50) Bowles, J. E. (1996)：Foundation Analysis and Design, McGrow-Hill, 258-263.

51) Wernick, E., (1997)：Stress and Strain on the Surface of Anchorage, *Proc. of 9th ICSMFE, Spec. Session on Ground Anchors*, 115-119.

52) Ostermayer, H., and Scbeele, F. F., (1977)：Research on ground anchors in non-cohesive soils, *Proc. of 9th ICSMFE. Spec. Session on Ground Anchors*, 92-97.

53) 玉野富雄，植下協，村上　仁，結城庸介，福井　聡 (1982)：打設状態がアースアンカーの引き抜き抵抗力に及ぼす影響，土と基礎，**30**，4，23-28.

54) Meyerhof, G. G., (1973)：Uplift resisetance of inclined anchors and piles, *Proc. of 8th ICSMFE*, **2**, 167-172.

55) Kramer, H., (1977)：Determination of the Carring Capacity of Ground Anchors with the Correlation and Regression Analysis, *Proc. of 9th ICMFE, Spec. Session on Ground Anchors*, 76-81.

56) Fujita, K, Ueda, K., and Kusabuka, M., (1977)：A Method to predict the Load Displacement Relationship of Ground Anchors, *Proc. of 9th ICMFE, Spec. Session on Ground Anchors*, 58-62.

57) Das, B. M., (1983)：A procedure for estimation of uplift capacity of rough piles, *Soils and Foundations*, **23**, 3, 122-126.

58) Chattopadhaya, B.C., and Pise, P.J., (1986)：Uplift capacity of plies in sand, *Jour. of G. E. Div. ASCE*, **112**, 9, 888-904.

59) 林重鉄，龍岡文夫，宮崎啓一 (1995)：砂地盤内の剛なアンカーの引抜き抵抗メカニズム，土と基礎，**38**，5，33-38.

60) 地盤工学会 (1997)：地盤工学・実務シリーズ4，グランドアンカー工法の調査・設計から施工まで，1-49.

61) Uesugi, M., Kishida, H., and Tsubakihara, Y., (1988)：Behavior of sand particles in sand-steel friction, *Soils and Foundations*, **28**, 1, 107-118.

62) 玉野富雄，Nguyen Hoang Quan，金岡正信，森川嘉文 (2002)：薄い支持層地盤および傾斜地盤における基礎支持力のモデル実験，第5回地盤改良シンポジウム，日本材料学会，35-40.

63) 金岡正信，玉野富雄，Nguyen Hoang Quan (2003)：摩擦形式アンカーの引抜き抵抗力に関する模型実験，地盤工学会論文報告集，43，3，(印刷中).

64) 玉野富雄，金岡正信，Nguyen Hoang Quan (2000)：拡底杭削孔時の拡底形状と地盤状態，第4回地盤改良シンポジウム，日本材料学会，55-62.

65) Chen. W. F., (1999)：Limit Analysis in Soil Mechanics, Elsevier, 341-339.

66) Aas, G, (1976)：Stability of Slurry Trench Excavation in Soft Clay, *Proc. of the 6th European Conf. on SMFE*, 1, 103-110.

あ と が き

「土留め工の力学理論とその実証」と題し，現場計測に基づく種々の土留め工の力学挙動について述べてきた．

土留め工の力学挙動は，地盤工学の総合応用問題と言われるように，種々の要因が関係することになる．そのため，土留め工の施工面を中心とする技術進歩に比べ，土留め工の力学挙動に関する地盤工学上の解明は，現時点でも十分なものではなく，常に力学挙動を実証するという観点から土留め工を考えることが重要といえる．

著者の杉本は東京都庁で，玉野は現在の大阪産業大学に勤務するまで大阪市役所で多くの土留め工の調査・設計・施工に関係し，土留め工の設計および施工管理を身近な問題としてとらえてきた．

土留め工は，工法の検討から，完成にいたるまで，長期にわたるものであり，その中で，経済性，工期，および安全性を念頭においた工学的判断が常に要求される．しかし，土留め工の力学的な問題には，基礎的な未知の分野が多くあり，工学的検討に裏付けられた経験的判断および事例検討が必要とされることは，著者がいつも感じてきたところである．

特に，本書のまとめに際しては，工学的に有用な計測データをより明確に示すことを心掛けた．計測データそのものが普遍性をもち，多方面からこれらの計測データを利用いただくことで，今後の土留め工の力学挙動の解明に役立てばと考えたからである．その分，FEMにおける数値解析手法や逆解析手法については，本書執筆上の主旨ではないので，ごく簡略に説明するにとどめている．

ところで，20世紀後半に技術開発されたコンピューター，バイオテクノロジーなどに代表される先端技術は，20世紀初頭での技術レベルと比べようもないほどの驚異的な進展を示した．しかしながら，社会全体として見た場合，きわめて大きな負の遺産として環境問題，地球温暖化問題，人口問題，およびエネルギー問題などの多くの課題が山積して21世紀にもち越されている．

こうした土留め工に関する21世紀の技術は，20世紀から引き継いだ最新技術が緩やかに成長していく世紀として踏み出していくように思われる．土留め工により出来上がった種々の施設は，我々の文化的生活の向上に貢献しており，"技術は人間を幸せにする"という表現に共感するものである．その意味で，建設文化としての土留め工法は，まさに人間の文化的生活を支える縁の下の力持ちといった技術といえる．本書で述べた内容が，今後の土留め工の設計および施工時の安全性向上に少しでも役立つものであれば幸いである．

2003年2月

謝　　辞

　本書は，技報堂出版 (株) 小巻　慎取締役・編集部長のお勧めにより出版が実現したものであり，厚く感謝申し上げます．また，出版までの作業を根気強くご指導賜りました同社 宮村正四郎編集部次長に厚く感謝申し上げます．

　早稲田大学名誉教授 森　麟 博士，名古屋大学名誉教授 植下　協 博士の両先生には，著者らが土留め工の力学挙動を研究するに際し，こまやかなご指導を賜りましたことを御礼申し上げます．

　また，東京都土木技術研究所の佐々木俊平 主任研究員には，長年にわたり杉本の共同研究者として現場調査や解析のご協力を頂きました．そして，大阪市都市環境局下水道部の福井　聡 工務課長および大阪産業大学の金岡正信 講師には，玉野の共同研究者として多くのご助力を賜りました．記して，ここに謝意を表します．

　この他にも，著者の杉本が現在勤務している東京都土木技術研究所，ならびに玉野が勤務していた大阪市役所の方々には，多くのご協力を賜りましたことに深く感謝申し上げます．

　最後に，本書に取上げた土留め工事例の地盤調査，設計，施工，計測，解析に従事下さいました総ての関係者の方々に謝意を表します．

2003年2月

索　　　引

【あ】
アーチアクション　17, 88
アーチング　283
アーチング現象　159
アクティブ・ダミー法　122
圧縮性　96
圧縮破壊　97
圧入工法　151
圧密　184
圧密降伏応力　19, 26, 29, 187
圧密沈下　187
圧密沈下式　73
Alpan式　49
アルミ棒積層体地盤模型　248
アンカー　13, 138, 147
アンカー荷重　152, 176
アンカー間隔　275
アンカー除去　156
アンカー体　139
アンカー体周長　144
アンカー定着長　180
アンカー土留め工　10
アンカーばね値　177
アンカー引抜き　158, 180
安全管理　14
アンダーピニング　12, 196
安定係数　100, 240

【い】
一軸圧縮強度　44, 59
一軸圧縮試験　23
一面せん断試験機　250
異方性　230

【う】
wet side　35
ウェルポイント　138
浮上り　58, 101, 233

浮上り現象　73
薄壁連続地中壁　12

【え】
影響値　93
液性限界　23, 26
SRC連続地中壁工法　12
江戸川礫層　166
円形土留め工法　9
円弧すべり　106
鉛直精度　12

【お】
応力比　70
OCR　19, 52
温度　66
温度応力　121
温度応力解析モデル　130
温度軸力係数　124, 126

【か】
加圧アンカー　267
過圧密比　52
拡底場所打ち杭　279
荷重-沈下量曲線　254
荷重分配　158
過剰間隙水圧　29, 154
画像計測手法　248, 254
渇水期　218
割線係数　23
釜場排水　115
Cam-clay降伏曲面　35
間隙水圧　20, 26, 28, 80
間隙水圧計　59
乾燥収縮　66
観測井戸　59
観測施工法　4
関東ローム層　64

索　引

陥没　187
管理基準　92, 110

【き】
基礎支持力　247
基底水位　218
逆解析　83
逆洗　224
強度異方性　96, 230
極限アンカー荷重　149
極限支持力　254, 257
局所せん断破壊　248, 254
切ばり　13, 121, 163
切ばり温度　121, 129
切ばり軸力　124, 129
切ばりプレロード工法　57

【く】
空隙　242
空洞　187, 188
Coulomb　252
掘削係数　192
掘削底の浮上り　187
掘削幅　204
クリープ　34, 66, 104, 137, 152
クリープ変位　185
繰返し微小変位　68

【け】
傾斜地盤　264
計測管理　169
計測器　5, 168, 169
計測項目　169
計測の目的　6
K_0圧密試験　25
限界状態線　35
現場計測項目　5

【こ】
コア　248
高圧噴射置換杭工法　57
鋼管矢板壁　120
公衆災害　187

構真柱　44, 74
鋼製連続地中壁　12
洪積粘性土　76
剛体　260
孔内水位　209
孔内横方向載荷試験　142
降伏曲げ応力　90
孔壁安定　142
鋼矢板の引抜き　68
固化泥水式連続地中壁工法　12
互層地盤　200
固定式傾斜計　46, 59

【さ】
最大・最小主ひずみ　260, 281
最大せん断ひずみ　100, 235, 244, 260, 275
逆打ち工法　13
逆打ち土留め工法　10
座屈　127, 136
座屈長　135
座屈破壊　136
下げ振り　151
砂質土　76
サンドコンパクション工法　14

【し】
シールド工法　84
shearband　139
軸差応力　97
支持力式　256
地震　15
自然含水比　23, 26, 44
自動計測システム　168
地盤改良　57
地盤改良工法　13, 196
地盤の浮上り　85, 136
地盤の水平変位　61
地盤の体積膨張　60
地盤の膨上り　62
地盤の乱れ　21
地盤の緩み領域　87
地盤変位ベクトル　258, 281
地盤変位ベクトル分布　275

索　引

地盤変形　28
地盤変状　4, 183
支保工　4
遮断層　112
周辺摩擦抵抗値　149
主応力回転　97
主働状態　50
主働土圧　26
主働土圧係数　70
受働状態　50
受働抵抗力　55
受働破壊　227
受働壁面側圧　49
主ひずみ　275
準三次元有限要素法　218
ジョイント要素　98
上界法　252, 266, 283
情報化施工　4, 14, 173
除荷時弾性係数　73, 83
除荷の力学　206
除去式アンカー　13, 179, 180
自立式土留め工法　10
進行性破壊　260
深層混合処理工法　14, 57
深層地下水　97
伸張試験　97
伸張破壊　97
浸透　96, 143
浸透線　163
浸透流解析　79, 211

【す】

水位回復　209
水準測量　59
水平応力　25, 80
水平ストレーナー　215
水平ひずみ　50
数量化理論Ⅰ類　188, 198
Steinbrenner式　73, 84, 93
捨てばり　188
ストレインゲージ　122
砂地盤　200
すべり土塊　17

すべり面　243

【せ】

正規圧密　19, 26, 44
正規圧密粘性土　50
静止土圧　26, 29,
静止土圧係数　29, 251
静止壁面側圧　49
静水圧　60
静水圧分布　46
セグメント　89
セメントスラリー　149
ゼロひずみ　244, 251
ゼロひずみ曲線網　194
遷移せん断領域　260
先行地中ばり　87, 172, 197, 204
全水頭ポテンシャル　100
せん断変位　184
全般せん断破壊　248, 254
線膨張係数　124

【そ】

双曲線関数式　97
挿入式傾斜計　59
即時変位　184
速度特性曲線網　194
塑性域　101
塑性限界　23, 26
塑性指数　23, 27, 44, 48, 49
塑性流動　185

【た】

対策工　137, 196, 206
大深度地下工事　207
滞水層　166, 207, 213
体積ひずみ　100, 234, 244
台地河谷底　212
ダイレイタンシー　142, 194, 236
ダイレイタンシー角　244
多次元圧密解析　96
Duncan & Chang式　97
弾性圧縮量　77
弾性係数　79, 82

293

索　　引

弾性支承ばね　91
弾性的拘束係数　125
断層　208
弾塑性解析モデル　130
弾塑性法　91
弾塑性法プログラム　175

【ち】

地下水位　59
地下水位低下　4, 60
地下水位分布　212
地下水流動阻害　212
地下水流動保全工法　212
地中応力　184
地中ばり　87
地中変位　99, 184, 232, 241
地表面最大沈下量　188
地表面沈下　187
地表面沈下量　105, 197, 242, 246
中間杭　58, 101, 136
中間杭の浮上り　136
沖積層　58
宙水層　213
柱列式連続地中壁　13
沈下測定用素子　59
沈下範囲　188, 246

【つ】, 【て】

通水管　213
土楔　68
土と水の連成有限要素法　34, 96, 161
ディープウェル　44, 60, 112, 121, 211
抵抗曲げモーメント分布　132
定常状態　163
泥水圧　17, 25, 28, 32
泥水位　19
定着長　139, 149
定着部　141
底部地盤の安定　4
泥膜　30
底面摩擦　252
Terzaghi　49
天満砂礫層　44

【と】

土圧計　45, 59
土圧係数とひずみの関係　52
土圧分布　232
東京礫層　63, 166
凍結工法　14
透水係数　79, 114, 166
動水勾配　196
土塊くさび　247
土被り圧　87, 104
土槽検定　46
土留め工　2
土留め支保工　13
土留め壁の応力・変形　4
トラフィカビリティ　14
トレンチ掘削　12
トレンチ壁面安定　17

【な】, 【に】, 【ね】

NATM　12
難透水性　111, 213
難透水層　196

二次圧密　185
二重管削孔方式　13
日本建築学会修正式　106

根入れ　61, 87
粘性土地盤　201

【は】

排水条件　99
Hydrouric Failure　101
パイプルーフ工法　12
破壊領域　100
パッカー　141
パラメトリックスタディ　201
はり要素　98
パンチングせん断破壊　248, 254
パンチング破壊　266
盤膨れ　110, 209
半無限地盤　78

【ひ】

被圧水頭　*112, 154*
被圧地下水　*110, 208*
*p-q'*座標　*35*
PC鋼線　*149*
ヒービング　*55, 63*
ヒービング現象　*95, 138*
ヒービングの検討式　*96*
ヒービング破壊　*96*
引抜き　*238*
引抜き試験　*150*
引抜き抵抗力　*138, 267*
ひずみ計　*59*
引張クラック降伏曲面　*35*
非定着部　*141*
非排水条件　*95, 99*
非排水せん断強度　*23, 27, 44*
兵庫県南部地震　*15*

【ふ】

負圧　*32, 48*
Boussinesq解　*61*
Boussinesq式　*91*
フェノールフタレイン　*143*
復水工法　*14, 197*
復水対策工　*213*
膨上り　*101*
腐食土層　*187*
付着抵抗試験　*98*
負の過剰間隙水圧　*37, 39*
負の間隙水圧　*205*
負のダイレイタンシー　*230*
不飽和　*79*
Prandtl　*247*
プレストレス　*151*
プレロード　*130, 132, 197*
プレロード工法　*192*
噴射撹拌置換杭工法　*86*

【へ】

平均有効主応力　*101*
平面ひずみ　*228*
壁面水圧　*3, 30, 45, 47, 49, 153*

壁面側圧　*3, 30, 47, 49, 62, 153*
壁面土圧　*3, 30, 45, 47*
壁面変位　*47, 49*
Peckの方法　*189*
変形係数　*23, 59, 204*
偏土圧　*10*

【ほ】

ポアソン比　*79, 236*
ボイリング現象　*209, 210*
放射遷移領域　*245*
膨潤　*205*
膨張指数　*73*
棒要素　*98*
飽和・不飽和浸透解析　*211*
Hvorslev降伏曲面　*35*

【ま】, 【み】, 【む】, 【め】, 【も】

摩擦応力　*144*
摩擦形式アンカー　*139, 267*
摩擦力　*144*
マッドケーキ　*223*

水みち　*216, 221*
水盛式沈下計　*74*
密地盤　*249*

武蔵野礫層　*63, 166*

目詰り　*221*

Morhr-Coulombの破壊規準　*35*
モールのひずみ円　*251*
模型実験　*227*
盛り替えばり　*64*

【や】, 【ゆ】

Jaky式　*49*
矢板壁　*238*
薬液注入工法　*14, 196*

有限要素法　*34, 69, 77, 201, 244*
有効上載荷重　*26, 29*

索　引

有効水平応力　*80*
有効土被り圧　*187*
有楽町層下部　*58*
有楽町層上部　*58*
緩い地盤　*249*
緩み土圧　*87*
緩み領域　*177*

【よ】
要因分析　*198*
揚水圧　*44*
揚水工法　*14*
揚水試験　*111, 207*
横方向地盤反力　*167*
予測解析　*174*

【ら】,【り】
Lambe　*49, 50*
Rankine　*252*

Rankine-Resal式　*49*

リバース工法　*13*
リバウンド　*70, 85, 94*
流向　*221*
粒子配列構造　*230*
流線網　*100*
流速　*221*
流動化処理土　*64*
リング公式　*89*
リングビーム　*45*

【れ】,【ろ】
連続地中壁　*12*
連続地中壁工法　*17*

漏水　*113*
ロータリー式削孔機　*140*
ローム層　*63*

〈著者紹介〉

杉本隆男（すぎもと　たかお）
東京都土木技術研究所　技術部長

1943年　東京都生まれ
1967年　早稲田大学理工学部土木工学科卒
1969年　早稲田大学大学院工学研究科修士課程修了
同　年　東京都庁勤務
1988年～　国士舘大学　非常勤講師
2003年　明星大学　非常勤講師

1973年　一級土木施工管理技士
1979年　技術士（建設部門）
1987年　工学博士

玉野富雄（たまの　とみお）
大阪産業大学・工学部土木工学科　教授
同・工学研究科博士後期課程「環境開発工学」専攻　教授

1948年　大阪府生まれ
1971年　立命館大学理工学部土木工学科卒
1973年　名古屋大学大学院工学研究科修士課程修了
同　年　大阪市役所勤務
1994年　大阪産業大学勤務
1997年4月～1998年3月　The University of British Columbia　客員教授

1984年　工学博士

土留め工の力学理論とその実証　　　定価はカバーに表示してあります

2003年3月30日　1版1刷発行　　　ISBN4-7655-1642-3 C3051

著　者　　杉本隆男・玉野富雄

発行者　　長　　祥　　隆

発行所　　技報堂出版株式会社

日本書籍出版協会会員
自然科学書協会会員
工学書協会会員
土木・建築書協会会員

〒102-0075　東京都千代田区三番町8-7
　　　　　　（第25興和ビル）
電　話　営業　(03)(5215)3165
　　　　編集　(03)(5215)3161
ＦＡＸ　　　　(03)(5215)3233
振替口座　　　00140-4-10
http://www.gihodoshuppan.co.jp

Printed in Japan

ⒸTakao Sugimoto and Tomio Tamano, 2003

落丁・乱丁はお取替えいたします．

本書の無断複写は，著作権法上での例外を除き，禁じられています．

装　幀　　海保　透
印刷・製本　三美印刷

●小社刊行図書のご案内●

土木用語大辞典	土木学会編 B5・1700頁
土木工学ハンドブック（第四版）	土木学会編 B5・3000頁
土質力学（第三版）［講義と演習シリーズ］	山口柏樹著 A5・428頁
土の力学挙動の理論	村山朔郎著 A5・750頁
地盤工学 ―信頼性設計の理念と実際	松尾稔著 B5・422頁
泥炭地盤工学	能登繁幸著 A5・202頁
ロックメカニクス	日本材料学会編 A5・276頁
新土木実験指導書・土質編	木村孟・日下部治編 A5・280頁
セメント系固化材による地盤改良マニュアル（第二版）	セメント協会編・発行 A5・440頁
土の流動化処理工法―建設発生土・泥土の再生利用技術	久野悟郎編著 A5・218頁
流動化処理土利用技術マニュアル	建設省土木研究所編 日本建設業経営協会中央研究所発行 A4・118頁
地盤環境工学の新しい視点―建設発生土類の有効活用	松尾稔監修 A5・388頁
地盤環境の汚染と浄化修復システム	木暮敬二著 A5・260頁
目でみる基礎と地盤の工学	吉田巌編著 B5・172頁
1級土木施工管理技士 合格力判定と総整理	森野安信著 A5・210頁
2級土木施工管理技士 合格力判定と総整理	森野安信著 A5・210頁

●土質基礎シリーズ

土質解析法	山口柏樹著 A5・182頁
砂地盤の液状化（第二版）	吉見吉昭著 A5・182頁
バーチカルドレーン工法の設計と施工管理	吉国洋著 A5・216頁

技報堂出版　TEL 編集03(5215)3161 営業03(5215)3165　FAX 03(5215)3233